数据科学中的数学理论与分析方法

主 编 张 鹏 崔 骥

副主编 秦绪功

 南京大学出版社

图书在版编目(CIP)数据

数据科学中的数学理论与分析方法 / 张鹏, 崔骥主编. — 南京 : 南京大学出版社,2025.2. — ISBN 978 - 7 - 305 - 28696 - 4

Ⅰ. TP274

中国国家版本馆 CIP 数据核字第 2025Q2E946 号

出版发行 南京大学出版社

社　　址 南京市汉口路 22 号　　　　邮　编　210093

书　　名 **数据科学中的数学理论与分析方法**
SHUJUKEXUE ZHONGDE SHUXUELILUN YU FENXIFANGFA

主　　编 张　鹏 崔　骥

责任编辑 吕家慧　　　　　　　　编辑热线　025 - 83597482

照　　排 南京南琳图文制作有限公司

印　　刷 南京人文印务有限公司

开　　本 787 mm×1092 mm　1/16 开　印张 21.25　字数 543 千

版　　次 2025 年 2 月第 1 版　2025 年 2 月第 1 次印刷

ISBN 978 - 7 - 305 - 28696 - 4

定　　价 58.00 元

网址：http://www.njupco.com

官方微博：http://weibo.com/njupco

官方微信号：njuyuexue

销售咨询热线：(025) 83594756

前　言

数据科学,作为一门融合了计算机科学、数学、统计学、信息可视化、图形设计以及商业智慧的跨学科领域,其核心使命是从海量的数据集中提炼出宝贵的知识。在这一过程中,数学不仅是其坚实的理论基础,更是推动数据科学不断前行的关键力量。在数据科学和机器学习的征途中,数学技能与编程技能并驾齐驱,共同构成了从业者不可或缺的武器库。

本书旨在深入浅出地阐述数据科学背后的基本数学概念,并指导读者如何将这些理论知识与实际问题相结合,以实践为导向,助力掌握相关数学知识的人才轻松驾驭数据科学操作。

本书前 7 章系统地介绍了数据理论基础,涵盖了线性代数、微积分、概率论、马尔可夫预测、数理统计、数值分析等核心内容,对常用理论的概念、定理、性质进行了详尽的梳理与讲解。为了帮助初学者更好地理解与应用这些知识点,我们精心设计了丰富的例题,以实现从理论学习到实际操作的平滑过渡,并与高等教育阶段的数学理论形成有效衔接。

本书自第 8 章起对常用分析方法进行探讨,包括关联规则挖掘、人工神经网络、时间序列分析等。这部分内容深入触及机器学习的领域,对代码实现的要求也相应提高,旨在进一步提升读者的实际应用能力。

为了方便读者学习与实践,本书中的章节练习代码已同步至 Github 网站(https://github. com/codeyuanyuan/Mathematical-theory-and-analytical-methods-in-data-science),敬请访问下载。

在此,我要特别感谢我的博士硕士研究生团队及本科生:郭雨,张惠媛,张可欣,陈景傲,王媛媛,张宏彬,王新雨,石宸。他们为本书提供了代码优化、应用实例和综合案例,极大地丰富了教材内容。同时,本书的编写得到了南京理工大学教材建设项目的大力资助,以及南京大学出版社的鼎力支持,在此一并表示衷心的感谢!

鉴于编者水平有限,书中难免存在不足之处,恳请广大读者朋友们不吝赐教,提出宝贵意见,以便我们不断改进,共同推动数据科学领域的发展。

编者

2024 年 11 月 30 日

目　录

第1章 数据科学与大数据概述

1.1 数据科学概述

1.1.1 数据基础理论

1. 数据的概念

数据指的是事实或观察的结果,是对客观事物的逻辑归纳,是用于表示客观事物的未经加工的原始素材.数据的表现形式有很多,包括符号、文字、数字、音频、图像、视频等.

数据与数值、信息、知识的区别:

数值指的是用数目表示的一个量的多少,是数据的一种存在形式.数据的存在形式除了数值以外,还有音频、图像、视频、符号等表现形式.信息是对客观世界中各种事物的运动状态和变化的反映,是数据有意义的表示.数据本身并没有意义,数据只有在对实体行为产生影响时才成为信息.知识是人类在实践中认识客观世界(包括人类自身)的成果,它包括事实、信息的描述和在教育与实践中获得的技能.它们之间的关系如图1.1所示.

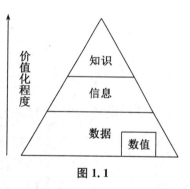

图 1.1

2. 数据的类型

数据的分类有助于人们对数据形成更深刻、全面的理解.数据的分类方式有很多,比较常见的分类方式有:按照数据结构分类、按照加工类型分类、按照表现方式分类以及按照记录方式的分类.

(1) 按数据结构划分

表 1.1

类型	含义	本质	例子
结构化数据	直接可以用传统关系数据库存储和管理的数据	先有结构、后有数据	关系型数据库中的数据
半结构化数据	经过一定转换处理后可以用传统关系数据库存储和管理的数据	先有数据、后有结构(或较容易发现其结构)	HTML、XML 文件等
非结构化数据	无法用传统关系数据库存储和管理的数据	没有(或难以发现)统一结构的数据	语音、图像文件等

虽然表1.1显示的是四种相互分离的数据类型,但是有时这些数据类型是混合在一起的.例如:一个传统的关系数据库管理系统保存着一个软件支持呼叫中心的通话日志,其中包括典型的结构化数据,如日期/时间戳、机器类型、问题类型、操作系统等,这些都是在线支持人员通过图形用户界面上的下拉菜单输入的.同时,日志中也包括非结构化数据或半结构化数据,如自由形式的通话日志信息,这些可能来自包含问题的电子邮件、技术问题和解决方案的实际通话描述、与结构化数据有关的实际通话的语音日志或者音频文字实录等.

（2）按加工类型划分

按加工类型可以将数据可分为零次数据、一次数据、二次数据、三次数据等.其相互的关系如图1.2所示.数据的加工程度对于数据科学中的流程设计和选择都有着十分重要的意义,比如在进行数据科学的研究时,可以通过对数据加工程度的判断来决定是否需要对所获数据进行预处理操作.

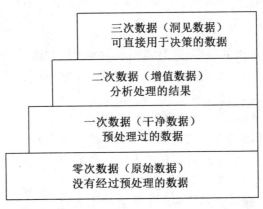

图 1.2

（3）按数据的表现形式划分

按数据的表现形式可以将数据分为数字数据和模拟数据.数字数据指数据在某个区间内是离散的值,常见的数字数据有符号、文字等.模拟数据由连续函数组成,指数据在某个区间内是连续变化的物理量,常见的模拟数据有音频、图像等.

（4）按数据的记录方式划分

从数据的记录方式来看,数据可分为文本、图像、音频、视频等.

① 文本数据是指不能参与算术运算的任何字符,也称为字符型数据.如英文字母、汉字、不作为数值使用的数字(以单引号开头)和其他可输入的字符.文本数据既不是完全非结构化的也不是完全结构化的.例如:文本可能包含结构化字段,如标题、作者、出版日期、长度、分类等,也可能包含大量的非结构化的数据,如摘要和内容.

② 图像数据是指用数值表示的各像素的灰度值的集合.真实世界的图像一般由图像上每一点光的强弱和频谱(颜色)来表示,把图像信息转换成数据信息时,需要将图像分解成很多小区域,这些小区域称为像素.像素可以用一个数值来表示它的灰度,如彩色图像常用红、绿、蓝三原色分量表示.顺序地抽取每一个像素的信息,就可以用一个离散的阵列来代表一幅连续的图像.对于图像数据的管理通常采用文件管理方式和数据库管理方式.

③ 音频数据也称数字化声音数据,其过程实际上就是以一定的频率对来自麦克风等设备

的连续的模拟音频信号进行模数转换得到音频数据的过程.数字化声音的播放就是将音频数据进行数模转换变成模拟音频信号输出,在数字化声音时有两个重要的指标,即采样频率和采样大小.采样频率即单位时间内的采样次数,采样频率越大,采样点之间的间隔就越小,数字化得到的声音就越逼真,但同时数据量就会增大,占用更多的存储空间.采样大小即记录每次样本值大小的数值的位数,它决定了采样的动态变化范围,位数越多,所能记录的声音的变化程度就越细腻,所占的数据量也就越大.计算一段音频所占用的存储空间可用式(1.1)计算.

$$存储容量(MB)＝[采样频率(Hz)×采样位数×声道数×时间(s)]/8 \qquad (1.1)$$

④ 视频数据是指连续的图像序列,其实质是由很多组连续的、有先后顺序的图像构成的,它含有比其他媒体更为丰富的信息和内容.以视频的形式来传递信息,不仅能够直观、生动、真实、高效地表达现实世界,而且其传递的信息量远大于文本或静态的图像.通常视频数据的数据量比结构记录的文本数据多约七个数量级.视频数据对存储空间和传输信道的要求很高,即使是一段很短的视频,也需要比一般字符型数据大得多的存储空间.

3. 数据模型

数据模型是对现实世界数据特征的抽象描述,用于描述一组数据的概念.数据模型按照不同的应用层次可分为三种类型:概念模型、逻辑模型和物理模型.这三种数据模型的层次关系如图 1.3 所示.

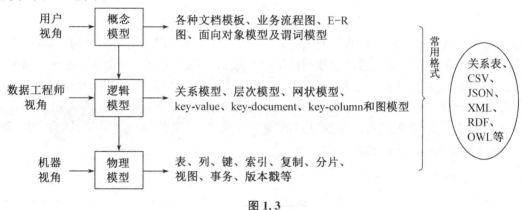

图 1.3

(1) 概念模型

概念模型是一种面向用户、面向客观世界的模型,主要用来描述世界的概念化结构,它通常是数据库的设计人员在设计的初始阶段,摆脱具体技术问题,集中精力分析数据以及数据之间的联系等问题时建立的.当需要建立数据库管理系统(database management system,DBMS)时,把概念模型转换成逻辑模型才能进行技术实现.概念模型用于信息世界的建模,一方面应当具有较强的语义表达能力,能够方便直接地表达应用中的各种语义知识,另一方面它还应当简单、清晰、易于用户理解.概念模型中常用的有业务流程图、文档模板、实体-联系(entity relationship,E-R)模型、扩充的 E-R 模型、面向对象模型及谓词模型.图 1.4 所示就是一个反映学校教学管理的 E-R 模型.

(2) 逻辑模型

数据的逻辑模型是一种面向数据库系统的模型,是在概念模型建立的基础上,从数据科

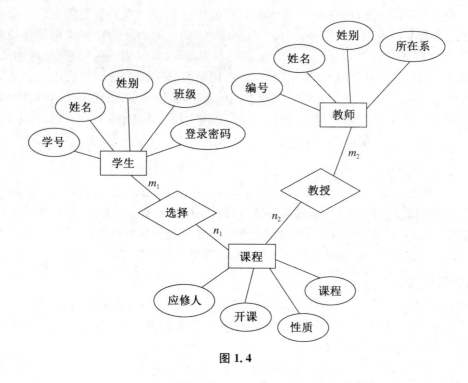

图 1.4

学家的视角对数据进行进一步抽象的模型,是具体的数据库管理系统所支持的数据模型,主要用于数据科学家之间的沟通以及数据科学家与数据工程师之间的沟通,以完成数据库管理系统的实现. 常见的逻辑模型有:关系模型、网状数据模型、层次数据模型、图模型等.

图 1.5 所示为一个有关旅游决策的层次数据模型图,其中目标层表示需要达成的目标是选择旅游的景点;准则层表示旅游景点的评价标准,包括景色、费用、居住、饮食和旅途 5 个维度;方案层表示可供选择的旅行方案.

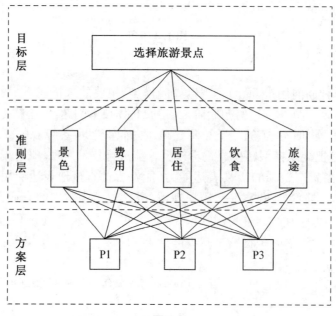

图 1.5

（3）物理模型

数据的物理模型是在逻辑模型的基础之上，面向计算机物理表示的模型，用于描述数据在储存介质上的组织结构和访问机制，物理模型中的组成部分有表、列、键、索引、复制、分片、视图、事务、版本戳等．图 1.6 所示是用 Power Designer 建模工具构建的学生信息管理系统的物理模型，通过和数据库的链接可实现学生信息和班级信息数据在数据库中按照模型所示结构进行存放．

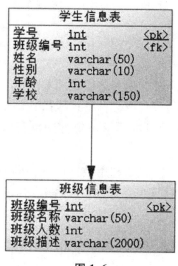

图 1.6

1.1.2　数据科学基础理论

1. 数据科学的概念

关于数据科学的概念，不同领域的学者给出的答案也不尽相同．

著名计算机科学家彼得·诺尔："数据科学是一门基于数据处理的科学．"

金融初创公司 LendUp 的副总裁奥弗·曼德勒维奇："数据科学是通过科学的方法探索数据，以发现有价值的洞察，并在业务环境中运用这些有价值的洞察来构建软件系统．"

我国最早阐述数据科学理论与实践的朝乐门教授："数据科学是以数据为中心的科学，是一门将现实世界映射到数据世界之后，在数据层次上研究现实世界的问题，并根据数据世界的分析结果，对现实世界进行预测、洞见、解释或决策的科学．"

目前关于数据科学普遍的定义是：数据科学是关于数据的科学，是探索和发现数据中价值的理论、方法和技术，是对从数据中提取知识的研究．

在企业运营方面，数据科学的使用可以帮助企业获得更多竞争优势，进而获取更多利润．例如：在线搜索引擎（如谷歌、微软必应）通过在搜索界面提供广告投放机会来盈利．这类公司会雇用数据科学团队来不断改进点击率预估算法，让更多相关的广告得到展示，从而获取更多的利润．

数据科学在政界也发挥了很大的作用．2012 年美国总统选举，奥巴马的竞选团队雇用了很多数据科学家收集选民的相关数据，通过数据挖掘识别出不同的选民，并有针对性地对潜在选民进行拉票活动,最后奥巴马在竞选中胜出,成功连任美国总统.

在人们的日常信息获取时,数据科学可以帮助人们快速了解周围的动向. 比如 Twitter 通过数据科学方法对话题进行检测,利用情感分析的相关技术不断为人们更新热点话题.

在研究数据科学的时候,人们一般会遵循以下步骤.

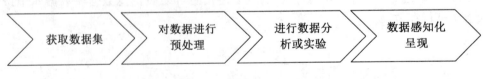

图 1.7

（1）通过网站、数据库或者调研等途径获得数据集.

（2）对获取的数据集进行预处理,把数据整理成适宜的形态,方便对数据价值的探索.

（3）对这部分数据通过统计学或机器学习等方法进行数据分析或者数据实验,得到数据中蕴藏的规律.

（4）对数据进行感知化的呈现. 比如利用数据可视化的方法,可以将数据映射为可识别的图形,图像,视频等,便于人们的直观感知,并从中获取知识,找到规律.

2. 数据科学的研究内容

数据科学研究的内容概括起来,主要分为四个方面,如图 1.8 所示.

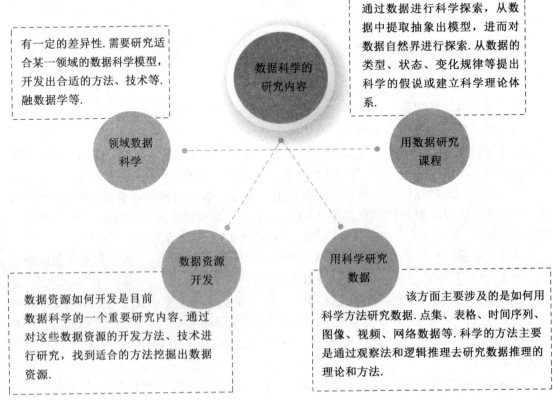

图 1.8

3. 数据科学的体系架构

数据科学的体系架构由数据科学基础层、方法层、应用层三部分组成,如图 1.9 所示.

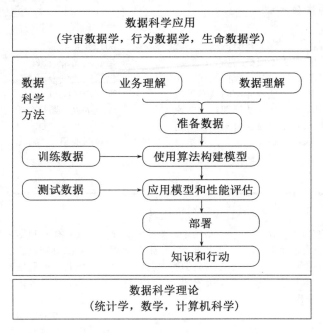

图 1.9

4. 数据科学与其他学科间的联系

数据科学涉及很多学科知识. 数据科学的基础性学科有数学、统计学、计算机科学、机器学习、数据仓库、数据可视化等. 除了数据科学的基础性学科,还有一部分学科为数据科学的应用领域提供了辅助支持,如经济学,社会学,法学等. 它们之间的关系如图 1.10 所示.

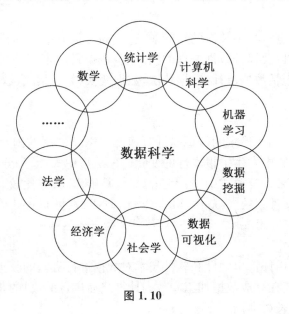

图 1.10

1.1.3 数据科学的发展

1. 数据科学的发展历程

1974年著名计算机科学家、彼得·诺尔在他的著作《计算机方法的简明调查》中提出了数据科学的概念，数据科学一词正式被确立.

2001年美国统计学教授威廉.克利夫兰发表了《数据科学：拓展统计学的技术领域的行动计划》，首次把数据科学作为一门独立的学科，并给出了数据科学的定义.

2012年世界著名出版公司Springer出版集团创办了期刊*EPJ Data Science*以不断展示数据科学领域的最新成果.

1996年在日本召开的国际联合会议"数据科学、分类和相关方法"将数据科学作为会议的主题词.

2010年，德鲁·康威提出了第一张揭示数据科学的学科地位的维恩图——数据科学维恩图.

2013年克里斯·马特曼和瓦森特.达尔分别发表了名为《计算——数据科学的愿景》和《数据科学与预测》的学术论文，从计算机科学与技术视角探究了数据科学的内涵，使数据科学纳入计算机科学与技术专业的研究范畴.

图 1.11

数据科学的研究方向越来越广泛，其六个主要的研究方向分别如下.

（1）基础理论

数据科学的基础理论主要包括数据科学中的理论、方法、技术、工具以及数据科学的研究目的、理论基础、研究内容、基本流程、应用等.

（2）数据预处理

数据预处理是数据科学中关注的新问题之一. 为了提升数据质量、减少数据计算量、降低数据计算的复杂度以及提升数据处理的精准度，数据科学家需要对获取的原始数据进行一定的预处理工作，包括数据审计、数据清洗、数据变换、数据集成、数据脱敏、数据归约和数据标注等步骤.

（3）数据计算

在数据计算中，人们所追求的目标是计算速度快以及占用的内存小. 目前，数据计算的模式在学者的不断研究中发生了根本性的变化——从集中式计算、分布式计算、网格计算等传统计算模式过渡到云计算模式中，极大提高了计算能力. 其中比较有代表性的是谷歌的三大云计算技术：谷歌文件系统（Google file system，GFS）、分布式处理模型（MapReduce）以及分布式结构化表（BigTable）.

（4）数据管理

数据管理是指利用计算机硬件和软件技术对数据进行有效的收集、存储、处理和应用的过程. 数据管理通常是在完成数据加工和数据计算之后进行的，目的是更好地进行数据分析以及数据的再利用和长久存储.

（5）数据分析

数据分析是指利用统计学、数据挖掘等方法，对数据进行分析、处理操作，进而获取有价值知识的过程. 在进行这个方向的研究时，需要掌握一些工具的使用方法. 最为基础的就是编程工具如 R、Python、Clojure、Haskell、Scala 等. 目前，R 语言和 Python 语言已成为数据科学家较为普遍应用的数据分析工具.

（6）数据产品开发

数据产品是基于数据开发的产品的统称. 数据产品开发是数据科学的主要研究使命之一，也是数据科学与其他科学的重要区别. 与传统产品开发不同的是，数据产品开发具有以数据为中心、多样性、层次性和增值性等特征. 数据产品开发能力也是数据科学家的主要竞争力之源. 因此，数据科学的学习目的之一是提升自己数据产品的开发能力.

2. 数据科学的发展趋势

从整体上来看，未来数据科学发展的趋势主要会集中在以下几个方面.

（1）提高数据科学的自动化程度

（2）增强数据语义分析的研究

（3）更加关注数据的治理与安全问题

（4）转变数据研究的思维模式

（5）聚焦数据研究方向于专业领域

（6）建设数据生态成为重要课题

1.1.4　数据科学家概述

1. 数据科学家的概念

关于数据科学家的概念，不同领域的学者给出的答案也不尽相同.

美国国家科学委员会："信息与计算机科学家，数据库与软件工程师与程序员."

日本工业标准调查会："进行创造性探寻与分析，掌握数据库技术，能通过数码数据开展工作的人士."

数据研究高级科学家瑞秋："计算机科学家、软件工程师和统计学家的混合体."

谷歌公司的软件工程师乔尔："能够从混乱数据中剥离出洞见的人."

百度大数据首席架构师林仕鼎："从广义的角度讲，从事数据处理、加工、分析等工作的数据科学家、数据架构师和数据工程师都可以笼统地称为数据科学家；而从狭义的角度讲，那些具有数据分析能力，精通各类算法，直接处理数据的人员才可以称为数据科学家."

目前对于数据科学家的定义还没有定论，本书认为数据科学家指的是能使用科学的方法，运用数据挖掘工具对复杂的、大量的数字、符号、文字、网址、音频、视频等信息进行数字化重现与认识，并从中寻找新的数据洞察的工程师或专家.

2. 数据科学家应具备的能力

数据科学家应具备的能力包括以下五点.

（1）数据与算法的掌控能力

数据与算法的掌控能力需要数据科学家在熟练掌握数据科学、数学、统计学、计算机科学等学科知识以及各类算法的原理、实现步骤之后，在实践时把所掌握的知识转化为经验和能力,在脑内形成一个"算法工具箱",当面对数据研究的问题时可以游刃有余地运用合适的算法快速的应对和解决问题.这种能力可以表现为良好的数据提取、整理能力以及数据的统计分析能力.

（2）软件工程实践能力

软件工程实践能力是指在学习计算机科学,特别是其中软件工程的相关知识后,熟练掌握软件的需求分析、软件设计、软件测试、软件维护以及软件项目管理等工作所需要的方法和技能,能够达到建立科学有效的数据科学工作流,以及运行数据科学模型的能力.这种能力可以具体表现为:软件开发能力、网络编程能力、数据可视化的表达能力等.

（3）业务思维能力

业务思维能力就是作为数据科学家,要对所研究的领域有深入的了解.在对数据所属的行业背景有熟悉的掌握之后,找到针对此研究领域数据的解决方案,甚至是主动发现领域内存在的问题,并进行研究后提出有预见性的观点,这一点对于数据科学工作者来说十分重要.

（4）问题发现与分析能力

拥有问题发现与分析能力不仅需要充足的知识储备以及把大量散乱的数据变成结构化的可供分析的数据,找出丰富的数据源,整合其他可能不完整的数据源,并清理成结果数据集的能力,还需要对数据科学永远保持着一份好奇心.这种好奇心可以被定义为渴望获取更多的知识.作为一名数据科学家,需要不断地学习和探索,以能够主动发现并提出问题.

（5）沟通能力

数据科学家的研究工作中,也需要良好的沟通能力,以充分发挥数据研究的价值.这种沟通能力体现在整个的数据科学的研究中,在数据研究初期,数据科学家需要与企业的经营管理层进行充分沟通,才能了解研究目的,并且有针对性的进行研究.在数据研究进行中,有效的沟通能让企业的经营管理层了解研究的进度,把控研究的方向.在数据研究后期,发现数据中蕴含的规律之后,把数据结果清晰地表达给业务部门员工以及经营管理层,也是沟通能力的重要体现.

1.2 大数据概述

1.2.1 大数据的产生和发展

信息化的浪潮是不断更迭的,根据国际商业机器公司(international business machines corporation, IBM)前 CEO 郭士纳的观点,IT 领域每隔若干年就会迎来一次重大变革,每一次的信息化浪潮,都推动了信息技术的向前发展.目前,在 IT 领域相继掀起了三次信息化浪潮,如表 1.2 所示.

表 1.2

信息化浪潮	发生时间	标志	解决问题	代表企业
第一次浪潮	1980 年前后	个人计算机	信息处理	IBM、联想、苹果、戴尔、惠普等
第二次浪潮	1995 年前后	互联网	信息传输	雅虎、谷歌、百度、腾讯、中国移动、Facebook 等
第三次浪潮	2010 年前后	物联网、云计算、大数据	信息爆炸	华为、滴滴、金蝶、阿里巴巴等

　　大数据是在信息化技术的不断发展下产生的,是 IT 技术的不断更新为大数据的出现提供了可能性.与此同时云计算技术的成熟又为大数据的存储和处理奠定了技术的基础.云计算在处理数据时运用分布式处理、并行处理和网格计算的技术基础,使庞大的数据量可以在短时间内被处理完成,相比于之前利用传统数据处理技术需要数小时甚至数天进行处理的数据量,运用云计算技术在数分钟甚至几十秒内就可以完成处理,极大提高了数据处理的效率.在数据存储中,云计算通过集群应用、网格技术、分布式文件系统等方式使大数据可以被储存在云端,方便人们存取.为大数据的研究和利用提供了强大的技术支持.

1.2.2　大数据的发展

1. 大数据的发展历程

　　大数据最早起源于 20 世纪 90 年代,继个人计算机普及之后互联网的出现,使数据量呈现爆炸式的增长,大数据因此而诞生,开始被学者们所研究.直至今日,大数据仍然处于蓬勃发展的阶段,还有一些问题亟待研究者们去解决.从整个大数据发展历程来看,可分为四个阶段,如图 1.12 所示.

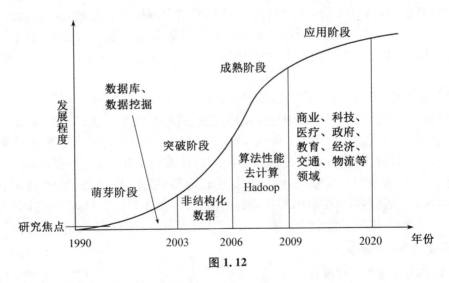

图 1.12

　　(1) 萌芽阶段(20 世纪 90 年代到 21 世纪初)
　　萌芽阶段也被称为数据挖掘阶段.那时的数据库技术和数据挖掘的理论已经成熟,数据的结构类型只有结构化数据,人们把数据储存在数据仓库和数据库里,在需要操作时大多采用离线处理方式,对生成的数据需要集中分析处理.存储数据通常使用物理工具,例如:纸张、胶卷、光盘(CD 与 DVD)和磁盘等.

(2) 突破阶段(2003 年—2006 年)

突破阶段也称非结构化数据阶段,该阶段由于非结构化的数据大量出现,传统的数据库处理系统难以应对如此庞大的数据量.学者们开始针对大数据的计算处理技术以及不同结构类型数据的存储工具进行研究,以加快大数据的处理速度,增加大数据的存储空间和存储工具的适用性.

(3) 成熟阶段(2006 年—2009 年)

在大数据的成熟阶段,谷歌公开发表的两篇论文《谷歌文件系统》和《基于集群的简单数据处理:MapReduce》,其核心技术包括分布式文件系统(distributed file system,DFS)、分布式计算系统框架(MapReduce)等,这引发了研究者的关注.在此期间,大数据研究的焦点主要是算法的性能、云计算、大规模的数据集并行运算算法,以及开源分布式架构(Hadoop)等.数据的存储方式也由以物理存储方式占主导变为由数字化存储方式占主导地位.

(4) 应用阶段(2009 年至今)

大数据基础技术逐渐成熟,学术界及企业界纷纷开始从对大数据技术的研究转向对应用的研究.从 2013 年开始,大数据技术开始向商业、科技、医疗、政府、教育、经济、交通、物流及社会的各个领域渗透,为各个领域的发展提供了技术上的支持.

2. 大数据的应用

大数据作为一种重要的资源,随着大数据技术的成熟和发展越来越受到人们的重视.很多企业运用大数据技术改善现有的运营模式或创新运营模式以提高自身的竞争优势,更好地为人们服务.

在物流领域,大数据技术使物流变得更具"智慧"了,省去了很多机械的人力工作,大大提升了物流系统的效率和效益.在物流企业,大数据的出现使得物品的供需更加匹配,资源的优化和配置更有效率;在汽车行业,"无人汽车"和车联网保险精准定价的出现,让车主可以获得更加贴心的服务;在公共安全领域,借助大数据可以更好、更快地应对突发事件,以保证社会和谐稳定.

大数据在医疗领域也得到了广泛的应用.在研发阶段,大数据的参与可以缩短药品的研发时间,使得对症的药品可以更快地投入使用;在疾病的诊断上,大数据给予病历库充分的数据支持,使病人被误诊的概率大大降低,减少医疗风险;在日常的健康检测中,大数据技术可以实时监控人体健康状况,并实时给予健康反馈,让人们可以预防一些慢性病.

除此之外,还有很多领域都应用了大数据的理论和相关技术,比如:教育、金融、政府、制造业等.大数据在各行各业的应用,对人们的生活方式,企业的运营模式乃至社会的运行都产生了巨大的变革,推动着社会的发展.

3. 大数据面临的挑战

(1) 数据的开放共享程度低

目前的数据开放水平总体较低,可用的数据开放平台较少。在开放的数据资源中也存在着一些问题,如很多数据资源无法正常读取;数据更新迟滞;数据资源的内容和形式缺乏多样性;数据开放的范围有限等.

（2）数据的安全问题严峻

目前信息安全和数据管理体系仍然不够健全，无法兼顾大数据的安全与发展，导致出现在线的用户资料等被盗等情况，甚至一些不法分子利用泄露的个人信息进行诈骗，这使人们对互联网的使用产生担忧．

（3）制度建设落后

随着大数据的蓬勃发展，大数据在隐私保护和数据安全方面存在严重的风险，需要对大数据的使用进行规范和限制．虽然目前国家出台了部分相关法规，但相比于欧美国家，我国在大数据制度建设上还有进一步提升的空间．

（4）大数据专业人才缺乏

目前专业人才的缺乏仍然是大数据产业所面临的重要问题．据中国商委会数据分析部统计，我国大数据市场未来将面临 1 400 万的人才缺口．除此之外，我国大数据人才资源存在着结构不平衡的问题．

1.2.3　大数据基础理论

1. 大数据的概念与特征

（1）大数据的概念

关于大数据的概念，很多专家、学者及机构都给出了自己的定义．

维克托·迈尔-舍恩伯格和肯尼斯·库克耶："不用随机分析法（抽样调查）这样捷径，而是采用对所有数据进行分析处理．"

美国国家科学基金委员会："由科学仪器、传感器、网上交易、电子邮件、视频、点击流和/或所有其他可用的数字源产生的大规模、多样的、复杂的、纵向的和/或分布式的数据集．"

麦肯锡全球研究所："一种规模大到在获取、存储、管理、分析方面大大超出了传统数据库软件工具能力范围的数据集合，具有海量的数据规模、快速的数据流转、多样的数据类型和价值密度低 4 大特征．"

本书对大数据的定义：无法在一定时间范围内用常规软件工具进行捕捉、管理和处理的数据集合，是需要新处理模式才能具有更强的决策力、洞察发现力和流程优化能力的海量、高增长率和多样化的信息资产．

（2）大数据的特征

大数据的特征通常被概括为 5 个"V"，即数据量（volume）大、数据类型繁多（variety）、处理速度（velocity）快、价值（value）密度低和真实性（veracity）强 5 个方面．

① 数据量大

数据量大是大数据的首要特征，通过表 1.3 所示数据的存储单位换算关系可更形象地表现出大数据的庞大的数据量．通常认为，处于吉字节（GB）级别的数据就称为超大规模数据，太字节（TB）级别的数据为海量级数据，而大数据的数据量通常在拍字节（PB）级及以上，可想而知大数据的体量是非常庞大的．

表 1.3

单位	换算关系	单位	换算关系
B(Byte,字节)	1 B=8 bit	TB(Trillionbyte,太字节)	1 TB=1 024 GB
KB(Kilobyte,千字节)	1 KB=1 024 B	PB(Petabyte,拍字节)	1 PB=1 024 TB
MB(Megabyte,兆字节)	1 MB=1 024 KB	EB(Exabyte,艾字节)	1 EB=1 024 PB
GB(Gigabyte,吉字节)	1 GB=1 024 MB	ZB(Zettabyte,兆字节)	1 ZB=1 024 EB

用一个更形象的例子来展现大数据的数据量：2012 年 IDC 和 EMC 联合发布的《数据宇宙》报告显示，2011 年全球数据总量已经达到 1.87 ZB，如果把这样的数据量用光盘进行存储，并把这些存储好的光盘并排排列好，其长度可达 $8×10^5$ km，大约可绕地球 20 圈. 而且这样的数据量并不是缓慢增长的，据报道，从 1986 年到 2010 年仅 20 年的时间中，全球的数据量已增长了 100 倍，而且数据增长的速度会随着时间的推移越来越快. 数据量庞大并且在呈几何式爆发增长的大数据，更需要进行认真的管理以及研究.

② 数据类型繁多

在进入大数据时代之后，数据类型也变得多样化了. 数据的结构类型从传统单一的结构化数据，变成了以非结构化数据，准结构化数据和半结构化数据为主的结构类型，比如：网络日志、图片、社交网络信息和地理位置信息等，这些不同的结构类型使大数据的存储和处理变得更具挑战性. 除了数据结构类型的丰富，数据所在的领域也变得更加丰富，很多传统的领域由互联网技术的发展，数据量也明显增加，像物流、医疗、金融行业等的大数据都呈现出"爆炸式"的增长.

③ 处理速度快

大数据的产生速度很快，变化速度也很快. 比如：Facebook 每天会产生 25 亿以上的数据条目，每日数据新增量超过 500 TB. 在如此高速的数据量产生的同时，由于大数据的技术逐渐成熟，数据处理的速度也很快，各种数据在线上可以被实时地处理、传输和存储，以便全面地反映当下的情况，并从中获取到有价值的信息. 谷歌的 Dremel 就是一种可扩展的、交互式的数据实时查询系统，用于嵌套数据的分析. 通过结合多级树状执行过程和列式数据结构，可以在短短几秒内完成对亿万张表的聚合查询，也能扩展到成千上万的中央处理器（central processing unit，CPU）上，满足谷歌用户操作 PB 级别的数据要求，同时可以在 2~3 秒内完成 PB 级的数据查询.

④ 价值密度低

大数据虽然在数量上十分庞大，但其实有价值的数据量相对比较低. 在通过对大数据的获取、存储、抽取、清洗、集成、挖掘等一系列操作之后，能保留下来的有效数据甚至不足 20%，真可谓"沙里淘金". 以监控摄像拍摄下来的视频为例，一天的视频记录中有价值的记录可能只有短暂的几分钟或是几秒，但为了安全保障工作的顺利开展，需要投入大量的资金购买设备，消耗电能和存储空间来保证相关的区域 24 小时都在监控的状态下. 因此对很多行业来说，如何能够在低价值密度的大数据中更快、更节省成本地提取到有价值的数据是他们所关注的焦点之一.

⑤ 真实性强

大数据中的内容是与真实世界中发生的息息相关的,反映了很多真实的、客观的信息,因此大数据拥有真实性强的特征.但大数据中也存在着一定数据的偏差和错误,要保证在数据的采集和清洗中保证留下来的数据是准确和可信赖的,才能在大数据的研究中从庞大的网络数据中提取出能够解释和预测现实的事件,分析出其中蕴含的规律,预测未来的发展动向.

2. 大数据的核心技术

大数据的核心技术一般包括大数据采集技术、大数据预处理技术、大数据存储与管理技术、大数据分析与挖掘技术、大数据可视化技术与大数据安全保障技术.

(1) 大数据采集技术

通过射频识别(radio frequency identification,RFID)技术、传感器、社交网络交互及移动互联网等方式获得结构化、半结构化、准结构化和非结构化的海量数据,是大数据知识服务模型的根本.

(2) 大数据预处理技术

主要用于完成对已获得数据的抽取、清洗等步骤.对数据进行抽取操作是由于获取的数据可能具有多种结构和类型,需要将这些复杂的数据转化为单一的或者便于处理的构型,以便于处理.

(3) 大数据存储与管理技术

利用存储器把采集到的数据存储起来,并建立相应的数据库来进行管理和调用.大数据存储与管理的技术重点是解决复杂结构化数据的管理与处理.

(4) 大数据分析与挖掘技术

大数据分析与挖掘技术包括改进已有的数据挖掘、机器学习、开发数据网络挖掘、特异群组挖掘和图挖掘等新型数据挖掘技术,其中重点研究的是基于对象的数据连接、相似性连接等的大数据融合技术和用户兴趣分析、网络行为分析、情感语义分析等面向领域的大数据挖掘技术.

(5) 大数据可视化技术

大数据可视化技术能够将隐藏于海量数据中的信息和知识挖掘出来,为人类的社会经济活动提供依据,从而提高各个领域的运行效率,提升整个社会经济的集约化程度.数据可视化的技术可分为基于文本的可视化技术和基于图形的可视化技术.

(6) 大数据安全保障技术

应对黑客的网络攻击以及防止数据泄露的问题发生.从个人层面,保护个人的隐私安全问题.

3. 大数据的价值

大数据的价值伴随着数据的处理过程而产生(其处理过程如图 1.13 所示).

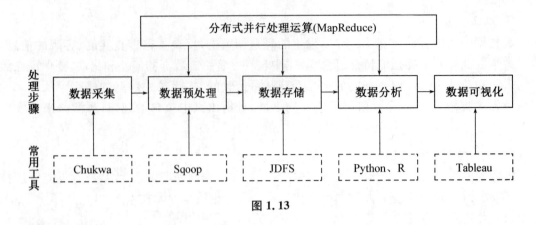

图 1.13

大数据在社会的方方面面中体现着它的价值. 概括起来大数据的价值主要体现在以下两个方面.

（1）发现规律

在大数据分析中可以挖掘出不同要素之间的相关关系. 这些关系体现的就是大数据中蕴含的规律，通过找到这些规律，有助于认清事物的本质，进而更好地为人类服务. 医院可以更快地发现疾病，研制出相应的药品，挽救更多人的生命；企业可以更好地了解不同顾客的需求，从而有针对性地为客户推荐商品，减少顾客的选购商品的时间等.

（2）预测未来

大数据以庞大的数据样本量以及先进算法技术大幅度提高了预测的准确率，为企业扩大了竞争优势，为人们的衣食住行也提供了很大的便利. 比如：银行可以借助大数据预测潜在的风险，从而预防潜在的金融危机；气象局可以更精准的预测未来的天气，方便人们的出行等.

1.2.4　大数据与相关领域的联系

大数据的发展与其他相关领域的出现和发展有着密不可分的联系. 数据科学是大数据研究的基础理论，物联网为大数据的数据采集提供了新的数据来源，区块链技术保障了大数据存储的安全性，而人工智能提供了大数据分析的新的研究方法，他们相辅相成，共同促进着大数据的发展. 它们之间的关系如图 1.14 所示.

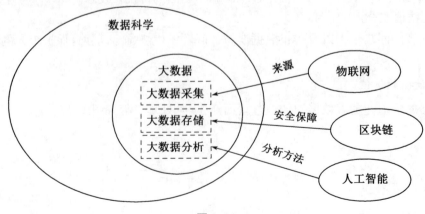

图 1.14

1. 大数据与数据科学

大数据是存储在不同地方的大量非聚合的原始数据,其大小变化至少为 PB 级以上.随着时间的推移会有越来越多的数据从各种来源生成,而且这些数据不是标准形式的,而是以各种形式产生的.

数据科学是针对数据研究的理论基础,包含所有与结构化和非结构化数据相关的内容,从准备、清理、分析和源于有用的视角开始.它结合了数学、统计学、智能数据捕获、编程、问题解决、数据清理、不同的观察角度、准备和数据对齐.它是对数据进行处理的几种技术和流程的组合,以获得有价值的业务视角.

简而言之,大数据是数据科学领域中的一个重要并且很热门的研究点.高效解决大数据存储与处理的问题一直以来是数据科学所追求的目标.也可以说数据科学的研究是包含着大数据的,大数据的研究推进也有助于数据科学的发展.

2. 大数据与物联网

物联网(the internet of things,IOT)是指通过各种信息传感器、射频识别技术、全球定位系统、红外感应器、激光扫描器等各种装置与技术,实时采集任何需要监控、连接、互动的物体或过程,采集其声、光、热、电、力学、化学、生物、位置等各种需要的信息,通过各类可能的网络接入,实现物与物、物与人的泛在连接,实现对物品和过程的智能化感知、识别和管理.简单来说,物联网即“万物相连的互联网”,实现在任何时间、任何地点上人、机、物的互联互通.

对于大数据而言,物联网是大数据的一个重要来源.大数据的数据来源主要有三个方面,分别是物联网、Web 系统和传统信息系统,其中物联网是大数据的主要数据来源,占到了整个数据来源的百分之九十以上,所以说没有物联网也就没有大数据.

对于物联网来说,大数据又是物联网体系的重要组成部分.物联网的体系结构分成六个部分,分别是设备、网络、平台、数据分析、应用和安全,其中大数据分析就是物联网数据分析部分的主要研究内容,而且物联网将事物和信息联系起来,使数据和实物之间有了关联性,能产生更大的价值.

3. 大数据与区块链

区块链基础架构模型,如图 1.15 所示.

区块链(blockchain)是用分布式数据库识别、传播和记载信息的智能化对等网络,也称为价值互联网.它是利用分布式数据存储、点对点传输、共识机制、加密算法等计算机技术形成的新型应用模式.区块链一词最早是作为比特币的底层技术之一出现的,它本质上是一个去中心化的数据库.从科技层面来看,区块链涉及数学、密码学、互联网和计算机编程等很多科学技术问题.从应用视角来看,区块链是一个分布式的共享账本和数据库,具有去中心化、不可篡改、全程留痕、可以追溯、集体维护、公开透明等特点.这些特点保证了区块链的“诚实”与“透明”,为区块链创造信任奠定基础.

在大数据中,区块链技术保障了大数据的安全,使得大数据在存储和使用时的安全问题得到了极大的解决.其工作原理就是把所有数据东西拆分成更小的部分并使其分布在整个计算机网络上,而不是把数据上传到云服务器上,或者把数据存储在一个地方的传统方式,这样就有效地排除了中间人处理数据的传输和交易.此外,区块链上发生的所有事情都是加

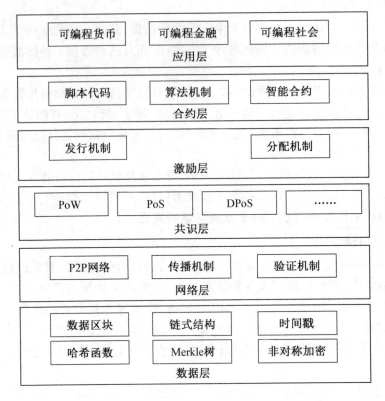

图 1.15

密的,并且可以证明数据没有被更改,保障了数据的安全性,因此也称区块链是去中心化和不可篡改的.

区块链强大的保密性使得其在从银行、医疗保健到智能城市等多个领域得到了广泛的应用. 比如:在金融领域的货币交易阶段,区块链可以有效保证交易过程的安全性,防止交易犯罪的发生;在企业的运作方面,区块链可以防止数据泄露,身份盗窃以及网络攻击的发生. 可以说区块链对于大数据安全方面来说是至关重要的,但目前很多产业缺乏完善的区块链技术系统,因此区块链在大数据上的应用前景广阔.

图 1.16 所示有 6 个账本,张三有 30 元,李四有 50 元,每一个账本的账都是一模一样的,这就是区块链的第一个概念:多个账本记着同一个账,而且每个账本都是一样,通过hash 相互校验.

我们可以把区块链比喻成打牌,如张三、李四、王五、赵六他们四个人在打牌. 第 0 局每个人都发放 100 元,第 0 局,高度 0 区块,他们的校验码 hash 值是 hash0. 第 1 局,高度 1 区块就是张三输给李四 30 元,大家可以看到张三的余额是 100 减 30 等于 70,李四 100 加 30等于 130,所有这些交易及余额的变动就形成了 hash1. 第 2 局,高度 2 交易就是李四输给赵六 30 元,王五输给赵六 20 元,然后他们的余额也分别变动为 100、80、150,他们的 hash 值就是 hash2. 同样到第 3 局,张三输给李四 70 元,这是一笔交易,他们的余额也变成 0、150,这些交易和余额的变动就是 hash3.

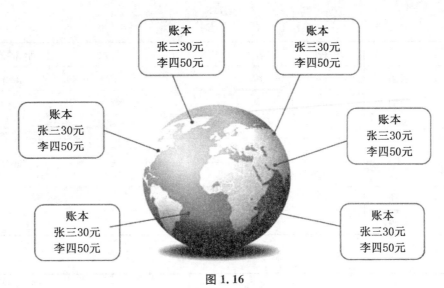

图 1.16

表 1.4

节点 A

高度		张三	李四	王五	赵六	哈希校验
0	余额	100	100	100	100	Hash0
1	变动	−30	30			Hash1
	余额	70	130			
2	变动		−30	−20	50	Hash2
	余额		100	80	150	
3	变动	−70		70		Hash3
	余额	0		150		

　　表 1.4 只有一个节点,表 1.5 有两个节点:节点 A 和节点 B. 节点 A 的高度是小写的 hash0,和节点 B 的 hash0 是一致的,节点 A 的 hash1 和节点 B 的 hash1 也是一致的. 以此类推,两个 hash2 一致,两个 hash3 也一致,那么说明这两个节点的所有的交易和余额的数据都是一致的. 如果有十个节点,那这十个节点也都是一致的.

表 1.5

节点 A

高度		张三	李四	王五	赵六	哈希校验
0	余额	100	100	100	100	hash0
1	变动	−30	30			hash1
	余额	70	130			
2	变动		−30	−20	50	hash2
	余额		100	80	150	
3	变动	−70		70		hash3
	余额	0		150		

节点 B

高度		张三	李四	王五	赵六	哈希校验
0	余额	100	100	100	100	hash0
1	变动	−30	30			hash1
	余额	70	130			
2	变动		−30	−20	50	hash2
	余额		100	80	150	
3	变动	−70		70		hash3
	余额	0		150		

Time33 乘法 hash 计算"123"的哈希：

hash＝0,

hash(1)＝33×hash+1＝33×0+1＝1,

hash(12)＝33×hash(1)+2＝33×1+2＝35,

hash(123)＝33×hash(12)+3＝33×35+3＝1 158.

Time33 乘法 hash 计算"223"的哈希：

hash＝0,

hash(1)＝33×hash+2＝33×0+2＝2,

hash(12)＝33×hash(1)+2＝33×2+2＝68,

hash(123)＝33×hash(12)+2＝33×68+3＝2 247.

张三给李四 100 元有一个 hash 值,张三给李四 101 元则是完全不同的 hash 值,所以两段数据中只要有微小的差别,他们的 hash 值就是完全不一致的,hash 值可以校验两段数据是否一致.

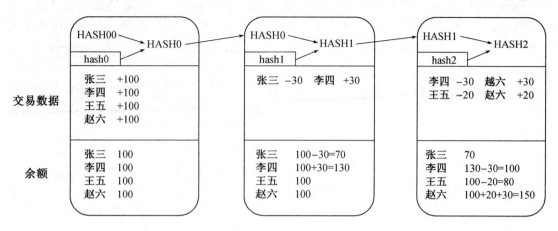

图 1.17

这里有高度 0、高度 1 和高度 2 三个高度的区块. 第一个高度 0, 它的交易数据和余额数据是小写的 hash0, 先生成一个大写的 HASH0. 大写的 HASH0 到高度 1 里面和小写的 hash1 的数据串联以后, 再形成一个大写的 HASH1, 那么大写的 HASH1 则包含了高度 1 里面的交易数据以及前面所有区块数据的哈希值.

第二个高度的区块又包含了大写的 HASH1 和小写的 hash2 的 hash 值, 就形成了一个大写的 HASH2, 那么如果十个节点的服务器的 HASH2 都一致的话, 这就说明他们的数据都是一样的.

私钥是什么呢? 私钥其实就是一个随机数或一个坐标. 比如 2 的 6 次方有 64 个数字, 若选其中的 37 作为坐标. 如果把它想象成一块地的话, 把金子藏在 37 号地, 要挖多少块地才能找到金子呢? 如果我们的区块链比特币私钥的数字是 2 的 256 次方, 相当于宇宙的原子数, 随机找一个坐标把金子放上去, 其他人几乎是不可能找到.

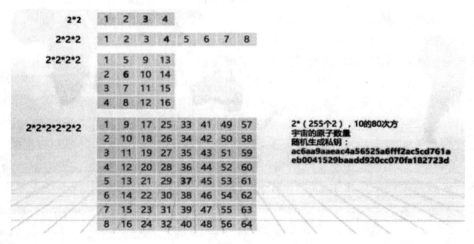

图 1.18

在私钥经过椭圆曲线加密和两次 hash 后,会生成公钥地址,就是区块链上记录钱或资产的账户. 我们也可以把私钥比喻成信箱的钥匙或密码,张三给李四转账 30 元就用张三的私钥进行签名. 可以看到,改签名的字符串或者改收款人或金额都是没有办法做到的,因为这个签名必须是用张三的私钥签名,才能被记账节点验证通过.

然后张三会把他对交易的签名发送给记账节点去验证. 如果十台服务器有七台验证通过以后,转账就会成功,张三的余额就少了 30,余额变为 70,李四的余额就会增加 30,变成 130.

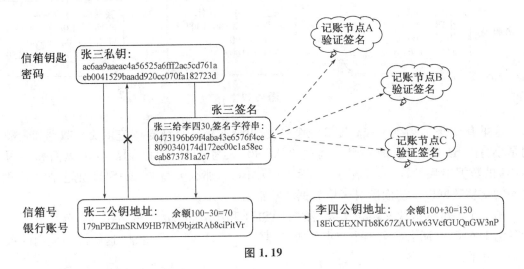

图 1.19

4. 大数据与人工智能

人工智能(artificial intelligence,AI)是研究、开发用于模拟、延伸和扩展人的智能的理论、方法、技术及应用系统的一门新的技术科学. 人工智能是计算机科学的一个分支,它企图了解智能的实质,并生产出一种新的能以人类智能相似的方式做出反应的智能机器,该领域的研究包括机器人、语言识别、图像识别、自然语言处理和专家系统等. 人工智能可以对人的意识、思维的信息过程的模拟.

人工智能不是人的智能,但能按照人类的思维模式进行相应操作. 例如:AlphaGo 是一款能够与人类进行对战的智能机器人,它能够根据围棋对战的实际情况,分析对手的棋路,并在对手落子之后的较短时间内计算出不同应对方式的成功概率,从而选择最佳的落子位置. 人工智能在现代科学技术发展方面有着重大的积极意义,它是人类文明发展的里程碑.

大数据是人工智能的基石,目前人工智能的深度学习主要还是建立在大数据的基础之上,即对大数据进行训练,并从中归纳出可以被计算机运用在类似数据上的知识或规律. 人工智能与大数据不同的点在于:大数据是基于海量数据进行分析从而发现一些隐藏的规律、现象、原理等,而人工智能在大数据的基础上更进一步,会分析数据,然后根据分析结果做出行动,如无人驾驶,自动医学诊断等. 总的来说,人工智能是大数据的研究方法之一,也是大数据的延伸方向.

第 2 章　数学理论之线性代数

2.1　线性代数的应用

2.1.1　矩阵在搜索引擎中的应用

矩阵记为

$$A = \begin{pmatrix} a_{11} & a_{12} & \cdots & a_{1n} \\ a_{21} & a_{22} & \cdots & a_{2n} \\ \vdots & \vdots & \vdots & \vdots \\ a_{m1} & a_{m2} & \cdots & a_{mn} \end{pmatrix}. \tag{2.1}$$

Google 中有哪些有关矩阵的应用呢？

Google 的核心技术是通过 PageRank 对多达 30 多亿的网页进行重要性分析，如果网页 A 链接到网页 B，google 就认为"网页 A 投了网页 B 一票".

$$G = (g_{ij})_{n \times n}，其中 \begin{cases} g_{ij} = 1，若 i \text{ 链到 } j， \\ g_{ij} = 0，否则. \end{cases} \tag{2.2}$$

G 是一个巨大而稀疏的矩阵.

$$G = \begin{pmatrix} 1 & 0 & 1 & \cdots & 1 \\ 0 & 1 & 0 & \cdots & 1 \\ 1 & 1 & 1 & \cdots & 0 \\ \vdots & \vdots & \vdots & \vdots & \vdots \\ 0 & 0 & 1 & \cdots & 1 \end{pmatrix}_{n \times n}，n = 30 \times 10^8. \tag{2.3}$$

各个页面的链入数目：$c_j = \sum_{i=1}^{n} g_{ij}$；各个页面的链出数目：$r_j = \sum_{j=1}^{n} g_{ij}$；再定义矩阵 A.

$$A = (a_{ij})_{n \times n}，a_{ij} = p \frac{g_{ij}}{c_j} + \delta. \tag{2.4}$$

其中 $p = 0.85，\delta = \dfrac{1-p}{n}$.

则 A 是马尔可夫链的转移概率矩阵，可以证明：A 的最大特征值为 1，相应的特征向量 x 满足 $x = Ax$，则 x 是马尔可夫链的平稳分布，也就是 Google 的 PageRank.

2.1.2 矩阵在密码学中的应用

当矩阵 A 可逆时,对 R^n 中所有的 X,等式 $A^{-1}AX = X$ 成立.

我们通常用可逆矩阵来加密.

密码矩阵若为

$$A = \begin{pmatrix} 1 & -1 & -1 & 1 \\ 3 & 0 & -3 & 4 \\ 3 & -2 & 2 & -1 \\ -1 & 1 & 2 & -2 \end{pmatrix}.$$

其逆矩阵为

$$A^{-1} = \frac{1}{2} \begin{pmatrix} 9 & 1 & -1 & 7 \\ 5 & 1 & -1 & 5 \\ -19 & -1 & 3 & -13 \\ -21 & -1 & 3 & -15 \end{pmatrix}.$$

共同约定

$$
\begin{array}{cccccccccccc}
1 & 2 & 3 & 4 & 5 & 6 & 7 & 8 & 9 & 10 \cdots\cdots & 25 & 26 \\
\downarrow & \downarrow & \downarrow & \downarrow & \downarrow & \downarrow & \downarrow & \downarrow & \downarrow & \downarrow & \downarrow & \downarrow \\
A & B & C & D & E & F & G & H & I & J \cdots\cdots & Y & Z
\end{array}
$$

另外,0 表示空格,27 表示句号等,于是密文

$\{1,3,3,15,13,16,12,9,19,8,0,20,8,5,0,20,1,19,11,27\}$

表示:ACCOMPLISH THE TASK.

把这个消息:ACCOMPLISH THE TASK 按列写成 4×5 矩阵 X.

$$X = \begin{pmatrix} 1 & 13 & 19 & 8 & 1 \\ 3 & 16 & 8 & 5 & 19 \\ 3 & 12 & 0 & 0 & 11 \\ 15 & 9 & 20 & 20 & 27 \end{pmatrix}.$$

然后加密:

$$C = AX = \begin{pmatrix} 1 & -1 & -1 & 1 \\ 3 & 0 & -3 & 4 \\ 3 & -2 & 2 & -1 \\ -1 & 1 & 2 & -2 \end{pmatrix} \begin{pmatrix} 1 & 13 & 19 & 8 & 1 \\ 3 & 16 & 8 & 5 & 19 \\ 3 & 12 & 0 & 0 & 11 \\ 15 & 9 & 20 & 20 & 27 \end{pmatrix}.$$

发送：

$$C=AX=\begin{pmatrix} 10 & -6 & 31 & 23 & -2 \\ 54 & 39 & 137 & 104 & 78 \\ -12 & 22 & 21 & -6 & -40 \\ -22 & 9 & -51 & -43 & -14 \end{pmatrix}.$$

最后，用 A^{-1} 左乘收到的密文 AX.

$$A^{-1}C=A^{-1}AX=\frac{1}{2}\begin{pmatrix} 9 & 1 & -1 & 7 \\ 5 & 1 & -1 & 5 \\ -19 & -1 & 3 & -13 \\ -21 & -1 & 3 & -15 \end{pmatrix}\begin{pmatrix} 10 & -6 & 31 & 23 & -2 \\ 54 & 39 & 137 & 104 & 78 \\ -12 & 22 & 21 & -6 & -40 \\ -22 & 9 & -51 & -43 & -14 \end{pmatrix}$$

$$=\begin{pmatrix} 1 & 13 & 19 & 8 & 1 \\ 3 & 16 & 8 & 5 & 19 \\ 3 & 12 & 0 & 0 & 11 \\ 15 & 9 & 20 & 20 & 27 \end{pmatrix}.$$

为了使加密的保密性更强，用于加密的矩阵 A 的除数越大真好，而且还得保证密码矩阵的元素都是整数.

原来是：

$\{1,3,3,15,13,16,12,9,19,8,0,20,8,5,0,20,1,19,11,27\}$

根据上文约定的密码本也就是 ACCOMPLISH THE TAS.

2.1.3　线性方程组的应用

1.《九章算术》

《九章算术》是从先秦到西汉中叶经众多学者编撰、修改的一部数学著作，全书 246 个问题，分为 9 章：方田、粟米、衰分、少广、商功、均输、盈不足、方程、勾股. 有一些问题可以追溯到周代，《周礼》的"六艺" 其中一门是"九数".

方程术：今有

上禾三秉，中禾二秉，下禾一秉，实三十九斗；

上禾二秉，中禾三秉，下禾一秉，实三十四斗；

上禾一秉，中禾二秉，下禾三秉，实二十六斗.

问上、中、下禾实一秉各几何？

设上、中、下禾各一秉打出的粮食分别为 x,y,z，转换为数学公式就是

$$\begin{cases} 3x+2y+z=39, \\ 2x+3y+z=34, \\ x+2y+3z=26. \end{cases}$$

解决方法：遍乘直除法——高斯消去法.

2. 交通流量

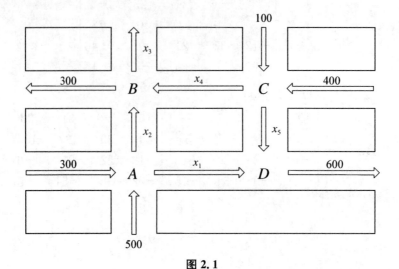

图 2.1

某城市中心区,几条单行道彼此交叉,驶入和驶出如图 2.1 所示. 当给出上下班高峰时每个道路交叉路口的交通流量(以每小时平均车辆数计),试确定这个交通流量图的一般模型.

关于交通流量的基本假设是交通网络的总流入量等于总流出量,且流经一个交叉口的总输入等于总输出.

交叉口 A:$300+500=x_1+x_2$;

交叉口 B:$x_2+x_4=300+x_3$;

交叉口 C:$100+400=x_4+x_5$;

交叉口 D:$x_1+x_5=600$.

另外,该交通网络中总流入量等于总流出量,即 $500+300+100+400=300+x_3+600$.
化简整理得

$$\begin{cases} x_1+x_2=800, \\ x_2-x_3+x_4=300, \\ x_4+x_5=500, \\ x_1+x_5=600, \\ x_3=400. \end{cases}$$

解之得
$$\begin{cases} x_1=600-x_5, \\ x_2=200+x_5, \\ x_4=500-x_5, \\ x_3=400. \end{cases}$$
x_5 是自由变量.

3. 电路网络

如图 2.2 所示的电路中,设电压源 $U_S=10$ V. 已知:$R_1=2\ \Omega$,$R_2=4\ \Omega$,$R_3=12\ \Omega$,$R_4=$

$4\ \Omega, R_5=12\ \Omega, R_6=4\ \Omega, R_7=2\ \Omega$, 求 i_3, U_4, U_7.

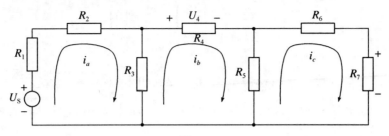

图 2.2

设各个网孔的回路电流分别为 i_a, i_b, 和 i_c.

根据基尔霍夫定律, 任何回路中各个元件的电压之和等于零, 于是, 列出各回路的电压方程为

$$(R_1+R_2+R_3)i_a-R_3 i_b=U_s,$$
$$-R_3 i_a+(R_3+R_4+R_5)i_b-R_5 i_c=0,$$
$$-R_5 i_b+(R_5+R_6+R_7)i_c=0.$$

写成矩阵形式

$$\begin{pmatrix} R_1+R_2+R_3 & -R_3 & 0 \\ -R_3 & R_3+R_4+R_5 & -R_5 \\ 0 & -R_5 & R_5+R_6+R_7 \end{pmatrix}\begin{pmatrix} i_a \\ i_b \\ i_c \end{pmatrix}=\begin{pmatrix} 1 \\ 0 \\ 0 \end{pmatrix}U_s.$$

把已知数据代入, 得

$$\begin{pmatrix} 18 & -12 & 0 \\ -12 & 28 & -12 \\ 0 & -12 & 18 \end{pmatrix}\begin{pmatrix} i_a \\ i_b \\ i_c \end{pmatrix}=\begin{pmatrix} 10 \\ 0 \\ 0 \end{pmatrix}.$$

求解得

$$\begin{pmatrix} i_a \\ i_b \\ i_c \end{pmatrix}=\begin{pmatrix} 0.925\ 9 \\ 0.555\ 6 \\ 0.370\ 4 \end{pmatrix}.$$

4. 化学平衡方程式

化学方程式描述了因化学反应而消耗与增生的物质数量, 例如, 当丙烷气体燃烧时, 根据状态方程式

$$(x_1)C_3H_8+(x_2)O_2 \rightarrow (x_3)CO_2+(x_4)H_2O.$$

为了配平这个方程式, 化学家必须求出整数 x_1, x_2, x_3, x_4, 配平化学方程式的一个有条理的方法是建立一个向量方程, 说明化学反应中出现的每一类原子的数目.

要配平方程式, 系数 x_1, x_2, x_3, x_4, 必须满足: $x_1\begin{pmatrix} 3 \\ 8 \\ 0 \end{pmatrix}+x_2\begin{pmatrix} 0 \\ 0 \\ 2 \end{pmatrix}=x_3\begin{pmatrix} 1 \\ 0 \\ 2 \end{pmatrix}+x_4\begin{pmatrix} 0 \\ 2 \\ 1 \end{pmatrix},$

即
$$\begin{pmatrix} 3 & 0 & -1 & 0 \\ 8 & 0 & 0 & -2 \\ 0 & 2 & -2 & -1 \end{pmatrix} \begin{pmatrix} x_1 \\ x_2 \\ x_3 \\ x_4 \end{pmatrix} = \begin{pmatrix} 0 \\ 0 \\ 0 \end{pmatrix}.$$

解之得 $x_1 = \dfrac{1}{4} x_4$，$x_2 = \dfrac{5}{4} x_4$，$x_3 = \dfrac{3}{4} x_4$，x_4 是自由未知量.

因为化学方程式的系数必须是整数，故取 $x_4 = 4$. 因此 $x_1 = 1$，$x_2 = 5$，$x_3 = 3$，配平后的方程式为

$$C_3 H_8 + 5O_2 \rightarrow 3CO_2 + 4H_2O.$$

5. 构造有营养的减肥食谱

一种在 20 世纪 80 年代很流行的食谱——剑桥食谱. 这是由剑桥大学 Alan H. Howard 博士领导的团队经过 8 年对过度肥胖病人的临床研究成果. 剑桥食谱精确地平衡了碳水化合物、蛋白质和脂肪、配合维生素、矿物质、微量元素和电解质.

近年来，有数百人应用这一食谱成功减肥，举例说明这个食谱的小规模情形.

剑桥食谱中 3 种食物以及 100 克每种食物中所含的某些营养素的数量.

表 2.1

营养素	每 100 克成分所含营养素（克）			每天供应量（克）
	脱脂牛奶	大豆粉	乳清	
蛋白质	36	51	13	33
碳水化合物	52	34	74	45
脂肪	0	7	1.1	3

求出脱脂牛奶、大豆粉、乳清的某种组合，使该食谱每天能供给上表中规定的蛋白质、碳水化合物和脂肪的含量.

$$x_1 \begin{pmatrix} 36 \\ 52 \\ 0 \end{pmatrix} + x_2 \begin{pmatrix} 51 \\ 34 \\ 7 \end{pmatrix} + x_3 \begin{pmatrix} 13 \\ 74 \\ 1.1 \end{pmatrix} = x_4 \begin{pmatrix} 33 \\ 45 \\ 3 \end{pmatrix},$$

即
$$\begin{pmatrix} 36 & 51 & 13 \\ 52 & 34 & 74 \\ 0 & 7 & 1.1 \end{pmatrix} \begin{pmatrix} x_1 \\ x_2 \\ x_3 \end{pmatrix} = \begin{pmatrix} 33 \\ 45 \\ 3 \end{pmatrix}.$$

解得结果为
$$\begin{pmatrix} x_1 \\ x_2 \\ x_3 \end{pmatrix} = \begin{pmatrix} 0.277 \\ 0.392 \\ 0.233 \end{pmatrix}.$$

注意求出的 x_1，x_2，x_3 必须是非负的，否则没有意义.

2.2 行列式

2.2.1 二阶与三阶行列式

我们从最简单的二元线性方程组出发,探求其求解公式,并设法化简此公式.

1. 二元线性方程组与二阶行列式

二元线性方程组
$$\begin{cases} a_{11}x_1 + a_{12}x_2 = b_1, \\ a_{21}x_1 + a_{22}x_2 = b_2. \end{cases}$$

由消元法,得
$$\begin{cases} (a_{11}a_{22} - a_{12}a_{21})x_1 = b_1a_{22} - a_{12}b_2, \\ (a_{11}a_{22} - a_{12}a_{21})x_2 = a_{11}b_2 - b_1a_{21}. \end{cases}$$

当 $a_{11}a_{22} - a_{12}a_{21} \neq 0$ 时,该方程组有唯一解
$$\begin{cases} x_1 = \dfrac{b_1a_{22} - a_{12}b_2}{a_{11}a_{22} - a_{12}a_{21}}, \\ x_2 = \dfrac{a_{11}b_2 - b_1a_{21}}{a_{11}a_{22} - a_{12}a_{21}}. \end{cases}$$

二元线性方程组
$$\begin{cases} a_{11}x_1 + a_{12}x_2 = b_1, \\ a_{21}x_1 + a_{22}x_2 = b_2. \end{cases}$$

求解公式为
$$\begin{cases} x_1 = \dfrac{b_1a_{22} - a_{12}b_2}{a_{11}a_{22} - a_{12}a_{21}}, \\ x_2 = \dfrac{a_{11}b_2 - b_1a_{21}}{a_{11}a_{22} - a_{12}a_{21}}. \end{cases} \tag{2.5}$$

请观察,式(2.5)有何特点?

(1) 分母相同,由方程组的四个系数确定;

(2) 分子、分母都是四个数分成两对相乘再相减而得.

二元线性方程组

$$\begin{cases} a_{11}x_1 + a_{12}x_2 = b_1 \\ a_{21}x_1 + a_{22}x_2 = b_2 \end{cases} \Rightarrow 数表 \begin{matrix} a_{11} & a_{12} \\ a_{21} & a_{22} \end{matrix} \Rightarrow 记号 \begin{vmatrix} a_{11} & a_{12} \\ a_{21} & a_{22} \end{vmatrix}.$$

其求解公式为
$$\begin{cases} x_1 = \dfrac{b_1a_{22} - a_{12}b_2}{a_{11}a_{22} - a_{12}a_{21}}, \\ x_2 = \dfrac{a_{11}b_2 - b_1a_{21}}{a_{11}a_{22} - a_{12}a_{21}}. \end{cases} \tag{2.6}$$

引进新的符号来表示"四个数分成两对相乘再相减". 表达式 $a_{11}a_{22} - a_{12}a_{21}$ 称为由该数表所确定的二阶行列式,即

$$D = \begin{vmatrix} a_{11} & a_{12} \\ a_{21} & a_{22} \end{vmatrix} = a_{11}a_{22} - a_{12}a_{21}. \tag{2.7}$$

其中,$a_{ij}(i=1,2;j=1,2)$ 称为元素,i 为行标,表明元素位于第 i 行;j 为列标,表明元

素位于第 j 列.

二阶行列式的计算——对角线法则:

$$\begin{vmatrix} a_{11} & a_{12} \\ a_{21} & a_{22} \end{vmatrix} = a_{11}a_{22} - a_{12}a_{21}.$$

即主对角线上两元素之积－副对角线上两元素之积.

二元线性方程组
$$\begin{cases} a_{11}x_1 + a_{12}x_2 = b_1, \\ a_{21}x_1 + a_{22}x_2 = b_2. \end{cases}$$

若令

$$D = \begin{vmatrix} a_{11} & a_{12} \\ a_{21} & a_{22} \end{vmatrix},$$

$$D_1 = \begin{vmatrix} b_1 & a_{12} \\ a_2 & a_{22} \end{vmatrix}, \quad D_2 = \begin{vmatrix} a_{11} & b_1 \\ a_{21} & b_2 \end{vmatrix}.$$

则上述二元线性方程组的解可表示为

$$\begin{cases} x_1 = \dfrac{b_1 a_{22} - a_{12} b_2}{a_{11} a_{22} - a_{12} a_{21}} = \dfrac{D_1}{D}, \\ x_2 = \dfrac{a_{11} b_2 - b_1 a_{21}}{a_{11} a_{22} - a_{12} a_{21}} = \dfrac{D_2}{D}. \end{cases} \tag{2.8}$$

例 2.1 求解二元线性方程组 $\begin{cases} 3x_1 - 2x_2 = 12, \\ 2x_1 + x_2 = 1. \end{cases}$

解:因为

$$\begin{cases} D = \begin{vmatrix} 3 & -2 \\ 2 & 1 \end{vmatrix} = 3 - (-4) = 7 \neq 0, \\ D_1 = \begin{vmatrix} 12 & -2 \\ 1 & 1 \end{vmatrix} = 12 - (-2) = 14, \\ D_2 = \begin{vmatrix} 3 & 12 \\ 2 & 1 \end{vmatrix} = 3 - 24 = -21. \end{cases}$$

所以
$$\begin{cases} x_1 = \dfrac{D_1}{D} = \dfrac{14}{7} = 2, \\ x_2 = \dfrac{D_2}{D} = \dfrac{-21}{7} = -3. \end{cases}$$

2. 三阶行列式

设有 9 个数排成 3 行 3 列的数表:

$$\begin{matrix} a_{11} & a_{12} & a_{13} \\ a_{21} & a_{22} & a_{23} \\ a_{31} & a_{32} & a_{33} \end{matrix}$$

原则:横行竖列.

引进记号:

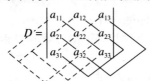

$$= a_{11}a_{22}a_{33} + a_{12}a_{23}a_{31} + a_{13}a_{21}a_{32} - a_{13}a_{22}a_{31} - a_{12}a_{21}a_{33} - a_{11}a_{23}a_{32}.$$

注:二阶行列式的对角线法则并不适用.

三阶行列式的计算——对角线法则:

$$D = \begin{vmatrix} a_{11} & a_{12} & a_{13} \\ a_{21} & a_{22} & a_{23} \\ a_{31} & a_{32} & a_{33} \end{vmatrix}$$

实线上的三个元素的乘积冠正号,

虚线上的三个元素的乘积冠负号.

$$= a_{11}a_{22}a_{33} + a_{12}a_{23}a_{31} + a_{13}a_{21}a_{32} - a_{13}a_{22}a_{31} - a_{12}a_{21}a_{33} - a_{11}a_{23}a_{32}. \tag{2.9}$$

注:对角线法则只适用于二阶与三阶行列式.

例 2.2　计算行列式 $D = \begin{vmatrix} 1 & 2 & -4 \\ -2 & 2 & 1 \\ -3 & 4 & -2 \end{vmatrix}$.

解:按对角线法则,有

$$\begin{aligned} D &= 1 \times 2 \times (-2) + 2 \times 1 \times (-3) + (-4) \times (-2) \times 4 - 1 \times 1 \times 4 - 2 \\ &\quad \times (-2) \times (-2) - (-4) \times 2 \times (-3) \\ &= -4 - 6 + 32 - 4 - 8 - 24 \\ &= -14. \end{aligned}$$

例 2.3　求解方程 $\begin{vmatrix} 1 & 1 & 1 \\ 2 & 3 & x \\ 4 & 9 & x^2 \end{vmatrix} = 0$.

解:方程左端 $D = 3x^2 + 4x + 18 - 9x - 2x^2 - 12 = x^2 - 5x + 6$,

由 $x^2 - 5x + 6 = 0$ 得 $x = 2$ 或 $x = 3$.

2.2.2　全排列及其逆序数

例 2.4　用 1、2、3 三个数字,可以组成多少个没有重复数字的三位数?

解:

$$1\ 2\ 3$$

百位　$\boxed{1}\square\square$　$\boxed{2}\square\square$　$\boxed{3}\square\square$　3 种放法

十位　$\boxed{1}\boxed{2}\square$　$\boxed{1}\boxed{3}\square$　2 种放法

个位　$\boxed{1}\boxed{2}\boxed{3}$　1 种放法

其有 $3 \times 2 \times 1 = 6$ 种放法.

问题:把 n 个不同的元素排成一列,共有多少种不同的排法?

定义 2.1 把 n 个不同的元素排成一列,叫作这 n 个元素的全排列. n 个不同元素的所有排列的种数,通常用 P_n 表示.

$$P_n = n \cdot (n-1) \cdot (n-2) \cdots 3 \cdot 2 \cdot 1 = n!.$$

即 n 个不同的元素一共有 $n!$ 种不同的排法,3 个不同的元素一共有 $3! = 6$ 种不同的排法:123,132,213,231,312,321.

所有 6 种不同的排法中,只有一种排法(123)中的数字是按从小到大的自然顺序排列的,而其他排列中都有大的数排在小的数之前.

因此大部分的排列都不是"顺序",而是"逆序". 对于 n 个不同的元素,可规定各元素之间的标准次序. n 个不同的自然数,规定从小到大为标准次序.

定义 2.2 当某两个元素的先后次序与数值大小次序不同时,就称这两个元素组成一个逆序.

如图 2.3 所示,在排列 32514 中,32、54、51 都是逆序.

图 2.3

请思考:还能找到其他逆序吗?

答:2 和 1,3 和 1 也构成逆序.

定义 2.3 排列中所有逆序的总数称为此排列的逆序数.

排列 $i_1 i_2 \cdots i_n$ 的逆序数通常记为 $t(i_1 i_2 \cdots i_n)$.

奇排列:逆序数为奇数的排列.

偶排列:逆序数为偶数的排列.

请思考:符合标准次序的排列是奇排列还是偶排列?

答:符合标准次序的排列(例如:123)的逆序数等于零,因而是偶排列.

计算排列的逆序数的方法:

设 $p_1 p_2 \cdots p_n$ 是 $1, 2, \cdots, n$ 这 n 个自然数的任一排列,并规定由小到大为标准次序. 先看有多少个比 p_1 大的数排在 p_1 前面,记为 t_1;再看有多少个比 p_2 大的数排在 p_2 前面,记为 t_2;最后看有多少个比 p_n 大的数排在 p_n 前面,记为 t_n;则此排列的逆序数为 $t = t_1 + t_2 + \cdots + t_n$.

例 2.5 求排列 32514 的逆序数.

解:$t(32514) = 0 + 1 + 0 + 3 + 1 = 5.$

2.2.3 n 阶行列式的定义

1. 概念的引入

$$D = \begin{vmatrix} a_{11} & a_{12} & a_{13} \\ a_{21} & a_{22} & a_{23} \\ a_{31} & a_{32} & a_{33} \end{vmatrix} = a_{11}a_{22}a_{33} + a_{12}a_{23}a_{31} + a_{13}a_{12}a_{32} - a_{13}a_{22}a_{31} - a_{12}a_{21}a_{33} - a_{11}a_{23}a_{32}.$$

规律：

(1) 三阶行列式共有 6 项，即 3! 项；

(2) 每一项都是位于不同行不同列的三个元素的乘积；

(3) 每一项可以写成 $a_{1p_1}a_{2p_2}a_{3p_3}$（正负号除外），其中 $p_1p_2p_3$ 是 1、2、3 列的某个排列；

(4) 当 $p_1p_2p_3$ 是偶排列时，对应的项取正号；当 $p_1p_2p_3$ 是奇排列时，对应的项取负号.

所以，三阶行列式可以写成

$$D = \begin{vmatrix} a_{11} & a_{12} & a_{13} \\ a_{21} & a_{22} & a_{23} \\ a_{31} & a_{32} & a_{33} \end{vmatrix} = a_{11}a_{22}a_{33} + a_{12}a_{23}a_{31} + a_{13}a_{12}a_{32} - a_{13}a_{22}a_{31} - a_{12}a_{21}a_{33} - a_{11}a_{23}a_{32}$$

$$= \sum_{p_1p_2p_3} (-1)^{t(p_1p_2p_3)} a_{1p_1}a_{2p_2}a_{3p_3}.$$

其中 $\sum\limits_{p_1p_2p_3}$ 表示对 1、2、3 的所有排列求和

2. n 阶行列式的定义

定义 2.4　$D = \begin{vmatrix} a_{11} & a_{12} & \cdots & a_{1n} \\ a_{21} & a_{22} & \cdots & a_{2n} \\ \vdots & \vdots & & \vdots \\ a_{n1} & a_{n2} & \cdots & a_{nn} \end{vmatrix} = \sum\limits_{p_1p_2\cdots p_n} (-1)^{t(p_1p_2\cdots p_n)} a_{1p_1}a_{2p_2}\cdots a_{np_n},$　(2.10)

简记作 $\det(a_{ij})$，其中 a_{ij} 为行列式 D 的 (i,j) 元.

(1) n 阶行列式共有 $n!$ 项；

(2) 每一项都是位于不同行不同列的 n 个元素的乘积；

(3) 每一项可以写成 $a_{1p_1}a_{2p_2}\cdots a_{np_n}$（正负号除外），其中 $p_1p_2\cdots p_n$ 为自然数 $1,2,\cdots\cdots$ n 的某个排列；

(4) 当 $p_1p_2\cdots p_n$ 是偶排列时，对应的项取正号；当 $p_1p_2\cdots p_n$ 是奇排列时，对应的项取负号.

例 2.6　计算行列式：

$$D_1 = \begin{vmatrix} a_{11} & 0 & 0 & 0 \\ 0 & a_{22} & 0 & 0 \\ 0 & 0 & a_{33} & 0 \\ 0 & 0 & 0 & a_{44} \end{vmatrix}, \quad D_2 = \begin{vmatrix} 0 & 0 & 0 & a_{14} \\ 0 & 0 & a_{23} & 0 \\ 0 & a_{32} & 0 & 0 \\ a_{41} & 0 & 0 & 0 \end{vmatrix},$$

$$D_3 = \begin{vmatrix} a_{11} & a_{12} & a_{13} & a_{14} \\ 0 & a_{22} & a_{23} & a_{24} \\ 0 & 0 & a_{33} & a_{34} \\ 0 & 0 & 0 & a_{44} \end{vmatrix}, \quad D_4 = \begin{vmatrix} a_{11} & 0 & 0 & 0 \\ a_{21} & a_{22} & 0 & 0 \\ a_{32} & a_{32} & a_{33} & 0 \\ a_{41} & a_{42} & a_{43} & a_{44} \end{vmatrix}.$$

解：$D_1 = \begin{vmatrix} a_{11} & 0 & 0 & 0 \\ 0 & a_{22} & 0 & 0 \\ 0 & 0 & a_{33} & 0 \\ 0 & 0 & 0 & a_{44} \end{vmatrix} = a_{11}a_{22}a_{33}a_{44},$

$$D_2 = \begin{vmatrix} 0 & 0 & 0 & a_{14} \\ 0 & 0 & a_{23} & 0 \\ 0 & a_{32} & 0 & 0 \\ a_{41} & 0 & 0 & 0 \end{vmatrix} = (-1)^{t(4321)} a_{14} a_{23} a_{33} a_{41} = a_{14} a_{23} a_{33} a_{41},$$

其中 $t(4321) = 0 + 1 + 2 + 3 = \dfrac{3 \times 4}{2} = 6$,

$$D_3 = \begin{vmatrix} a_{11} & a_{12} & a_{13} & a_{14} \\ 0 & a_{22} & a_{23} & a_{24} \\ 0 & 0 & a_{33} & a_{34} \\ 0 & 0 & 0 & a_{44} \end{vmatrix} = a_{11} a_{22} a_{33} a_{44}, \quad D_4 = \begin{vmatrix} a_{11} & 0 & 0 & 0 \\ a_{21} & a_{22} & 0 & 0 \\ a_{32} & a_{32} & a_{33} & 0 \\ a_{41} & a_{42} & a_{43} & a_{44} \end{vmatrix} = a_{11} a_{22} a_{33} a_{44}.$$

得到四个结论:

(1) 对角行列式

$$D = \begin{vmatrix} a_{11} & & & \\ & a_{22} & & \\ & & \ddots & \\ & & & a_{nn} \end{vmatrix} = a_{11} a_{22} \cdots a_{nn}. \tag{2.11}$$

(2)

$$D = \begin{vmatrix} & & & a_{1n} \\ & & a_{2,n-1} & \\ & \ddots & & \\ a_{n1} & & & \end{vmatrix} = (-1)^{\frac{n(n-1)}{2}} a_{1n} a_{2,n-1} \cdots a_{n1}. \tag{2.12}$$

(3) 上三角形行列式(主对角线下侧元素都为 0)

$$D = \begin{vmatrix} a_{11} & a_{12} & \cdots & a_{1n} \\ 0 & a_{22} & \cdots & a_{2n} \\ \vdots & \vdots & \ddots & \vdots \\ 0 & 0 & \cdots & a_{nn} \end{vmatrix} = a_{11} a_{22} \cdots a_{nn}. \tag{2.13}$$

(4) 下三角形行列式(主对角线上侧元素都为 0)

$$D = \begin{vmatrix} a_{11} & 0 & \cdots & 0 \\ a_{21} & a_{22} & \cdots & 0 \\ \vdots & \vdots & & \vdots \\ a_{n1} & a_{n2} & \cdots & a_{nn} \end{vmatrix} = a_{11} a_{22} \cdots a_{nn}. \tag{2.14}$$

例 2.7 已知 $f(x) = \begin{vmatrix} x & 1 & 1 & 2 \\ 1 & x & 1 & -1 \\ 3 & 2 & x & 1 \\ 1 & 1 & 2x & 1 \end{vmatrix}$,求 x^3 的系数.

解：含 x^3 的项有两项，即 $f(x) = \begin{vmatrix} x & 1 & 1 & 2 \\ 1 & x & 1 & -1 \\ 3 & 2 & x & 1 \\ 1 & 1 & 2x & 1 \end{vmatrix}$，

对应于

$(-1)^{t(1234)} a_{11} a_{22} a_{33} a_{44} + (-1)^{t(1243)} a_{11} a_{22} a_{34} a_{43}$，

$(-1)^{t(1234)} a_{11} a_{22} a_{33} a_{44} = x^3$，

$(-1)^{t(1243)} a_{11} a_{22} a_{34} a_{43} = -2x^3$，故 x^3 的系数为 -1。

2.2.4　对换

1. 对换的定义

定义 2.5　在排列中，将任意两个元素对调，其余的元素不动，这种作出新排列的操作叫作对换。将相邻两个元素对换，叫作相邻对换。

例如：

$a_1 \cdots a_l\ a\ b\ b_1 \cdots b_m$

$\downarrow$

$a_1 \cdots a_l\ b\ a\ b_1 \cdots b_m$，

$a_1 \cdots a_l\ a\ b_1 \cdots b_m\ b\ c_1 \cdots c_n$

$a_1 \cdots a_l\ b\ b_1 \cdots b_m\ a\ c_1 \cdots c_n$

注：

（1）相邻对换是对换的特殊情形；

（2）一般的对换可以通过一系列的相邻对换来实现；

（3）如果连续施行两次相同的对换，那么排列就还原了。

$a_1 \cdots a_l\ a\ b_1 \cdots b_m\ b\ c_1 \cdots c_n$

$\xrightarrow{\ m\ \text{次相邻对换}\ } a_1 \cdots a_l\ a\ b\ b_1 \cdots b_m\ c_1 \cdots c_n$；

$\xrightarrow{\ m+1\ \text{次相邻对换}\ } a_1 \cdots a_l\ b\ b_1 \cdots b_m\ a\ c_1 \cdots c_n$；

$\xrightarrow{\ m\ \text{次相邻对换}\ } a_1 \cdots a_l\ b\ a\ b_1 \cdots b_m\ c_1 \cdots c_n$；

$\xrightarrow{\ m+1\ \text{次相邻对换}\ } a_1 \cdots a_l\ a\ b_1 \cdots b_m\ b\ c_1 \cdots c_n$。

2. 对换与排列奇偶性的关系

定理 2.1　对换改变排列的奇偶性。

证明：先考虑相邻对换的情形。

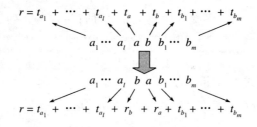

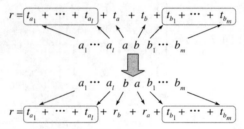

注意到除 a,b 外，其他元素的逆序数不改变．

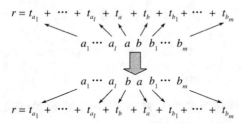

当 $a<b$ 时，$r_a=t_a+1$，$r_b=t_b$，$r=t+1$；当 $a>b$ 时，$r_a=t_a$，$r_b=t_b-1$，$r=t-1$．
因此相邻对换改变排列的奇偶性．

既然相邻对换改变排列的奇偶性，那么

$$a_1\cdots a_l\,a\,b_1\cdots b_m\,b\,c_1\cdots c_n \xrightarrow[\quad]{2m+1\text{ 次相邻对换}} a_1\cdots a_l\,b\,b_1\cdots b_m\,a\,c_1\cdots c_n.$$

因此，一个排列中的任意两个元素对换，排列的奇偶性改变．

推论 2.1 奇排列变成标准排列的对换次数为奇数，偶排列变成标准排列的对换次数为偶数．

证明：由定理 2.1 知，对换的次数就是排列奇偶性的变化次数，而标准排列是偶排列（逆序数为零），因此可知推论成立．

因为数的乘法是可以交换的，所以 n 个元素相乘的次序是可以任意的，即

$$a_{i_1 j_1}a_{i_2 j_2},\cdots,a_{i_m j_m}=a_{1p_1}a_{2p_2}\cdots a_{np_n}=a_{p_1 1}a_{p_2 2}\cdots a_{p_n n}.$$

每作一次交换，元素的行标与列标所成的排列 $i_1 i_2\cdots i_n$ 与 $j_1 j_2\cdots j_n$ 都同时作一次对换，即 $i_1 i_2\cdots i_n$ 与 $j_1 j_2\cdots j_n$ 同时改变奇偶性，但是这两个排列的逆序数之和的奇偶性不变．

设对换前行标排列的逆序数为 s，列标排列的逆序数为 t．设经过一次对换后行标排列的逆序数为 s'，列标排列的逆序数为 t'，因为对换改变排列的奇偶性，$s'-s$ 是奇数，$t'-t$ 也是奇数．所以 $(s'-s)+(t'-t)$ 是偶数，即 $(s'+t')-(s+t)$ 是偶数．于是 $(s'+t')$ 与 $(s+t)$ 同时为奇数或同时为偶数．

因此，交换 $a_{i_1 j_1}a_{i_2 j_2},\cdots,a_{i_n j_n}$ 中任意两个元素的位置后，其行标排列与列标排列的逆序数之和的奇偶性不变．

经过一次对换是如此，经过多次对换还是如此．所以，在一系列对换之后有

$$(-1)^{t(i_1 i_2\cdots i_n)+t(j_1 j_2\cdots j_n)}=(-1)^{t(12\cdots n)+t(p_1 p_2\cdots p_n)}$$
$$=(-1)^{t(p_1 p_2\cdots p_n)}.$$

定理 2.2 n 阶行列式也可定义为

$$D=\sum_{p_1 p_2\cdots p_n}(-1)^{t(p_1 p_2\cdots p_n)}a_{p_1 1}a_{p_2 2}\cdots a_{p_n n}, \tag{2.15}$$

$$D = \sum_{\substack{i_1 i_2 \cdots i_n \\ j_1 j_2 \cdots j_n}} (-1)^{t(i_1 i_2 \cdots i_n) + t(j_1 j_2 \cdots j_n)} a_{i_1 j_1} a_{i_2 j_2} \cdots a_{i_n j_n}. \tag{2.16}$$

例 2.8 试判断 $a_{14} a_{23} a_{31} a_{42} a_{56} a_{65}$ 和 $-a_{32} a_{43} a_{14} a_{51} a_{25} a_{66}$ 是否都是六阶行列式中的项.

解：$a_{14} a_{23} a_{31} a_{42} a_{56} a_{65}$ 下标的逆序数为 $t(431\,265) = 0+1+2+2+0+1 = 6$,

所以 $a_{14} a_{23} a_{31} a_{42} a_{56} a_{65}$ 是六阶行列式中的项.

$-a_{32} a_{43} a_{14} a_{51} a_{25} a_{66}$ 行标和列标的逆序数之和 $t(341\,526) + t(234\,156) = 5+3 = 8$,

所以 $-a_{32} a_{43} a_{14} a_{51} a_{25} a_{66}$ 不是六阶行列式中的项.

例 2.9 用行列式的定义计算：

$$D_n = \begin{vmatrix} 0 & 0 & \cdots & 0 & 1 & 0 \\ 0 & 0 & \cdots & 2 & 0 & 0 \\ \vdots & \vdots & & \vdots & \vdots & \vdots \\ n-1 & 0 & \cdots & 0 & 0 & 0 \\ 0 & 0 & \cdots & 0 & 0 & n \end{vmatrix}.$$

解：
$$\begin{aligned} D_n &= (-1)^t a_{1,n-1} a_{2,n-2} \cdots a_{n-1,1} a_{nn} \\ &= (-1)^t 1 \cdot 2 \cdots (n-1) \cdot n \\ &= (-1)^t n! \end{aligned}$$

$$\begin{aligned} t &= (n-2) + (n-3) + \cdots + 2 + 1 \\ &= (n-1)(n-2)/2. \end{aligned}$$

$$D_n = (-1)^{\frac{(n-1)(n-2)}{2}} n!.$$

2.2.5 行列式的性质

1. 行列式的性质

记

$$D = \begin{vmatrix} a_{11} & a_{12} & \cdots & a_{1n} \\ a_{21} & a_{22} & \cdots & a_{2n} \\ \vdots & \vdots & & \vdots \\ a_{n1} & a_{n2} & \cdots & a_{nn} \end{vmatrix}, \quad D^T = \begin{vmatrix} a_{11} & a_{21} & \cdots & a_{n1} \\ a_{12} & a_{22} & \cdots & a_{n2} \\ \vdots & \vdots & & \vdots \\ a_{1n} & a_{2n} & \cdots & a_{nn} \end{vmatrix}.$$

行列式 D^T 称为行列式 D 的转置行列式.

若记 $D = \det(a_{ij})$, $D^T = \det(b_{ij})$, 则 $b_{ij} = a_{ji}$.

性质 2.1 行列式与它的转置行列式相等, 即 $D^T = D$.

证明：若记 $D = \det(a_{ij})$, $D^T = \det(b_{ij})$, 则 $b_{ij} = a_{ji} (i, j = 1, 2, \cdots, n)$, 根据行列式的定义, 有

$$\begin{aligned} D^T &= \sum_{p_1 p_2 \cdots p_n} (-1)^{t(p_1 p_2 \cdots p_n)} b_{1p_1} b_{2p_2} \cdots b_{np_n} \\ &= \sum_{p_1 p_2 \cdots p_n} (-1)^{t(p_1 p_2 \cdots p_n)} a_{p_1 1} a_{p_2 2} \cdots a_{p_n n} \\ &= D. \end{aligned}$$

行列式中行与列具有同等的地位,行列式的性质凡是对行成立的对列也同样成立.

性质 2.2 互换行列式的两行(列),行列式变号.

注:交换第 i 行(列)和第 j 行(列),记作 $r_i \leftrightarrow r_j (c_i \leftrightarrow c_j)$.

$$\begin{vmatrix} 1 & 7 & 5 \\ 6 & 6 & 2 \\ 3 & 5 & 8 \end{vmatrix} = -196, \quad \begin{vmatrix} 1 & 7 & 5 \\ 3 & 5 & 8 \\ 6 & 6 & 2 \end{vmatrix} = 196.$$

于是 $\begin{vmatrix} 1 & 7 & 5 \\ 6 & 6 & 2 \\ 3 & 5 & 8 \end{vmatrix} = - \begin{vmatrix} 1 & 7 & 5 \\ 3 & 5 & 8 \\ 6 & 6 & 2 \end{vmatrix}.$

推论 2.2 如果行列式有两行(列)完全相同,则此行列式为零.

证明:互换相同的两行,有 $D = -D$,所以 $D = 0$.

性质 2.3 行列式的某一行(列)中所有的元素都乘以同一个倍数 k,等于用数 k 乘以此行列式.

注:第 i 行(列)乘以 k,记作 $r_i \times k (c_i \times k)$.

证明:以三阶行列式为例,记

$$D = \begin{vmatrix} a_{11} & a_{12} & a_{13} \\ a_{21} & a_{22} & a_{23} \\ a_{31} & a_{32} & a_{33} \end{vmatrix}, \quad D_1 = \begin{vmatrix} a_{11} & a_{12} & a_{13} \\ ka_{21} & ka_{22} & ka_{23} \\ a_{31} & a_{32} & a_{33} \end{vmatrix}.$$

根据三阶行列式的对角线法则,有

$$\begin{aligned}
D_1 &= \begin{vmatrix} a_{11} & a_{12} & a_{13} \\ ka_{21} & ka_{22} & ka_{23} \\ a_{31} & a_{32} & a_{33} \end{vmatrix} \\
&= a_{11}(ka_{22})a_{33} + a_{12}(ka_{23})a_{31} + a_{13}(ka_{21})a_{32} \\
&\quad - a_{13}(ka_{22})a_{31} - a_{12}(ka_{21})a_{33} - a_{11}(ka_{23})a_{32} \\
&= k\begin{pmatrix} a_{11}a_{22}a_{33} + a_{12}a_{23}a_{31} + a_{13}a_{21}a_{32} \\ -a_{13}a_{22}a_{31} - a_{12}a_{21}a_{33} - a_{11}a_{23}a_{32} \end{pmatrix} \\
&= kD.
\end{aligned}$$

推论 2.3 行列式的某一行(列)中所有元素的公因子可以提到行列式符号的外面.

注:第 i 行(列)提出公因子 k,记作 $r_i \div k (c_i \div k)$.

性质 2.4 行列式中如果有两行(列)元素成比例,则此行列式为零.

证明:以 4 阶行列式为例.

$$\begin{vmatrix} a_{11} & a_{12} & a_{13} & a_{14} \\ a_{21} & a_{22} & a_{23} & a_{24} \\ a_{31} & a_{32} & a_{33} & a_{34} \\ ka_{11} & ka_{12} & ka_{13} & ka_{14} \end{vmatrix} = k\begin{vmatrix} a_{11} & a_{12} & a_{13} & a_{14} \\ a_{21} & a_{22} & a_{23} & a_{24} \\ a_{31} & a_{32} & a_{33} & a_{34} \\ a_{11} & a_{12} & a_{13} & a_{14} \end{vmatrix} = k \cdot 0 = 0,$$

性质 2.5 若行列式的某一列(行)的元素都是两数之和.

例如：$D = \begin{vmatrix} a_{11} & a_{12}+b_{12} & a_{13} \\ a_{21} & a_{22}+b_{22} & a_{23} \\ a_{31} & a_{32}+b_{32} & a_{33} \end{vmatrix}$，则 $D = \begin{vmatrix} a_{11} & a_{12} & a_{13} \\ a_{21} & a_{22} & a_{23} \\ a_{31} & a_{32} & a_{33} \end{vmatrix} + \begin{vmatrix} a_{11} & b_{12} & a_{13} \\ a_{21} & b_{22} & a_{23} \\ a_{31} & b_{32} & a_{33} \end{vmatrix}.$

证明：以三阶行列式为例.

$$D = \begin{vmatrix} a_{11} & a_{12}+b_{12} & a_{13} \\ a_{21} & a_{22}+b_{22} & a_{23} \\ a_{31} & a_{32}+b_{32} & a_{33} \end{vmatrix}$$

$$= \sum_{p_1 p_2 p_3} (-1)^{t(p_1 p_2 p_3)} a_{1p_1} (a_{2p_2} + b_{2p_2}) a_{3p_3}$$

$$= \sum_{p_1 p_2 p_3} (-1)^{t(p_1 p_2 p_3)} a_{1p_1} a_{2p_2} a_{3p_3} + \sum_{p_1 p_2 p_3} (-1)^{t(p_1 p_2 p_3)} a_{1p_1} b_{2p_2} a_{3p_3}$$

$$= \begin{vmatrix} a_{11} & a_{12} & a_{13} \\ a_{21} & a_{22} & a_{23} \\ a_{31} & a_{32} & a_{33} \end{vmatrix} + \begin{vmatrix} a_{11} & b_{12} & a_{13} \\ a_{21} & b_{22} & a_{23} \\ a_{31} & b_{32} & a_{33} \end{vmatrix}.$$

性质 2.6　把行列式的某一列（行）的各元素乘以同一个倍数然后加到另一列（行）对应的元素上去，行列式不变.

注：以数 k 乘第 j 行（列）加到第 i 行（列）上，记作 $r_i + kr_j (c_i + kc_j)$.

证明：以三阶行列式为例，记

$$D = \begin{vmatrix} a_{11} & a_{12} & a_{13} \\ a_{21} & a_{22} & a_{23} \\ a_{31} & a_{32} & a_{33} \end{vmatrix}, D_1 = \begin{vmatrix} a_{11} & a_{12}+ka_{13} & a_{13} \\ a_{21} & a_{22}+ka_{23} & a_{23} \\ a_{31} & a_{32}+ka_{33} & a_{33} \end{vmatrix},$$

则 $D = D_1$.

2. 应用举例

计算行列式常用方法：利用运算 $r_i + kr_j$ 把行列式化为上三角形行列式，从而算得行列式的值.

例 2.10　计算行列式：

$$D = \begin{vmatrix} 1 & -1 & 2 & -3 & 1 \\ -3 & 3 & -7 & 9 & -5 \\ 2 & 0 & 4 & -2 & 1 \\ 3 & -5 & 7 & -14 & 6 \\ 4 & -4 & 10 & -10 & 2 \end{vmatrix}.$$

解：$D = \begin{vmatrix} 1 & -1 & 2 & -3 & 1 \\ -3 & 3 & -7 & 9 & -5 \\ 2 & 0 & 4 & -2 & 1 \\ 3 & -5 & 7 & -14 & 6 \\ 4 & -4 & 10 & -10 & 2 \end{vmatrix} \xlongequal{r_2 + 3r_1} \begin{vmatrix} 1 & -1 & 2 & -3 & 1 \\ 0 & 0 & -1 & 0 & -2 \\ 2 & 0 & 4 & -2 & 1 \\ 3 & -5 & 7 & -14 & 6 \\ 4 & -4 & 10 & -10 & 2 \end{vmatrix}$

$$\xrightarrow{r_3-2r_1}
\begin{vmatrix}
1 & -1 & 2 & -3 & 1 \\
0 & 0 & -1 & 0 & -2 \\
0 & 2 & 0 & 4 & -1 \\
3 & -5 & 7 & -14 & 6 \\
4 & -4 & 10 & -10 & 2
\end{vmatrix}
\xrightarrow[r_5-4r_1]{r_4-3r_1}
\begin{vmatrix}
1 & -1 & 2 & -3 & 1 \\
0 & 0 & -1 & 0 & -2 \\
0 & 2 & 0 & 4 & -1 \\
0 & -2 & 1 & -5 & 3 \\
0 & 0 & 2 & 2 & -2
\end{vmatrix}$$

$$\xrightarrow{r_2\leftrightarrow r_4}
\begin{vmatrix}
1 & -1 & 2 & -3 & 1 \\
0 & -2 & 1 & -5 & 3 \\
0 & 2 & 0 & 4 & -1 \\
0 & 0 & -1 & 0 & -2 \\
0 & 0 & 2 & 2 & -2
\end{vmatrix}
\xrightarrow{r_3+r_2}
\begin{vmatrix}
1 & -1 & 2 & -3 & 1 \\
0 & -2 & 1 & -5 & 3 \\
0 & 0 & 1 & -1 & 2 \\
0 & 0 & -1 & 0 & -2 \\
0 & 0 & 2 & 2 & -2
\end{vmatrix}$$

$$\xrightarrow{r_4+r_3}
\begin{vmatrix}
1 & -1 & 2 & -3 & 1 \\
0 & -2 & 1 & -5 & 3 \\
0 & 0 & 1 & -1 & 2 \\
0 & 0 & 0 & -1 & 0 \\
0 & 0 & 2 & 2 & -2
\end{vmatrix}
\xrightarrow{r_5-2r_3+4r_4}
\begin{vmatrix}
1 & -1 & 2 & -3 & 1 \\
0 & -2 & 1 & -5 & 3 \\
0 & 0 & 1 & -1 & 2 \\
0 & 0 & 0 & -1 & 0 \\
0 & 0 & 0 & 0 & -6
\end{vmatrix}=12.$$

例 2.11 设 $D=\begin{vmatrix} a_{11} & \cdots & a_{1k} & & & \\ \vdots & & \vdots & & 0 & \\ a_{k1} & \cdots & a_{kk} & & & \\ c_{11} & \cdots & c_{1k} & b_{11} & \cdots & b_{1n} \\ \vdots & & \vdots & \vdots & & \vdots \\ c_{n1} & \cdots & c_{nk} & b_{n1} & \cdots & b_{nn} \end{vmatrix}$,

$$D_1=\det(a_{ij})=\begin{vmatrix} a_{11} & \cdots & a_{1k} \\ \vdots & & \vdots \\ a_{k1} & \cdots & a_{kk} \end{vmatrix},\quad D_2=\det(b_{ij})=\begin{vmatrix} b_{11} & \cdots & b_{1n} \\ \vdots & & \vdots \\ b_{n1} & \cdots & b_{nn} \end{vmatrix},$$

试证明：$D=D_1D_2$.

证明：对 D_1 作运算 r_i+kr_j，把 D_1 化为下三角形行列式，

设 $D_1=\begin{vmatrix} p_{11} & & 0 \\ \vdots & \ddots & \\ p_{k1} & \cdots & p_{kk} \end{vmatrix}=p_{11}\cdots p_{kk}$；

对 D_2 作运算 c_i+kc_j，把 D_2 化为下三角形行列式，

设 $D_2=\begin{vmatrix} q_{11} & & 0 \\ \vdots & \ddots & \\ q_{n1} & \cdots & q_{nn} \end{vmatrix}=q_{11}\cdots q_{nn}$；

对 D 的前 k 行作运算 r_i+kr_j，再对后 n 列作运算 c_i+kc_j，把 D 化为下三角形行列式，

$$D = \begin{vmatrix} p_{11} & & & & & \\ \vdots & \ddots & & & 0 & \\ p_{k1} & \cdots & p_{kk} & & & \\ c_{11} & \cdots & c_{1k} & q_{11} & & \\ \vdots & & \vdots & \vdots & \ddots & \\ c_{n1} & \cdots & c_{nk} & q_{n1} & \cdots & q_{nn} \end{vmatrix},$$

故 $D = p_{11} \cdots p_{kk} \cdot q_{11} \cdots q_{nn} = D_1 D_2$.

2.2.6 行列式按行(列)展开

对角线法则只适用于二阶与三阶行列式. 本节主要考虑如何用低阶行列式来表示高阶行列式.

1. 引言

$$\begin{vmatrix} a_{11} & a_{12} & a_{13} \\ a_{21} & a_{22} & a_{23} \\ a_{31} & a_{32} & a_{33} \end{vmatrix} = a_{11}a_{22}a_{33} + a_{12}a_{23}a_{31} + a_{13}a_{21}a_{32} - a_{13}a_{22}a_{31} - a_{12}a_{21}a_{33} - a_{11}a_{23}a_{32}$$

$$= a_{11}(a_{22}a_{33} - a_{23}a_{32}) + a_{12}(a_{23}a_{31} - a_{21}a_{33}) + a_{13}(a_{21}a_{32} - a_{22}a_{31})$$

$$= a_{11}\begin{vmatrix} a_{22} & a_{23} \\ a_{32} & a_{33} \end{vmatrix} + a_{12}\begin{vmatrix} a_{21} & a_{23} \\ a_{31} & a_{33} \end{vmatrix} + a_{13}\begin{vmatrix} a_{21} & a_{23} \\ a_{31} & a_{33} \end{vmatrix}.$$

结论:三阶行列式可以用二阶行列式表示.

请思考:任意一个行列式是否都可以用较低阶的行列式表示?

定义 2.6 在 n 阶行列式中,把元素 a_{ij} 所在的第 i 行和第 j 列划掉后,留下来的 $(n-1)$ 阶行列式叫作元素 a_{ij} 的余子式,记作 M_{ij},把 $A_{ij} = (-1)^{i+j} M_{ij}$ 称为元素 a_{ij} 的代数余子式.

例如:$D = \begin{vmatrix} a_{11} & a_{12} & a_{13} & a_{14} \\ a_{21} & a_{22} & a_{23} & a_{24} \\ a_{31} & a_{32} & a_{33} & a_{34} \\ a_{41} & a_{42} & a_{43} & a_{44} \end{vmatrix}$, $M_{23} = \begin{vmatrix} a_{11} & a_{12} & a_{14} \\ a_{31} & a_{32} & a_{34} \\ a_{41} & a_{42} & a_{44} \end{vmatrix}$, $A_{23} = (-1)^{2+3} M_{23} = -M_{23}$.

结论:因为行标和列标可唯一标识行列式的元素,所以行列式中每一个元素都分别对应着一个余子式和一个代数余子式.

定理 2.3 一个 n 阶行列式,如果其中第 i 行所有元素除 a_{ij} 外都为零,那么这行列式等于 a_{ij} 与它的代数余子式的乘积,即 $D = a_{ij} A_{ij}$.

例 2.12 $D = \begin{vmatrix} a_{11} & a_{12} & a_{13} & a_{14} \\ a_{21} & a_{22} & a_{23} & a_{24} \\ 0 & 0 & a_{33} & 0 \\ a_{41} & a_{42} & a_{43} & a_{44} \end{vmatrix} = a_{33} A_{33} = (-1)^{3+3} a_{33} M_{33}$

$$= (-1)^{3+3} a_{33} \begin{vmatrix} a_{11} & a_{12} & a_{14} \\ a_{21} & a_{22} & a_{24} \\ a_{41} & a_{42} & a_{44} \end{vmatrix} = a_{33} \begin{vmatrix} a_{11} & a_{12} & a_{14} \\ a_{21} & a_{22} & a_{24} \\ a_{41} & a_{42} & a_{44} \end{vmatrix}.$$

分析:当 a_{ij} 位于第 1 行第 1 列时,$D=\begin{vmatrix} a_{11} & 0 & \cdots & 0 \\ a_{21} & a_{22} & \cdots & a_{2n} \\ \vdots & \vdots & & \vdots \\ a_{n1} & a_{n2} & \cdots & a_{nn} \end{vmatrix}$,即有 $D=a_{11}M_{11}$.

又 $A_{11}=(-1)^{1+1}M_{11}=M_{11}$,从而 $D=a_{11}M_{11}$.

下面再讨论一般情形.

以 4 阶行列式为例.

$$\begin{vmatrix} a_{11} & a_{12} & a_{13} & a_{14} \\ a_{21} & a_{22} & a_{23} & a_{24} \\ 0 & 0 & 0 & a_{34} \\ a_{41} & a_{42} & a_{43} & a_{44} \end{vmatrix} \xrightarrow{r_2 \leftrightarrow r_3 (-1)} \begin{vmatrix} a_{11} & a_{12} & a_{13} & a_{14} \\ 0 & 0 & 0 & a_{34} \\ a_{21} & a_{22} & a_{23} & a_{24} \\ a_{41} & a_{42} & a_{43} & a_{44} \end{vmatrix}$$

$$\xrightarrow{r_1 \leftrightarrow r_2 (-1)^2} \begin{vmatrix} 0 & 0 & 0 & a_{34} \\ a_{11} & a_{12} & a_{13} & a_{14} \\ a_{21} & a_{22} & a_{23} & a_{24} \\ a_{41} & a_{42} & a_{43} & a_{44} \end{vmatrix} = (-1)^{(3-1)} \begin{vmatrix} 0 & 0 & 0 & a_{34} \\ a_{11} & a_{12} & a_{13} & a_{14} \\ a_{21} & a_{22} & a_{23} & a_{24} \\ a_{41} & a_{42} & a_{43} & a_{44} \end{vmatrix}.$$

请思考:能否以 $r_1 \leftrightarrow r_3$ 代替上述两次行变换?

答:不能.

$$\begin{vmatrix} a_{11} & a_{12} & a_{13} & a_{14} \\ a_{21} & a_{22} & a_{23} & a_{24} \\ 0 & 0 & 0 & a_{34} \\ a_{41} & a_{42} & a_{43} & a_{44} \end{vmatrix} \xrightarrow[r_1 \leftrightarrow r_2]{r_2 \leftrightarrow r_3} (-1)^2 \begin{vmatrix} 0 & 0 & 0 & a_{34} \\ a_{11} & a_{12} & a_{13} & a_{14} \\ a_{21} & a_{22} & a_{23} & a_{24} \\ a_{41} & a_{42} & a_{43} & a_{44} \end{vmatrix}$$

$$\begin{vmatrix} a_{11} & a_{12} & a_{13} & a_{14} \\ a_{21} & a_{22} & a_{23} & a_{24} \\ 0 & 0 & 0 & a_{34} \\ a_{41} & a_{42} & a_{43} & a_{44} \end{vmatrix} \xrightarrow{r_1 \leftrightarrow r_3} (-1) \begin{vmatrix} 0 & 0 & 0 & a_{34} \\ a_{21} & a_{22} & a_{23} & a_{24} \\ a_{11} & a_{12} & a_{13} & a_{14} \\ a_{41} & a_{42} & a_{43} & a_{44} \end{vmatrix}$$

$$= (-1)^{(3-1)} \begin{vmatrix} 0 & 0 & 0 & a_{34} \\ a_{11} & a_{12} & a_{13} & a_{14} \\ a_{21} & a_{22} & a_{23} & a_{24} \\ a_{41} & a_{42} & a_{43} & a_{44} \end{vmatrix} \xrightarrow[c_1 \leftrightarrow c_2]{\substack{c_3 \leftrightarrow c_4 \\ c_2 \leftrightarrow c_3}} (-1)^{(3-1)}(-1)^3 \begin{vmatrix} a_{34} & 0 & 0 & 0 \\ a_{14} & a_{11} & a_{12} & a_{13} \\ a_{24} & a_{21} & a_{22} & a_{23} \\ a_{44} & a_{41} & a_{42} & a_{43} \end{vmatrix}$$

$$= (-1)^{(3-1)}(-1)^{(4-1)} \begin{vmatrix} a_{34} & 0 & 0 \\ a_{14} & a_{11} & a_{12} & a_{13} \\ a_{24} & a_{21} & a_{22} & a_{23} \\ a_{44} & a_{41} & a_{42} & a_{43} \end{vmatrix}$$

$$= (-1)^{3+4-2} a_{34} \begin{vmatrix} a_{11} & a_{12} & a_{13} \\ a_{21} & a_{22} & a_{23} \\ a_{41} & a_{42} & a_{43} \end{vmatrix} = (-1)^{3+4} a_{34} M_{34} = a_{34} A_{34}.$$

2. 行列式按行(列)展开法则

定理 2.4　行列式等于它的任一行(列)的各元素与其对应的代数余子式乘积之和,即

$$D = a_{i1}A_{i1} + a_{i2}A_{i2} + \cdots + a_{in}A_{in} (i=1,2,\cdots,n).$$

$$\begin{vmatrix} a_{11} & a_{12} & a_{13} \\ a_{21} & a_{22} & a_{23} \\ a_{31} & a_{32} & a_{33} \end{vmatrix} = \begin{vmatrix} a_{11}+0+0 & 0+a_{12}+0 & 0+0+a_{13} \\ a_{21} & a_{22} & a_{23} \\ a_{31} & a_{32} & a_{33} \end{vmatrix}$$

$$= \begin{vmatrix} a_{11} & 0 & 0 \\ a_{21} & a_{22} & a_{23} \\ a_{31} & a_{32} & a_{33} \end{vmatrix} + \begin{vmatrix} 0 & a_{12} & 0 \\ a_{21} & a_{22} & a_{23} \\ a_{31} & a_{32} & a_{33} \end{vmatrix} + \begin{vmatrix} 0 & 0 & a_{13} \\ a_{21} & a_{22} & a_{23} \\ a_{31} & a_{32} & a_{33} \end{vmatrix},$$

$$= a_{11}A_{11} + a_{12}A_{12} + a_{13}A_{13},$$

同理可得 $= a_{21}A_{21} + a_{22}A_{22} + a_{23}A_{23},$

$$= a_{31}A_{31} + a_{32}A_{32} + a_{33}A_{33}.$$

例 2.13　证明范德蒙德(Vandermonde)行列式:

$$D_n = \begin{vmatrix} 1 & 1 & \cdots & 1 \\ x_1 & x_2 & \cdots & x_n \\ x_1^2 & x_2^2 & \cdots & x_n^2 \\ \vdots & \vdots & & \vdots \\ x_1^{n-1} & x_2^{n-1} & \cdots & x_n^{n-1} \end{vmatrix} = \prod_{n \geqslant i \geqslant j \geqslant 1} (x_i - x_j). \tag{2.17}$$

证明:用数学归纳法.

$$D_2 = \begin{vmatrix} 1 & 1 \\ x_1 & x_2 \end{vmatrix} = x_2 - x_1 = \prod_{2 \geqslant i \geqslant j \geqslant 1} (x_i - x_j),$$

所以 $n=2$ 时,式(2.23)成立.

假设式(2.23)对于 $(n-1)$ 阶范德蒙德行列式成立,从第 n 行开始,后行减去前行的 x_1 倍:

$$D_n = \begin{vmatrix} 1 & 1 & 1 & \cdots & 1 \\ 0 & x_2-x_1 & x_3-x_1 & \cdots & x_n-x_1 \\ 0 & x_2(x_2-x_1) & x_3(x_3-x_1) & \cdots & x_n(x_n-x_1) \\ \vdots & \vdots & \vdots & & \vdots \\ 0 & x_2^{n-2}(x_2-x_1) & x_3^{n-2}(x_3-x_1) & \cdots & x_n^{n-2}(x_n-x_1) \end{vmatrix}.$$

按照第 1 列展开,并提出每列的公因子 $(x_i - x_1)$,就有

$$= (x_2-x_1)(x_3-x_1)\cdots(x_n-x_1) \begin{vmatrix} 1 & 1 & \cdots & 1 \\ x_2 & x_3 & \cdots & x_n \\ \vdots & \vdots & & \vdots \\ x_2^{n-2} & x_3^{n-2} & \cdots & x_n^{n-2} \end{vmatrix}.$$

$(n-1)$ 阶范德蒙德行列式:

$$D_n = (x_2-x_1)(x_3-x_1)\cdots(x_n-x_1) \prod_{n \geqslant i \geqslant j \geqslant 2} (x_i - x_j) = \prod_{n \geqslant i \geqslant j \geqslant 1} (x_i - x_j).$$

推论 2.4 行列式任一行(列)的元素与另一行(列)的对应元素的代数余子式乘积之和等于零：$a_{i1}A_{j1}+a_{i2}A_{j2}+\cdots+a_{in}A_{jn}=0,i\neq j$.

证明：以 3 阶行列式为例.

$$a_{11}A_{11}+a_{12}A_{12}+a_{13}A_{13}=\begin{vmatrix} a_{11} & a_{12} & a_{13} \\ a_{21} & a_{22} & a_{23} \\ a_{31} & a_{32} & a_{33} \end{vmatrix}.$$

把第 1 行的元素换成第 2 行的对应元素，则

$$a_{21}A_{11}+a_{22}A_{12}+a_{23}A_{13}=\begin{vmatrix} a_{21} & a_{22} & a_{23} \\ a_{21} & a_{22} & a_{23} \\ a_{31} & a_{32} & a_{33} \end{vmatrix}.$$

定理 2.5 行列式等于它的任一行(列)的各元素与其对应的代数余子式乘积之和，即

$$a_{i1}A_{i1}+a_{i2}A_{i2}+\cdots+a_{in}A_{in}=D(i=1,2,\cdots,n).$$

推论 2.5 行列式任一行(列)的元素与另一行(列)的对应元素的代数余子式乘积之和等于零：$a_{i1}A_{j1}+a_{i2}A_{j2}+\cdots+a_{in}A_{jn}=0,i\neq j$.

综上所述，有 $a_{i1}A_{j1}+a_{i2}A_{j2}+\cdots+a_{in}A_{jn}=\begin{cases} D, & i=j, \\ 0, & i\neq j. \end{cases}$

同理可得 $a_{1i}A_{1j}+a_{2i}A_{2j}+\cdots+a_{ni}A_{nj}=\begin{cases} D, & i=j, \\ 0, & i\neq j. \end{cases}$

例 2.14 计算行列式：

$$D=\begin{vmatrix} 5 & 3 & -1 & 2 & 0 \\ 1 & 7 & 2 & 5 & 2 \\ 0 & -2 & 3 & 1 & 0 \\ 0 & -4 & -1 & 4 & 0 \\ 0 & 2 & 3 & 5 & 0 \end{vmatrix}.$$

解：

$$D=\begin{vmatrix} 5 & 3 & -1 & 2 & 0 \\ 1 & 7 & 2 & 5 & 2 \\ 0 & -2 & 3 & 1 & 0 \\ 0 & -4 & -1 & 4 & 0 \\ 0 & 2 & 3 & 5 & 0 \end{vmatrix}=(-1)^{2+5}2\begin{vmatrix} 5 & 3 & -1 & 2 \\ 0 & -2 & 3 & 1 \\ 0 & -4 & -1 & 4 \\ 0 & 2 & 3 & 5 \end{vmatrix}=-2\cdot 5\begin{vmatrix} -2 & 3 & 1 \\ -4 & -1 & 4 \\ 2 & 3 & 5 \end{vmatrix}$$

$$\xrightarrow[r_3+r_1]{r_2+(-2)r_1}-10\begin{vmatrix} -2 & 3 & 1 \\ 0 & -7 & 2 \\ 0 & 6 & 6 \end{vmatrix}=-10\cdot(-2)\begin{vmatrix} -7 & 2 \\ 6 & 6 \end{vmatrix}=-1\,080.$$

例 2.15 设 $D=\begin{vmatrix} 3 & -5 & 2 & 1 \\ 1 & 1 & 0 & -5 \\ -1 & 3 & 1 & 3 \\ 2 & -4 & -1 & -3 \end{vmatrix}$，$D$ 的 (i,j) 元的余子式和代数余子式依次记

作 M_{ij} 和 A_{ij}，求 $A_{11}+A_{12}+A_{13}+A_{14}$ 及 $M_{11}+M_{12}+M_{13}+M_{14}$.

分析：利用 $a_{11}A_{11}+a_{12}A_{12}+a_{13}A_{13}+a_{14}A_{14}=\begin{vmatrix} a_{11} & a_{12} & a_{13} & a_{14} \\ a_{21} & a_{22} & a_{23} & a_{24} \\ a_{31} & a_{32} & a_{33} & a_{34} \\ a_{41} & a_{42} & a_{43} & a_{44} \end{vmatrix}.$

解：

$$A_{11}+A_{12}+A_{13}+A_{14}=\begin{vmatrix} 1 & 1 & 1 & 1 \\ 1 & 1 & 0 & -5 \\ -1 & 3 & 1 & 3 \\ 2 & -4 & -1 & -3 \end{vmatrix} \xrightarrow[r_3-r_1]{r_4+r_3} \begin{vmatrix} 1 & 1 & 1 & 1 \\ 1 & 1 & 0 & -5 \\ -2 & 2 & 0 & 2 \\ 1 & -1 & 0 & 0 \end{vmatrix}$$

$$=\begin{vmatrix} 1 & 1 & -5 \\ -2 & 2 & 2 \\ 1 & -1 & 0 \end{vmatrix} \xrightarrow{c_2+c_1} \begin{vmatrix} 1 & 2 & -5 \\ -2 & 0 & 2 \\ 1 & 0 & 0 \end{vmatrix} = \begin{vmatrix} 2 & -5 \\ 0 & 2 \end{vmatrix} = 4.$$

$$M_{11}+M_{21}+M_{34}+M_{41}=A_{11}-A_{21}+A_{31}-A_{41}$$

$$=\begin{vmatrix} 1 & -5 & 2 & 1 \\ -1 & 1 & 0 & -5 \\ 1 & 3 & 1 & 3 \\ -1 & -4 & -1 & -3 \end{vmatrix} \xrightarrow{r_4+r_3} \begin{vmatrix} 1 & -5 & 2 & 1 \\ -1 & 1 & 0 & -5 \\ 1 & 3 & 1 & 3 \\ 0 & -1 & 0 & 0 \end{vmatrix} = -\begin{vmatrix} 1 & 2 & 1 \\ -1 & 0 & -5 \\ 1 & 1 & 3 \end{vmatrix}$$

$$\xrightarrow{r_1-2r_3} -\begin{vmatrix} -1 & 0 & -5 \\ -1 & 0 & -5 \\ 1 & 1 & 3 \end{vmatrix} = 0.$$

2.2.7　克拉默法则

1. 克拉默法则

二元线性方程组：$\begin{cases} a_{11}x_1+a_{12}x_2=b_1, \\ a_{21}x_1+a_{22}x_2=b_2. \end{cases}$

若令

$$D=\begin{vmatrix} a_{11} & a_{12} \\ a_{21} & a_{22} \end{vmatrix},$$

$$D_1=\begin{vmatrix} b_1 & a_{12} \\ a_2 & a_{22} \end{vmatrix}, \quad D_2=\begin{vmatrix} a_{11} & b_1 \\ a_{21} & b_2 \end{vmatrix}.$$

则上述二元线性方程组的解可表示为

$$\begin{cases} x_1=\dfrac{b_1a_{22}-a_{12}b_2}{a_{11}a_{22}-a_{12}a_{21}}=\dfrac{D_1}{D}, \\ x_2=\dfrac{a_{11}b_2-b_1a_{21}}{a_{11}a_{22}-a_{12}a_{21}}=\dfrac{D_2}{D}. \end{cases}$$

(2.18)

如果线性方程组

$$\begin{cases} a_{11}x_1 + a_{12}x_2 + \cdots + a_{1n}x_n = b_1, \\ a_{21}x_1 + a_{22}x_2 + \cdots + a_{2n}x_n = b_2, \\ \qquad\qquad \cdots\cdots \\ a_{n1}x_1 + a_{n2}x_2 + \cdots + a_{nn}x_n = b_n, \end{cases} \tag{2.19}$$

的系数行列式不等于零,即 $D = \begin{vmatrix} a_{11} & a_{12} & \cdots & a_{1n} \\ a_{21} & a_{22} & \cdots & a_{2n} \\ \vdots & \vdots & & \vdots \\ a_{n1} & a_{n2} & \cdots & a_{nn} \end{vmatrix} \neq 0.$

那么线性方程组(2.19)有解并且解是唯一的,解可以表示成

$$x_1 = \frac{D_1}{D}, x_2 = \frac{D_2}{D}, x_3 = \frac{D_3}{D}, \cdots, x_n = \frac{D_n}{D}. \tag{2.20}$$

其中 D_j 是把系数行列式 D 中第 j 列的元素用方程组右端的常数项代替后所得到的 n 阶行列式,即

$$D_j = \begin{vmatrix} a_{11} & \cdots & a_{1,j-1} & b_1 & a_{1,j+1} & \cdots & a_{1n} \\ \vdots & & \vdots & \vdots & \vdots & & \vdots \\ a_{n1} & \cdots & a_{n,j-1} & b_n & a_{n,j+1} & \cdots & a_{nn} \end{vmatrix}.$$

定理中包含着三个结论:

(1) 方程组有解(解的存在性);

(2) 解是唯一的(解的唯一性);

(3) 解可以由式(2.20)给出.

这三个结论是有联系的. 应该注意,该定理所讨论的只是系数行列式不为零的方程组,至于系数行列式等于零的情形,将在第三章的一般情形中一并讨论.

定理 2.6 如果线性方程组的系数行列式不等于零,则该线性方程组一定有解,而且解是唯一的.

定理 2.7 如果线性方程组无解或有两个不同的解,则它的系数行列式必为零.

例 2.16 解线性方程组:

$$\begin{cases} 2x_1 + x_2 - 5x_3 + x_4 = 8, \\ x_1 - 3x_2 - 6x_4 = 9, \\ 2x_2 - x_3 + 2x_4 = -5, \\ x_1 + 4x_2 - 7x_3 + 6x_4 = 0. \end{cases}$$

解:

$$D = \begin{vmatrix} 2 & 1 & -5 & 1 \\ 1 & -3 & 0 & -6 \\ 0 & 2 & -1 & 2 \\ 1 & 4 & -7 & 6 \end{vmatrix} \xrightarrow[r_4 - r_2]{r_1 - 2r_2} \begin{vmatrix} 0 & 7 & -5 & 13 \\ 1 & -3 & 0 & -6 \\ 0 & 2 & -1 & 2 \\ 0 & 7 & -7 & 12 \end{vmatrix}$$

$$= -\begin{vmatrix} 7 & -5 & 13 \\ 2 & -1 & 2 \\ 7 & -7 & 12 \end{vmatrix} \xrightarrow[c_3 + 2c_2]{c_1 + 2c_2} -\begin{vmatrix} -3 & -5 & 3 \\ 0 & -1 & 0 \\ -7 & -7 & -2 \end{vmatrix} = 27 \neq 0,$$

$$D_1 = \begin{vmatrix} 8 & 1 & -5 & 1 \\ 9 & -3 & 0 & -6 \\ -5 & 2 & -1 & 2 \\ 0 & 4 & -7 & 6 \end{vmatrix} = 81, \quad D_2 = \begin{vmatrix} 2 & 8 & -5 & 1 \\ 1 & 9 & 0 & -6 \\ 0 & -5 & -1 & 2 \\ 1 & 0 & -7 & 6 \end{vmatrix} = -108,$$

$$D_3 = \begin{vmatrix} 2 & 1 & 8 & 1 \\ 1 & -3 & 9 & -6 \\ 0 & 2 & -5 & 2 \\ 1 & 4 & 0 & 6 \end{vmatrix} = -27, \quad D_4 = \begin{vmatrix} 2 & 1 & -5 & 8 \\ 1 & -3 & 0 & 9 \\ 0 & 2 & -1 & -5 \\ 1 & 4 & -7 & 0 \end{vmatrix} = 27.$$

所以 $x_1 = \dfrac{D_1}{D} = \dfrac{81}{27} = 3, x_2 = \dfrac{D_2}{D} = \dfrac{-108}{27} = -4,$

$$x_3 = \dfrac{D_3}{D} = \dfrac{-27}{27} = -1, x_4 = \dfrac{D_4}{D} = \dfrac{27}{27} = 1.$$

常数项全为零的线性方程组称为齐次线性方程组,否则称为非齐次线性方程组.

齐次线性方程组总是有解的,因为$(0,0,\cdots\cdots,0)$就是一个解,称为零解.因此,齐次线性方程组一定有零解,但不一定有非零解.我们关心的问题是,齐次线性方程组除零解以外是否存在着非零解.

2. 齐次线性方程组的相关定理

定理 2.8　如果齐次线性方程组的系数行列式 $D \neq 0$,则齐次线性方程组只有零解,没有非零解.

定理 2.9　如果齐次线性方程组有非零解,则它的系数行列式必为零.

注:

(1) 这两个定理说明系数行列式等于零是齐次线性方程组有非零解的必要条件.

(2) 在第 3 章还将证明这个条件也是充分的. 即齐次线性方程组有非零解$\Leftrightarrow$系数行列式等于零.

2.3　矩阵及其运算

2.3.1　矩阵

1. 矩阵概念的引入

例 2.17　某航空公司在 A、B、C、D 四座城市之间开辟了若干航线,四座城市之间的航班图如图 2.4 所示,箭头从始发地指向目的地.

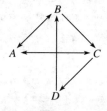

图 2.4

城市间的航班图情况常用图 2.5 来表示.

目的地

	A	B	C	D
A		√	√	
B	√		√	
C	√			√
始发地 D		√		

图 2.5

为了便于计算,把图 2.5 中的√改成 1,空白地方填上 0,就得到一个数表,如图 2.6 所示.

0	1	1	0
1	0	1	0
1	0	0	1
0	1	0	0

图 2.6

这个数表反映了四个城市之间交通连接的情况.

例 2.18 某工厂生产四种货物,它向三家商店发送的货物数量可用数表表示为

$$\begin{array}{cccc} a_{11} & a_{12} & a_{13} & a_{14} \\ a_{21} & a_{22} & a_{23} & a_{24} \\ a_{31} & a_{32} & a_{33} & a_{34} \end{array}$$

其中 a_{ij} 表示工厂向第 i 家商店发送第 j 种货物的数量.

这四种货物的单价及单件重量也可列成数表:

$$\begin{array}{cc} b_{11} & b_{12} \\ b_{21} & b_{22} \\ b_{31} & b_{32} \\ b_{41} & b_{42} \end{array}$$

其中 b_{i1} 表示第 i 种货物的单价,b_{i2} 表示第 2 种货物的单件重量.

2. 矩阵的定义

定义 2.7 由 $m\times n$ 个数 $a_{ij}(i=1,2,\cdots,m;j=1,2,\cdots,n)$ 排成的 m 行 n 列的数表:

$$\begin{array}{cccc} a_{11} & a_{12} & \cdots & a_{1n} \\ a_{21} & a_{22} & \cdots & a_{2n} \\ \vdots & \vdots & & \vdots \\ a_{m1} & a_{m2} & \cdots & a_{mn} \end{array}$$

称为 m 行 n 列矩阵，简称 $m \times n$ 矩阵. 记作 $A = \begin{pmatrix} a_{11} & a_{12} & \cdots & a_{1n} \\ a_{21} & a_{22} & \cdots & a_{2n} \\ \vdots & \vdots & & \vdots \\ a_{m1} & a_{m2} & \cdots & a_{mn} \end{pmatrix}$，简记为 $A =$

$A_{m \times n} = (a_{ij})_{m \times n} = (a_{ij})$.

这 $m \times n$ 个数称为矩阵 A 的元素，简称为元素. 元素是实数的矩阵称为实矩阵，元素是复数的矩阵称为复矩阵.

行列式与矩阵的对比见表 2.2.

表 2.2

行列式	矩阵
$\begin{vmatrix} a_{11} & a_{12} & \cdots & a_{1n} \\ a_{21} & a_{22} & \cdots & a_{2n} \\ \vdots & \vdots & & \vdots \\ a_{n1} & a_{n2} & \cdots & a_{mn} \end{vmatrix}$ $= \sum_{p_1 p_2 \cdots p_n} (-1)^{t(p_1 p_2 \cdots p_n)} a_{1p_1} a_{2p_2} \cdots a_{np_n}$	$\begin{pmatrix} a_{11} & a_{12} & \cdots & a_{1n} \\ a_{21} & a_{22} & \cdots & a_{2n} \\ \vdots & \vdots & & \vdots \\ a_{m1} & a_{m2} & \cdots & a_{mn} \end{pmatrix}$
n 行数等于列数 n 共有 n^2 个元素	n 行数不等于列数 n 共有 $m \times n$ 个元素 n 本质上就是一个数表
$\det(a_{ij})$	$(a_{ij})_{m \times n}$

3. 特殊的矩阵

(1) 行数与列数都等于 n 的矩阵，称为 n 阶方阵. 可记作 A_n.

(2) 只有一行的矩阵 $A = (a_1, a_2, \cdots, a_n)$ 称为行矩阵（或行向量）.

只有一列的矩阵 $B = \begin{pmatrix} a_1 \\ a_2 \\ \vdots \\ a_n \end{pmatrix}$ 称为列矩阵（或列向量）.

(3) 元素全是零的矩阵称为零矩阵. 可记作 O. 例如：

$$O_{2 \times 2} = \begin{pmatrix} 0 & 0 \\ 0 & 0 \end{pmatrix}, \quad o_{1 \times 4} = (0 \quad 0 \quad 0 \quad 0).$$

(4) 形如 $\begin{pmatrix} \lambda_1 & 0 & \cdots & 0 \\ 0 & \lambda_2 & \cdots & 0 \\ \vdots & \vdots & & \vdots \\ 0 & 0 & \cdots & \lambda_n \end{pmatrix}$ 的方阵称为对角阵. 记作 $A = \mathrm{diag}(\lambda_1, \lambda_2, \cdots, \lambda_n)$.

特别的，方阵 $\begin{pmatrix} 1 & 0 & \cdots & 0 \\ 0 & 1 & \cdots & 0 \\ \vdots & \vdots & & \vdots \\ 0 & 0 & \cdots & 1 \end{pmatrix}$ 称为单位阵. 记作 E_n.

（5）两个矩阵的行数相等、列数相等时，称为同型矩阵.

例如：$\begin{pmatrix} 1 & 2 \\ 5 & 6 \\ 3 & 7 \end{pmatrix}$ 与 $\begin{pmatrix} 14 & 3 \\ 8 & 4 \\ 3 & 9 \end{pmatrix}$ 为同型矩阵.

（6）两个矩阵 $\boldsymbol{A} = (a_{ij})$ 与 $\boldsymbol{B} = (b_{ij})$ 为同型矩阵，并且对应元素相等，即 $a_{ij} = b_{ij}$（$i = 1, 2, \cdots, m; j = 1, 2, \cdots, n$），则称矩阵 $\boldsymbol{A}$ 与 $\boldsymbol{B}$ 相等，记作 $\boldsymbol{A} = \boldsymbol{B}$.

例如：$\begin{pmatrix} 0 & 0 & 0 & 0 \\ 0 & 0 & 0 & 0 \\ 0 & 0 & 0 & 0 \\ 0 & 0 & 0 & 1 \end{pmatrix} \neq (0 \quad 0 \quad 0 \quad 0)$.

注：不同型的零矩阵是不相等的.

4. 矩阵与线性变换

n 个变量 $x_1, x_2, \cdots, x_n$ 与 m 个变量 $y_1, y_2, \cdots, y_m$ 之间的关系式

$$\begin{cases} y_1 = a_{11}x_1 + a_{12}x_2 + \cdots + a_{1n}x_n, \\ y_2 = a_{21}x_1 + a_{22}x_2 + \cdots + a_{2n}x_n, \\ \cdots\cdots \\ y_m = a_{m1}x_1 + a_{m2}x_2 + \cdots + a_{mn}x_n \end{cases} \tag{2.21}$$

表示一个从变量 $x_1, x_2, \cdots, x_n$ 到变量 $y_1, y_2, \cdots, y_m$ 线性变换，其中 a_{ij} 为常数.

$$\begin{cases} y_1 = a_{11}x_1 + a_{12}x_2 + \cdots + a_{1n}x_n, \\ y_2 = a_{21}x_1 + a_{22}x_2 + \cdots + a_{2n}x_n, \\ \cdots\cdots \\ y_m = a_{m1}x_1 + a_{m2}x_2 + \cdots + a_{mn}x_n \end{cases}$$

$$\boldsymbol{A} = \begin{bmatrix} a_{11} & a_{12} & \cdots & a_{1n} \\ a_{21} & a_{22} & \cdots & a_{2n} \\ \vdots & \vdots & & \vdots \\ a_{m1} & a_{m1} & \cdots & a_{mn} \end{bmatrix} \quad 系数矩阵$$

线性变换与矩阵之间存在着一一对应关系.

例 2.19 证明线性变换 $\begin{cases} y_1 = x_1, \\ y_2 = x_2, \\ \cdots\cdots \\ y_n = x_n \end{cases}$ 为恒等变换.

$$\begin{cases} y_1 = x_1, \\ y_2 = x_2, \\ \cdots\cdots \\ y_n = x_n \end{cases} = \begin{cases} y_1 = 1 \cdot x_1 + 0 \cdot x_2 + \cdots + 0 \cdot x_n, \\ y_2 = 0 \cdot x_1 + 1 \cdot x_2 + \cdots + 0 \cdot x_n, \\ \cdots\cdots \\ y_n = 0 \cdot x_1 + 0 \cdot x_2 + \cdots + 1 \cdot x_n \end{cases} \underset{\leftrightarrow}{对应} \begin{bmatrix} 1 & 0 & \cdots & 0 \\ 0 & 1 & \cdots & 0 \\ \vdots & \vdots & & \vdots \\ 0 & 0 & \cdots & 1 \end{bmatrix} 单位阵 \boldsymbol{E}_n.$$

2 阶方阵 $\begin{pmatrix} 1 & 0 \\ 0 & 0 \end{pmatrix}$ 对应 $\begin{cases} x_1 = x, \\ y_1 = 0. \end{cases}$

投影到 x, y 轴上如图 2.7 所示.

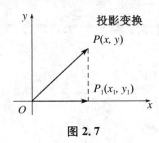

图 2.7

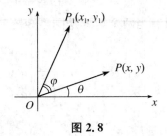

图 2.8

$\begin{pmatrix} \cos\varphi & -\sin\varphi \\ \sin\varphi & \cos\varphi \end{pmatrix}$ 对应 $\begin{cases} x_1 = \cos\varphi\, x - \sin\varphi\, y, \\ y_1 = \sin\varphi\, x + \cos\varphi\, y. \end{cases}$

如图 2.8 所示,以原点为中心逆时针旋转 φ 角的旋转变换.

2.3.2　矩阵的运算

例 2.20　某工厂生产四种货物,它在上半年和下半年向三家商店发送货物的数量可用数表表示.

$$\begin{matrix} a_{11} & a_{12} & a_{13} & a_{14} \\ a_{21} & a_{22} & a_{23} & a_{24} \\ a_{31} & a_{32} & a_{33} & a_{34} \end{matrix}$$

其中 a_{ij} 表示上半年工厂向第 i 家商店发送第 j 种货物的数量.

$$\begin{matrix} c_{11} & c_{12} & c_{13} & c_{14} \\ c_{21} & c_{22} & c_{23} & c_{24} \\ c_{31} & c_{32} & c_{33} & c_{34} \end{matrix}$$

其中 c_{ij} 表示工厂下半年向第 i 家商店发送第 j 种货物的数量.

试求:工厂在一年内向各商店发送货物的数量.

解:工厂在一年内向各商店发送货物的数量

$$\begin{pmatrix} a_{11} & a_{12} & a_{13} & a_{14} \\ a_{21} & a_{22} & a_{23} & a_{24} \\ a_{31} & a_{32} & a_{33} & a_{34} \end{pmatrix} + \begin{pmatrix} c_{11} & c_{12} & c_{13} & c_{14} \\ c_{21} & c_{22} & c_{23} & c_{24} \\ c_{31} & c_{32} & c_{33} & c_{34} \end{pmatrix}$$

$$= \begin{pmatrix} a_{11}+c_{11} & a_{12}+c_{12} & a_{13}+c_{13} & a_{14}+c_{14} \\ a_{21}+c_{21} & a_{22}+c_{22} & a_{23}+c_{23} & a_{24}+c_{24} \\ a_{31}+c_{31} & a_{32}+c_{32} & a_{33}+c_{33} & a_{34}+c_{34} \end{pmatrix}.$$

1. 矩阵的加法

定义 2.8　设有两个 $m \times n$ 矩阵 $\boldsymbol{A} = (a_{ij})$,$\boldsymbol{B} = (b_{ij})$,那么矩阵 $\boldsymbol{A}$ 与 $\boldsymbol{B}$ 的和记作 $\boldsymbol{A} + \boldsymbol{B}$,规定为

$$A+B=\begin{pmatrix} a_{11}+b_{11} & a_{12}+b_{12} & \cdots & a_{1n}+b_{1n} \\ a_{21}+b_{21} & a_{22}+b_{22} & \cdots & a_{2n}+b_{2n} \\ \vdots & \vdots & & \vdots \\ a_{m1}+b_{m1} & a_{m2}+b_{m2} & \cdots & a_{mn}+b_{mn} \end{pmatrix}. \tag{2.22}$$

说明:只有当两个矩阵是同型矩阵时,才能进行加法运算.

$$\begin{vmatrix} a_{11} & a_{12} & a_{13} \\ a_{21} & a_{22} & a_{23} \\ a_{31} & a_{32} & a_{33} \end{vmatrix} + \begin{vmatrix} a_{11} & b_{12} & a_{13} \\ a_{21} & b_{22} & a_{23} \\ a_{31} & b_{32} & a_{33} \end{vmatrix} = \begin{vmatrix} a_{11} & a_{12}+b_{12} & a_{13} \\ a_{21} & a_{22}+b_{22} & a_{23} \\ a_{31} & a_{32}+b_{32} & a_{33} \end{vmatrix},$$

$$\begin{pmatrix} a_{11} & a_{12} & a_{13} \\ a_{21} & a_{22} & a_{23} \\ a_{31} & a_{32} & a_{33} \end{pmatrix} + \begin{pmatrix} a_{11} & b_{12} & a_{13} \\ a_{21} & b_{22} & a_{23} \\ a_{31} & b_{32} & a_{33} \end{pmatrix} \neq \begin{pmatrix} a_{11} & a_{12}+b_{12} & a_{13} \\ a_{21} & a_{22}+b_{22} & a_{23} \\ a_{31} & a_{32}+b_{32} & a_{33} \end{pmatrix},$$

$$\begin{pmatrix} a_{11} & a_{12} & a_{13} \\ a_{21} & a_{22} & a_{23} \\ a_{31} & a_{32} & a_{33} \end{pmatrix} + \begin{pmatrix} a_{11} & b_{12} & a_{13} \\ a_{21} & b_{22} & a_{23} \\ a_{31} & b_{32} & a_{33} \end{pmatrix} = \begin{pmatrix} 2a_{11} & a_{12}+b_{12} & 2a_{13} \\ 2a_{21} & a_{22}+b_{22} & 2a_{23} \\ 2a_{31} & a_{32}+b_{32} & 2a_{33} \end{pmatrix}.$$

矩阵加法的运算规律见表2.3.

表 2.3

	$\forall\, a,b,c \in \mathbf{R}$	设 A、B、C 是同型矩阵
交换律	$a+b=b+a$	$A+B=B+A$
结合律	$(a+b)+c=a+(b+c)$	$(A+B)+C=A+(B+C)$
其他	设矩阵 $A=(a_{ij})$,记 $-A=(-a_{ij})$,称为矩阵 A 的负矩阵,显然 $A+(-A)=0$,$A-B=A+(-B)$	

2. 数与矩阵相乘

定义 2.9 数 λ 与矩阵 A 的乘积记作 λA 或 $A\lambda$,规定为

$$\lambda A = A\lambda = \begin{pmatrix} \lambda a_{11} & \lambda a_{12} & \cdots & \lambda a_{1n} \\ \lambda a_{21} & \lambda a_{22} & \cdots & \lambda a_{2n} \\ \vdots & \vdots & & \vdots \\ \lambda a_{m1} & \lambda a_{m2} & \cdots & \lambda a_{mn} \end{pmatrix}. \tag{2.23}$$

数乘矩阵的运算规律见表2.4.

表 2.4

	$\forall\, a,b,c \in \mathbf{R}$	设 A、B 是同型矩阵,λ,μ 是数
结合律	$(ab)c=a(bc)$	$(\lambda\mu)A=\lambda(\mu A)$
分配律	$(a+b)\cdot c=ac+bc$ $c\cdot(a+b)=ca+cb$	$(\lambda+\mu)A=\lambda A+\mu A$ $\lambda(A+B)=\lambda A+\lambda B$
备注	矩阵相加与数乘矩阵合起来,统称为矩阵的线性运算.	

$$\lambda\begin{vmatrix} a_{11} & a_{12} & a_{13} \\ a_{21} & a_{22} & a_{23} \\ a_{31} & a_{32} & a_{33} \end{vmatrix} = \begin{vmatrix} \lambda a_{11} & \lambda a_{12} & \lambda a_{13} \\ a_{21} & a_{22} & a_{23} \\ a_{31} & a_{32} & a_{33} \end{vmatrix} = \begin{vmatrix} a_{11} & a_{12} & \lambda a_{13} \\ a_{21} & a_{22} & \lambda a_{23} \\ a_{31} & a_{32} & \lambda a_{33} \end{vmatrix},$$

$$\lambda\begin{pmatrix} a_{11} & a_{12} & a_{13} \\ a_{21} & a_{22} & a_{23} \\ a_{31} & a_{32} & a_{33} \end{pmatrix} = \begin{pmatrix} \lambda a_{11} & \lambda a_{12} & \lambda a_{13} \\ \lambda a_{21} & \lambda a_{22} & \lambda a_{23} \\ \lambda a_{31} & \lambda a_{32} & \lambda a_{33} \end{pmatrix}.$$

例 2.21　某工厂生产四种货物,它向三家商店发送的货物数量可用数表表示为

$$\begin{matrix} a_{11} & a_{12} & a_{13} & a_{14} \\ a_{21} & a_{22} & a_{23} & a_{24} \\ a_{31} & a_{32} & a_{33} & a_{34} \end{matrix}$$

其中 a_{ij} 表示工厂向第 i 家商店发送第 j 种货物的数量.

这四种货物的单价及单件重量也可列成数表:

$$\begin{matrix} b_{11} & b_{12} \\ b_{21} & b_{22} \\ b_{31} & b_{32} \\ b_{41} & b_{42} \end{matrix}$$

其中 b_{i1} 表示第 i 种货物的单价, b_{i2} 表示第 i 种货物的单件重量.

试求:工厂向三家商店所发货物的总值及总重量.

解:以 c_{i1}, c_{i2} 分别表示工厂向第 i 家商店所发货物的总值及总重量,其中 $i=1,2,3$. 于是

$$c_{11} = \overset{a_{11}}{\underset{b_{11}}{\times}} + \overset{a_{12}}{\underset{b_{21}}{\times}} + \overset{a_{13}}{\underset{b_{31}}{\times}} + \overset{a_{14}}{\underset{b_{41}}{\times}} = \sum_{k=1}^{4} a_{1k}b_{k1},$$

$$c_{12} = a_{11}b_{12} + a_{12}b_{22} + a_{13}b_{32} + a_{14}b_{42} = \sum_{k=1}^{4} a_{1k}b_{k2}.$$

一般地, $c_{ij} = a_{i1}b_{1j} + a_{i2}b_{2j} + a_{i3}b_{3j} + a_{i4}b_{4j} = \sum\limits_{k=1}^{4} a_{ik}b_{kj}$　$(i=1,2,3; j=1,2)$.

可用矩阵表示为

$$\begin{pmatrix} a_{11} & a_{12} & a_{13} & a_{14} \\ a_{21} & a_{22} & a_{23} & a_{24} \\ a_{31} & a_{32} & a_{33} & a_{34} \end{pmatrix} \begin{pmatrix} b_{11} & b_{12} \\ b_{21} & b_{22} \\ b_{31} & b_{32} \\ b_{41} & b_{42} \end{pmatrix} = \begin{pmatrix} c_{11} & c_{12} \\ c_{21} & c_{22} \\ c_{31} & c_{32} \end{pmatrix}.$$

3. 矩阵与矩阵相乘

定义 2.10　设 $\boldsymbol{A}=(a_{ij})_{m\times s}$, $\boldsymbol{B}=(b_{ij})_{s\times n}$,那么规定矩阵 $\boldsymbol{A}$ 与矩阵 $\boldsymbol{B}$ 的乘积是一个 $m\times n$ 矩阵 $\boldsymbol{C}=(c_{ij})$,其中

$$c_{ij} = a_{i1}b_{1j} + a_{i2}b_{2j} + \cdots + a_{is}b_{sj} = \sum_{k=1}^{s} a_{ik}b_{kj} \quad (i=1,2,\cdots,m; j=1,2,\cdots,n).$$

$$(2.24)$$

并把此乘积记作 $C = AB$.

例 2.22 设 $A = \begin{pmatrix} 1 & 0 & -1 & 2 \\ -1 & 1 & 3 & 0 \\ 0 & 5 & -1 & 4 \end{pmatrix}$，$B = \begin{pmatrix} 0 & 3 & 4 \\ 1 & 2 & 1 \\ 3 & 1 & -1 \\ -1 & 2 & 1 \end{pmatrix}$，则 $AB = \begin{pmatrix} -5 & 6 & 7 \\ 10 & 2 & -6 \\ -2 & 17 & 10 \end{pmatrix}$.

对于行数与列数不相等的情况，行列式 $\begin{vmatrix} a_{11} & a_{12} \\ a_{21} & a_{22} \end{vmatrix} \cdot \begin{vmatrix} b_{11} & b_{12} & b_{13} \\ b_{21} & b_{22} & b_{23} \\ b_{31} & b_{32} & b_{33} \end{vmatrix}$ 有意义.

但是只有当第一个矩阵的列数等于第二个矩阵的行数时，两个矩阵才能相乘.

$\begin{pmatrix} a_{11} & a_{12} \\ a_{21} & a_{22} \end{pmatrix} \cdot \begin{pmatrix} b_{11} & b_{12} & b_{13} \\ b_{21} & b_{22} & b_{23} \\ b_{31} & b_{32} & b_{33} \end{pmatrix}$ 没有意义.

$(1 \quad 2 \quad 3)\begin{pmatrix} 3 \\ 2 \\ 1 \end{pmatrix} = (10)$，$\begin{pmatrix} 3 \\ 2 \\ 1 \end{pmatrix}(1 \quad 2 \quad 3) = \begin{pmatrix} 3 & 6 & 9 \\ 2 & 4 & 6 \\ 1 & 2 & 3 \end{pmatrix}$.

结论：
(1) 矩阵乘法不一定满足交换律；
(2) 矩阵 $A \neq O$，$B \neq O$，却有 $AB \neq O$，从而不能由 $AB \neq O$ 得出 $A = O$ 或 $B = O$ 的结论.
矩阵乘法的运算规律：
(1) 乘法结合律　$(AB)C = A(BC)$
(2) 数乘和乘法的结合律　$\lambda(AB) = (\lambda A)B$　（其中 λ 是数）
(3) 乘法对加法的分配律　$A(B+C) = AB + AC$；$(B+C)A = BA + CA$
(4) 单位矩阵在矩阵乘法中的作用类似于数 1，即 $E_m A_{m \times n} = A_{m \times n} E_n = A$
推论 2.6　矩阵乘法不一定满足交换律，但是纯量阵 E 与任何同阶方阵都是可交换的.
(5) 矩阵的幂
若 A 是 n 阶方阵，定义

$$A^k = \underbrace{AA \cdots A}_{k},$$

显然 $A^k A^l = A^{k+l}$，$(A^k)^l = A^{kl}$.
请思考：下列等式在什么时候成立？

$\left.\begin{array}{l} (AB)^k = A^k B^k \\ (A+B)^2 = A^2 + 2AB + B^2 \\ (A+B)(A-B) = A^2 - B^2 \end{array}\right\}$ A、B 可交换时成立.

答：

4. 矩阵的转置

定义 2.11　把矩阵 A 的行换成同序数的列得到的新矩阵，叫作 A 的转置矩阵，记作 A^T.

例 2.23　$A = \begin{pmatrix} 1 & 2 & 2 \\ 4 & 5 & 8 \end{pmatrix}$，$A^T = \begin{pmatrix} 1 & 4 \\ 2 & 5 \\ 2 & 8 \end{pmatrix}$；$B = (18 \quad 6)$，$B^T = \begin{pmatrix} 18 \\ 6 \end{pmatrix}$.

转置矩阵的运算性质:

(1) $(A^T)^T = A$;

(2) $(A+B)^T = A^T + B^T$;

(3) $(\lambda A)^T = \lambda A^T$;

(4) $(AB)^T = B^T A^T$;

例 2.24　已知 $A = \begin{pmatrix} 2 & 0 & -1 \\ 1 & 3 & 2 \end{pmatrix}$, $B = \begin{pmatrix} 1 & 7 & -1 \\ 4 & 2 & 3 \\ 2 & 0 & 1 \end{pmatrix}$, 求 $(AB)^T$.

解法 1:

因为 $AB = \begin{pmatrix} 2 & 0 & -1 \\ 1 & 3 & 2 \end{pmatrix} \begin{pmatrix} 1 & 7 & -1 \\ 4 & 2 & 3 \\ 2 & 0 & 1 \end{pmatrix} = \begin{pmatrix} 0 & 14 & -3 \\ 17 & 13 & 10 \end{pmatrix}$,

所以 $(AB)^T = \begin{pmatrix} 0 & 17 \\ 14 & 13 \\ -3 & 10 \end{pmatrix}$.

解法 2: $(AB)^T = B^T A^T = \begin{pmatrix} 1 & 4 & 2 \\ 7 & 2 & 0 \\ -1 & 3 & 1 \end{pmatrix} \begin{pmatrix} 2 & 1 \\ 0 & 3 \\ -1 & 2 \end{pmatrix} = \begin{pmatrix} 0 & 17 \\ 14 & 13 \\ -3 & 10 \end{pmatrix}$.

定义 2.12　设 A 为 n 阶方阵, 如果满足 $A = A^T$, 即 $a_{ij} = a_{ji}(i,j=1,2,\cdots,n)$, 那么 A 称为对称阵. 如果满足 $A = -A^T$, 那么 A 称为反对称阵.

$$A = \begin{pmatrix} 12 & 6 & 1 \\ 6 & 8 & 0 \\ 1 & 0 & 6 \end{pmatrix} \quad , \quad A = \begin{pmatrix} 0 & -6 & 1 \\ 6 & 0 & 7 \\ -1 & -7 & 0 \end{pmatrix}$$

　　　　　　对称阵　　　　　　　　　　反对称阵

例 2.25　设列矩阵 $X = (x_1, x_2, \cdots, x_n)^T$ 满足 $X^T X = 1$, E 为 n 阶单位阵, $H = E - 2XX^T$, 试证明 H 是对称阵, 且 $HH^T = E$.

证明:

$$H^T = (E - 2XX^T)^T = E^T + (-2XX^T)^T = E - 2(XX^T)^T$$
$$= E - 2(X^T)^T X^T = E - 2XX^T = H.$$

从而 H 是对称阵.

$$HH^T = H^2 = (E - 2XX^T)^2 = E^2 - 4XX^T + (-2XX^T)^2$$
$$= E - 4XX^T + 4XX^T XX^T = E - 4XX^T + 4X(X^T X)X^T$$
$$= E - 4XX^T + 4XX^T = E.$$

5. 方阵的行列式

定义 2.13　由 n 阶方阵的元素所构成的行列式, 叫作方阵 A 的行列式, 记作 $|A|$ 或 $\det A$.

方阵的运算性质：

(1) $|\boldsymbol{A}^{\mathrm{T}}| = |\boldsymbol{A}|$；

(2) $|\lambda \boldsymbol{A}| = \lambda^n |\boldsymbol{A}|$；

(3) $|\boldsymbol{A}\boldsymbol{B}| = |\boldsymbol{A}||\boldsymbol{B}| \Rightarrow |\boldsymbol{A}\boldsymbol{B}| = |\boldsymbol{B}\boldsymbol{A}|$.

证明：要使得 $|\boldsymbol{A}\boldsymbol{B}| = |\boldsymbol{A}||\boldsymbol{B}|$ 有意义，$\boldsymbol{A}$、$\boldsymbol{B}$ 必为同阶方阵.

假设 $\boldsymbol{A} = (a_{ij})_{n \times n}$，$\boldsymbol{B} = (b_{ij})_{n \times n}$.

以 $n = 3$ 为例，构造一个 6 阶行列式.

$$D = \begin{vmatrix} a_{11} & a_{12} & a_{13} & 0 & 0 & 0 \\ a_{21} & a_{22} & a_{23} & 0 & 0 & 0 \\ a_{31} & a_{32} & a_{33} & 0 & 0 & 0 \\ -1 & 0 & 0 & b_{11} & b_{12} & b_{13} \\ 0 & -1 & 0 & b_{21} & b_{22} & b_{23} \\ 0 & 0 & -1 & b_{31} & b_{32} & b_{33} \end{vmatrix} = |\boldsymbol{A}| \cdot |\boldsymbol{B}|.$$

$$D = \begin{vmatrix} a_{11} & a_{12} & a_{13} & 0 & 0 & 0 \\ a_{21} & a_{22} & a_{23} & 0 & 0 & 0 \\ a_{31} & a_{32} & a_{33} & 0 & 0 & 0 \\ -1 & 0 & 0 & b_{11} & b_{12} & b_{13} \\ 0 & -1 & 0 & b_{21} & b_{22} & b_{23} \\ 0 & 0 & -1 & b_{31} & b_{32} & b_{33} \end{vmatrix} \xlongequal[\substack{c_5 + b_{12}c_1 \\ c_6 + b_{13}c_1}]{c_4 + b_{11}c_1} \begin{vmatrix} a_{11} & a_{12} & a_{13} & a_{11}b_{11} & a_{11}b_{12} & a_{11}b_{13} \\ a_{21} & a_{22} & a_{23} & a_{21}b_{11} & a_{21}b_{12} & a_{21}b_{13} \\ a_{31} & a_{32} & a_{33} & a_{31}b_{11} & a_{31}b_{12} & a_{31}b_{13} \\ -1 & 0 & 0 & 0 & 0 & 0 \\ 0 & -1 & 0 & b_{21} & b_{22} & b_{23} \\ 0 & 0 & -1 & b_{31} & b_{32} & b_{33} \end{vmatrix}$$

$$\xlongequal[\substack{c_5 + b_{22}c_2 \\ c_6 + b_{32}c_2}]{c_4 + b_{21}c_2} \begin{vmatrix} a_{11} & a_{12} & a_{13} & a_{11}b_{11} + a_{12}b_{21} & a_{11}b_{12} + a_{12}b_{22} & a_{11}b_{13} + a_{12}b_{23} \\ a_{21} & a_{22} & a_{23} & a_{21}b_{11} + a_{22}b_{21} & a_{21}b_{12} + a_{22}b_{22} & a_{21}b_{13} + a_{22}b_{23} \\ a_{31} & a_{32} & a_{33} & a_{31}b_{11} + a_{32}b_{21} & a_{31}b_{12} + a_{32}b_{22} & a_{31}b_{13} + a_{32}b_{23} \\ -1 & 0 & 0 & 0 & 0 & 0 \\ 0 & -1 & 0 & 0 & 0 & 0 \\ 0 & 0 & -1 & b_{31} & b_{32} & b_{33} \end{vmatrix} \xlongequal[\substack{c_5 + b_{32}c_3 \\ c_6 + b_{33}c_3}]{c_4 + b_{31}c_3}$$

$$\begin{vmatrix} a_{11} & a_{12} & a_{13} & a_{11}b_{11} + a_{12}b_{21} + a_{13}b_{31} & a_{11}b_{12} + a_{12}b_{22} + a_{13}b_{32} & a_{11}b_{13} + a_{12}b_{23} + a_{13}b_{33} \\ a_{21} & a_{22} & a_{23} & a_{21}b_{11} + a_{22}b_{21} + a_{23}b_{31} & a_{21}b_{12} + a_{22}b_{22} + a_{23}b_{32} & a_{21}b_{13} + a_{22}b_{23} + a_{23}b_{33} \\ a_{31} & a_{32} & a_{33} & a_{31}b_{11} + a_{32}b_{21} + a_{33}b_{31} & a_{31}b_{12} + a_{32}b_{22} + a_{33}b_{32} & a_{31}b_{13} + a_{32}b_{23} + a_{23}b_{33} \\ -1 & 0 & 0 & 0 & 0 & 0 \\ 0 & -1 & 0 & 0 & 0 & 0 \\ 0 & 0 & -1 & 0 & 0 & 0 \end{vmatrix}.$$

令 $c_{ij} = \sum\limits_{k=1}^{3} a_{ik}b_{kj}$，则 $\boldsymbol{C} = (c_{ij}) = \boldsymbol{AB}$

$$
= \begin{vmatrix}
a_{11} & a_{12} & a_{13} & c_{11} & c_{12} & c_{13} \\
a_{21} & a_{22} & a_{23} & c_{21} & c_{22} & c_{23} \\
a_{31} & a_{32} & a_{33} & c_{31} & c_{32} & c_{33} \\
-1 & 0 & 0 & 0 & 0 & 0 \\
0 & -1 & 0 & 0 & 0 & 0 \\
0 & 0 & -1 & 0 & 0 & 0
\end{vmatrix}
\begin{array}{c} r_1 \leftrightarrow r_4 \\ r_2 \leftrightarrow r_5 \\ \overline{\quad\quad} \\ r_3 \leftrightarrow r_6 \end{array}
(-1)^3
\begin{vmatrix}
-1 & 0 & 0 & 0 & 0 & 0 \\
0 & -1 & 0 & 0 & 0 & 0 \\
0 & 0 & -1 & 0 & 0 & 0 \\
a_{11} & a_{12} & a_{13} & c_{11} & c_{12} & c_{13} \\
a_{21} & a_{22} & a_{23} & c_{21} & c_{22} & c_{23} \\
a_{31} & a_{32} & a_{33} & c_{31} & c_{32} & c_{33}
\end{vmatrix}
$$

$$
- \begin{vmatrix}
-1 & 0 & 0 & 0 & 0 & 0 \\
0 & -1 & 0 & 0 & 0 & 0 \\
0 & 0 & -1 & 0 & 0 & 0 \\
a_{11} & a_{12} & a_{13} & c_{11} & c_{12} & c_{13} \\
a_{21} & a_{22} & a_{23} & c_{21} & c_{22} & c_{23} \\
a_{31} & a_{32} & a_{33} & c_{31} & c_{32} & c_{33}
\end{vmatrix}
= -|-\boldsymbol{E}_3| \cdot |\boldsymbol{C}| = |\boldsymbol{C}| = |\boldsymbol{AB}|.
$$

从而 $|\boldsymbol{AB}| = |\boldsymbol{A}||\boldsymbol{B}|$.

定义 2.14 行列式 $|\boldsymbol{A}|$ 的各个元素的代数余子式 A_{ij} 所构成的如下矩阵：

$$
\boldsymbol{A}^* = \begin{pmatrix}
A_{11} & A_{21} & \cdots & A_{n1} \\
A_{12} & A_{22} & \cdots & A_{n2} \\
\cdots & \cdots & \cdots & \cdots \\
A_{1n} & A_{2n} & \cdots & A_{nn}
\end{pmatrix}.
$$

元素 a_{ij} 的代数余子式 A_{ij} 位于第 j 行第 i 列，称为矩阵 $\boldsymbol{A}$ 的伴随矩阵.

性质 2.7 $\boldsymbol{AA}^* = \boldsymbol{A}^*\boldsymbol{A} = |\boldsymbol{A}|\boldsymbol{E}.$

证明：

$$
\boldsymbol{AA}^* = \begin{pmatrix}
a_{11} & a_{12} & \cdots & a_{1n} \\
a_{21} & a_{22} & \cdots & a_{2n} \\
\vdots & \vdots & & \vdots \\
a_{n1} & a_{n2} & \cdots & a_{nn}
\end{pmatrix}
\begin{pmatrix}
A_{11} & A_{21} & \cdots & A_{n1} \\
A_{12} & A_{22} & \cdots & A_{n2} \\
\vdots & \vdots & & \vdots \\
A_{1n} & A_{2n} & \cdots & A_{nn}
\end{pmatrix}
= \begin{pmatrix}
|\boldsymbol{A}| & 0 & \cdots & 0 \\
0 & |\boldsymbol{A}| & \cdots & 0 \\
\vdots & \vdots & & \vdots \\
0 & 0 & \cdots & |\boldsymbol{A}|
\end{pmatrix}
= |\boldsymbol{A}|\boldsymbol{E}.
$$

6. 共轭矩阵

定义 2.15 当 $\boldsymbol{A} = (a_{ij})$ 为复矩阵时，用 $\overline{a_{ij}}$ 表示 a_{ij} 的共轭复数，记 $\overline{\boldsymbol{A}}$，$\overline{\boldsymbol{A}} = (\overline{a_{ij}})$ 称为 $\boldsymbol{A}$ 的共轭矩阵.

运算性质：设 $\boldsymbol{A}, \boldsymbol{B}$ 为复矩阵，λ 为复数，且以下运算都是可行的.

(1) $\overline{\boldsymbol{A} + \boldsymbol{B}} = \overline{\boldsymbol{A}} + \overline{\boldsymbol{B}}$；

(2) $\overline{\lambda\boldsymbol{A}} = \overline{\lambda}\,\overline{\boldsymbol{A}}$；

(3) $\overline{\boldsymbol{AB}} = \overline{\boldsymbol{A}}\,\overline{\boldsymbol{B}}$.

2.3.3 逆矩阵

矩阵与复数相仿，有加、减、乘三种运算. 矩阵的乘法是否也和复数一样有逆运算呢？这就是本节所要讨论的问题. 这一节所讨论的矩阵, 如不特别说明, 所指的都是 n 阶方阵.

对于 n 阶单位矩阵 E 以及同阶的方阵 A, 都有 $A_n E_n = E_n A_n = A_n$.

从乘法的角度来看, n 阶单位矩阵 E 在同阶方阵中的地位类似于 1 在复数中的地位. 一个复数 $a \neq 0$ 的倒数 a^{-1} 可以用等式 $aa^{-1} = 1$ 来刻画. 类似地, 我们引入逆矩阵.

定义 2.16 如果有 n 阶方阵 B, 使得 $AB = BA = E$, 这里 E 是 n 阶单位矩阵. n 阶方阵 A 称为可逆矩阵.

根据矩阵的乘法法则, 只有方阵才能满足上述等式. 对于任意的 n 阶方阵 A, 适合上述等式的矩阵 B 是唯一的(如果有的话).

定义 2.17 如果矩阵 B 满足上述等式, 那么 B 就称为 A 的逆矩阵, 记作 A^{-1}.

下面要解决的问题是:

(1) 在什么条件下, 方阵 A 是可逆的?

(2) 如果 A 可逆, 怎样求 A^{-1}?

结论: $AA^* = A^* A = |A| E$, 其中 $A = \begin{pmatrix} a_{11} & a_{12} & \cdots & a_{1n} \\ a_{21} & a_{22} & \cdots & a_{2n} \\ \cdots & \cdots & \cdots & \cdots \\ a_{n1} & a_{n2} & \cdots & a_{nn} \end{pmatrix}$, $A^* = \begin{pmatrix} A_{11} & A_{21} & \cdots & A_{n1} \\ A_{12} & A_{22} & \cdots & A_{n2} \\ \cdots & \cdots & \cdots & \cdots \\ A_{1n} & A_{2n} & \cdots & A_{nn} \end{pmatrix}$.

定理 2.10 若 $|A| \neq 0$, 则方阵 A 可逆, 而且 $A^{-1} = \dfrac{1}{|A|} A^*$.

推论 2.7 若 $|A| \neq 0$, 则 $A^{-1} = \dfrac{1}{|A|}$.

例 2.26 求 3 阶方阵 $A = \begin{pmatrix} 2 & 2 & 1 \\ 3 & 1 & 5 \\ 3 & 2 & 3 \end{pmatrix}$ 的逆矩阵.

解: $|A| = 1, M_{11} = -7, M_{12} = -6, M_{13} = 3$,

$M_{21} = 4, M_{22} = 3, M_{23} = -2$,

$M_{31} = 9, M_{32} = 7, M_{33} = -4$,

则

$$A^{-1} = \frac{1}{|A|} A^* = A^* = \begin{pmatrix} A_{11} & A_{21} & A_{31} \\ A_{12} & A_{22} & A_{32} \\ A_{13} & A_{23} & A_{33} \end{pmatrix} = \begin{pmatrix} M_{11} & -M_{21} & M_{31} \\ -M_{12} & M_{22} & -M_{32} \\ M_{13} & -M_{23} & M_{33} \end{pmatrix} = \begin{pmatrix} -7 & -4 & 9 \\ 6 & 3 & -7 \\ 3 & 2 & -4 \end{pmatrix},$$

$|A| \neq 0 \Leftrightarrow$ 方阵 A 可逆

定理 2.11 若方阵 A 可逆, 则 $|A| \neq 0$.

容易看出: 对于 n 阶方阵 A、B, 如果 $AB = E$, 那么 A、B 都是可逆矩阵, 并且它们互为逆矩阵.

推论 2.8 如果 n 阶方阵 A、B 可逆, 那么 A^{-1}、A^{T}、$\lambda A (\lambda \neq 0)$ 与 AB 也可逆, 且

$$(A^{-1})^{-1} = A,$$

$$(A^{\mathrm{T}})^{-1} = (A^{-1})^{\mathrm{T}},$$

$$(\lambda A)^{-1} = \frac{1}{\lambda} A^{-1},$$

$$(\boldsymbol{AB})^{-1} = \boldsymbol{B}^{-1}\boldsymbol{A}^{-1}.$$

线性变换 $\begin{cases} y_1 = a_{11}x_1 + a_{12}x_2 + \cdots + a_{1n}x_n, \\ y_2 = a_{21}x_1 + a_{22}x_2 + \cdots + a_{2n}x_n, \\ \qquad\cdots\cdots \\ y_n = a_{n1}x_1 + a_{n2}x_2 + \cdots + a_{nn}x_n \end{cases}$ 的系数矩阵是一个 n 阶方阵 $\boldsymbol{A}$，若记

$$\boldsymbol{X} = \begin{pmatrix} x_1 \\ x_2 \\ \vdots \\ x_n \end{pmatrix}, \quad \boldsymbol{Y} = \begin{pmatrix} y_1 \\ y_2 \\ \vdots \\ y_n \end{pmatrix}, \text{则上述线性变换可记作 } \boldsymbol{Y} = \boldsymbol{AX}.$$

例 2.27　设线性变换的系数矩阵是一个 3 阶方阵 $\boldsymbol{A} = \begin{pmatrix} 2 & 2 & 1 \\ 3 & 1 & 5 \\ 3 & 2 & 3 \end{pmatrix}$，

记 $\boldsymbol{X} = \begin{pmatrix} x_1 \\ x_2 \\ x_3 \end{pmatrix}$, $\boldsymbol{Y} = \begin{pmatrix} y_1 \\ y_2 \\ y_3 \end{pmatrix}$，则上述线性变换可记作 $\boldsymbol{Y} = \boldsymbol{AX}$.

求变量 y_1, y_2, y_3 到变量 x_1, x_2, x_3 的线性变换相当于求方阵 $\boldsymbol{A}$ 的逆矩阵.

已知 $\boldsymbol{A}^{-1} = \begin{pmatrix} -7 & -4 & 9 \\ 6 & 3 & -7 \\ 3 & 2 & -4 \end{pmatrix}$，于是 $\boldsymbol{X} = \boldsymbol{A}^{-1}\boldsymbol{Y}$，即 $\begin{cases} x_1 = -7y_1 - 4y_2 + 9y_3, \\ x_2 = 6y_1 + 3y_2 - 7y_3, \\ x_3 = 3y_1 + 2y_2 - 4y_3. \end{cases}$

2.3.4　矩阵分块法

定义 2.18　用一些横线和竖线将矩阵分成若干个小块，这种操作称为对矩阵进行分块；每一个小块称为矩阵的子块；矩阵分块后，以子块形式为元素的矩阵称为分块矩阵.

$$\boldsymbol{A} = \begin{pmatrix} a_{11} & a_{12} & a_{13} & a_{14} \\ a_{21} & a_{22} & a_{23} & a_{24} \\ a_{31} & a_{32} & a_{33} & a_{34} \end{pmatrix} = \begin{pmatrix} \boldsymbol{A}_{11} & \boldsymbol{A}_{12} \\ \boldsymbol{A}_{21} & \boldsymbol{A}_{22} \end{pmatrix}.$$

请思考：伴随矩阵是分块矩阵吗？

$$\boldsymbol{A}^* = \begin{pmatrix} \boldsymbol{A}_{11} & \boldsymbol{A}_{21} & \cdots & \boldsymbol{A}_{n1} \\ \boldsymbol{A}_{12} & \boldsymbol{A}_{22} & \cdots & \boldsymbol{A}_{n2} \\ \vdots & \vdots & & \vdots \\ \boldsymbol{A}_{1n} & \boldsymbol{A}_{2n} & \cdots & \boldsymbol{A}_{nn} \end{pmatrix}.$$

答：不是. 伴随矩阵的元素是代数余子式（一个数），而不是矩阵.

请思考：为什么提出矩阵分块法？

答：对于行数和列数较高的矩阵 $\boldsymbol{A}$，运算时采用分块法，可以使大矩阵的运算化成小矩阵的运算，体现了化整为零的思想.

分块矩阵的加法：

$$A = \begin{pmatrix} \underset{\boldsymbol{A}_{11}}{\begin{matrix} a_{11} & a_{12} \end{matrix}} & \underset{\boldsymbol{A}_{12}}{\begin{matrix} a_{13} & a_{14} \end{matrix}} \\ \underset{\boldsymbol{A}_{21}}{\begin{matrix} a_{21} & a_{22} \end{matrix}} & \underset{\boldsymbol{A}_{22}}{\begin{matrix} a_{23} & a_{24} \end{matrix}} \\ \begin{matrix} a_{31} & a_{32} \end{matrix} & \begin{matrix} a_{33} & a_{34} \end{matrix} \end{pmatrix}, \quad B = \begin{pmatrix} \underset{\boldsymbol{B}_{11}}{\begin{matrix} b_{11} & b_{12} \end{matrix}} & \underset{\boldsymbol{B}_{12}}{\begin{matrix} b_{13} & b_{14} \end{matrix}} \\ \underset{\boldsymbol{B}_{21}}{\begin{matrix} b_{21} & b_{22} \end{matrix}} & \underset{\boldsymbol{B}_{22}}{\begin{matrix} b_{23} & b_{24} \end{matrix}} \\ \begin{matrix} b_{31} & b_{32} \end{matrix} & \begin{matrix} b_{33} & b_{34} \end{matrix} \end{pmatrix},$$

$$A + B = \begin{pmatrix} \overset{\boldsymbol{A}_{11}+\boldsymbol{B}_{11}}{\begin{matrix} a_{11}+b_{11} & a_{12}+b_{12} \\ a_{21}+b_{21} & a_{22}+b_{22} \\ a_{31}+b_{31} & a_{32}+b_{32} \end{matrix}} & \overset{\boldsymbol{A}_{12}+\boldsymbol{B}_{12}}{\begin{matrix} a_{13}+b_{13} & a_{14}+b_{14} \\ a_{23}+b_{23} & a_{24}+b_{24} \\ a_{33}+b_{33} & a_{34}+b_{34} \end{matrix}} \\ \underset{\boldsymbol{A}_{21}+\boldsymbol{B}_{21}}{} & \underset{\boldsymbol{A}_{22}+\boldsymbol{B}_{22}}{} \end{pmatrix}.$$

若矩阵 A、B 是同型矩阵，且采用相同的分块法，即

$$A = \begin{pmatrix} \boldsymbol{A}_{11} & \cdots & \boldsymbol{A}_{1r} \\ \vdots & \ddots & \vdots \\ \boldsymbol{A}_{s1} & \cdots & \boldsymbol{A}_{sr} \end{pmatrix}, \quad B = \begin{pmatrix} \boldsymbol{B}_{11} & \cdots & \boldsymbol{B}_{1r} \\ \vdots & \ddots & \vdots \\ \boldsymbol{B}_{s1} & \cdots & \boldsymbol{B}_{sr} \end{pmatrix},$$

则有 $A + B = \begin{pmatrix} \boldsymbol{A}_{11}+\boldsymbol{B}_{11} & \cdots & \boldsymbol{A}_{1r}+\boldsymbol{B}_{1r} \\ \vdots & \ddots & \vdots \\ \boldsymbol{A}_{s1}+\boldsymbol{B}_{s1} & \cdots & \boldsymbol{A}_{sr}+\boldsymbol{B}_{sr} \end{pmatrix}.$

分块矩阵的数乘：

$$A = \begin{pmatrix} a_{11} & a_{12} & a_{13} & a_{14} \\ a_{21} & a_{22} & a_{23} & a_{24} \\ a_{31} & a_{32} & a_{33} & a_{34} \end{pmatrix}, \quad \lambda A = \begin{pmatrix} \lambda a_{11} & \lambda a_{12} & \lambda a_{13} & \lambda a_{14} \\ \lambda a_{21} & \lambda a_{22} & \lambda a_{23} & \lambda a_{24} \\ \lambda a_{31} & \lambda a_{32} & \lambda a_{33} & \lambda a_{34} \end{pmatrix}.$$

若 λ 是数，且 $A = \begin{pmatrix} \boldsymbol{A}_{11} & \cdots & \boldsymbol{A}_{1r} \\ \vdots & \ddots & \vdots \\ \boldsymbol{A}_{s1} & \cdots & \boldsymbol{A}_{sr} \end{pmatrix}$，则有 $\lambda A = \begin{pmatrix} \lambda\boldsymbol{A}_{11} & \cdots & \lambda\boldsymbol{A}_{1r} \\ \vdots & \ddots & \vdots \\ \lambda\boldsymbol{A}_{s1} & \cdots & \lambda\boldsymbol{A}_{sr} \end{pmatrix}.$

$m_1 + m_2 + \cdots + m_s = m,$
$l_1 + l_2 + \cdots + l_r = l,$
$n_1 + n_2 + \cdots + n_r = n.$

一般地，设 A 为 ml 矩阵，B 为 ln 矩阵，把 A、B 分块如下：

$$A = \begin{matrix} & \begin{matrix} l_1 & l_2 & \cdots & l_t \end{matrix} \\ \begin{matrix} m_1 \\ m_2 \\ \vdots \\ m_s \end{matrix} & \begin{pmatrix} \boldsymbol{A}_{11} & \boldsymbol{A}_{12} & \cdots & \boldsymbol{A}_{1t} \\ \boldsymbol{A}_{21} & \boldsymbol{A}_{22} & \cdots & \boldsymbol{A}_{2t} \\ \vdots & \vdots & & \vdots \\ \boldsymbol{A}_{s1} & \boldsymbol{A}_{s2} & \cdots & \boldsymbol{A}_{st} \end{pmatrix} \end{matrix}, \quad B = \begin{matrix} & \begin{matrix} n_1 & n_2 & \cdots & n_r \end{matrix} \\ \begin{matrix} l_1 \\ l_2 \\ \vdots \\ l_t \end{matrix} & \begin{pmatrix} \boldsymbol{B}_{11} & \boldsymbol{B}_{12} & \cdots & \boldsymbol{B}_{1r} \\ \boldsymbol{B}_{21} & \boldsymbol{B}_{22} & \cdots & \boldsymbol{B}_{2r} \\ \vdots & \vdots & & \vdots \\ \boldsymbol{B}_{t1} & \boldsymbol{B}_{t2} & \cdots & \boldsymbol{B}_{tr} \end{pmatrix} \end{matrix},$$

$$C = AB = \begin{pmatrix} C_{11} & C_{12} & \cdots & C_{1r} \\ C_{21} & C_{22} & \cdots & C_{2r} \\ \vdots & \vdots & & \vdots \\ C_{s1} & C_{s2} & \cdots & C_{sr} \end{pmatrix} \quad \begin{array}{l} c_{ij} = \sum\limits_{k=1}^{t} A_{ik} B_{kj} \\ (i = 1, 2, \cdots, s; j = 1, 2, \cdots, r). \end{array}$$

按行分块以及按列分块，$m \times n$ 矩阵 A 有 m 行 n 列，若将第 i 行记作 $\boldsymbol{\alpha}_i^{\mathrm{T}} = (a_{i1}, a_{i2}, \cdots, a_{in})$.

若将第 j 列记作

$$\boldsymbol{\beta}_j = \begin{pmatrix} a_{1j} \\ a_{2j} \\ \vdots \\ a_{mj} \end{pmatrix}, \text{ 则 } A = \begin{pmatrix} a_{11} & a_{12} & \cdots & a_{1n} \\ a_{21} & a_{22} & \cdots & a_{2n} \\ \vdots & \vdots & & \vdots \\ a_{m1} & a_{m2} & \cdots & a_{mn} \end{pmatrix} = \begin{pmatrix} \boldsymbol{\alpha}_1^{\mathrm{T}} \\ \boldsymbol{\alpha}_2^{\mathrm{T}} \\ \vdots \\ \boldsymbol{\alpha}_m^{\mathrm{T}} \end{pmatrix} = (\boldsymbol{\beta}_1 \quad \boldsymbol{\beta}_2 \quad \cdots \quad \boldsymbol{\beta}_n).$$

于是设 A 为 $m \times s$ 矩阵，B 为 $s \times n$ 矩阵，若把 A 按行分块，把 B 按列块，则

$$C = (c_{ij})_{m \times n} = AB = \begin{pmatrix} \boldsymbol{\alpha}_1^{\mathrm{T}} \\ \boldsymbol{\alpha}_2^{\mathrm{T}} \\ \vdots \\ \boldsymbol{\alpha}_m^{\mathrm{T}} \end{pmatrix} (\boldsymbol{\beta}_1 \quad \boldsymbol{\beta}_2 \quad \cdots \quad \boldsymbol{\beta}_n) = \begin{pmatrix} C_{11} & C_{12} & \cdots & C_{1r} \\ C_{21} & C_{22} & \cdots & C_{2r} \\ \vdots & \vdots & & \vdots \\ C_{s1} & C_{s2} & \cdots & C_{sr} \end{pmatrix},$$

$$c_{ij} = \boldsymbol{\alpha}_i^{\mathrm{T}} \boldsymbol{\beta}_j = (a_{i1} \quad a_{i2} \quad \cdots \quad a_{is}) \begin{pmatrix} b_{1j} \\ b_{2j} \\ \vdots \\ b_{sj} \end{pmatrix} = \sum_{k=1}^{s} a_{ik} b_{kj}.$$

分块矩阵的转置：

若 $A = \begin{pmatrix} A_{11} & \cdots & A_{1r} \\ \vdots & & \vdots \\ A_{s1} & \cdots & A_{sr} \end{pmatrix}$，则 $A^{\mathrm{T}} = \begin{pmatrix} A_{11}^{\mathrm{T}} & \cdots & A_{s1}^{\mathrm{T}} \\ \vdots & & \vdots \\ A_{1r}^{\mathrm{T}} & \cdots & A_{sr}^{\mathrm{T}} \end{pmatrix}$.

分块矩阵不仅形式上进行转置，而且每一个子块也进行转置.

例 2.28　$A = \begin{pmatrix} a_{11} & a_{12} & a_{13} & a_{14} \\ a_{21} & a_{22} & a_{23} & a_{24} \\ a_{31} & a_{32} & a_{33} & a_{34} \end{pmatrix} = (\boldsymbol{\alpha}_1 \quad \boldsymbol{\alpha}_2 \quad \boldsymbol{\alpha}_3 \quad \boldsymbol{\alpha}_4),$

$$A^{\mathrm{T}} = \begin{pmatrix} a_{11} & a_{21} & a_{31} \\ a_{12} & a_{22} & a_{32} \\ a_{13} & a_{23} & a_{33} \\ a_{14} & a_{24} & a_{34} \end{pmatrix} = \begin{pmatrix} \boldsymbol{\alpha}_1^{\mathrm{T}} \\ \boldsymbol{\alpha}_2^{\mathrm{T}} \\ \boldsymbol{\alpha}_3^{\mathrm{T}} \\ \boldsymbol{\alpha}_4^{\mathrm{T}} \end{pmatrix}.$$

定义 2.19　设 A 是 n 阶矩阵，若 A 的分块矩阵只有在对角线上有非零子块，其余子块都为零矩阵，对角线上的子块都是方阵，那么称 A 为分块对角矩阵.

例 2.29 $A = \begin{pmatrix} 5 & 0 & 0 & 0 \\ 0 & 1 & 0 & 0 \\ 0 & 0 & 8 & 3 \\ 0 & 0 & 5 & 2 \end{pmatrix} = \begin{pmatrix} A_1 & O & O \\ O & A_2 & O \\ O & O & A_3 \end{pmatrix} = \begin{pmatrix} B_1 & O \\ O & B_2 \end{pmatrix}.$

分块对角矩阵的性质：

$$A = \begin{pmatrix} A_1 & & & \\ & A_2 & & \\ & & \ddots & \\ & & & A_s \end{pmatrix},$$

$|A| = |A_1| |A_2| \cdots |A_s|$，若 $|A_s| \neq 0$，则 $|A| \neq 0$，并且 $A^{-1} = \begin{pmatrix} A_1^{-1} & & & \\ & A_2^{-1} & & \\ & & \ddots & \\ & & & A_s^{-1} \end{pmatrix}.$

例 2.30 设 $A = \begin{pmatrix} 5 & 0 & 0 \\ 0 & 3 & 1 \\ 0 & 2 & 1 \end{pmatrix}$，求 A^{-1}.

解：$A = \begin{pmatrix} 5 & 0 & 0 \\ 0 & 3 & 1 \\ 0 & 2 & 1 \end{pmatrix} = \begin{pmatrix} A_1 & O \\ O & A_2 \end{pmatrix}$，$A^{-1} = \begin{pmatrix} A_1^{-1} & O \\ O & A_2^{-1} \end{pmatrix} = \begin{pmatrix} 1/5 & 0 & 0 \\ 0 & 1 & -1 \\ 0 & -2 & 3 \end{pmatrix}.$

$$A_1 = (5), A_1^{-1} = \left(\frac{1}{5} \right), A_2 = \begin{pmatrix} 3 & 1 \\ 2 & 1 \end{pmatrix}, A_2^{-1} = \begin{pmatrix} 1 & -1 \\ -2 & 3 \end{pmatrix}.$$

例 2.31 证 $A_{m \times n} = O_{m \times n}$ 的充分必要条件是方阵 $A^{\mathrm{T}} A = O_{n \times n}$.

证明：把 A 按列分块，有 $A = (a_{ij})_{m \times n} = (\alpha_1, \alpha_2, \cdots, \alpha_n)$，

于是 $A^{\mathrm{T}} A = \begin{pmatrix} \alpha_1^{\mathrm{T}} \\ \alpha_2^{\mathrm{T}} \\ \vdots \\ \alpha_n^{\mathrm{T}} \end{pmatrix} (\alpha_1 \quad \alpha_2 \quad \cdots \quad \alpha_n) = \begin{pmatrix} \alpha_1^{\mathrm{T}} \alpha_1 & \alpha_1^{\mathrm{T}} \alpha_2 & \cdots & \alpha_1^{\mathrm{T}} \alpha_n \\ \alpha_2^{\mathrm{T}} \alpha_1 & \alpha_2^{\mathrm{T}} \alpha_2 & \cdots & \alpha_2^{\mathrm{T}} \alpha_n \\ \vdots & \vdots & & \vdots \\ \alpha_n^{\mathrm{T}} \alpha_1 & \alpha_n^{\mathrm{T}} \alpha_2 & \cdots & \alpha_n^{\mathrm{T}} \alpha_n \end{pmatrix} = O.$

那么 $\alpha_j^{\mathrm{T}} \alpha_j = (a_{1j} \quad a_{2j} \quad \cdots \quad a_{2j}) \begin{pmatrix} a_{1j} \\ a_{2j} \\ \vdots \\ a_{mj} \end{pmatrix} = a_{1j}^2 + a_{2j}^2 + \cdots + a_{mj}^2 = 0.$

$a_{1j} = a_{2j} = \cdots = a_{mj} = 0$，即 $A = O$.

第 3 章　数据理论之微积分

3.1　微积分的应用

微积分在现实生活中应用非常广泛,特别是微分方程可以解决许多实际问题.对于动态问题,通常与变化率相关,进而与微分方程联系起来.可以考虑建立微分方程模型.

3.1.1　雨中行走问题

人在雨中沿直线从一处向另一处行走,当雨的速度已知时,问人行走的速度多大时才能使淋雨量最小? 还有以下问题我们可以思考一下:走得越快淋雨量越少吗? 降雨速度变化吗? 人身体的表面会影响淋雨量吗? 行走的路线如何?

假设:

(1) 人行走的路线为直线,行走距离为 L.

(2) 雨的速度不变.

(3) 人体为长方体.

选择适当的直角坐标系,使人行走速度为

$$v_x = (u, 0, 0).$$

记雨的速度为

$$v_2 = (v_x, v_y, v_z).$$

相对速度为

$$v = v_2 - v_1 = (v_x - u, v_y, v_z).$$

人身体的表面非常复杂,为了使问题简化,将人体表面投影到三个坐标面,故可视为长方体,设其前、侧、顶的面积之比为 $1 : b : c$.

淋雨量:通量!

单位时间内的淋雨量正比于

$$|v_x - u| + |v_y|b + |v_z|c.$$

从而总淋雨量正比于

$$\begin{aligned}
R(u) &= (|v_x - u| + |v_y|b + |v_z|c)T &&\text{(行走的时间为 } L/u) \\
&= (|v_x - u| + a)L/u &&(a = |v_y|b + |v_z|c > 0).
\end{aligned}$$

即

$$R(u) = \begin{cases} \dfrac{L(a + v_x)}{u} - L & (u < v_x), \\[2mm] \dfrac{L(a - v_x)}{u} + L & (u > v_x). \end{cases}$$

问题化为$\min\limits_{u>0}R(u)$.

(1) $v_x > a$

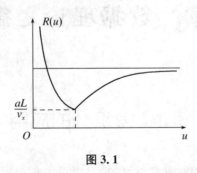

图 3.1

当 $v_x > a$ 时,$u = aL/v_x$,$R(u)$ 达到最小值.

(2) $v_x = a$

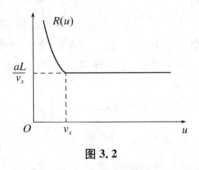

图 3.2

当 $v_x = a$ 时,在 $u \geqslant aL/v_x$ 处,$R(u)$ 都取到最小值.

(3) $v_x < a$

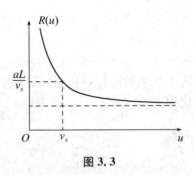

图 3.3

当 $v_x < a$ 时,$R(u)$ 单调递减.

结论:当 $v_x > a$ 时,行走速度为 aL/v_x,淋雨量最小;

　　　当 $v_x = a$ 时,行走速度不小于 aL/v_x,淋雨量最小;

　　　当 $v_x < a$ 时,走得越快,淋雨量越小.

3.1.2　服药问题

医生给病人开处方时必须注明两点:服药的剂量和服药的时间间隔.超剂量的药品会对身体产生严重不良后果,甚至死亡,而剂量不足,则不能达到治病的目的.已知患者服药后,随时间推移,药品在体内逐渐被吸收,发生生化反应,也就是体内药品的浓度逐渐降低.药品浓度降低的速率与体内当时药品的浓度成正比.在等间隔服药,一次服药量为 A 的情况下,试分析体内药的浓度随时间的变化规律.

假设:当一次服药量为 A 时,体内药品的浓度瞬间增加 a.

记 T 为服药间隔;$x(t)$ 为 t 时刻体内药品的浓度.

单次服药:

由药品浓度降低的速率与体内当时药品的浓度成正比,得

$$\frac{\mathrm{d}x(t)}{\mathrm{d}t} = -kx(t),$$

$$x(0) = a.$$

等间隔多次服药(服药的脉冲性):

$$\frac{\mathrm{d}x(t)}{\mathrm{d}t} = -kx(t), t \neq nT,$$

$$x(0) = a, x(nT) = a + x(nT^-), n = 1, 2, \cdots$$

在区间 $[nT, (n+1)T]$ 上求解方程得

$$x(t) = x(nT)\mathrm{e}^{-k(t-nT)}, t \in [nT, (n+1)T), n = 0, 1, 2, \cdots$$

在区间 $[0, T)$ 上解为

$$x(t) = a\mathrm{e}^{-kt}, t \in [nT, (n+1)T), n = 0, 1, 2, \cdots$$

在区间 $[T, 2T)$ 上解为

$$x(t) = (a + \mathrm{e}^{-kT})\mathrm{e}^{-k(t-T)},$$

在区间 $[2T, 3T)$ 上解为

$$x(t) = (a + a\mathrm{e}^{-kT} + a\mathrm{e}^{-2kT})\mathrm{e}^{-k(t-2T)}$$

$$\cdots\cdots$$

在区间 $[nT, (n+1)T]$ 上解为

$$x(t) = (a + a\mathrm{e}^{-kT} + a\mathrm{e}^{-2kT} + \cdots + a\mathrm{e}^{-nkT})\mathrm{e}^{-k(t-nT)}$$

$$= a(1 - \mathrm{e}^{-(n+1)kT})/(1 - \mathrm{e}^{-kT})\mathrm{e}^{-k(t-nT)}$$

$$\cdots\cdots$$

由此看出,药的浓度在人体中呈上升趋势,且最后稳定在一定的水平.

当 $T = 8, k = 0.1, a = 0.1$ 时,数值计算的结果如图 3.4 所示.

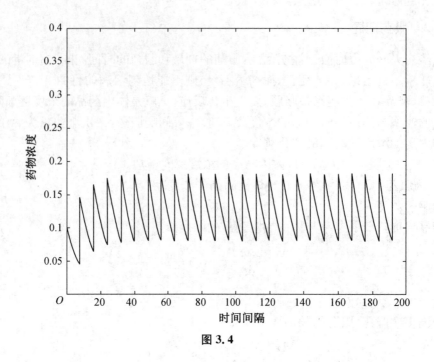

图 3. 4

3. 1. 3　交通管理中的黄灯时间

在十字路口的交通管理中,亮红灯之前,要亮一段时间黄灯,这是为了让那些正行驶在十字路口上或距十字路口太近以致无法停下的车辆通过路口. 那么,黄灯应该亮多长时间呢?

(1) 问题分析

在十字路口行驶的车辆中,主要因素是机动车辆. 驶近交叉路口的驾驶员,在看到黄色信号后要做出决定:是停还是要通过路口.

假设驾驶员按法定速度(或低于法定速度)行驶.

当决定停车时,他必须有足够的停车距离. 少于此距离时不能停车,大于此距离时必须停车. 等于此距离时可以停车,也可以通过路口.

当决定通过路口时,他必须有足够的时间使他完全通过路口,这包括做出决定的时间、通过十字路口的时间以及通过停车所需的最短距离的驾驶时间.

于是,黄灯状态应该持续的时间包括驾驶员的决定时间(反应时间)、通过十字路口的时间和停车距离的驾驶时间.

(2) 建模与求解

记 T_1 为驾驶员反应时间;T_2 为汽车通过十字路口的时间;T_3 为停车距离的驾驶时间.

则黄灯应亮的时间为

$$T = T_1 + T_2 + T_3.$$

下面计算 T_2、T_3.

设法定行驶速度为 v_0,十字路口的长度为 I,典型的车身长度为 L,则汽车通过十字路口的时间为

$$T_2 = (I+L)/v_0.$$

停车过程是通过驾驶员踩动刹车踏板产生一种摩擦力,使汽车减速直到停止.

设 m 为汽车质量,f 为刹车摩擦系数,$x(t)$ 为行驶距离.

由牛顿第二定律,刹车过程满足运动方程

$$m\frac{\mathrm{d}^2 x(t)}{\mathrm{d}t^2} = -fmgx(0) = 0, \frac{\mathrm{d}x(t)}{\mathrm{d}t}\Big| t=0 = v_0.$$

对方程积分一次,并代入初始条件得 $x(t) = -\dfrac{1}{2}fgt^2 + v_0 t$.

令末速度为零,得刹车时间为

$$t_1 = fg/v_0.$$

再积分一次,并代入条件 $x(0) = 0$ 得

$$x(t_1) = -\frac{1}{2}fg\left(\frac{v_0}{fg}\right)^2 + v_0\frac{v_0}{fg} = \frac{1}{2}\frac{v_0^2}{fg}.$$

故停车距离为

$$x(t_1) = -\frac{1}{2}fg\left(\frac{v_0}{fg}\right)^2 + v_0\frac{v_0}{fg} = \frac{1}{2}\frac{v_0^2}{fg}.$$

所以　　　　　　　　　　$T_3 = x(t_1)/v_0 = v_0/(2fg).$

驾驶员的反应时间 T_1,可根据统计数据或经验得到,通常可假定为 $T_1 = 1$ 秒.

所以,黄灯应亮的时间为

$$T = (I+L)/v_0 + v_0/(2fg) + T_1.$$

3.2　微积分的知识回顾

3.2.1　函数极限与连续

1. 函数

(1) 概念回顾

① 一元函数的概念

$f:D \to f(D) \subset R$

定义域　值域

其中 $f(D) = \{y \mid y = f(x), x \in D\}.$

② 二元函数的概念

$D \subset R^2$ 函数为特殊的映射.

$$f:D \to f(D) \subset R$$

定义域　值域

其中 $f(D) = \{z \mid z = f(x,y), (x,y) \subset D\}$.

③ 函数的特性

有界性,单调性,奇偶性,周期性.

④ 反函数

设函数 $f:D \to f(D)$ 为单射,反函数为其逆映射 $f^{-1}:f(D) \to D$.

⑤ 复合函数

给定函数链 $f:D_1 \to f(D_1)$, $g:D \to g(D) \subset D_1$.

则复合函数为 $f \circ g:D \to f \mid g(D)$.

⑥ 初等函数

由基本初等函数经有限次四则运算与复合而成的由一个表达式表示的函数.

(2) 函数性质应用

例 3.1　判断下列各函数的奇偶性.

(1) $y = 2x^2 + 1$　　(2) $y = x - 2\sin x$　　(3) $y = x - 1$

知识点:函数的奇偶性.

若对于任何 x,恒有 $f(-x) = -f(x)$ 成立,则称 $f(x)$ 是奇函数.

若对于任何 x,恒有 $f(-x) = f(x)$ 成立,则称 $f(x)$ 是偶函数.

奇函数的图形关于原点对称,偶函数的图形关于 y 轴对称.

解:(1) $f(-x) = 2(-x)^2 + 1 = 2x^2 + 1 = f(x)$,故 $y = 2x^2 + 1$ 为偶函数.

(2) $f(-x) = (-x)^3 - 2\sin(-x) = -x^3 + 2\sin x = -f(x)$,故 $y = x^3 - 2\sin x$ 为奇函数,图形关于原点对称.

(3) $f(-x) = -x - 1$,它既不等于 $f(x)$,也不等于 $-f(x)$,故 $y = x - 1$ 是非奇非偶函数.

例 3.2　下列各函数中,互为反函数的是(　　　).

(1) $y = \tan x, y = \cot x$　　　　(2) $y = 2x + 1, y = \dfrac{1}{2}(x-1)$

知识点:反函数.

求反函数的步骤:先从函数 $y = f(x)$ 中解出 $x = f^{-1}(y)$,再置换 x 与 y,就得反函数 $y = f^{-1}(x)$.

解:(1) $y = \tan x, x = \cot y$,置换 x 与 y 得 $y = \cot x$.

(2) $y = 2x + 1, x = \dfrac{1}{2}(y-1)$,置换 x 与 y 得 $y = \dfrac{1}{2}(x-1)$.

2. 极限

(1) 概念回顾

① 数列极限 $\lim\limits_{n \to \infty} a_n = A$,函数极限 $\lim\limits_{x} f(x) = A$.

② 函数极限与单侧极限之间的关系

$$\lim_{x \to x_0} f(x) = A \Leftrightarrow \begin{cases} f(x_0^-) = \lim\limits_{x \to x_0^-} f(x) = A, \\ f(x_0^+) = \lim\limits_{x \to x_0^+} f(x) = A. \end{cases}$$

③ 特殊极限:无穷大和无穷小

若当 $\lim u = 0$,则称变量 u 为无穷小量(或无穷小).

$\lim u = \infty, \lim u = +\infty, \lim u = -\infty$,则称变量 u 为无穷大量(或无穷大).

④ 极限与无穷小的关系定理

$u \to A \Leftrightarrow u = A + a$,其中 a 是该极限过程中的无穷小.

(2) 极限的求法

利用极限四则运算、连续函数、重要极限、无穷小代换、洛必达法则等.

例 3.3　求 $\lim\limits_{x \to \infty} \dfrac{x+5}{x^2-9}$.

知识点:设 $a_0 \neq 0, b_0 \neq 0, m, n \in N$,

$$\text{则} \lim_{x \to \infty} \frac{a_m x^m + \cdots + a_1 x + a_0}{b_n x^n + \cdots + b_1 x + b_0} = \begin{cases} \dfrac{a_m}{b_n}, & m = n, \\ 0, & m < n, \\ \infty, & m > n. \end{cases}$$

解:$\lim\limits_{x \to \infty} \dfrac{x+5}{x^2-9} = \lim\limits_{x \to \infty} \dfrac{\dfrac{1}{x} + \dfrac{5}{x^2}}{1 - \dfrac{9}{x^2}} = \dfrac{\lim\limits_{x \to \infty}\left(\dfrac{1}{x} + \dfrac{5}{x^2}\right)}{\lim\limits_{x \to \infty}\left(1 - \dfrac{9}{x^2}\right)} = \dfrac{0}{1} = 0.$

例 3.4　求(1) $\lim\limits_{n \to \infty} \dfrac{5^n - 4^{n-1}}{5^{n+1} + 3^{n+2}}$,(2) $\lim\limits_{n \to +\infty} \dfrac{x - \cos x}{x - \sin x}$.

解:(1) $\lim\limits_{n \to \infty} \dfrac{5^n - 4^{n-1}}{5^{n+1} + 3^{n+2}} = \lim\limits_{n \to \infty} \dfrac{\dfrac{1}{5} - \dfrac{1}{5^2}\left(\dfrac{4}{5}\right)^{n-1}}{1 + 3\left(\dfrac{3}{5}\right)^{n+1}} = \dfrac{\dfrac{1}{5} - \dfrac{1}{5^2}\lim\limits_{n \to \infty}\left(\dfrac{4}{5}\right)^{n-1}}{1 + 3\lim\limits_{n \to \infty}\left(\dfrac{3}{5}\right)^{n+1}} = \dfrac{1}{5}.$

(2) $\lim\limits_{n \to +\infty} \dfrac{x - \cos x}{x - \sin x} = \lim\limits_{n \to +\infty} \dfrac{1 - \dfrac{\cos x}{x}}{1 - \dfrac{\sin x}{x}} = 1.$

例 3.5　求(1) $\lim\limits_{n \to \infty}(\sqrt{n + 3\sqrt{n}} - \sqrt{n - \sqrt{n}})$,(2) $\lim\limits_{n \to \infty}(\sqrt{n+3} - \sqrt{n})\sqrt{n-1}$.

解:(1) $\lim\limits_{n \to \infty}(\sqrt{n + 3\sqrt{n}} - \sqrt{n - \sqrt{n}}) = \lim\limits_{n \to \infty} \dfrac{(\sqrt{n + 3\sqrt{n}} - \sqrt{n - \sqrt{n}})(\sqrt{n + 3\sqrt{n}} + \sqrt{n - \sqrt{n}})}{\sqrt{n + 3\sqrt{n}} + \sqrt{n - \sqrt{n}}}$

$= \lim\limits_{n \to \infty} \dfrac{4\sqrt{n}}{\sqrt{n + 3\sqrt{n}} + \sqrt{n - \sqrt{n}}} = \lim\limits_{n \to \infty} \dfrac{4}{\sqrt{1 + 3\dfrac{\sqrt{n}}{n}} + \sqrt{1 - \dfrac{\sqrt{n}}{n}}} = 2.$

(2) $\lim\limits_{n \to \infty}(\sqrt{n+3} - \sqrt{n})\sqrt{n-1} = \lim\limits_{n \to \infty} \dfrac{(\sqrt{n+3} - \sqrt{n})(\sqrt{n+3} + \sqrt{n})}{\sqrt{n+3} + \sqrt{n}}\sqrt{n-1}.$

$$=\lim_{n\to\infty}\frac{3\sqrt{n-1}}{\sqrt{n+3}+\sqrt{n}}=\lim_{n\to\infty}\frac{3\sqrt{1-\dfrac{1}{n}}}{\sqrt{1+\dfrac{3}{n}}+1}=\frac{3}{2}.$$

注:等价无穷小.

$x\to0$ 时,$x\sim\sin x$,$x\sim\tan x$,$x\sim\arcsin x$,$1-\cos x\sim\dfrac{x^2}{2}$,$\ln(x+1)\sim x$,$\mathrm{e}^x-1\sim x$.

$a_n\to0$ 时,$\sin a_n\sim a_n$.

$u(x)\to0$ 时,$\sin u(x)\sim u(x)$.

例 3.6 求(1) $\lim\limits_{x\to0}\dfrac{x(\mathrm{e}^x-1)}{\cos x-1}$,(2) $\lim\limits_{x\to0}\dfrac{(\mathrm{e}^{x^2}-1)\sin3x}{(1-\cos2x)\ln(1+x)}$,

(3) $\lim\limits_{x\to+\infty}x(\ln(x+2)-\ln x)$.

知识点:用等价无穷小代换求极限.

设 $\alpha,\alpha',\beta,\beta'$ 都是无穷小,如果 $\alpha\sim\alpha'$,$\beta\sim\beta'$,则 $\lim\dfrac{\alpha}{\beta}=\lim\dfrac{\alpha'}{\beta'}$.

解:(1) 因为 $\mathrm{e}^x-1\sim x$,$\cos x-1\sim-\dfrac{1}{2}x^2$,所以 $\lim\limits_{x\to0}\dfrac{x(\mathrm{e}^x-1)}{\cos x-1}=\lim\limits_{x\to0}\dfrac{x\cdot x}{-\dfrac{1}{2}x^2}=-2.$

(2) 因为 $\mathrm{e}^{x^2}-1\sim x^2$,$\sin3x\sim3x$,$1-\cos2x\sim\dfrac{1}{2}(2x)^2=2x^2$,$\ln(1+x)\sim x$,

所以 $\lim\limits_{x\to0}\dfrac{(\mathrm{e}^{x^2}-1)\sin3x}{(1-\cos2x)\ln(1+x)}=\lim\limits_{x\to0}\dfrac{x^2\cdot(3x)}{(2x^2)\cdot x}=\dfrac{3}{2}.$

(3) $\lim\limits_{x\to+\infty}x(\ln(x+2)-\ln x)=\lim\limits_{x\to+\infty}x\ln\left(1+\dfrac{2}{x}\right)=\lim\limits_{x\to+\infty}x\cdot\dfrac{2}{x}=2.$

注:在使用等价无穷小代换时,应注意只能对乘法除法代换,不能对加法减法代换,即只对极限中的各个因式进行代换.

记住下列几个常用的等价无穷小以及由此导出其他等价无穷小.

① $\sin x\sim x$ 导出 $u(x)\to0$ 时,$\sin u(x)\sim u(x)$.

② $\tan x\sim x$ 导出 $u(x)\to0$ 时,$\tan u(x)\sim u(x)$.

③ $\arctan x\sim x$ 导出 $u(x)\to0$ 时,$\arctan u(x)\sim u(x)$.

④ $\mathrm{e}^x-1\sim x$ 导出 $u(x)\to0$ 时,$\mathrm{e}^{u(x)}-1\sim u(x)$.

⑤ $\ln(1+x)\sim x$ 导出 $u(x)\to0$ 时,$\ln(1+u(x))\sim u(x)$.

⑥ $1-\cos x\sim\dfrac{x^2}{2}$ 导出 $u(x)\to0$ 时,$1-\cos u(x)\sim\dfrac{u(x)^2}{2}$.

例 3.7 求(1) $\lim\limits_{x\to0}\dfrac{1-\cos3x}{1-\cos4x}$,(2) $\lim\limits_{x\to\frac{\pi}{2}}\dfrac{\ln\sin x}{(\pi-2x)^2}$.

知识点:洛必达法则.

若分式极限 $\lim\dfrac{f(x)}{g(x)}$ 是 $\dfrac{0}{0}$ 或 $\dfrac{\infty}{\infty}$ 型的未定型,则当 $\lim\dfrac{f'(x)}{g'(x)}$ 存在时,$\lim\dfrac{f(x)}{g(x)}=\lim\dfrac{f'(x)}{g'(x)}$.

解：(1) $\lim\limits_{x\to 0}\dfrac{1-\cos 3x}{1-\cos 4x}=\lim\limits_{x\to 0}\dfrac{3\sin 3x}{4\sin 4x}=\lim\limits_{x\to 0}\dfrac{3\cdot 3x}{4\cdot 4x}=\dfrac{9}{16}.$

(2) $\lim\limits_{x\to\frac{\pi}{2}}\dfrac{\ln\sin x}{(\pi-2x)^2}=\lim\limits_{x\to\frac{\pi}{2}}\dfrac{\dfrac{1}{\sin x}\cos x}{-2\cdot 2(\pi-2x)}=\lim\limits_{x\to\frac{\pi}{2}}\dfrac{1}{-4\sin x}\dfrac{\cos x}{(\pi-2x)}$

$=\lim\limits_{x\to\frac{\pi}{2}}\dfrac{1}{-4\sin x}\lim\limits_{x\to\frac{\pi}{2}}\dfrac{\cos x}{(\pi-2x)}=\dfrac{1}{-4}\lim\limits_{x\to\frac{\pi}{2}}\dfrac{-\sin x}{-2}=-\dfrac{1}{8}.$

注：使用洛必达法则必须判断所求的极限是分式型的未定式 $\dfrac{0}{0},\dfrac{\infty}{\infty}.$ 其他类型的未定式 $\infty-\infty,0\cdot\infty,0^0,\infty^0,1^\infty$ 可转化为分式型的未定式，从而可以用洛必达法则.

例 3.8　用级数的敛散定义判断级数 $\displaystyle\sum_{n=1}^{\infty}\dfrac{1}{\sqrt{n}+\sqrt{n+1}}$ 敛散性.

知识点：$S_n=u_1+u_2+u_3+\cdots+u_n$ 若 $\lim\limits_{n\to\infty}S_n=S$（常数），就说数项级数 $\displaystyle\sum_{n=1}^{\infty}u_n$ 收敛，若 $\lim\limits_{n\to\infty}S_n=\infty$ 或 $\lim\limits_{n\to\infty}S_n$ 不存在，就说数项级数 $\displaystyle\sum_{n=1}^{\infty}u_n$ 发散.

解：$S_n=\displaystyle\sum_{k=1}^{n}\dfrac{1}{\sqrt{k}+\sqrt{k+1}}=\sum_{k=1}^{n}\dfrac{\sqrt{k+1}-\sqrt{k}}{(\sqrt{k}+\sqrt{k+1})(\sqrt{k+1}-\sqrt{k})}=\sum_{k=1}^{n}(\sqrt{k+1}-\sqrt{k})$

$=(\sqrt{2}-1)+(\sqrt{3}-\sqrt{2})+\cdots+(\sqrt{n+1}-\sqrt{n})=\sqrt{n+1}-1\to\infty,$

该级数发散.

例 3.9　求级数 $\displaystyle\sum_{n=0}^{\infty}\left(\dfrac{2}{5}\right)^{n+1}$ 的和 S.

知识点：等比级数（几何级数）$\displaystyle\sum_{n=1}^{\infty}aq^{n-1}=a+aq+aq^2+\cdots+aq^{n-1}+\cdots$ 当 $|q|<1$ 时，等比级数收敛；且 $\displaystyle\sum_{n=1}^{\infty}aq^{n-1}=a+aq+aq^2+\cdots+aq^{n-1}+\cdots=\dfrac{a}{1-q}.$ 当 $|q|<1$ 时，等比级数发散.

解：因为 $\displaystyle\sum_{n=0}^{\infty}\left(\dfrac{2}{5}\right)^{n+1}=\dfrac{2}{5}+\left(\dfrac{2}{5}\right)^2+\left(\dfrac{2}{5}\right)^3+\cdots+\left(\dfrac{2}{5}\right)^{n+1}+\cdots$

所以 $\displaystyle\sum_{n=0}^{\infty}\left(\dfrac{2}{5}\right)^{n+1}=\dfrac{\dfrac{2}{5}}{1-\dfrac{2}{5}}=\dfrac{2}{3}.$

注：收敛的必要条件为若 $\displaystyle\sum_{n=1}^{\infty}u_n$ 收敛，则 $\lim\limits_{n\to\infty}u_n=0.$

例 3.10　求 $y=f(x)=\dfrac{x+1}{x^2}-1$ 的水平和垂直渐近线.

知识点：如果 $\lim\limits_{x\to\infty}f(x)=b$ 或 $\lim\limits_{x\to+\infty}f(x)=b$ 或 $\lim\limits_{x\to-\infty}f(x)=b$，则直线 $y=b$ 为曲线 $y=f(x)$ 的水平渐近线；如果 $\lim\limits_{x\to a}f(x)=\infty$ 或 $\lim\limits_{x\to a^-}f(x)=\infty$ 或 $\lim\limits_{x\to a^+}f(x)=\infty$，则直线 $x=a$ 为曲线 $y=f(x)$ 的垂直渐近线.

解：因为 $\lim\limits_{x\to 0}\dfrac{x+1}{x^2}-1=\infty$，$x=0$ 为无穷间断点，故有垂直渐近线 $x=0$. 因为 $\lim\limits_{x\to\infty}\dfrac{x+1}{x^2}$ $-1=-1$，故 $y=-1$ 为水平渐近线.

注：垂直渐近线一般在间断点处存在.

3. 连续函数与闭区间上连续函数的性质

概念回顾如下.

① 一元函数的连续性：$y=f(x)$ 在点 x_0 处连续 $\Leftrightarrow \lim\limits_{x\to x_0}\Delta y=0 \Leftrightarrow \lim\limits_{x\to x_0}f(x)=f(x_0)$.

② 二元函数的连续性：设函数 $z=f(x,y)$ 在点 $P_0(x_0,y_0)$ 的某邻域有定义，若 $\lim\limits_{\substack{x\to x_0\\y\to y_0}}f(x,y)=f(x_0,y_0)$，则称函数 $z=f(x,y)$ 在点 P_0 连续. 不连续的点称为间断点.

③ 闭区间上连续函数的性质：有界性、最大值和最小值、零点定理、介值定理.

例 3.11 确定 k 的值使得函数 $f(x)=\begin{cases}\dfrac{\ln(1+x)}{x} & \neq 0\\ k & x=0\end{cases}$ 在其定义域内连续.

知识点：初等函数的连续性，非初等函数的连续性. 初等函数在其有定义区间内处处连续. 函数 $f(x)$ 在点 x_0 连续的充分必要条件是下列三个条件同时满足.

(1) $f(x_0)$ 有定义；(2) $\lim\limits_{x\to x_0}f(x)$ 存在；(3) $\lim\limits_{x\to x_0}f(x)=f(x_0)$.

解：函数的定义域为 $(-1,+\infty)$，由于函数在 $x=0$ 处的函数值 $f(0)=k$ 是单独定义的，所以该函数在定义域 $(-1,+\infty)$ 上不是初等函数. 但是在 $x\neq 0$ 时是初等函数 $f(x)=\dfrac{\ln(1+x)}{x}$，所以函数在区间 $(-1,0)$ 和 $(0,+\infty)$ 上是连续的. 若使该函数在 $x=0$ 处连续，则

应有 $\lim\limits_{x\to 0}f(x)=k=f(0)$，又因 $\lim\limits_{x\to 0}f(x)=\lim\limits_{x\to 0}\dfrac{\ln(1+x)}{x}=\lim\limits_{x\to 0}\dfrac{\frac{1}{1+x}}{1}=\lim\limits_{x\to 0}\dfrac{1}{1+x}=1$，所以 $k=1$ 时，该函数在 $x=0$ 处连续，$k\neq 1$，$x=0$ 为间断点.

例 3.12 函数 $f(x)=\dfrac{x-1}{\mathrm{e}^2(x^2-2x-3)}$ 的间断点的个数为（　　）.

A. 0 个 　　　　 B. 1 个 　　　　 C. 2 个 　　　　 D. 3 个

知识点：判断初等函数的间断点.

如果 $f(x)$ 在点 x_0 不连续，则 x_0 称是 $f(x)$ 的间断点.

(1) 若下列三种情况之一成立，则称 x_0 是 $f(x)$ 的间断点：

① $f(x_0)$ 无定义（x_0 是无定义的孤立点）；

② $\lim\limits_{x\to x_0}f(x)$ 不存在；

③ $f(x_0)$ 有定义，$\lim\limits_{x\to x_0}f(x)$ 存在，但 $\lim\limits_{x\to x_0}f(x)\neq f(x_0)$.

(2) 若 $f(x)$ 是含有分母的初等函数，则分母的零点是间断点.

(3) 若 $f(x)$ 是分段函数，则分段的分界点是可疑的间断点.

解：将函数的分母做因式分解，则有 $f(x)=\dfrac{x-1}{\mathrm{e}^2(x-1)(x-2)}$，分母的零点就是函数的

间断点,可以看到分母零点为 $x=1,2$.应选择 C.

　　注:对函数分母做因式分解是判断函数间断点的常用方法.

3.2.2　导数微分及其应用

1. 概念回顾

(1) 一元函数导数与微分的定义

$$y'\big|_{x=x_0}=\lim_{\Delta x\to x_0}\frac{\Delta y}{\Delta x}=\lim_{x\to x_0}\frac{f(x)-f(x_0)}{x-x_0}=\lim_{\Delta x\to x_0}\frac{f(x_0+\Delta x)-f(x_0)}{\Delta x}. \tag{3.1}$$

① 单侧导数

左导数: $\quad f'_-(x_0)=\lim_{x\to x_0-0}\frac{f(x)-f(x_0)}{x-x_0}=\lim_{\Delta x\to-0}\frac{f(x_0+\Delta x)-f(x_0)}{\Delta x}. \tag{3.2}$

右导数: $\quad f'_+(x_0)=\lim_{x\to x_0+0}\frac{f(x)-f(x_0)}{x-x_0}=\lim_{\Delta x\to+0}\frac{f(x_0+\Delta x)-f(x_0)}{\Delta x}. \tag{3.3}$

函数 $f(x)$在点 x_0处可导⇔左导数 $f'_-(x_0)$和右导数 $f'_+(x_0)$都存在且相等.

② 高阶导数(二阶和二阶以上的导数统称为高阶导数)

$$(f'(x))'=\lim_{\Delta x\to 0}\frac{f'(x+\Delta x)-f'(x)}{\Delta x},f''(x),y'',\frac{\mathrm{d}^2 y}{\mathrm{d}x^2}或\frac{\mathrm{d}^2 f(x)}{\mathrm{d}x^2}. \tag{3.4}$$

③ 微分

设函数 $y=f(x)$在某区间上有定义,x_0 及 $x_0+\Delta x$ 在此区间内,若函数增量 $\Delta y=f(x_0+\Delta x)-f(x_0)\Delta y=A\cdot\Delta x+o(\Delta x)$,其中 A 是不依赖于 Δx 的常数,而 $o(\Delta x)$是比 Δx 更高阶的无穷小,则称函数 $y=f(x)$在点 x_0是可微的,$\mathrm{d}y=A\Delta x=A\mathrm{d}x$.

(2) 多元函数偏导数与全微分的定义

① 偏导数

设函数 $z=f(x,y)$在点 $P_0(x_0,y_0)$的某邻域有定义,

$$\begin{aligned}f_x(x_0,y_0)&=\lim_{\Delta x\to 0}\frac{f(x_0+\Delta x,y_0)-f(x_0,y_0)}{\Delta x},\\ f_y(x_0,y_0)&=\lim_{\Delta y\to 0}\frac{f(x_0,y_0+\Delta y)-f(x_0,y_0)}{\Delta y}.\end{aligned} \tag{3.5}$$

② 高阶偏导数(二阶和二阶以上的偏导数统称为高阶偏导数)

二元函数 $z=f(x,y)$的偏导数 $f_x(x_0,y_0),f_y(x_0,y_0)$仍是 x,y 的二元函数,它们同样可以对 x,y 求偏导数,记

$$\frac{\partial}{\partial x}\left(\frac{\partial z}{\partial x}\right)=\frac{\partial^2 z}{\partial x^2},\frac{\partial}{\partial y}\left(\frac{\partial z}{\partial x}\right)=\frac{\partial^2 z}{\partial x\partial y},\frac{\partial}{\partial x}\left(\frac{\partial z}{\partial y}\right)=\frac{\partial^2 z}{\partial y\partial x},\frac{\partial}{\partial y}\left(\frac{\partial z}{\partial y}\right)=\frac{\partial^2 z}{\partial y^2}.$$

③ 全微分

如果函数 $z=f(x,y)$在点 $P_0(x_0,y_0)$的全增量 $\Delta z=f(x_0+\Delta x,y_0+\Delta y)-f(x_0,y_0)=A\Delta x+B\Delta y+o(\rho)$,其中,$A,B$ 仅与 x,y 有关,不依赖于 Δx 与 Δy,$\rho=\sqrt{(\Delta x)^2+(\Delta y)^2}$,则称函数 $f(x,y)$在点 (x_0,y_0)处可微分,记为

$$dz|_{P_0} = A\Delta x + B\Delta y = A\,dx + B\,dy. \tag{3.6}$$

定理 3.1 若函数 $z = f(x, y)$ 在点 (x_0, y_0) 处可微，则 $z = f(x, y)$ 在 (x_0, y_0) 点必有偏导数 $f'_x(x_0, y_0), f'_y(x_0, y_0)$，且 $A = f'_x(x_0, y_0), B = f'_y(x_0, y_0)$，

$$dz|_{P_0} = f'_x(x_0, y_0) \cdot dx + f'_y(x_0, y_0) \cdot dy. \tag{3.7}$$

例 3.13 设函数 $f(x)$ 在点 a 可导，且 $\lim\limits_{h \to 0} \dfrac{f(a+5h) - f(a-5h)}{2h} = 1$，求 $f'(a)$.

知识点：导数的定义.

$$y'|_{x=x_0} = \lim_{\Delta x \to x_0} \frac{\Delta y}{\Delta x} = \lim_{x \to x_0} \frac{f(x) - f(x_0)}{x - x_0} = \lim_{\Delta x \to x_0} \frac{f(x_0 + \Delta x) - f(x_0)}{\Delta x}.$$

解：
$$\lim_{h \to 0} \frac{f(a+5h) - f(a-5h)}{2h} = \lim_{h \to 0} \frac{(f(a+5h) - f(a)) - (f(a-5h) - f(a))}{2h}$$

$$= \lim_{h \to 0} \left(\frac{f(a+5h) - f(a)}{2h} + \frac{f(a-5h) - f(a)}{-2h} \right)$$

$$= \lim_{h \to 0} \frac{5}{2} \left(\frac{f(a+5h) - f(a)}{5h} + \frac{f(a-5h) - f(a)}{-5h} \right) = \frac{5}{2} \cdot 2f'(a) = 1,$$

$$f'(a) = \frac{1}{5}.$$

2. 导数与微分的计算

(1) 基本导数公式

$(C)' = 0,$ $\qquad\qquad\qquad (x^\mu)' = \mu x^{\mu-1},$

$(\sin x)' = \cos x,$ $\qquad\qquad (\cos x)' = -\sin x,$

$(\tan x)' = \sec^2 x,$ $\qquad\qquad (\cot x)' = -\csc^2 x,$

$(\sec x)' = \sec x \tan x,$ $\qquad\quad (\csc x)' = -\csc x \cot x,$

$(a^x)' = a^x \ln a,$ $\qquad\qquad\quad (e^x)' = e^x,$

$(\log_a x)' = \dfrac{1}{x \ln a},$ $\qquad\qquad (\ln x)' = \dfrac{1}{x},$

$(\arcsin x)' = \dfrac{1}{\sqrt{1-x^2}},$ $\qquad (\arccos x)' = -\dfrac{1}{\sqrt{1-x^2}},$

$(\arctan x)' = \dfrac{1}{1+x^2},$ $\qquad\quad (\text{arccot}\, x)' = -\dfrac{1}{1+x^2}.$

(2) 导数的四则运算

若函数 $u = u(x), v = v(x)$ 都在点 x 处可导，则有

① $(u(x) \pm v(x))' = u'(x) \pm v'(x)$；

② $(u(x)v(x))' = u'(x)v(x) + u(x)v'(x)$；

③ $\left(\dfrac{u(x)}{v(x)} \right)' = \dfrac{u'(x)v(x) - u(x)v'(x)}{v^2(x)}, v(x) \neq 0.$

(3) 复合函数的导数

设函数 $y = f(u)$ 及 $u = g(x)$ 可以复合成函数 $y = f(g(x))$，若 $u = g(x)$ 在点 x 可导，且 $y = f(u)$ 在相应的点 $u = g(x)$ 可导，则复合函数 $y = f(\varphi(x))$ 在点 x 可导，且

$$\frac{\mathrm{d}y}{\mathrm{d}x} = f'(g(x))g'(x), \text{或} \frac{\mathrm{d}y}{\mathrm{d}x} = \frac{\mathrm{d}y}{\mathrm{d}u} \cdot \frac{\mathrm{d}u}{\mathrm{d}x}. \tag{3.8}$$

例 3.14 求下列函数的导数.

(1) $\dfrac{3^{\arctan x}}{\sin x}$，(2) $\sin nx + \sin^n x$，(3) $\sec^2 e^{x^2+1}$.

解:(1) $\left(\dfrac{3^{\arctan x}}{\sin x}\right)' = \dfrac{(3^{\arctan x})' \sin x - 3^{\arctan x}(\sin x)'}{\sin^2 x}$

$\qquad = \dfrac{3^{\arctan x} \ln 3 \cdot (\arctan x)' \sin x - 3^{\arctan x} \cos x}{\sin^2 x}$

$\qquad = \dfrac{3^{\arctan x}}{\sin^2 x}\left(\dfrac{\ln 3 \cdot \sin x}{1+x^2} - \cos x\right).$

(2) $(\sin nx + \sin^n x)' = (\sin nx)' + (\sin^n x)' = \cos nx (nx)' + n\sin^{n-1} x(\sin x)'$

$\qquad = n\cos nx + n\sin^{n-1} x \cos x.$

(3) $(\sec^2 e^{x^2+1})' = 2\sec e^{x^2+1} \cdot (\sec e^{x^2+1})'$

$\qquad = 2\sec e^{x^2+1} \cdot \sec e^{x^2+1} \cdot \tan e^{x^2+1} \cdot e^{x^2+1} \cdot 2x$

$\qquad = 4x e^{x^2+1} \sec^2 e^{x^2+1} \cdot \tan e^{x^2+1}.$

例 3.15 设 $y = \sin 2x$，求 $y^{(n)}$.

知识点:高阶导数,熟记下列高阶导数公式.

$$(\sin x)^{(n)} = \sin\left(x + \frac{n\pi}{2}\right), \quad (\cos x)^{(n)} = \cos\left(x + \frac{n\pi}{2}\right), \quad (a^x)^{(n)} = a^x \ln^n a,$$

$$(e^x)^{(n)} = e^x, \quad (x)^{(n)} = n \cdot (n-1) \cdots 2 \cdot 1 = n!.$$

解: $y' = (\sin 2x)' = \sin\left(2x + \dfrac{\pi}{2}\right)(2x)' = 2\sin\left(2x + \dfrac{\pi}{2}\right),$

$y'' = \left(2\sin\left(2x + \dfrac{\pi}{2}\right)\right)' = 2\sin\left(2x + \dfrac{\pi}{2} + \dfrac{\pi}{2}\right)\left(2x + \dfrac{\pi}{2}\right)' = 2^2 \sin\left(2x + 2\dfrac{\pi}{2}\right),$

所以 $y^{(n)} = 2^n \sin\left(2x + n\dfrac{\pi}{2}\right).$

例 3.16 求下列函数的微分.

(1) $y = \ln\tan\dfrac{x}{2}$，(2) $y = f(\ln x)$.

知识点:求微分 $\mathrm{d}y = f'(x)\mathrm{d}x$.
复合函数求导:逐层求导,外层求导,内层不动.

解:(1) 因为 $\dfrac{\mathrm{d}y}{\mathrm{d}x} = \left(\ln\tan\dfrac{x}{2}\right)' = \dfrac{1}{\tan\dfrac{x}{2}} \cdot \left(\tan\dfrac{x}{2}\right)' = \dfrac{1}{\tan\dfrac{x}{2}} \cdot \sec^2\dfrac{x}{2} \cdot \left(\dfrac{x}{2}\right)'$

$\qquad = \dfrac{1}{\tan\dfrac{x}{2}} \cdot \dfrac{1}{\cos^2\dfrac{x}{2}} \cdot \dfrac{1}{2} \cdot (x)'$

$\qquad = \dfrac{1}{\tan\dfrac{x}{2} \cdot \cos^2\dfrac{x}{2} \cdot 2} = \dfrac{1}{\sin x},$

所以 $dy = \dfrac{1}{\sin x} dx$.

(2) 设 $u = \ln x$，则 $y = f(u)$，故 $y' = f'(\ln x)(\ln x)' = f'(\ln x)\dfrac{1}{x}dx$，

所以 $dy = f'(\ln x)\dfrac{1}{x}dx$.

例 3.17 求 $z = x^2 + 3xy + y^2$ 在点 $(1,2)$ 处的偏导数.

知识点：偏导数计算.

$$f_x(x_0, y_0) = \lim_{\Delta x \to 0} \frac{f(x_0 + \Delta x, y_0) - f(x_0, y_0)}{\Delta x},$$

$$f_y(x_0, y_0) = \lim_{\Delta y \to 0} \frac{f(x_0, y_0 + \Delta y) - f(x_0, y_0)}{\Delta y}.$$

解法 1：$\dfrac{\partial z}{\partial x} = 2x + 3y$，$\dfrac{\partial z}{\partial y} = 3x + 2y$，则 $\dfrac{\partial z}{\partial x}\bigg|_{(1,2)} = 8$，$\dfrac{\partial z}{\partial y}\bigg|_{(1,2)} = 7$.

解法 2：$f(x,2) = x^2 + 6x + 4$，$f(1,y) = 1 + 3y + y^2$，则

$\dfrac{\partial z}{\partial x}\bigg|_{(1,2)} = (f(x,2))' = 2x + 6|_{x=1} = 8$，$\dfrac{\partial z}{\partial y}\bigg|_{(1,2)} = (f(1,y))' = 3 + 2y|_{y=2} = 7$.

例 3.18 求函数 $z = \ln(1 + x^2 + y^2)$ 当 $x=1, y=2$ 时的全微分.

知识点：全微分 $dz|_{P_0} = f'_x(x_0, y_0) \cdot dx + f'_y(x_0, y_0) \cdot dy$.

解：$\dfrac{\partial z}{\partial x} = \dfrac{2x}{1 + x^2 + y^2}$，$\dfrac{\partial z}{\partial x}\bigg|_{x=1, y=2} = \dfrac{2x}{1 + x^2 + y^2}\bigg|_{x=1, y=2} = \dfrac{1}{3}$，

$\dfrac{\partial z}{\partial y} = \dfrac{2y}{1 + x^2 + y^2}$，$\dfrac{\partial z}{\partial y}\bigg|_{x=1, y=2} = \dfrac{2y}{1 + x^2 + y^2}\bigg|_{x=1, y=2} = \dfrac{2}{3}$，

所以 $dz|_{x=1, y=2} = \dfrac{\partial z}{\partial x}\bigg|_{x=1, y=2} \cdot dx + \dfrac{\partial z}{\partial y}\bigg|_{x=1, y=2} \cdot dy = \dfrac{1}{3}dx + \dfrac{2}{3}dy$.

注：如果求非具体点的全微分，只需要求出偏导函数，带入全微分公式即可.

$$dz = \frac{\partial z}{\partial x}dx + \frac{\partial z}{\partial y}\bigg| dy = \frac{2x}{1 + x^2 + y^2}dx + \frac{2y}{1 + x^2 + y^2}dy.$$

知识点：多元复合函数的求导法则.

(1) $z = f(u,v)$，$u = \phi(t)$，$v = \varphi(t)$

$$\frac{dz}{dt} = \frac{\partial z}{\partial u}\frac{du}{dt} + \frac{\partial z}{\partial v}\frac{dv}{dt}.$$

(2) $z = f(u,v)$，$u = \phi(x,y)$，$v = \varphi(x,y)$

$$\begin{cases} \dfrac{\partial z}{\partial x} = \dfrac{\partial z}{\partial u}\dfrac{\partial u}{\partial x} + \dfrac{\partial z}{\partial v}\dfrac{\partial v}{\partial x}, \\ \dfrac{\partial z}{\partial y} = \dfrac{\partial z}{\partial u}\dfrac{\partial u}{\partial y} + \dfrac{\partial z}{\partial v}\dfrac{\partial v}{\partial y}. \end{cases}$$

(3) $z=f(u), u=\phi(x, y)$

$$\begin{cases} \dfrac{\partial z}{\partial x}=\dfrac{\mathrm{d}z}{\mathrm{d}u} \cdot \dfrac{\partial u}{\partial x}=f'(u) \cdot \dfrac{\partial u}{\partial x}, \\ \dfrac{\partial z}{\partial y}=\dfrac{\mathrm{d}z}{\mathrm{d}u} \cdot \dfrac{\partial u}{\partial y}=f'(u) \cdot \dfrac{\partial u}{\partial y}. \end{cases}$$

注：具体求导时，按连接相乘，分线相加的原则.

3. 导数与微分的应用

(1) 导数和微分在经济分析中的应用

边际函数：在经济学中，一个经济函数 $f(x)$ 的导数 $f'(x)$ 称为该函数的边际函数.

弹性函数：$y=f(x)$ 在任意点 x 都可定义弹性 $\dfrac{Ey}{Ex}$，

$$\frac{Ey}{Ex}=\lim_{\Delta x \to 0} \frac{\dfrac{\Delta y}{y}}{\dfrac{\Delta x}{x}}=\frac{x}{y}\lim_{\Delta x \to 0}\frac{\Delta y}{\Delta x}=\frac{x}{y}f'(x). \tag{3.9}$$

注：① $y=f(x)$ 在 x 点可导，在 x 点的弹性就存在；

②　$\left.\dfrac{Ey}{Ex}\right|_{x=x_0}=\dfrac{x}{y}f'(x)\big|_{x=x_0}$.

例 3.19　已知生产某产品 q 件的成本为 $C=9\,000+40q+0.001q^2$（元），试求：(1) 边际成本函数；(2) 产量为 1 000 件时的边际成本，并解释其经济意义.

解：(1) 边际成本函数 $C'=40+0.002q$；(2) 产量为 1 000 件时的边际成本 $C'(1000)=40+0.002q \times 1\,000=60$. 它表示当产品为 1 000 件时，再生产 1 件产品需要的成本为 60 元.

知识点：q 表示某产品产量，$C(q)$、$R(q)$、$L(q)$ 分别表示成本函数、收益函数和利润函数.

边际成本 $MC=C'(q)$；边际收益 $MR=R'(q)$；边际利润 $ML=L'(q)$. 显然，$L(q)=R(q)-C(q) \Rightarrow L'(q)=R'(q)-C'(q)=MR-MC$.

例 3.20　(1) 设 $S=S(p)$ 是市场对某一种商品的供给函数，其中 p 为商品价格，S 为市场供给量，则 $\dfrac{ES}{Ep}=\dfrac{p}{S}S'(p)$ 为供给价格弹性.

注：当 $\Delta p>0$ 时 $\Delta S>0$，所以 $\dfrac{ES}{Ep} \geqslant 0$，说明价格从 p 上升 1%，市场供给量从 $S(p)$ 增加 $\dfrac{ES}{Ep}$ 个百分点.

(2) 设 $D=D(p)$ 是市场对某一种商品的需求函数，其中 p 为商品价格，D 为市场需求量，则 $\dfrac{ED}{Ep}=-\dfrac{p}{D}D'(p)$ 为需求价格弹性.

注：当 $\Delta p>0$ 时，$\Delta D<0$，所以 $D'(p)=\lim\limits_{\Delta p \to 0}\dfrac{\Delta D}{\Delta p} \leqslant 0$. 负号保证：$\dfrac{ED}{Ep}>0$，需要价格弹性总是正数.

（2）导数在研究函数形态方面的应用

函数的凹凸性、单调性、极值最值,理论基础:微分中值定理.

例 3.21 函数 $f(x)=x^2-4x-5$ 在区间 $[0,4]$ 是否满足罗尔定理的条件,若满足,求出使 $f'(\xi)=0$ 的点 ξ.

知识点:(1) 罗尔定理

函数 $f(x)$ 满足:① 在闭区间 $[a,b]$ 连续;② 在开区间 (a,b) 可导;③ $f(a)=f(b)$,则在 (a,b) 内至少存在一点 ξ,使 $f'(\xi)=0$.

（2）拉格朗日(Lagrange)中值定理

若函数 $f(x)$ 满足:① 在闭区间 $[a,b]$ 连续;② 在开区间 (a,b) 可导,则在 (a,b) 内至少存在一点 ξ,使 $f'(\xi)=\dfrac{f(b)-f(a)}{b-a}$.

解: $f(x)$ 在 $[0,4]$ 连续且可导,又 $f(0)=f(4)=-5$,故 $f(x)$ 在 $[0,4]$ 满足罗尔定理条件. 由于 $f'(x)=2x-4$,令 $f'(x)=0$,得 $x=2$,即点 $\xi=2$.

例 3.22 函数 $y=e^{-x}-x$ 在区域 $(1,1)$ 内( ).

A. 单调减小　　　　　B. 单调增加　　　　　C. 不增不减　　　　　D. 有增有减

知识点:设函数 $y=f(x)$ 在 $[a,b]$ 上连续,在 (a,b) 上可导,① 若在 (a,b) 内 $f'(x)>0$,则 $y=f(x)$ 在 $[a,b]$ 上单调增加. ② 若在 (a,b) 内 $f'(x)<0$,则 $y=f(x)$ 在 $[a,b]$ 上单调减少.

解:因为 $y'=-e^{-x}-1=-(e^{-x}+1)<0,x\in(-1,1)$,所以选 A.

例 3.23 试确定函数 $y=2x+\dfrac{8}{x}$ 的单调区间.

知识点:求单调区间.

一阶导数为零(驻点)或不存在的点可能恰好是单调区间的分界点,这些分界点将函数的定义域分划成若干部分单调区间.

解:当 $x=0$ 时,函数无定义,故函数在 $x=0$ 处不可导;

当 $x\neq0$ 时,导函数为 $y'=2-\dfrac{8}{x^2}=\dfrac{2x^2-8}{x^2}=\dfrac{2(x+2)(x-2)}{x^2}$,令 $y'=0$,得 $x=\pm2$. 于是点 $x=-2$、0、2 将函数定义域 $(x\neq0)$ 分划成四个区域 $(-\infty,-2)$、$(-2,0)$、$(0,2)$、$(2,+\infty)$,函数在这四个区域上的单调性如下:

在 $(-\infty,-2)$ 上,$y'>0$,函数 y 单调增;在 $(-2,0)$ 上,$y'<0$,函数 y 单调减;在 $(0,2)$ 上,$y'<0$,函数 y 单调减;在 $(2,+\infty)$ 上,$y'>0$,函数 y 单调增.

例 3.24 求曲线 $y=x^3-5x^2+3x+5$ 的凹凸区间和拐点.

知识点:(1) 设有曲线 $C:y=f(x),(x\in I)$,① 若 $f''(x)>0,(x\in I)$,则曲线 C 是凹的;② 若 $f''(x)<0,(x\in I)$,则曲线 C 是凸的.

（2）拐点:曲线弧 $y=f(x)$ 的凹弧与凸弧的分界点. 确定曲线拐点的方法:① 求出 $f''(x)$ 在 I 上为零或者不存在的点;② 这些点将区域 I 划分成若干个部分区间,确定曲线 $y=f(x)$ 在每个部分区间上的凹凸性;③ 若在两个相邻的部分区间上,曲线的凹凸性相反,则此分界点是拐点;否则不是拐点.

解:$y'=3x^2-10x+3,y''=6x-10$,令 $y''=6x-10=0$ 得 $x=\dfrac{5}{3}$. $x<\dfrac{5}{3}$ 时,$y''<0$,

$\left(-\infty,\dfrac{5}{3}\right)$ 为凸区间,$x>\dfrac{5}{3}$ 时,$y''>0$,$\left(\dfrac{5}{3},+\infty\right)$ 为凹区间,$\left(\dfrac{5}{3},\dfrac{20}{27}\right)$ 为拐点.

例 3.25　求函数 $f(x)=\sin x+\cos x$ 在 $[0,2\pi]$ 上的极值.

知识点:函数的极值,驻点.

连续函数的极值点必是驻点和不可导的点.

求函数的极值的步骤:先求出驻点和不可导点(可疑的极值点),再利用第一充分条件,第二充分条件判断可疑点是否为极值点.

函数取得极值的第一充分条件:设函数 $f(x)$ 在 x_0 的某个邻域 $U(x_0,\delta)$ 内连续,在去心邻域 $\mathring{U}(x_0,\delta)$ 内可导,① 当 $x\in(x_0-\delta,x_0)$ 时,$f'(x)>0$,$x\in(x_0,x_0+\delta)$ 时,$f'(x)<0$,则 $f(x_0)$ 为 $f(x)$ 的极大值. ② 当 $x\in(x_0-\delta,x_0)$ 时,$f'(x)<0$,$x\in(x_0,x_0+\delta)$ 时,$f'(x)>0$,则 $f(x_0)$ 为 $f(x)$ 的极小值.

函数取得极值的第二充分条件:设函数 $f(x)$ 在 x_0 处具有二阶导数,且 $f'(x_0)=0$、$f''(x_0)\neq0$,则(1)当 $f''(x_0)<0$ 时,函数 $f(x)$ 在点 x_0 处取得极大值;(2)当 $f''(x_0)>0$ 时,函数 $f(x)$ 在点 x_0 处取得极小值.

例 3.26　证明:$x>0$ 时,$x>\sin x$.

知识点:利用单调性证明不等式.

证明:令 $f(x)=x-\sin x$,则 $f'(x)=1-\cos x\geqslant0,x>0$,所以 $f(x)$ 在 $x>0$ 单调递增,$f(x)>f(0)=0$,即 $x>\sin x$.

注:单调性是证明不等式的首选方法.

3.2.3　积分计算及应用

1. 不定积分

例 3.27　$\displaystyle\int(f(x)+xf'(x))\mathrm{d}x=(\qquad)$.

A. $f(x)+C$ 　　　B. $\displaystyle\int xf(x)\mathrm{d}x$ 　　　C. $xf(x)+C$ 　　　D. $\displaystyle\int(x+f(x))\mathrm{d}x$

知识点:原函数的基本概念.

若 $F'(x)=f(x)$,则称 $F(x)$ 是 $f(x)$ 的一个原函数,并有 $\displaystyle\int f(x)\mathrm{d}x=F(x)+C$.

解:$(xf(x)+C)'=f(x)+xf'(x)$,所以答案为 C.

不定方程的计算通常有四种方法.

前提:基本积分表.

(1)加减分解

$\displaystyle\int(af(x)+bg(x))\mathrm{d}x=a\int f(x)\mathrm{d}x+b\int g(x)\mathrm{d}x$,也被称为逐项积分法.

如 $\displaystyle\int\left(\dfrac{1}{\sqrt{x}}+\sqrt{x}\right)^2\mathrm{d}x=\int\left(\dfrac{1}{x}+2+x\right)\mathrm{d}x=\ln|x|+2x+\dfrac{x^2}{2}+C$;

又如 $\displaystyle\int\tan^2x\,\mathrm{d}x=\int(\sec^2x-1)\mathrm{d}x=\tan x-x+C$.

(2)第一换元法

它需根据被积函数的形式,凑出中间变量的微分,所以它也被称为凑微分法. 如

$$\int \cos(x+1)\mathrm{d}x = \int \cos(x+1)\mathrm{d}(x+1) = \sin(x+1) + C;$$

$$\int \frac{1}{4x+3}\mathrm{d}x = \frac{1}{4}\int \frac{1}{4x+3}\mathrm{d}(4x+3) = \frac{1}{4}\ln|4x+3| + C;$$

$$\int \frac{2x+2}{x^2+2x+2}\mathrm{d}x = \int \frac{1}{x^2+2x+2}\mathrm{d}(x^2+2x+2) = \ln|x^2+2x+2| + C.$$

第一换元法是不定积分中大量使用的方法.

例 3.28 计算 $\int \dfrac{x^2}{\sqrt{1-x^6}}\mathrm{d}x$.

解:$\int \dfrac{x^2}{\sqrt{1-x^6}}\mathrm{d}x = \dfrac{1}{3}\int \dfrac{1}{\sqrt{1-(x^3)^2}}\mathrm{d}x^3 = \dfrac{1}{3}\arcsin x^3 + C.$

注:首先记住 $\int \dfrac{1}{\sqrt{1-x^2}}\mathrm{d}x = \arcsin x + C.$

(3) 第二换元法

$$\int f(x)\mathrm{d}x \overset{x=\psi(t)}{=\!=\!=} \int f(\psi(t))\psi'(t)\mathrm{d}t = \Phi(t) + C = \Phi(\psi^{-1}(t)) + C.$$

第二换元法对于某些函数的积分有固定的换元模式.

① 若被积函数中含有 $\sqrt[n]{ax+b}$ 的式子,取换元 $u=\sqrt[n]{ax+b}$;

② 三角函数代换法:若被积函数中含有式子 $\sqrt{a^2-x^2}$,取换元 $x=a\sin t$;若被积函数中含有式子 $\sqrt{a^2+x^2}$,取换元 $x=a\tan t$;若被积函数中含有式子 $\sqrt{x^2-a^2}$,取换元 $x=a\sec t$.

例 3.29 求 $\int \dfrac{1}{2+\sqrt{x-1}}\mathrm{d}x$.

知识点:若被积函数中含有 $\sqrt[n]{ax+b}$ 的式子,取换元 $u=\sqrt[n]{ax+b}$.

解:设 $\sqrt{x-1}=t$,即 $x-1=t^2$,得 $\mathrm{d}x=2t\mathrm{d}t$. 于是

$$\int \frac{1}{2+\sqrt{x-1}}\mathrm{d}x = \int \frac{1}{2+t}2t\mathrm{d}t = 2\int \frac{t+2-2}{2+t}\mathrm{d}t = 2\int \left(1-\frac{2}{2+t}\right)\mathrm{d}t$$

$$= 2t - 4\ln|2+t| + C = 2\sqrt{x-1} - 4\ln|2+\sqrt{x-1}| + C.$$

(4) 分部积分法

$$\int u\mathrm{d}v = uv - \int v\mathrm{d}u.$$

① $\int x^n \mathrm{e}^x \mathrm{d}x = \int x^n \mathrm{d}\mathrm{e}^x,$　　　　② $\int x^n \mathrm{e}^{-x}\mathrm{d}x = -\int x^n \mathrm{d}\mathrm{e}^{-x},$

③ $\int x^n \cos x\mathrm{d}x = \int x^n \mathrm{d}\sin x,$　　　　④ $\int x^n \sin x\mathrm{d}x = -\int x^n \mathrm{d}\cos x,$

⑤ $\int x^a \ln x\mathrm{d}x = \dfrac{1}{a+1}\int \ln x\mathrm{d}x^{a+1},$　　　⑥ $\int x^n \arctan x\mathrm{d}x = \dfrac{1}{n+1}\int \arctan x\mathrm{d}x^{n+1},$

⑦ $\int x^n \arcsin x \, dx = \dfrac{1}{n+1} \int \arcsin x \, dx^{n+1}$，⑧ $\int x^n \arccos x \, dx = \dfrac{1}{n+1} \int \arccos x \, dx^{n+1}$.

这四种方法在不定积分中往往交替使用，应学会灵活使用这些方法.

例 3.30　求不定积分 $\int (x-1)\cos 2x \, dx$.

解：$\int (x-1)\cos 2x \, dx = \int x \cos 2x \, dx - \int \cos 2x \, dx = \int x \, d\left(\dfrac{1}{2}\sin 2x\right) - \dfrac{1}{2}\int \cos 2x \, d(2x)$

$$= x \cdot \dfrac{1}{2}\sin 2x + \dfrac{1}{4}\cos 2x - \dfrac{1}{2}\sin 2x + C.$$

注：四则运算、凑微分、分部积分相结合.

2. 定积分

牛顿-莱布尼茨公式：$\displaystyle\int_a^b f(x)\,dx = F(x)\,\big|_a^b = F(b) - F(a)$.

例 3.31　计算定积分 $\displaystyle\int_0^3 |x-1| \, dx$.

知识点：被积函数含有绝对值的定积分.

解：由定积分的区间可加性，原积分 $= \displaystyle\int_0^1 |x-1| \, dx + \int_1^3 |x-1| \, dx$. 在区间 $[0,1]$ 上，$x-1 \leqslant 0$，从而 $|x-1| = 1-x$；在区间 $[1,3]$ 上，$x-1 \geqslant 0$，从而 $|x-1| = x-1$.

原积分 $= \displaystyle\int_0^1 (1-x)\,dx + \int_1^3 (x-1)\,dx = \dfrac{1}{2} + 2 = \dfrac{5}{2}$.

注：对于含有绝对值的定积分，应利用积分的区间可加性脱掉绝对值号.

例 3.32　计算定积分 $\displaystyle\int_0^2 \sqrt{4-x^2} \, dx$.

知识点：定积分的换元计算与简算.

解法 1：换元计算：换元必换限、下限对下限、上限对上限.

取代换 $x = 2\sin t$，则 $x=0 \to t=0$，$x=2 \to t = \dfrac{\pi}{2}$，

原积分 $= \displaystyle\int_0^{\frac{\pi}{2}} \sqrt{4\cos^2 t} \cdot 2\cos t \, dt = 4\int_0^{\frac{\pi}{2}} \cos^2 t \, dt = \dfrac{4}{2}\int_0^{\frac{\pi}{2}} (1+\cos 2t)\,dt = 2\left(t + \dfrac{1}{2}\sin 2t\right)\Big|_0^{\frac{\pi}{2}} = \pi$.

解法 2：被积函数可以表示为 $y = \sqrt{4-x^2}$，进而变为 $x^2 + y^2 = 4$. 根据定积分的几何意义，该积分表示的是曲线 $y = \sqrt{4-x^2}$ 所确定的图形的面积，它是半径为 2 的四分之一圆的面积，故原积分 $= \dfrac{1}{4} \cdot \pi \cdot 2^2 = \pi$.

例 3.33　求 $\displaystyle\int_0^{\frac{1}{\sqrt{2}}} \dfrac{\arccos x}{\sqrt{(1-x^2)^3}} \, dx$ 的值.

知识点：(1) 含有根式的无理函数积分，关键是去根式；(2) 换元必换限，下限对下限，上限对上限.

解：令 $x = \cos t$，则 $x=0 \to t=\dfrac{\pi}{2}$，$x=\dfrac{1}{\sqrt{2}} \to t=\dfrac{\pi}{4}$，$dx = -\sin t \, dt$，

$$\int_0^{\frac{1}{\sqrt{2}}} \frac{\arccos x}{\sqrt{(1-x^2)^3}} dx = \int_{\frac{\pi}{2}}^{\frac{\pi}{4}} \frac{t}{\sin^3 t}(-\sin t) dt = \int_{\frac{\pi}{4}}^{\frac{\pi}{2}} \frac{t}{\sin^2 t} dt = \int_{\frac{\pi}{4}}^{\frac{\pi}{2}} t \csc^2 t\, dt = \int_{\frac{\pi}{4}}^{\frac{\pi}{2}} t\, d(-\cot t)$$

$$= (-t\cot t)\Big|_{\frac{\pi}{4}}^{\frac{\pi}{2}} + \int_{\frac{\pi}{4}}^{\frac{\pi}{2}} \cot t\, dt = \left(-\frac{\pi}{2}\cot\frac{\pi}{2} + \frac{\pi}{4}\right) + \ln\sin t\Big|_{\frac{\pi}{4}}^{\frac{\pi}{2}}$$

$$= \frac{\pi}{4} - \ln\frac{\sqrt{2}}{2}.$$

例 3.34 计算定积分 $\int_{-\frac{1}{2}}^{\frac{1}{2}} \frac{x}{\sqrt{1-x^2}} dx$.

知识点：对称区域上定积分偶倍奇零.

设 $f(x)$ 在 $[-a, a]$ 上连续，① 若 $f(x)$ 为奇函数，则 $\int_{-a}^{a} f(x) dx = 0$；

② 若 $f(x)$ 为偶函数，则 $\int_{-a}^{a} f(x) dx = 2\int_0^a f(x) dx$.

解：$\int_{-\frac{1}{2}}^{\frac{1}{2}} \frac{x}{\sqrt{1-x^2}} dx = 0$.

例 3.35 设 $F(x) = \int_x^1 t\mathrm{e}^{-t} dt$，求 $F'(x)$.

知识点：变上限函数.

当被积函数 $f(x)$ 连续时，变限函数 $F(x) = \int_x^1 f(x) dt$，$G(x) = \int_1^x f(x) dt$ 可导，且 $F'(x) = -f(x)$，$G'(x) = f(x)$.

解：$F'(x) = -x\mathrm{e}^{-x}$.

例 3.36 求曲线 $y = \frac{x^2}{4}$，$y = x^2$ 及直线 $y = 1$ 所为平面图形的面积 A 以及其绕 y 轴旋转所产生的旋转体的体积 V_y.

知识点：平面图形的面积.

x 为积分变量，上边界减下边界再积分 $S = \int_a^b (\varphi_2(x) - \varphi_1(x)) dx$；$y$ 为积分变量，右边界减左边界再积分 $S = \int_a^b (\phi_2(y) - \phi_1(y)) dy$.

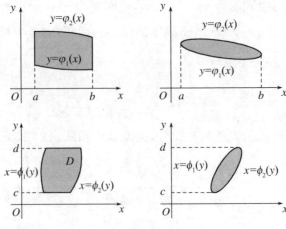

图 3.5

解：y 为积分变量，右边界 $x=g_2(y)=2\sqrt{y}$，左边界 $x=g_1(y)=\sqrt{y}$.

$$A=2\int_0^1 (g_2(y)-g_1(y))\mathrm{d}y=2\int_0^1 (2\sqrt{y}-\sqrt{y})\mathrm{d}y=2\int_0^1 \sqrt{y}\,\mathrm{d}y=\frac{4}{3}.$$

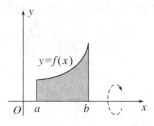 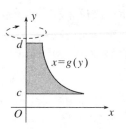

图 3.6

知识点：旋转体的体积.

绕 x 轴的旋转体体积 $V_x=\int_a^b \pi f^2(x)\mathrm{d}x$；

绕 y 轴的旋转体体积 $V_y=\int_a^b \pi g^2(y)\mathrm{d}y$.

注：此刻的曲边梯形必须紧贴旋转轴.

解：y 为积分变量，右边界 $x=g_2(y)=2\sqrt{y}$，左边界 $x=g_1(y)=\sqrt{y}$.

$$V_y=\int_0^1 \pi g_2^{\,2}(y)\mathrm{d}y-\int_0^1 \pi g_1^{\,2}(y)\mathrm{d}y=\pi\int_0^1 (4y-y)\mathrm{d}y=\frac{3}{2}\pi.$$

3. 反常积分

（1）设函数 $f(x)$ 在区间 $[a,+\infty)$ 上连续，取 $b>a$. 如果 $\lim\limits_{b\to+\infty}\int_a^b f(x)\mathrm{d}x$ 存在，则称反常

积分 $\int_a^{+\infty} f(x)\mathrm{d}x$ 收敛，且 $\int_a^{+\infty} f(x)\mathrm{d}x=\lim\limits_{b\to+\infty}\int_a^b f(x)\mathrm{d}x$，否则称该反常积分分散.

（2）设函数 $f(x)$ 在区间 $(-\infty,b]$ 上连续，取 $a<b$，如果 $\lim\limits_{a\to-\infty}\int_a^b f(x)\mathrm{d}x$ 存在，则称反常

积分 $\int_{-\infty}^b f(x)\mathrm{d}x$ 收敛，且 $\int_{-\infty}^b f(x)\mathrm{d}x=\lim\limits_{a\to-\infty}\int_a^b f(x)\mathrm{d}x$.

（3）设函数 $f(x)$ 在区间 $(-\infty,+\infty)$ 上连续，

$$\int_{-\infty}^{+\infty} f(x)\mathrm{d}x=\int_{-\infty}^0 f(x)\mathrm{d}x+\int_0^{+\infty} f(x)\mathrm{d}x=\lim\limits_{a\to-\infty}\int_a^0 f(x)\mathrm{d}x+\lim\limits_{b\to+\infty}\int_0^b f(x)\mathrm{d}x.$$

例 3.37 讨论广义积分 $\int_a^{+\infty}\dfrac{1}{x^p}\mathrm{d}x\,(a>0,p>0)$ 的敛散性.

知识点：反常积分的计算.

$$\int_a^{+\infty} f(x)\mathrm{d}x=\lim\limits_{b\to-\infty}\int_a^b f(x)\mathrm{d}x=\lim\limits_{b\to-\infty}F(x)\mid_a^b=\lim\limits_{b\to-\infty}(F(b)-F(a)).$$

解：当 $p=1$ 时，$\int_a^{+\infty}\dfrac{1}{x}\mathrm{d}x=\ln x\mid_a^{+\infty}=\lim\limits_{x\to+\infty}\ln x-\ln a=+\infty.$

当 $p = 1$ 时，$\int_a^{+\infty} \frac{1}{x} \mathrm{d}x = \frac{x^{1-p}}{1-p} \Big|_a^{+\infty} = \begin{cases} +\infty, & p < 1, \\ \dfrac{a^{1-p}}{p-1}, & p > 1. \end{cases}$

因此，当 $p > 1$ 时，该反常积分收敛，其值为 $\dfrac{a^{1-p}}{p-1}$；当 $p \leqslant 1$ 时，该反常积分发散．

注：结论常可直接运用，如 $\int_1^{+\infty} \dfrac{1}{x^2} \mathrm{d}x$，$\int_1^{+\infty} \dfrac{1}{x\sqrt{x}} \mathrm{d}x$ 收敛，而 $\int_1^{+\infty} \dfrac{1}{\sqrt{x}} \mathrm{d}x$，$\int_1^{+\infty} \dfrac{1}{\sqrt[3]{x}} \mathrm{d}x$ 发散．

4. 二重积分

二重积分 $\iint\limits_D f(x,y)\mathrm{d}x\mathrm{d}y$，通常都是化为二次积分来计算．

(1) 先对 y 后对 x 积分（X 型区域）

积分区域 D 的上边界 $y = \varphi_2(x)$ 与下边界 $y = \varphi_1(x)$，D 在 x 轴上的投影区域为 $[a,b]$，则

$$\iint\limits_D f(x,y)\mathrm{d}x\mathrm{d}y = \int_a^b \mathrm{d}x \int_{\varphi_1(x)}^{\varphi_2(x)} f(x,y)\mathrm{d}y. \tag{3.10}$$

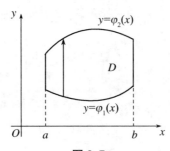

图 3.7

(2) 先对 x 后对 y 积分（Y 型区域）

积分区域 D 的左边界 $x = \psi_2(y)$ 与右边界 $x = \psi_1(y)$，D 在 y 轴上的投影区域为 $[c,d]$，则

$$\iint\limits_D f(x,y)\mathrm{d}x\mathrm{d}y = \int_c^d \mathrm{d}y \int_{\psi_1(y)}^{\psi_2(y)} f(x,y)\mathrm{d}x. \tag{3.11}$$

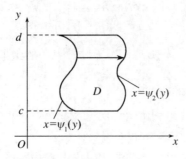

图 3.8

例 3.38 计算二重积分 $I = \iint\limits_{D} xy \mathrm{d}\sigma$，其中 D 是直线 $y = 1$，$x = 2$ 及 $y = x$ 所围的闭区间.

解法 1：将 D 看作 X 型区域，则 $D：1 \leqslant y \leqslant x，1 \leqslant x \leqslant 2$.

$$I = \int_1^2 \mathrm{d}x \int_1^x xy \mathrm{d}y = \int_1^2 \left(\frac{1}{2} xy^2\right) \Big|_1^x \mathrm{d}x = \int_1^2 \left(\frac{1}{2} x^3 - \frac{1}{2} x\right) \mathrm{d}x = \frac{9}{8}.$$

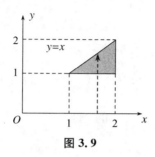

图 3.9

解法 2：将 D 看作 Y 型区域，则 $D：y \leqslant x \leqslant 2，1 \leqslant y \leqslant 2，\forall y \in [1,2]$，过 y 作直线平行于 x 轴，交区域左边界为 $x = y$，右边界为 $x = 2$，则

$$I = \int_1^2 \mathrm{d}y \int_y^2 xy \mathrm{d}x = \int_1^2 \left(\frac{1}{2} x^2 y\right) \Big|_y^2 \mathrm{d}y = \int_1^2 \left(2y - \frac{1}{2} y^3\right) \mathrm{d}y = \frac{9}{8}.$$

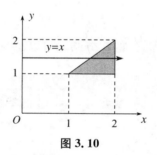

图 3.10

例 3.39 设 D 是曲线 $y^2 = x$，直线 $y = \sqrt{\pi}$，$x = 0$ 所围成区域，计算 $I = \iint\limits_{D} \frac{\sin y^2}{y} \mathrm{d}x \mathrm{d}y$.

知识点：选择适当的积分次序计算二重积分.

解：$y^2 = x$ 是开口向右的抛物线，$y = \sqrt{\pi}$ 是平行于 x 轴的直线，$x = 0$ 是 y 轴. 先对 x 后对 y 积分. 左边界为 y 轴 $x = 0$，右边界为抛物线 $x = y^2$，积分区域 D 在 y 轴的投影为区域 $[0,\sqrt{\pi}]$，则

$$原积分 = \int_0^{\sqrt{\pi}} \mathrm{d}y \int_0^{y^2} \frac{\sin y^2}{y} \mathrm{d}x = \int_0^{\sqrt{\pi}} y \sin y^2 \mathrm{d}y = \frac{1}{2} \int_0^{\sqrt{\pi}} \sin y^2 \mathrm{d}y^2$$

$$= -\frac{\cos y^2}{2} \Big|_0^{\sqrt{\pi}} = -\frac{1}{2}(-1-1) = 1.$$

注：若此题先对 y 后对 x 积分，则原积分 $= \int_0^{\pi} \mathrm{d}x \int_{\sqrt{x}}^{\sqrt{\pi}} \frac{\sin y^2}{y} \mathrm{d}y$，因内层积分 $\int_{\sqrt{x}}^{\sqrt{\pi}} \frac{\sin y^2}{y} \mathrm{d}y$ 积不出来，从而二次积分无法进行.

5. 微分方程

(1) 微分方程的一些基本概念:微分方程的阶、通解、特解、初始条件.

(2) 本书只要求掌握一阶微分方程的解法.

① 可分离变量微分方程

标准形式为 $f(y)\mathrm{d}y = g(x)\mathrm{d}x$,两端积分,得到隐式通解

$$\int f(y)\mathrm{d}y = \int g(x)\mathrm{d}x + C. \tag{3.12}$$

② 一阶线性微分方程

标准形式为 $y' + p(x)y = q(x)$,通解为

$$y = \mathrm{e}^{-\int p(x)\mathrm{d}x}\left(\int q(x)\mathrm{e}^{\int p(x)\mathrm{d}x}\mathrm{d}x + C\right). \tag{3.13}$$

例 3.40 求微分方程 $x\dfrac{\mathrm{d}y}{\mathrm{d}x} = y + x^3$ 的通解.

知识点:一阶线性微分方程 $y' + p(x)y = q(x)$ 求解 $y = \mathrm{e}^{-\int p(x)\mathrm{d}x}\left(\int q(x)\mathrm{e}^{\int p(x)\mathrm{d}x}\mathrm{d}x + C\right)$.

解:化为标准形式 $y' - \dfrac{1}{x}y = x^2$.

$$y = \mathrm{e}^{-\int \frac{\mathrm{d}x}{x}}\left(\int x^2 \mathrm{e}^{-\int \frac{\mathrm{d}x}{x}}\mathrm{d}x + C\right) = \mathrm{e}^{\ln x}\left(\int x^2 \cdot \mathrm{e}^{-\ln x}\mathrm{d}x + C\right) = x\left(\int x^2 \cdot x^{-1}\mathrm{d}x + C\right)$$

$$= x\left(\dfrac{x^2}{2} + C\right).$$

注:在解微分方程时,类似于 $\int \dfrac{\mathrm{d}x}{x}$ 的积分结果可以写为 $\ln x$,不必写为 $\ln|x|$,这样为方程的简化工作带来很大的方便.

例 3.41 求微分方程 $\dfrac{\mathrm{d}x}{y} + \dfrac{\mathrm{d}y}{x} = 0$ 满足 $y|_{x=3} = 4$ 的特解.

知识点:可分离变量微分方程.

解:方程 $\dfrac{\mathrm{d}x}{y} + \dfrac{\mathrm{d}y}{x} = 0$ 移项后变为 $\dfrac{\mathrm{d}x}{y} = -\dfrac{\mathrm{d}y}{x}$,两端同乘 xy 得 $x\mathrm{d}x = -y\mathrm{d}y$,此方程时可分离变量的微分方程. 两端积分 $\int x\mathrm{d}x = \int -y\mathrm{d}y$,则 $\dfrac{x^2}{2} = -\dfrac{y^2}{2} + C_1$,化为 $x^2 + y^2 = 2C_1$,通解可以化为 $x^2 + y^2 = C$,其中 $C = C_1$. 由初始条件可知,当 $x = 3$ 时 $y = 4$,将它们代入通解可得 $3^2 + 4^2 = C$,则 $C = 25$. 则所求的特解为 $x^2 + y^2 = 25$.

注:应会鉴别这两种类型的微分方程. 微分方程往往不是这两种类型的标准形式,需要将它们化为标准形式,一阶线性微分方程比较容易鉴别,其特点是未知函数 y 以及 y' 的次数都是一次.

如果 $xy' = \dfrac{1}{x}y + \mathrm{e}^x$,可化为标准形式 $y' - \dfrac{1}{x^2}y = \dfrac{\mathrm{e}^x}{x}$ $(y' + p(x)y = q(x))$. 而 $y' + x^2y^2 = 0$ 则不是一阶线性微分方程,这是因为 y 的次数不是一次,可推知它是可分离变量的方程,它可以化为 $\dfrac{\mathrm{d}y}{\mathrm{d}x} = -x^2y^2$,两端同乘 $\mathrm{d}x$,则 $\mathrm{d}y = -x^2y^2\mathrm{d}x$. 再同除 y^2,化为可分离变量方程的标准形式 $\dfrac{1}{y^2}\mathrm{d}y = -x^2\mathrm{d}x$.

第 4 章   数据理论之概率论

4.1   概率论的基本概念

概率论与数理统计研究内容：

随机现象——不确定性与统计规律性；

概率论——从数量上研究随机现象的统计规律性的科学；

数理统计——从应用角度研究处理随机性数据,建立有效的统计方法,进行统计推理.

4.1.1   概率的定义及其性质

定义 4.1   在相同的条件下,进行了 n 次试验,在这 n 次试验中,事件 A 发生的次数 n_A 称为事件 A 发生的频数,比值 $\dfrac{n_A}{n}$ 称为事件 A 发生的频率,并记成 $f_n(A)$.

通过实践人们发现,随着试验重复次数 n 的大量增加,频率 $f_n(A)$ 会越来越稳定于某一个常数,我们称这个常数为频率的稳定值,其实这个值就是事件 A 的概率 $f(A)$.

在相同的条件下,多次抛一枚质地均匀的硬币,设事件 $A=$"正面朝上",观察 n 次试验中 A 发生的次数,结果见表 4.1.

表 4.1

试验者	n	n_A	$f_n(A)$
德·摩根	2 048	1 061	0.518 1
蒲丰	4 040	2 048	0.506 9
费勒	10 000	4 979	0.497 9
K·皮尔逊	12 000	6 019	0.501 6
K·皮尔逊	24 000	12 012	0.500 5

一口袋中有 6 个乒乓球,其中 4 个白球,2 个红球.有放回地进行重复抽球,观察抽出红色球的次数,结果见表 4.2.

表 4.2

n	n_A	$f_n(A)$
200	139	0.695
400	201	0.653
600	401	0.668

频率的性质:

(1) $0 \leqslant f_n(A) \leqslant 1$;

(2) $f_n(\phi) = 0$, $f_n(\Omega) = 1$;

(3) 若 A 与 B 互不相容,有

$$f_n(A \cup B) = f_n(A) + f_n(B). \tag{4.1}$$

同理可有 $f_n(\bigcup\limits_{k=1}^{n} A_k) = \sum\limits_{k=1}^{n} f_n(A_k)$.

频率是概率的近似值,概率 $P(A)$ 也应有类似特征:

(1) $0 \leqslant P(A) \leqslant 1$;

(2) $P(\phi) = 0, P(\Omega) = 1$;

(3) 若 A 与 B 互不相容,有

$$P(A \cup B) = P(A) + P(B). \tag{4.2}$$

同理可有 $P(\bigcup\limits_{k=1}^{m} A_k) = \sum\limits_{k=1}^{m} P(A_k)$.

定义 4.2 在相同的条件下进行 n 次重复试验,当 n 趋于无穷大时,事件 A 发生的频率 $f_n(A)$ 稳定于某个确定的常数 p,称此常数 p 为事件 A 发生的概率,记作 $P(A) = p$.

概率的统计定义不仅提供了一种定义概率的方法,更重要的是提供了一种估算概率的方法. 在实际问题中,事件发生的概率往往是未知的,由于频率具有稳定性,我们就用大量试验中得到的频率值作为概率的近似值.但上述定义存在着明显的不足,首先,人们无法把一个试验无限次的重复下去,因此要精确获得频率的稳定值是困难的. 其次,定义中对频率与概率关系的描述是定性的、非数学化的,从而容易造成误解. 定义 4.2 中的叙述易使人想到概率是频率的极限,那么概率是否为频率的极限,又是以什么方式趋于概率的?

例 4.1 某地一年内发生 k 起交通事故的概率为 $\dfrac{\lambda^k}{k!} e^{-\lambda}$,其中 $\lambda > 0$ 是常数,求当地一年内至少发生一起交通事故的概率.

解:设 $A_k = \{$该地一年内恰好发生 k 起交通事故$\}$ $(k = 0, 1, 2, \cdots)$,$A = \{$该地一年内至少发生一起交通事故$\}$. 显然 $A = \bigcup\limits_{k=1}^{\infty} A_k$,又由于事件 $A_1, A_2, \cdots, A_n, \cdots$ 两两互不相容,所以有

$$P(A) = \sum_{k=1}^{\infty} P(A_k) = \sum_{k=1}^{\infty} \frac{\lambda^k}{k!} e^{-\lambda} = 1 - e^{-\lambda}.$$

本题可采用另外一种解法. $\overline{A} = A_0 = \{$该地一年内未发生交通事故$\}$,于是

$$P(A) = 1 - P(\overline{A}) = 1 - P(A_0) = 1 - e^{-\lambda}.$$

4.1.2　古典概型与几何概型

1. 古典概型

理论上,具有下面两个特点的随机试验的概率模型,称为古典概型(或等可能概型).

(1) 有限性:基本事件的总数是有限的,换句话说样本空间仅含有有限个样本点;

(2) 等可能性:每个基本事件发生的可能性相同.

古典概型的概率计算公式:设事件 A 中所含样本点个数为 r,样本空间 Ω 中样本点总数为 n,则有 $P(A) = \dfrac{r}{n} = \dfrac{A \text{ 中样本点数}}{\Omega \text{ 中样本点总数}}$,即 $P(A) = \dfrac{r}{n} = \dfrac{A \text{ 所包含的基本事件数}}{\text{基本事件总数}}$.

例 4.2　掷一枚质地均匀的骰子,求出现奇数点的概率.

解:显然样本空间 $\Omega = \{1, 2, 3, 4, 5, 6\}$,事件"出现奇数点"用 A 表示,则 $A = \{1, 3, 5\}$,所含样本点数 $r = 3$,从而 $P(A) = \dfrac{r}{n} = \dfrac{3}{6} = \dfrac{1}{2}$.

例 4.3　抛一枚均匀硬币 3 次,设事件 A 为"恰有 1 次出现正面",B 为"恰有 2 次出现正面",C 为"至少一次出现正面",试求 $P(A), P(B), P(C)$.

解:试出现正面用 H 表示,出现反面用 T 表示,则样本空间

$$\Omega = \{HHH, HHT, HTH, THH, HTT, TTH, THT, TTT\},$$

样本点总数 $n = 8$. $A = \{TTH, THT, HTT\}$,$B = \{HHT, THH, HTH\}$,

$$C = \{HHH, THH, HTH, HHT, TTH, THT, HTT\},$$

所以 A, B, C 中样本点数分别为 $r_A = 3, r_B = 3, r_C = 7$,

则 $P(A) = r_A / n = 3/8$,　$P(B) = r_B / n = 3/8$,　$P(C) = r_C / n = 7/8$.

2. 几何概型

概率的古典定义具有可计算性的优点,但它也有明显的局限性. 要求样本点有限,如果样本空间中的样本点有无限个,概率的古典定义就不适用了. 把有限个样本点推广到无限个样本点的场合,引入了几何概型,由此形成了确定概率的另一方法——几何方法.

若对于一随机试验,每个样本点出现是等可能的,样本空间 Ω 所含的样本点个数为无穷多个,且具有非零的、有限的几何度量,即 $0 < m(\Omega) < \infty$,则称这一随机试验是几何概型的.

当随机试验的样本空间是某个区域,并且任意一点落在度量(长度,面积,体积)相同的子区域是等可能的,则事件 A 的概率可定义为 $P(A) = \dfrac{m(A)}{m(\Omega)}$,其中 $m(\Omega)$ 是样本空间的度量,$m(A)$ 是构成事件 A 的子区域的度量,这样借助于几何上的度量来合理规定的概率成为几何概率.说明当古典概型的试验结果为连续无穷多个时,就归结为几何概率.

例 4.4　甲、乙两人相约在 0 到 T 这段时间内,在预定地点会面,先到的人等候另一个人,经过时间 $t(t < T)$ 后离去.设每人在 0 到 T 这段时间内各时刻到达该地是等可能的,且两人到达的时刻互不牵连.求甲、乙两人能会面的概率.

解：如图 4.1 所示，设 x, y 分别为甲，乙两人到达的时刻，那么 $0 \leqslant x \leqslant T$，$0 \leqslant y \leqslant T$. 两人会面的充要条件为 $|x-y| \leqslant t$，若以 x, y 表示平面上点的坐标，故所求的概率为

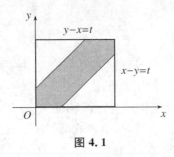

图 4.1

$$p = \frac{\text{阴影部分面积}}{\text{正方形面积}} = \frac{T^2 - (T-t)^2}{T^2} = 1 - \left(1 - \frac{t}{T}\right)^2.$$

例 4.5 如果在一个 50 000 平方千米的海域里有表面积达 40 平方千米的大陆架储藏着石油，假如在海域里随意选取一点钻探，问钻到石油的概率是多少？

解：由于选点是随机的，可以认为该海域中各点被选中的可能性是一样的，因而所求概率自然认为是储油海域的面积与整个海域面积之比，即 $p = \frac{40}{50\,000} = \frac{1}{1\,250}.$

4.1.3 条件概率

1. 条件概率与乘法公式

定义 4.3 已知事件 A 发生的条件下，事件 B 发生的概率称为 A 条件下 B 的条件概率，记作 $P(B|A)$.

例 4.6 一家庭有两个孩子，

(1) 求两个都是男孩的概率；

(2) 已知其中一个是男孩，求另一个也是男孩的概率；

(3) 已知老大是男孩，求老二也是男孩的概率.

解：用 g 表示女孩，b 表示男孩，则样本空间为 $\{(b,b),(b,g),(g,b),(g,g)\}$，其中括号中第一个位置表示老大，第二个位置表示老二.

(1) 事件 $A =$ "两个都是男孩"，显然 $P(A) = 1/4$.

(2) 事件 $B_1 =$ "其中一个是男孩"，$B_2 =$ "另一个也是男孩"，显然此时的样本空间为 $B_1 = \{(b,b),(b,g),(g,b)\}$. 则事件 B_1 发生的条件下，B_2 发生的条件概率为 $P(B_2|B_1) = 1/3$.

(3) 事件 $C_1 =$ "老大是男孩"，$C_2 =$ "老二也是男孩"，显然此时的样本空间为 $C_1 = \{(b,b),(b,g)\}$. 则事件 C_1 发生的条件下，C_2 发生的条件概率为 $P(C_2|C_1) = 1/2$.

定义 4.4 设 A, B 是两个事件，且 $P(B) > 0$，称 $P(A|B) = \dfrac{P(AB)}{P(B)}$ 为在事件 B 发生条件下事件 A 发生的概率. 显然，$P(A) > 0$ 时，$P(B|A) = \dfrac{P(AB)}{P(A)}.$

计算条件概率有两个基本的方法：

（1）用定义 4.4 计算，即在原样本空间中计算 $P(AB)$ 与 $P(B)$ 之比；

（2）在古典概型中利用古典概型的计算方法直接计算，即在新样本空间 B 中直接计算 A 发生的概率.

例 4.7　在全部产品中有 4% 是废品，有 72% 为一等品. 现从中任取一件为合格品，求它是一等品的概率.

解：设 A 表示"任取一件为合格品"，B 表示"任取一件为一等品"，显然 $B \subset A$，$P(A) = 96\%$，$P(AB) = P(B) = 72\%$，则所求概率为 $P(B|A) = \dfrac{P(AB)}{P(B)} = \dfrac{72\%}{96\%} = 0.75$.

例 4.8　盒中有黄白两色的乒乓球，黄色球 7 个，其中 3 个是新球；白色球 5 个，其中 4 个是新球. 现从中任取一球是新球，求它是白球的概率.

解法 1：设 A 表示"任取一球为新球"，B 表示"任取一球为白球"，由古典概型的等可能性可知，所求概率为 $P(B|A) = \dfrac{4}{7}$.

解法 2：设 A 表示"任取一球为新球"，B 表示"任取一球为白球"，$P(A) = \dfrac{7}{12}$，$P(B) = \dfrac{5}{12}$，$P(AB) = \dfrac{4}{12}$，由条件概率公式可得 $P(B|A) = \dfrac{P(AB)}{P(B)} = \dfrac{\frac{4}{12}}{\frac{7}{12}} = \dfrac{4}{7}$.

2. 全概率公式与贝叶斯（Bayes）公式

（1）全概率公式

设随机试验对应的样本空间为 Ω，设 $A_1, A_2, \cdots, A_n$ 是样本空间 Ω 的一个完备事件组，且 $P(A_i) > 0$，$i = 1, 2, \cdots, n$，B 是任意一个事件，则

$$P(B) = \sum_{i=1}^{n} P(A_i) P(B \mid A_i). \tag{4.3}$$

注：全概率公式求的是无条件概率.

例 4.9　盒中有 5 个白球 3 个黑球，连续不放回地从中取两次球，每次取一个，求第二次取球取到白球的概率.

解：设 A 表示"第一次取球取到白球"，B 表示"第二次取球取到白球"，则

$$P(A) = \frac{5}{8}, \quad P(\overline{A}) = \frac{3}{8}, \quad P(B|A) = \frac{4}{7}, \quad P(B|\overline{A}) = \frac{5}{7},$$

由全概率公式得

$$P(B) = P(A)P(B|A) + P(\overline{A})P(B|\overline{A})$$

$$= \frac{5}{8} \times \frac{4}{7} + \frac{3}{8} \times \frac{5}{7} = \frac{5}{8}.$$

（2）贝叶斯公式

设 $A_1, A_2, \cdots, A_n$ 是样本空间的一个完备事件组，B 是任一事件，且 $P(B) > 0$，则

$$P(A_i|B)=\frac{P(A_i)P(B|A_i)}{P(B)}=\frac{P(A_i)P(B|A_i)}{\sum\limits_{k=1}^{n}P(A_k)P(B|A_k)},i=1,2,\cdots,n. \tag{4.4}$$

注：贝叶斯公式求的是条件概率.

例 4.10 针对某种疾病进行一种化验，患该病的人中有 90% 呈阳性反应，而未患该病的人中 5% 呈阳性反应.设人群中有 1% 的人患这种病，若某人做这种化验呈阳性反应，则他患这种疾病的概率是多少？

解：设 A 表示"某人患这种病"，B 表示"化验呈阳性反应"，则

$$P(A)=0.01,\ P(\overline{A})=0.99,\ P(B|A)=0.9,\ P(B|\overline{A})=0.05,$$

由全概率公式得

$$P(B)=P(A)P(B|A)+P(\overline{A})P(B|\overline{A})=0.01\times0.9+0.99\times0.05=0.058\,5,$$

再由贝叶斯公式得

$$P(A|B)=\frac{P(A)P(B|A)}{P(B)}=\frac{0.01\times0.9}{0.0585}=0.15=15\%.$$

本例的结果表明，化验呈阳性反应的人中，只有 15% 左右真正患有该病.

全概率公式和贝叶斯公式是概率论中的两个重要公式，有着广泛的应用，若把事件 A_i 理解为"原因"，而把 B 理解为"结果"，则 $P(B|A_i)$ 是原因 A_i 引起结果 B 出现的可能性，$P(A_i)$ 是各种原因出现的可能性. 全概率公式表明综合引起结果的各种原因，导致结果出现的可能性大小，而贝叶斯公式则反映了当结果出现时，它是由原因 A_i 引起的可能性的大小，故常用于可靠性问题，例如：可靠性寿命检验、可靠性维护、可靠性设计等.

4.1.4 独立性

1. 两事件独立

定义 4.5 若 $P(AB)=P(A)P(B)$，则称 A 与 B 相互独立，简称 A,B 独立.

性质 4.1 设 $P(A)>0$，则 A 与 B 相互独立的充分必要条件是 $P(B)=P(B|A)$，设 $P(B)>0$，则 A 与 B 相互独立的充分必要条件是 $P(A)=P(A|B)$.

性质 4.2 若 A 与 B 相互独立，则 A 与 $\overline{B}$，$\overline{A}$ 与 B，$\overline{A}$ 与 $\overline{B}$ 都相互独立.

由性质 4.2 知，以下四件事等价：

(1) 事件 A、B 相互独立；(2) 事件 A、$\overline{B}$ 相互独立；

(3) 事件 $\overline{A}$、B 相互独立；(4) 事件 $\overline{A}$、$\overline{B}$ 相互独立.

事件 A 与 B 相互独立，是指事件 A 的发生与事件 B 发生的概率无关.

独立与互斥的关系：这是两个不同的概念，互斥是事件间本身的关系.

两事件相互独立：$P(AB)=P(A)P(B)$.

两事件互斥：$AB=\varnothing$.

二者之间没有必然联系.

例如：若 $P(A)=\dfrac{1}{2}$，$P(B)=\dfrac{1}{2}$，则 $P(AB)=P(A)P(B)$（如图 4.2 所示）.

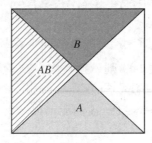

图 4.2

两事件相互独立 ⇸ 两事件互斥.

又如:若 $P(A)=\dfrac{1}{2}$,$P(B)=\dfrac{1}{2}$,则 $P(AB)=0$,$P(A)P(B)=\dfrac{1}{4}$,故 $P(AB)\neq P(A)P(B)$(如图 4.3 所示).

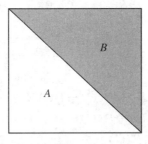

图 4.3

由此可见两事件互斥但不独立.

两事件互斥 ⇸ 两事件相互独立.

例 4.11　两射手彼此独立地向同一目标射击,设甲射中目标的概率为 0.9,乙射中目标的概率为 0.8,求目标被击中的概率.

解:设 A 表示"甲射中目标",B 表示"乙射中目标",C 表示"目标被击中",则 $C=A\bigcup B$,A 与 B 相互独立,$P(A)=0.9$,$P(B)=0.8$,故

$$P(C)=P(A\bigcup B)=P(A)+P(B)-P(AB)$$
$$=0.9+0.8-0.9\times0.8=0.98.$$

或利用对偶律亦可.

注:A,B 相互独立时,概率加法公式可以简化,即当 A 与 B 相互独立时,

$$P(A\bigcup B)=1-P(\overline{A})P(\overline{B}).$$

2. 多个事件的独立

定义 4.6　若三个事件 A、B、C 满足:$P(AB)=P(A)P(B)$,$P(AC)=P(A)P(C)$,$P(BC)=P(B)P(C)$,则称事件 A、B、C 两两相互独立;若在此基础上还满足:$P(ABC)=P(A)P(B)P(C)$,则称事件 A、B、C 相互独立,简称 A、B、C 独立.

一般地,设 $A_1,A_2,\cdots,A_n$ 是 n 个事件,如果对任意 $k(1<k\leqslant n)$,任意的 $1\leqslant i_1<i_2\cdots<$

$i_k \leqslant n$,具有等式 $P(A_{i1}A_{i2}\cdots A_{ik})P(A_{i1})P(A_{i2})\cdots P(A_{ik})$,则称 n 个事件 $A_1,A_2,\cdots,A_n$ 相互独立.

思考:

(1) 设事件 A、B、C、D 相互独立,则 $A \cup B$ 与 $C \cup D$ 是否独立.

(2) 三个事件相互独立和两两独立的关系.

例 4.12 三人独立地破译一个密码,他们能单独译出的概率分别为 $1/5,1/3,1/4$.求此密码被译出的概率.

解法 1:设 A,B,C 分别表示三人能单独译出密码,则所求概率为 $P(A \cup B \cup C)$,

且 A,B,C 独立,$P(A)=1/5$,$P(B)=1/3$,$P(C)=1/4$.

于是

$$
\begin{aligned}
P(A \cup B \cup C) &= 1 - \overline{P(A \cup B \cup C)} = 1 - P(\overline{A}\,\overline{B}\,\overline{C}) \\
&= 1 - P(\overline{A})P(\overline{B})P(\overline{C}) \\
&= 1 - (1-P(A))(1-P(B))(1-P(C)) \\
&= 1 - \frac{4}{5} \times \frac{2}{3} \times \frac{3}{4} = \frac{3}{5}.
\end{aligned}
$$

解法 2:用解法 1 的记号,

$$
\begin{aligned}
P(A \cup B \cup C) &= P(A)+P(B)+P(C)-P(AB)-P(AC)-P(BC)+P(ABC) \\
&= P(A)+P(B)+P(C)-P(A)P(B)-P(A)P(C)-P(B)P(C)+ \\
&\quad P(A)P(B)P(C) \\
&= \frac{1}{5}+\frac{1}{3}+\frac{1}{4}-\frac{1}{5}\times\frac{1}{3}-\frac{1}{5}\times\frac{1}{4}-\frac{1}{3}\times\frac{1}{4}+\frac{1}{5}\times\frac{1}{3}\times\frac{1}{4}=\frac{3}{5}.
\end{aligned}
$$

比较起来,解法 1 要简单一些,对于 n 个相互独立事件 $A_1,A_2,\cdots,A_n$,其和事件 $A_1 \cup A_2 \cup \cdots \cup A_n$ 的概率可以通过下式计算:

$$
P(A_1 \cup A_2 \cup \cdots \cup A_n) = 1 - P(\overline{A_1}\,\overline{A_2}\cdots\overline{A_n}) = 1 - P(\overline{A_1})P(\overline{A_2})\cdots P(\overline{A_n}).
$$

4.2 随机变量及其分布

4.2.1 随机变量及其分布函数

1. 随机变量

定义 4.7 设 E 是随机试验,样本空间为 Ω,如果对每一个结果(样本点)$\omega \in \Omega$,有唯一确定的实数 $X(\omega)$ 与之对应,这样就得到一个定义在 Ω 上的实值函数 $X = X(\omega)$ 称为随机变量.随机变量常用 $X,Y,Z,\cdots$ 或 $X_1,X_2,X_3,\cdots$ 表示.

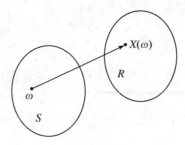

图 4.4

随机变量的特点：

（1）X 的全部可能取值是互斥且完备的；

（2）X 的部分可能取值描述随机事件.

随机变量的分类：

$$
\text{随机变量}\begin{cases}\text{离散型随机变量,} \\ \text{非离散型}\begin{cases}\text{连续型,} \\ \text{奇异型（混合型）.}\end{cases}\end{cases}
$$

2．随机变量的分布函数

定义 4.8　设 X 是随机变量，对任意实数 x，事件 $\{X\leqslant x\}$ 的概率 $P\{X\leqslant x\}$ 称为随机变量 X 的分布函数，记为 $F(x)$，即 $F(x)=P\{X\leqslant x\}$.

易知，对任意实数 $a,b(a<b)$，$P\{a<X\leqslant b\}=P\{X\leqslant b\}-P\{X\leqslant a\}=F(b)-F(a)$.

分布函数的性质：

（1）单调不减性：若 $x_1<x_2$，则 $F(x_1)\leqslant F(x_2)$；

（2）规范性：对 $\forall x\in R,0\leqslant F(x)\leqslant 1$，且 $F(-\infty)=\lim\limits_{x\to-\infty}F(x)=0$，$F(+\infty)=\lim\limits_{x\to+\infty}F(x)=1$；

（3）右连续性：对任意实数 x，$F(x_0+0)=\lim\limits_{x\to x_0^+}F(x)=F(x_0)$.

反之，具有上述三个性质的实函数，必是某个随机变量的分布函数. 故该三个性质是判别一个函数是否是分布函数的充分必要条件.

例 4.13　判断下面函数是否为某一随机变量的分布函数：

$$
F(x)=\begin{cases}0, & x<0, \\ 0.2, & 0\leqslant x<1, \\ 0.5, & 1\leqslant x<4, \\ 1, & x\geqslant 4.\end{cases}
$$

解：由于 $F(x)$ 单调不减且右连续，且有

$$
F(-\infty)=\lim\limits_{x\to-\infty}F(x)=0, F(+\infty)=\lim\limits_{x\to+\infty}F(x)=1.
$$

从而，$F(x)$ 是某一随机变量的分布函数.

4.2.2　离散型随机变量

1. 离散型随机变量

定义 4.9　若随机变量 X 只能取有限多个或可列无限多个值,则称 X 为离散型随机变量.

定义 4.10　若 X 为离散型随机变量,可能取值为 $x_1, x_2, \cdots, x_n, \cdots$,称 $p_i = p(x_i) = P\{X = x_i\}$, $i = 1, 2, \cdots, n, \cdots$ 或

x	x_1	x_2	$\cdots$	x_n	$\cdots$
p	p_1	p_2	$\cdots$	p_n	$\cdots$

为 X 的概率分布列,简称分布列.

分布列 $\{p_k\}$ 的性质:

(1) 非负性:$p_i \geqslant 0, i = 1, 2, \cdots$

(2) 规范性:$\sum\limits_{i=1}^{+\infty} p_i = 1$.

反之,若一个数列 $\{p_i\}$ 具有以上两条性质,则它必可作为某离散型随机变量的分布列.

例 4.14　某篮球运动员投中篮圈的概率是 0.9,求他两次投篮投中次数 X 的概率分布列与分布函数.

解:X 的可能取值为 $0, 1, 2$,分布列为

$$P\{X = 0\} = 0.1 \times 0.1 = 0.01,$$
$$P\{X = 1\} = 2 \times 0.1 \times 0.9 = 0.18,$$
$$P\{X = 2\} = 0.9 \times 0.9 = 0.81.$$

分布函数为 $F(x) = \begin{cases} 0, & x < 0, \\ 0.01, & 0 \leqslant x < 1, \\ 0.19, & 1 \leqslant x < 2, \\ 1, & x \geqslant 2. \end{cases}$

2. 常见的离散分布

(1) 单点分布(退化分布)

如果随机变量 X 只取一个值 a,即分布列为 $P\{X = a\} = 1$,则称随机变量 X 服从单点分布.

(2) 两点分布

若随机变量 X 只取两个可能值 $0, 1$,且 $P\{X = 1\} = p$,$P\{X = 0\} = 1 - p$,则称 X 服从参数为 p 的两点分布,或 0-1 分布.

对于一个随机试验,如果样本空间只有两个样本点,即 $\Omega = \{\omega_1, \omega_2\}$,我们总能在 Ω 上定义一个服从 0-1 分布的随机变量 $X = X(\omega) = \begin{cases} 0, & \omega = \omega_1 \\ 1, & \omega = \omega_2 \end{cases}$ 来描述试验的结果. 因此,0-1 分布可以用来描述只含两个结果的试验模型. 如打靶试验,对新生婴儿的判别,检查产品质量是否合格等试验都可以用 0-1 分布模型来描述. 我们把只含有两个可能结果 A 与 $\bar{A}$ 的

试验称为伯努利试验.

例 4.15 已知某产品有 200 件,其中 196 件是合格品,现从中任取 1 件,设随机变量 $X=\begin{cases}1, & \text{取得合格品,} \\ 0, & \text{取得不合格品,}\end{cases}$ 则 X 的分布列为

X	0	1
P	0.02	0.98

故 X 服从参数为 0.98 的两点分布.

(3) 二项分布

若随机变量 X 的可能取值为 $0,1,2,\cdots,n$,而 X 的分布列为 $p_k=P\{X=k\}=C_n^k p^k q^{n-k}$,$k=0,1,2,\cdots,n$,其中 $0<p<1$,$q=1-p$,则称 X 服从参数为 n,p 的二项分布,简记为 $X\sim b(n,p)$.

注:设将试验独立重复进行 n 次,每次试验中,事件 A 发生的概率均为 p,则称这 n 次试验为 n 重伯努利试验.若以 X 表示 n 重伯努利试验事件 A 发生的次数,则称 X 服从参数为 n,p 的二项分布.

例 4.16 某人射击的命中率为 0.02,他独立射击 400 次,试求其命中次数不少于 2 的概率.

解:设 X 表示 400 次独立射击中命中的次数,则 $X\sim b(400,0.02)$,故
$$P\{X\geqslant 2\}=1-P\{X=0\}-P\{X=1\}$$
$$=1-0.98^{400}-(400)(0.02)(0.98^{399})=0.996\,981.$$

(4) 超几何分布

设一批产品共有 N 个,其中有 M 个次品,现从中任取 n 个,则这 n 个产品中所含的次品数 X 是一个离散型随机变量,X 所有可能取值为 $0,1,2,\cdots,r$(其中 $r=\min\{M,n\}$),其概率分布列为 $P\{X=k\}=\dfrac{C_M^k C_{N-M}^{n-k}}{C_N^n}$ $(k=0,1,2,\cdots,r)$,该分布称为超几何分布,记为 $X\sim h(n,N,M)$.超几何分布在抽样问题中经常使用,我们所抽取的 n 个产品可以一次抽取,也可以多次抽取,不管采用哪种方式,抽取均是无放回的,超几何分布的试验背景就是产品的不放回抽样.如果是放回抽样,则抽到的次品数 X 服从二项分布.但是,当抽取个数 n 远远小于产品总数 N 时,即 $n\ll N$ 时,每做一次不放回抽样对产品的次品率影响不大,都近似为 $\dfrac{M}{N}$,此时不放回抽样可近似看成放回抽样,这时超几何分布可用二项分布来近似.

$$P\{X=k\}=\frac{C_M^k C_{N-M}^{n-k}}{C_N^n}\approx C_n^k p^k(1-p)^{n-k}, p=\frac{M}{N}. \tag{4.5}$$

一般地,当 $\dfrac{n}{N}\leqslant 0.1$ 时,其近似程度已经很高.

例 4.17 一批产品共有 1 000 件,其中有 10 件次品,现随机抽查 20 件,令 X 表示抽查的 20 件产品中次品的件数,试求 X 的分布.

解:依题意 X 应服从超几何分布,

$$P\{X=k\}=\frac{C_{10}^k C_{990}^{20-k}}{C_{1\,000}^{20}}\quad(k=0,1,2,\cdots,10).$$

若按上式计算,组合数 $C_{1\,000}^{20}$, C_{990}^{20-k} 的计算很不方便.由于产品总数很大,而抽查的的产品件数相对较小,于是不放回抽样可近似地看成放回抽样,而放回抽样是 n 重伯努利试验,从而可认为 $X\sim b(20,0.01)$,于是

$$P\{X=k\}=\frac{C_{10}^k C_{990}^{20-k}}{C_{1000}^{20}}\approx C_{20}^k (0.01)^k (0.99)^{20-k}.$$

这样计算就简便多了.

(5) 泊松分布

设随机变量 X 的可能取值为 $0,1,2,\cdots,n,\cdots$,而 X 的分布列为 $p_k=P\{X=k\}=\dfrac{\lambda^k}{k!}e^{-\lambda}$,$k=0,1,2,\cdots$,其中 $\lambda>0$,则称 X 服从参数为 λ 的泊松分布,简记为 $X\sim P(\lambda)$.

注:把每次试验中出现概率很小的事件称作稀有事件.泊松分布可以作为描述稀有事件发生次数概率分布的一个数学模型,也可以作为研究某段时间内陆续到来的质点流概率分布的数学模型.

例 4.18 美国西部每周发生地震的次数服从参数为 4 的泊松分布,求两周内至少发生 3 次地震的概率.

解:$P\{X\geqslant 3\}=1-P\{X<3\}=1-(P\{X=0\}+P\{X=1\}+P\{X=2\})$

$$=1-\left(\frac{4^0}{0!}+\frac{4^1}{1!}+\frac{4^2}{2!}\right)e^{-4}=1-13e^{-4}$$

$$\approx 0.762\,1.$$

定理 1(泊松定理) 设随机变量 $X_n\sim b(n,p)(n=0,1,2,\cdots)$,且 n 很大,p 很小,记 $=np$,则

$$P\{X=k\}\approx\frac{\lambda^k}{k!}e^{-\lambda},\qquad k=0,1,2,\cdots$$

4.2.3 连续型随机变量及概率密度函数

1. 连续型随机变量及其概率密度函数

定义 4.11 若对于随机变量 X 的分布函数 $F(x)$,存在非负函数 $f(x)$,使得对任意的实数 x,有

$$F(x)=\int_{-\infty}^x f(t)\mathrm{d}t,\tag{4.6}$$

则称 X 为连续型随机变量,并称 $f(x)$ 为 x 的概率密度函数,简称概率密度(密度函数).

注:连续型随机变量 X 在某一指定点取值的概率为 0,即 $P\{X=x_0\}=0$ 因为 $0\leqslant P\{X=x\}\leqslant P\{x-\Delta x\leqslant X\leqslant x\}=F(x)-F(x-\Delta x)$.由于 $F(x)$ 是连续函数,令 $\Delta x\to 0$,则 $P\{X=x\}=0$.离散型随机变量 X 在某一指定点取值的概率不一定为 0.

密度函数的性质:

(1) $f(x)\geqslant 0$;

(2) $\int_{-\infty}^{+\infty} f(x)\mathrm{d}x = 1$（图 4.5）.

上述两条性质是判定一个函数是否为概率密度的充要条件.

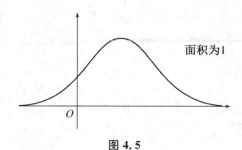

图 4.5

(3) $P\{a < X \leqslant b\} = F(b) - F(a) = \int_{a}^{b} f(x)\mathrm{d}x,\ a \leqslant b.$

利用概率密度可确定随机点落在某个范围内的概率.

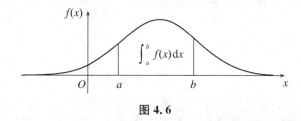

图 4.6

(4) 设 x 为 $f(x)$ 的连续点，则 $F'(x)$ 存在，且 $F'(x) = f(x)$.

例 4.19　设随机变量 X 的概率密度为 $f(x) = \begin{cases} c, & |x| < 1, \\ 0, & |x| \geqslant 1, \end{cases}$ 其中 c 为待定系数，求

(1) 常数 c；(2) X 落在区间 $\left(-3, \dfrac{1}{2}\right)$ 内的概率.

解：(1) 有概率密度的性质 $\int_{-\infty}^{+\infty} f(x)\mathrm{d}x = 1$，

$$\int_{-\infty}^{+\infty} f(x)\mathrm{d}x = \int_{-\infty}^{-1} 0\mathrm{d}x + \int_{-1}^{1} c\,\mathrm{d}x + \int_{1}^{+\infty} 0\mathrm{d}x = 2c = 1, 故\ c = \frac{1}{2}.$$

(2) 由于 $f(x)$ 是分段函数，所以求 $P\left\{-3 < x < \dfrac{1}{2}\right\}$ 需分段积分.

$$P\left\{-3 < X < \frac{1}{2}\right\} = \int_{-3}^{\frac{1}{2}} f(x)\mathrm{d}x = \int_{-3}^{-1} 0\mathrm{d}x + \int_{-1}^{\frac{1}{2}} \frac{1}{2}\mathrm{d}x = \frac{3}{4}.$$

2. 概率分布

三种重要的概率分布：均匀分布、指数分布、正态分布.

(1) 均匀分布

定义 4.12　若随机变量 X 的概率密度为 $f(x) = \begin{cases} \dfrac{1}{b-a}, & a \leqslant x < b, \\ 0, & 其他, \end{cases}$ 则称 X 服从区间

$[a,b]$上的均匀分布,简记为 $X \sim U(a,b)$. 如图 4.7 所示,均匀分布的分布函数为

$$F(x) = \begin{cases} 0, & x \leqslant a, \\ \dfrac{x-a}{b-a}, & a < x < b, \\ 1, & x \geqslant b. \end{cases}$$

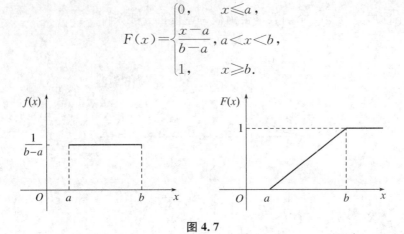

图 4.7

均匀分布的均匀性是指随机变量 X 落在区间 $[a,b]$ 内长度相等的子区间上的概率是相等的.

均匀分布概率计算的重要公式:

设 $X \sim U(a,b)$，$a \leqslant c < d \leqslant b$，即 $[a,b] \supseteq [c,d]$，则 $P\{c \leqslant X \leqslant d\} = \dfrac{d-c}{b-a}$.

例 4.20 公共汽车站每隔 5 分钟有一辆汽车通过,乘客在 5 分钟内任一时刻到达汽车站是等可能的,求乘客候车时间在 1 至 3 分钟内的概率.

解:设 X 表示乘客的候车时间,则 $X \sim U(0,5)$,其概率密度为

$$f(x) = \begin{cases} \dfrac{1}{5}, & 0 \leqslant x \leqslant 5, \\ 0, & \text{其他.} \end{cases}$$

所求概率为 $P\{1 \leqslant X \leqslant 3\} = \dfrac{3-1}{5-0} = \dfrac{2}{5}$.

(2) 指数分布

定义 4.13 若随机变量 X 的概率密度为 $f(x) = \begin{cases} \lambda e^{-\lambda x}, & x > 0, \\ 0, & x \leqslant 0, \end{cases}$ 其中 $\lambda > 0$ 为常数,则

称 X 服从参数为 λ 的指数分布,简记为 $X \sim E(\lambda)$,其分布函数为 $F(x) = \begin{cases} 1 - e^{-\lambda x}, & x > 0, \\ 0, & x \leqslant 0. \end{cases}$

关于概率统计论中服从指数分布的随机变量 X 具有无记忆性. 具体来说,如果 X 是某一元件的寿命,已知元件已经使用了 S 小时,它总共能使用至少 $S+T$ 小时的条件概率,与从开始使用时算起它至少能使用 T 小时的概率相等,这就是说,元件对它已使用过 S 小时没有记忆.

例 4.21 设某类日光灯管的使用寿命 X 服从参数为 $\lambda = 1/2\,000$ 的指数分布(单位:小时).

(1) 任取一只这种灯管,求能正常使用 1 000 小时以上的概率;

(2) 有一只这种灯管已经正常使用了 1 000 小时以上,求还能使用 1 000 小时以上的

概率.

解：X 的分布函数为

$$F(x)=\begin{cases}1-e^{-\frac{1}{2\,000}x}, & x\geqslant 0, \\ 0, & x<0.\end{cases}$$

(1) $P\{X>1\,000\}=1-P\{X\leqslant 1\,000\}=1-F(1\,000)=e^{-\frac{1}{2}}\approx 0.607.$

(2) $P\{X>2\,000\,|\,X>1\,000\}=\dfrac{P\{X>2\,000,X>1\,000\}}{P\{X>1\,000\}}=\dfrac{P\{X>2\,000\}}{P\{X>1\,000\}}$

$$=\dfrac{1-P\{X\leqslant 2\,000\}}{1-P\{X\leqslant 1\,000\}}=\dfrac{1-F(2\,000)}{1-F(1\,000)}$$

$$=e^{-\frac{1}{2}}\approx 0.607.$$

（3）正态分布

定义 4.14　若随机变量 X 的概率密度为 $f(x)=\dfrac{1}{\sigma\sqrt{2\pi}}e^{-\frac{(x-\mu)^2}{2\sigma^2}}$，$-\infty<x<+\infty$，其中 μ,σ^2 为常数，$-\infty<x<+\infty,\sigma>0$，则称 X 服从于参数为 μ,σ^2 的正态分布，简记为 $X\sim N(\mu,\sigma^2)$.

$f(x)$ 的图形如图 4.8 所示.

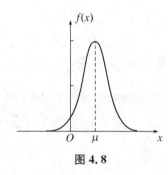

图 4.8

习惯上，称服从正态分布的随机变量为正态随机变量，又称正态分布的概率密度曲线为正态分布曲线. 正态分布曲线的性质如下：

① 曲线关于直线 $x=\mu$ 对称，这表明对任意的 $h>0$，有

$$P\{\mu-h<X<\mu\}=P\{\mu<X\leqslant\mu+h\}.$$

② 当 $x=\mu$ 时取得最大值 $f(\mu)=\dfrac{1}{\sqrt{2\pi}\sigma}$，在 $x=\mu\pm\sigma$ 处曲线有拐点，曲线以 x 轴为渐近线.

③ 当 σ 给定时，

$$f_1(x)=\dfrac{1}{\sqrt{2\pi}\sigma}e^{-\frac{(x-\mu_1)^2}{2\sigma^2}},\ f_2(x)=\dfrac{1}{\sqrt{2\pi}\sigma}e^{-\frac{(x-\mu_2)^2}{2\sigma^2}},$$

$f_1(x)$ 与 $f_2(x)$ 的图形如图 4.9 所示. 实际上两条曲线可沿 x 轴平行移动而得，不改变其形状，可见正态分布曲线的位置完全由 μ 决定，μ 是正态分布的中心.

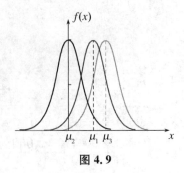

图 4.9

④ 当 μ 给定时，

$$f_3(x)=\frac{1}{\sqrt{2\pi}\sigma_1}e^{-\frac{(x-\mu)^2}{2\sigma_1{}^2}},\quad f_4(x)=\frac{1}{\sqrt{2\pi}\sigma_2}e^{-\frac{(x-\mu)^2}{2\sigma_2{}^2}}.$$

$f_3(x)$ 与 $f_4(x)$ 的图形如图 4.10 所示，可见当 σ 越小时，图形变得越尖锐；反之，σ 越大时，图形变得越平缓. 因此，正态分布曲线中的值刻画了正态随机变量取值的分散程度. σ 越小，取值分散程度越小；σ 越大，取值分散程度越大.

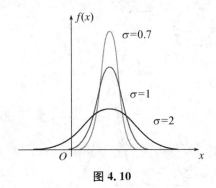

图 4.10

设 $X\sim N(\mu,\sigma^2)$，则 X 的分布函数为 $F(x)=\int_{-\infty}^{x}\dfrac{1}{\sigma\sqrt{2\pi}}e^{-\frac{(t-\mu)^2}{2\sigma^2}}dt$. 特别地，当 $\mu=0,\sigma^2=1$ 时的正态分布成为标准正态分布，为了区别起见，标准正态分布的概率密度和分布函数记为 $\varphi(x)$ 和 $\Phi(x)$.

$$\varphi(x)=\frac{1}{\sqrt{2\pi}}e^{-\frac{x^2}{2}},\quad -\infty<x<+\infty. \tag{4.7}$$

$$\Phi(x)=\frac{1}{\sqrt{2\pi}}\int_{-\infty}^{x}e^{-\frac{t^2}{2}}dt,\quad -\infty<x<+\infty. \tag{4.8}$$

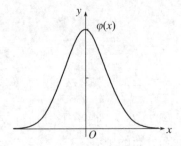

图 4.11

$\varphi(x)$，$\Phi(x)$的图形如图 4.11 所示，显然，$\varphi(x)$的图形关于 y 轴对称，且 $\varphi(x)$在 $x=0$ 处取得最大值$\dfrac{1}{\sqrt{2\pi}}$.

标准正态分布的分布函数 $\Phi(x)$的性质：

① $\Phi(-x)=1-\Phi(x)$.

② $\Phi(0)=\dfrac{1}{2}$.

$U\sim N(0,1)$，分布函数 $\Phi(u)$，则

① $\Phi(-u)=1-\Phi(u)$.

② $P\{U>u\}=1-\Phi(u)$.

③ $P\{a<U<b\}=\Phi(b)-\Phi(a)$.

④ $P\{|U|<c\}=2\Phi(c)-1$.

标准正态分布的分位数：

$$P\{|X|>U_{\frac{\alpha}{2}}\}=\alpha. \tag{4.9}$$

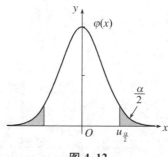

图 4.12

一般正态分布函数 $F(x)$与标准正态分布函数 $\Phi(x)$的关系如下.

① 设 $X\sim N(\mu,\sigma^2)$，其分布函数为 $F(x)$，则

$$F(x)=P\{X\leqslant x\}=\Phi\left(\dfrac{x-\mu}{\sigma}\right).$$

② $P\{a<U\leqslant b\}=P\{a\leqslant U<b\}=P\{a\leqslant U\leqslant b\}=P\{a<U<b\}$
$$=\Phi\left(\dfrac{b-\mu}{\sigma}\right)-\Phi\left(\dfrac{a-\mu}{\sigma}\right).$$

③ $P\{X>a\}=P\{X\geqslant a\}=1-\Phi\left(\dfrac{a-\mu}{\sigma}\right)$.

例 4.22 设 $X\sim N(\mu,\sigma^2)$求 X 落在区间$[\mu-k\sigma,\mu+k\sigma]$的概率，其中 $k=1,2,3$.

解：$P\{\mu-k\sigma\leqslant U\leqslant\mu+k\sigma\}=\Phi\left(\dfrac{(\mu+k\sigma)-\mu}{\sigma}\right)-\Phi\left(\dfrac{(\mu-k\sigma)-\mu}{\sigma}\right)$
$$=\Phi(k)-\Phi(-k)=2\Phi(k)-1.$$

即$P\{\mu-\sigma\leqslant X\leqslant\mu+\sigma\}=2\Phi(1)-1=0.682\,6$，

$P\{\mu-2\sigma\leqslant X\leqslant\mu+2\sigma\}=2\Phi(2)-1=0.954\,4$.

$$P\{\mu-3\sigma \leqslant X \leqslant \mu+3\sigma\}=2\Phi(3)-1=0.9973.$$

由此看出:它的值落在 $[\mu-3\sigma,\mu+3\sigma]$ 的概率为 0.9973,这个性质被称为正态分布的"3σ 规则".

(4) 伽马分布(Γ 分布)

如果随机变量 X 的概率密度为 $f(x)=\begin{cases}\dfrac{\beta^\alpha}{\Gamma(\alpha)}x^{\alpha-1}e^{-\beta x}, & x>0, \\ 0, & x\leqslant 0,\end{cases}$ 其中 $\alpha>0$ 为形状参数,

$\beta>0$ 为尺度参数,则称 X 服从参数为 α,β 的 Γ 分布,记作 $X\sim\Gamma(\alpha,\beta)$.

这里,$\Gamma(\alpha)=\displaystyle\int_0^\infty x^{\alpha-1}e^{-x}\mathrm{d}x$ 称为 Γ 函数,它有如下主要性质:

① $\Gamma(1)=1,\Gamma\left(\dfrac{1}{2}\right)=\sqrt{\pi}$;

② $\Gamma(\alpha)=(\alpha-1)\Gamma(\alpha-1),(\alpha>1)$(可用分部积分法证得). 当 α 为自然数 n 时,有

$$\Gamma(n)=(n-1)\Gamma(n-1)=(n-1)!.$$

4.2.4 随机变量函数的分布

1. 离散型随机变量函数的分布

设 X 一个随机变量,分布列为 $X\sim P\{X=x_k\}=p_k$, $k=1,2,\cdots$

$g(x)$ 是一给定的连续函数,称 $Y=g(X)$ 为随机变量 X 的一个函数,显然 Y 也是一个随机变量.一般地,

X	x_1	x_2	$\cdots$	x_k	$\cdots$
P_k	p_1	p_2	$\cdots$	p_k	$\cdots$

$Y=g(x)$ 的可能取值为 $g(x_1),g(x_2),\cdots,g(x_k),\cdots$

注:$g(x_1),g(x_2),\cdots,g(x_k),\cdots$ 中可能有相等的情况. 若 $g(x_i)$ 互不相等时,则

Y	$g(x_1)$	$g(x_2)$	$\cdots$	$g(x_k)$	$\cdots$
P	p_1	p_2	$\cdots$	p_k	$\cdots$

例 4.23 设随机变量 X 的分布律为

X	-1	0	1	2
P	0.2	0.1	0.3	0.4

求(1) $Y=X^3$ 的分布律;(2) $Z=X^2$ 的分布律.

解:(1) Y 的可能取值为 $-1,0,1,8$.

由于

$$P\{Y=-1\}=P\{X^3=-1\}=P\{X=-1\}=0.2,$$
$$P\{Y=0\}=P\{X^3=0\}=P\{X=0\}=0.1,$$
$$P\{Y=1\}=P\{X^3=1\}=P\{X=1\}=0.3,$$

$$P\{Y=8\}=P\{X^3=8\}=P\{X=2\}=0.4.$$

从而 Y 的分布律为

Y	-1	0	1	8
P	0.2	0.1	0.3	0.4

（2）Z 的可能取值为 $0,1,4$.

$$P\{Z=0\}=P\{X^2=0\}=P\{X=0\}=0.1,$$
$$P\{Z=1\}=P\{X^2=1\}=P\{X=-1\}+P\{X=1\}$$
$$=0.2+0.3=0.5,$$
$$P\{Z=4\}=P\{X^2=4\}=P\{X=2\}=0.4.$$

从而 Z 的分布律为

Z	0	1	4
P	0.1	0.5	0.4

2. 连续型随机变量函数的概率分布

设 X 为连续型随机变量,其概率密度为 $f_X(x)$,要求 $Y=g(X)$ 的概率密度 $f_Y(y)$,可以用如下的定理.

定理 4.2　设 X 为连续型随机变量,其概率密度为 $f_X(x)$. 设 $g(x)$ 是一严格单调的可导函数,其值域为 $[\alpha,\beta]$,且 $g'(x)\neq 0$. 记 $x=h(y)$ 为 $y=g(x)$ 的反函数,则 $Y=g(X)$ 的概率密度

$$f_Y(y)=\begin{cases} f_X(h(y))|h'(y)|, & \alpha<y<\beta, \\ 0, & \text{其他.} \end{cases} \tag{4.10}$$

特别地,当 $\alpha=-\infty,\beta=+\infty$ 时, $f_Y(y)=f_X(h(y))|h'(y)|,-\infty<y<+\infty$.

例 4.24　设随机变量 X 的概率密度为 $f_X(x)$,令 $Y=ax+b$,其中 a,b 为常数 $a\neq 0$,求 Y 的概率密度.

解:$y=g(x)=ax+b,\alpha=-\infty,\beta=+\infty,x=h(y)=\dfrac{y-b}{a},h'(y)=\dfrac{1}{a}$,由定理 4.2 得

$$f_Y(y)=f_X(h(y))|h'(y)|=f_X\left(\frac{y-b}{a}\right)\frac{1}{|a|}.$$

例 4.25　设 $X\sim N(\mu,\sigma^2)$,求（1）$Y=\dfrac{X-\mu}{\sigma}$ 的概率密度;（2）$Y=aX+b$ 的概率密度.

解:$f_X(x)=-\dfrac{1}{\sigma\sqrt{2\pi}}\mathrm{e}^{-\frac{(x-\mu)^2}{2\sigma^2}}$.

（1）$a=\dfrac{1}{\sigma}$, $b=\dfrac{\mu}{\sigma}$,则

$$f_Y(y)=f_X\left(\sigma\left(y+\frac{\mu}{\sigma}\right)\right)\cdot\sigma=f_X(\sigma y+\mu)\cdot\sigma$$

$$= \frac{1}{\sqrt{2\pi}\sigma} e^{-\frac{(\sigma y + \mu - \mu)^2}{2\sigma^2}} \cdot \sigma = \frac{1}{\sqrt{2\pi}} e^{-\frac{y^2}{2}},$$

即 $Y \sim N(0,1)$.

结论：当 $X \sim N(\mu, \sigma^2)$ 时，$Y = \dfrac{X - \mu}{\sigma} \sim N(0,1)$，称随机变量 $\dfrac{X - \mu}{\sigma}$ 为 X 的标准化.

(2) $f_Y(y) = \dfrac{1}{|a|} f_X\left(\dfrac{y-b}{a}\right) = \dfrac{1}{|a|} \cdot \dfrac{1}{\sqrt{2\pi}\sigma} e^{-\frac{\left(\frac{y-b}{a}-\mu\right)^2}{2\sigma^2}} = \dfrac{1}{\sqrt{2\pi}\sigma|a|} e^{-\frac{(y-(a\mu+b))^2}{2(\sigma a)^2}}$,

即 $Y \sim N(a\mu + b, \sigma^2 a^2)$.

正态随机变量的线性变换 $Y = Ax + b$ 仍是正态随机变量，即 $ax + b \sim N(a\mu + b, \sigma^2 a^2)$.

4.3 多维随机变量及其概率分布

4.3.1 二维随机变量及其概率分布

1. 二维随机变量及其联合分布函数

定义 4.15 n 个随机变量 $X_1, X_2, \cdots, X_n$ 构成的整体 $X = (X_1, X_2, \cdots, X_n)$ 称为一个 n 维随机变量或 n 维随机向量，X_i 称为 X 的第 $i(i=1,2,\cdots,n)$ 个分量.

定义 4.16 设 (X,Y) 为一个二维随机变量，记 $F(x,y) = P\{X \leqslant x, Y \leqslant y, -\infty < x < +\infty, -\infty < y < +\infty\}$，称二元函数 $F(x,y)$ 为 X 与 Y 的联合分布函数或称为 (X,Y) 的分布函数.

几何意义：分布函数 $F(x,y)$ 在 (x,y) 处的函数值就是随机点 (X,Y) 落在以 (x,y) 为顶点、位于该点左下方的无穷矩形 D 内的概率，如图 4.13 所示.

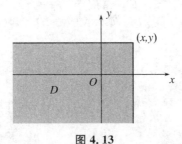

图 4.13

利用分布函数及其集合意义不难看出，随机点 (X,Y) 落在矩形域 $\{x_1 < X \leqslant x_2, y_1 < Y \leqslant y_2\}$ 内（如图 4.14 所示）的概率为

$$P\{x_1 < X \leqslant x_2, y_1 < Y \leqslant y_2\} = F(x_2, y_2) - F(x_1, y_2) - F(x_2, y_1) + F(x_1, y_1). \tag{4.11}$$

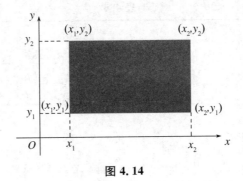

图 4.14

联合分布函数 $F(x,y)$ 的性质:

(1) 有界性:$0 \leqslant F(x,y) \leqslant 1$,对任意固定的 y,$F(-\infty,y)=0$;对任意固定的 x,$F(x,-\infty)=0$;

$$F(-\infty,-\infty)=0, \quad F(+\infty,+\infty)=1. \tag{4.12}$$

(2) 单调性:$F(x,y)$ 是变量 x(或 y)的不减函数,即 $\forall y$,当 $x_2 > x_1$ 时,$F(x_2,y) \geqslant F(x_1,y)$;$\forall x$,当 $y_2 > y_1$ 时,$F(x,y_2) \geqslant F(x,y_1)$.

(3) 右连续性:$F(x,y)$ 关于 x 和 y 均是右连续的,即

$$F(x,y) = \lim_{\Delta x \to 0^+} F(x+\Delta x, y); \quad F(x,y) = \lim_{\Delta y \to 0^+} F(x, y+\Delta y). \tag{4.13}$$

(4) 非负性:若 $x_1 < x_2, y_1 < y_2$,则

$$F(x_2,y_2) - F(x_1,y_2) - F(x_2,y_1) + F(x_1,y_1) \geqslant 0. \tag{4.14}$$

例 4.26　判断二元函数 $F(x,y)=\begin{cases} 0, & x+y<0 \\ 1, & x+y \geqslant 0 \end{cases}$ 是不是某二维随机变量的分布函数.

解:作为二维随机变量的分布函数 $F(x,y)$,对任意的 $x_1 < x_2, y_1 < y_2$ 应有

$$F(x_2,y_2) - F(x_1,y_2) - F(x_2,y_1) + F(x_1,y_1) \geqslant 0.$$

而本例中 $F(x,y)=\begin{cases} 0, & x+y<0, \\ 1, & x+y \geqslant 0. \end{cases}$ 若取 $x_1=-1, x_2=1, y_1=-1, y_2=1$,

$$F(x_2,y_2) - F(x_1,y_2) - F(x_2,y_1) + F(x_1,y_1) = 1-1-1+0 = -1 < 0.$$

故函数 $F(x,y)$ 不能作为某二维随机变量的分布函数.

2. 二维随机变量及其分布列

定义 4.17　若二维随机变量 (X,Y) 只能取有限多对或可列无穷多对 $(X_i,Y_j)(i,j=1,2,\cdots)$ 则称 (X,Y) 为二维离散型随机变量. 设二维随机变量 (X,Y) 的所有可能取值为 $(X_i,Y_j),(i,j=1,2,\cdots)$,$(X,Y)$ 在各个可能取值的概率为:$P\{X=x_i,Y=y_j\}=p_{ij}(i,j=1,2,\cdots)$,称 $P\{X=x_i,Y=y_j\}=p_{ij}(i,j=1,2,\cdots)$ 为 (X,Y) 的联合分布列,简称分布列.

(X,Y) 的分布列可以写成如表 4.3 所示形式.

表 4.3

X \ Y	y_1	y_2	$\cdots$	y_j	$\cdots$
x_1	p_{11}	p_{12}	$\cdots$	p_{1j}	$\cdots$
x_2	p_{21}	p_{22}	$\cdots$	p_{2j}	$\cdots$
$\vdots$	$\vdots$	$\vdots$		$\vdots$	
x_i	p_{i1}	p_{i2}	$\cdots$	p_{ij}	$\cdots$
$\vdots$	$\vdots$	$\vdots$		$\vdots$	

(X,Y)的分布列具有下列性质：

(1) $0 \leqslant p_{ij} \leqslant 1$；

(2) $\sum\limits_i \sum\limits_j p_{ij} = 1$.

若数集$\{p_{ij}\}(i,j=1,2,\cdots)$具有以上两条性质,则它必可作为某二维离散型随机变量的分布律.

例 4.27 设(X,Y)的分布律为

X \ Y	1	2	3
1	$\dfrac{1}{3}$	$\dfrac{\alpha}{6}$	$\dfrac{1}{4}$
2	0	$\dfrac{1}{4}$	a^2

求常数 a 的值.

解:由分布列性质知,$\dfrac{1}{3}+\dfrac{a}{6}+\dfrac{1}{4}+\dfrac{1}{4}+a^2=1$,则 $6a^2+a-1=0$,$(3a-1)(2a+1)=0$,

解得 $a=\dfrac{1}{3}$ 或 $a=-\dfrac{1}{2}$(负值舍去),所以 $a=\dfrac{1}{3}$.

例 4.28 设(X,Y)的分布律为

X \ Y	1	2	3
0	0.1	0.1	0.3
1	0.25	0	0.25

求(1) $P\{X=0\}$；(2) $P\{Y \leqslant 2\}$；(3) $P\{X<1,Y \leqslant 2\}$；(4) $P\{X+Y=2\}$.

解:(1) $\{X=0\}=\{X=0,Y=1\} \bigcup \{X=0,Y=2\} \bigcup \{X=0,Y=3\}$,

且事件$\{X=0,Y=1\}$,$\{X=0,Y=2\}$,$\{X=0,Y=3\}$两两互不相容,

所以 $P\{X=0\}=P\{X=0,Y=1\}+P\{X=0,Y=2\}+P\{X=0,Y=3\}$

$$=0.1+0.1+0.3=0.5.$$

(2) $\{Y \leqslant 2\}=\{Y=0\} \bigcup \{Y=2\}=\{X=0,Y=1\} \bigcup \{X=0,Y=2\} \bigcup \{X=1,Y=2\}$,

且事件 $\{X=0,Y=1\}$,$\{X=1,Y=1\}$,$\{X=0,Y=2\}$,$\{X=1,Y=2\}$ 两两互不相容,

所以 $P\{Y \leqslant 2\}=P\{Y=1\}+P\{Y=2\}$

$$=P\{X=0,Y=1\}+P\{X=0,Y=2\}+P\{X=1,Y=2\}$$

$$=0.1+0.25+0.1+0=0.45$$

(3) $\{X<1,Y \leqslant 2\}=\{X=0,Y=1\} \bigcup \{X=0,Y=2\}$,

且事件 $\{X=0,Y=1\}$,$\{X=0,Y=2\}$ 互不相容,

所以 $P\{X<1,Y \leqslant 2\}=\{X=0,Y=2\} \bigcup \{X=1,Y=1\}$,

且事件 $\{X=0,Y=2\}$,$\{X=1,Y=1\}$ 互不相容,

所以 $P\{X+Y=2\}=P\{X=0,Y=2\}+P\{X=1,Y=1\}=0.1+0.25=0.35.$

3. 二维连续型随机变量的联合概率密度

一维连续型随机变量 X 的可能取值为某个或某些区间,甚至是整个数轴.二维随机变量 (X,Y) 的可能取值范围则为 XOY 平面上的某个或某些区域,甚至为整个平面,一维随机变量 X 的概率特征为存在一个概率密度函数 $f(x)$,满足:$f(x) \geqslant 0$,$\int_{-\infty}^{+\infty} f(x)\mathrm{d}x=1$,且

$P\{a \leqslant X \leqslant b\}=\int_a^b f(x)\mathrm{d}x$,分布函数 $F(x)=\int_{-\infty}^x f(t)dt.$

定义 4.18 对于二维随机变量 (X,Y) 的分布函数 $F(x,y)$,如果存在非负的函数 $f(x,y)$,使对于任意 x,y 有 $F(x,y)=\int_{-\infty}^x \int_{-\infty}^y f(u,v)\mathrm{d}u\mathrm{d}v$,则称 (X,Y) 是连续型的二维随机变量,函数 $f(x,y)$ 为随机变量 (X,Y) 的概率密度,或 X 与 Y 的联合密度函数.

概率密度函数 $f(x,y)$ 的性质:

(1) $f(x,y) \geqslant 0$;

(2) $\int_{-\infty}^{+\infty} \int_{-\infty}^{+\infty} f(x,y)\mathrm{d}x\mathrm{d}y=1$,判断一个二元函数是否可作为概率密度函数的依据;

(3) 设 D 为 XOY 面上的区域,则随机点 (X,Y) 在区域 D 内取值的概率为

$$P\{(x,y) \in D\}=\iint\limits_D f(x,y)\mathrm{d}x\mathrm{d}y; \tag{4.15}$$

(4) 若 $f(x,y)$ 在 (x,y) 处连续,则有 $\dfrac{\partial^2 F(x,y)}{\partial x \partial y}=f(x,y).$

例 4.29 设 (X,Y) 的概率密度为

$$f(x,y)=\begin{cases} \mathrm{e}^{-(x+y)}, & x>0,y>0, \\ 0, & \text{其他}. \end{cases}$$

求 (X,Y) 的分布函数 $F(x,y)$.

解:由定义 4.18 知 $F(x,y)=\int_{-\infty}^x \int_{-\infty}^y f(u,v)\mathrm{d}u\mathrm{d}v$,

当 $x>0,y>0$ 时,

$$F(x,y)=\int_0^x \int_0^y \mathrm{e}^{-(u+v)}\mathrm{d}u\mathrm{d}v=\int_0^x \mathrm{e}^{-u}\mathrm{d}u \cdot \int_0^y \mathrm{e}^{-v}\mathrm{d}v=(1-\mathrm{e}^{-x})(1-\mathrm{e}^{-y}),$$

当 $x \leqslant 0$ 或 $y \leqslant 0$ 时，$F(x,y)=0$，

从而 $F(x,y)=\begin{cases}(1-\mathrm{e}^{-x})(1-\mathrm{e}^{-y}), & x>0,\ y>0, \\ 0, & \text{其他}.\end{cases}$

4. 常见的二维连续型随机变量的联合概率密度

定义 4.19 设 G 为平面上的有界区域，其面积为 S 且 $S>0$，如果二维随机变量 (X,Y) 的概率密度为 $f(x,y)=\begin{cases}\dfrac{1}{S}, & (x,y)\in G, \\ 0, & \text{其他}.\end{cases}$ 则称 (X,Y) 服从区域 G 上的均匀分布（或称 (X,Y) 在 G 上服从均匀分布）记作 $(X,Y)\sim U_G$.

区域 G 的两个特殊情形：

(1) G 为矩形区域 $a\leqslant x\leqslant b, c\leqslant y\leqslant d$. 此时

$$f(x,y)=\begin{cases}\dfrac{1}{(b-a)(d-c)}, & a\leqslant x\leqslant b, c\leqslant y\leqslant d, \\ 0, & \text{其他}.\end{cases} \tag{4.16}$$

(2) G 为圆形区域，如 (X,Y) 在原点为圆心、R 为半径的圆域上服从均匀分布，此时 (X,Y) 的概率密度函数为

$$f(x,y)=\begin{cases}\dfrac{1}{\pi R^2}, & x^2+y^2\leqslant R^2, \\ 0, & \text{其他}.\end{cases} \tag{4.17}$$

例 4.30 设 (X,Y) 服从下列区域上（如图 4.15 所示）的均匀分布，其中 $G: x\geqslant y, 0\leqslant x\leqslant 1, y\geqslant 0$，求 $P\{X+Y\leqslant 1\}$.

解：如图 4.15 所示，G 的面积 $S=\dfrac{1}{2}$，所以 $\{X,Y\}$ 的概率密度为

$$f(x,y)=\begin{cases}2, & (x,y)\in G, \\ 0, & \text{其他}.\end{cases}$$

事件 $\{X+Y\leqslant 1\}$ 意味着随机点 (X,Y) 落在区域 $G: x+y\leqslant 1, 0\leqslant y\leqslant x$ 上，则

$$P\{X+Y\leqslant 1\}=\iint\limits_{x+y\leqslant 1}f(x,y)\mathrm{d}x\mathrm{d}y=\iint\limits_{G_1}2\mathrm{d}x\mathrm{d}y=2\times\frac{1}{4}=\frac{1}{2}.$$

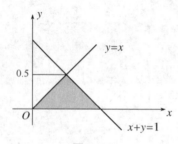

图 4.15

定义 4.20　若二维随机变量 (X,Y) 概率密度为

$$F(x,y)=\frac{1}{2\pi\sigma_1\sigma_2\sqrt{1-\rho^2}}e^{-\frac{1}{2(1-\rho^2)}\left(\frac{(x-\mu_1)^2}{\sigma_1{}^2}-2\rho\frac{(x-\mu_1)(x-\mu_1)}{\sigma_1\sigma_2}+\frac{(x-\mu_2)^2}{\sigma_2{}^2}\right)}$$

$$(-\infty<x<+\infty,-\infty<y<+\infty).\tag{4.18}$$

其中 $\mu_1,\mu_2,\sigma_1^2,\sigma_2^2,\rho$ 都是常数,且 $\sigma_1>0,\sigma_2>0,|\rho|<1$,则称 (X,Y) 服从二维正态分布,记为 $(X,Y)\sim N(\mu_1,\mu_2,\sigma_1{}^2,\sigma_2{}^2,\rho)$,二维正态分布 $N(\mu_1,\mu_2,\sigma_1{}^2,\sigma_2{}^2,\rho)$ 的图像如图 4.16 所示.

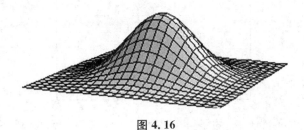

图 4.16

例 4.31　设 (X,Y) 的概率密度为

$$f(x,y)=\frac{1}{2\pi\sigma^2}e^{-\frac{x^2+y^2}{2\sigma^2}}(-\infty<x<+\infty,-\infty<y<+\infty).$$

求概率 $P\{(X,Y)\in G\}$,其中 $G=\{(x,y)x^2+y^2\leqslant\sigma^2\}$.

解:依题意,有

$$P\{(X,Y)\in G\}=\iint\limits_{G}f(x,y)\mathrm{d}x\mathrm{d}y=\iint\limits_{x^2+y^2\leqslant\sigma^2}f(x,y)\mathrm{d}x\mathrm{d}y$$

$$=\int_0^{2\pi}\mathrm{d}\theta\int_0^{\sigma}\frac{1}{2\pi\sigma^2}e^{-\frac{r^2}{2\sigma^2}}r\mathrm{d}r$$

$$=-e^{-\frac{r^2}{2\sigma^2}}\Big|_0^{\sigma}=1-e^{-\frac{1}{2}}.$$

4.3.2　条件分布

1. 离散型随机变量的条件分布列

定义 4.21　设随机变量 X 与 Y 的联合分布列为 $(X,Y)\sim P\{X=x_i,Y=y_j,\}=p_{ij}$,$(i,j=1,2,\cdots)$,$X$ 和 Y 的边缘分布列分别为

$$P\{X=x_i\}=p_i.=\sum_{j\geqslant1}p_{ij},\ i=1,2,\cdots\tag{4.19}$$

$$P\{Y=y_j\}=p._j=\sum_{i\geqslant1}p_{ij},\ j=1,2,\cdots\tag{4.20}$$

若对固定的 j,$p_j>0$,则称 $p_{i|j}=P\{X=x_i|Y=y_j\}=\dfrac{p_{ij}}{p._j}$,$j=1,2,\cdots$ 为 $Y=y_j$ 的条件下随机变量 X 的条件分布列.

同理,对固定的 i,$p_i>0$,称 $p_{j|i}=P\{Y=y_j|X=x_i\}=\dfrac{p_{ij}}{p_i.}$,$j=1,2,\cdots$ 为 $X=x_i$ 的条

件下随机变量 Y 的条件分布列.

性质:

(1) $P\{X=x_i|Y=y_j\} \geqslant 0$;

(2) $\sum\limits_{i=1}^{\infty} P\{X=x_i \mid Y=y_j\} = \sum\limits_{i=1}^{\infty} \dfrac{p_{ij}}{p_{\cdot j}} = \dfrac{1}{p_{\cdot j}} \sum\limits_{i=1}^{\infty} p_{ij} = 1.$

例 4.32 已知 (X,Y) 的分布列为

X \ Y	0	1
0	$\dfrac{1}{2}$	$\dfrac{1}{8}$
1	$\dfrac{3}{8}$	0

求:(1) 在 $Y=0$ 的条件下 X 的条件分布列;(2) 在 $X=1$ 的条件下 Y 的条件分布列.

解:由边缘分布列定义得

X	0	1
P	$\dfrac{5}{8}$	$\dfrac{3}{8}$

Y	0	1
P	$\dfrac{7}{8}$	$\dfrac{1}{8}$

(1) 在 $Y=0$ 的条件下,X 的条件分布列为

$$P\{X=0|Y=0\} = \frac{P\{X=0,Y=0\}}{P\{Y=0\}} = \frac{1/2}{7/8} = \frac{4}{7},$$

$$P\{X=1|Y=0\} = \frac{P\{X=1,Y=0\}}{P\{Y=0\}} = \frac{3/8}{7/8} = \frac{3}{7}.$$

即

X	0	1
$P\{X|Y=0\}$	$\dfrac{4}{7}$	$\dfrac{3}{7}$

(2) 在 $X=1$ 的条件下,Y 的条件分布列为

$$P\{Y=0|X=1\} = \frac{P\{X=1,Y=0\}}{P\{X=1\}} = \frac{3/8}{3/8} = 1,$$

$$P\{Y=1|X=1\} = \frac{P\{X=1,Y=1\}}{P\{X=1\}} = \frac{0}{3/8} = 0.$$

即

Y	0	1
$P\{Y\mid X=1\}$	1	0

2. 连续型随机变量的条件概率密度

定义 4.22　给定 y,设对任意固定的 $\varepsilon>0$,极限 $\lim\limits_{\varepsilon\to0}P\{X\leqslant x\mid y-\varepsilon<Y\leqslant y+\varepsilon\}=$

$\lim\limits_{\varepsilon\to0}\dfrac{P\{X\leqslant x,y-\varepsilon<Y\leqslant y+\varepsilon\}}{P\{y-\varepsilon<Y\leqslant y+\varepsilon\}}$ 存在,则称此极限值为在 $Y=y$ 条件下 X 的条件分布函

数,记作 $F_{X|Y}(x|y)\equiv P\{X\leqslant x\mid Y=y\}$,如果 $f_y(y)\neq0$ 时,可得 $F_{X|Y}(x\mid y)=\dfrac{\int_{-\infty}^{x}f(u,y)\mathrm{d}u}{f_Y(y)}=$

$\int_{-\infty}^{x}\dfrac{f(u,y)}{f_Y(y)}\mathrm{d}u$,若记 $f_{X|Y}(x|y)$ 为在 $Y=y$ 条件下 X 的条件概率密度,则知,当 $f_Y(y)\neq0$

时,$f_{X|Y}(x\mid y)=\dfrac{\partial F_{X|Y}(x\mid y)}{\partial x}=\dfrac{f(x,y)}{f_Y(y)}$. 类似可定义,当 $f_X(x)\neq0$ 时 $f_{Y|X}(y\mid x)=$

$\dfrac{\partial F_{Y|X}(y\mid x)}{\partial y}=\dfrac{f(x,y)}{f_X(x)}$ 为在 $X=x$ 条件下 Y 的条件概率密度.

例 4.33　设二维随机变量 (X,Y) 的概率密度为 $f(x,y)=\begin{cases}\mathrm{e}^{-x}, & 0<y<x,\\ 0, & \text{其他}.\end{cases}$

求(1)条件密度 $f_{Y|X}(y|x)$;(2)条件概率 $P\{X\leqslant1\mid Y\leqslant1\}$.

解:

(1) X 的概率密度为

$$f_X(x)=\int_{-\infty}^{+\infty}f(x,y)\mathrm{d}y=\begin{cases}\int_{0}^{x}\mathrm{e}^{-x}\mathrm{d}y, & x>0 \\ 0, & \text{其他}\end{cases}=\begin{cases}x\mathrm{e}^{-x}, & x>0,\\ 0, & \text{其他}.\end{cases}$$

当 $x>0$ 时,Y 的条件概率密度为

$$f_{Y|X}(y|x)=\frac{f(x,y)}{f_X(x)}=\begin{cases}\dfrac{1}{x}, & 0<y<x,\\ 0, & \text{其他}.\end{cases}$$

(2) Y 的概率密度为

$$f_Y(y)=\int_{-\infty}^{+\infty}f(x,y)\mathrm{d}x=\begin{cases}\int_{y}^{+\infty}\mathrm{e}^{-x}\mathrm{d}x, & y>0 \\ 0, & \text{其他}\end{cases}=\begin{cases}\mathrm{e}^{-y}, & y>0,\\ 0, & \text{其他}.\end{cases}$$

$$P\{X\leqslant1\mid Y\leqslant1\}=\frac{P\{X\leqslant1,Y\leqslant1\}}{P\{Y\leqslant1\}}=\frac{\int_{-\infty}^{1}\int_{-\infty}^{1}f(x,y)\mathrm{d}x\mathrm{d}y}{\int_{-\infty}^{1}f_Y(y)\mathrm{d}y}=\frac{\mathrm{e}-2}{\mathrm{e}-1}.$$

4.3.3 随机变量的独立性

1. 二维随机变量的独立性

定义 4.23 设 $F(x,y)$，$F_X(x)$ 和 $F_Y(y)$ 分别是二维随机变量 (X,Y) 的分布函数和两个边缘分布函数，若对于任意实数 x,y，有 $F(X,Y)=F_X(x)F_Y(y)(*)$，则称 X 与 Y 相互独立. $(*)$ 式等价于任意实数 x,y，有 $P\{X\leqslant x,\leqslant y\}=P\{X\leqslant x\}P\{Y\leqslant y\}$.

由此可知，随机变量 X 与 Y 相互独立，即对任意实数 x,y，事件 $\{X\leqslant x\}$ 与 $\{Y\leqslant y\}$ 相互独立.

例 4.34 设二维随机变量 (X,Y) 的分布函数为

$$F(x,y)=\begin{cases}(1-e^{-x})(1-e^{-y}), & x>0,y>0,\\ 0, & \text{其他}.\end{cases}$$

证明：X 与 Y 相互独立.

证明：$F(x,y)=\begin{cases}(1-e^{-x})(1-e^{-y}), & x>0,y>0,\\ 0, & \text{其他}.\end{cases}$

关于 X 的边缘分布函数为

$$F_X(x)=F(x,+\infty)=\begin{cases}1-e^{-x}, & x>0,\\ 0, & \text{其他}.\end{cases}$$

关于 Y 的边缘分布函数为

$$F_Y(y)=F(+\infty,y)=\begin{cases}1-e^{-y}, & y>0,\\ 0, & \text{其他}.\end{cases}$$

因此对任意的 x,y 有 $F(x,y)=F_X(x)F_Y(y)$ 成立，故 X 与 Y 相互独立.

2. 二维离散型随机变量的独立性

设 (X,Y) 为离散型随机变量，其分布列为 $p_{ij}=P\{X=x_i,Y=y_j\}$，$i,j=1,2,\cdots$

边缘分布列为 $p_{i\cdot}=P\{X=x_i\}=\sum_j p_{ij}$，$i=1,2,\cdots$

边缘分布列为 $p_{\cdot j}=P\{Y=y_j\}=\sum_i p_{ij}$，$j=1,2,\cdots$

X 与 Y 相互独立的充要条件为

对任意 i,j 有 $P\{X=x_i,Y=y_i\}=P\{X=x_i\}P\{Y=y_i\}$，$p_{ij}=p_i p_j(*)$.

注：X 与 Y 相互独立要求对所有 i,j 的值 $(*)$ 都成立.

例 4.35 设 (X,Y) 的分布列为

X \ Y	1	2
1	$\dfrac{1}{9}$	a
2	$\dfrac{1}{6}$	$\dfrac{1}{3}$
3	$\dfrac{1}{18}$	b

且 X 与 Y 相互独立,求常数 a,b 的值.

解:由于 X 与 Y 相互独立,则

$$P\{X=1,Y=1\}=P\{X=1\}P\{Y=1\},P\{X=3,Y=1\}=P\{X=3\}P\{Y=1\}.$$

而 $P\{X=1,Y=1\}=\dfrac{1}{9}$,$P\{X=3,Y=1\}=\dfrac{1}{18}$,$P\{X=1\}=\dfrac{1}{9}+a$,$P\{X=3\}=\dfrac{1}{18}+b$,

$P\{Y=1\}=\dfrac{1}{9}+\dfrac{1}{6}+\dfrac{1}{18}.$

故 $\dfrac{1}{9}=\left(\dfrac{1}{9}+a\right)\times\dfrac{1}{3}$,$\dfrac{1}{18}=\left(\dfrac{1}{18}+b\right)\times\dfrac{1}{3}$.

解得 $a=\dfrac{2}{9}$,$b=\dfrac{1}{9}$.

3. 二维连续型随机变量的独立性

设二维连续型随机变量 (X,Y) 的概率密度为 $f(x,y)$,$f_X(x)$,$f_Y(y)$ 分别为关于 X 和 Y 的边缘概率密度,则 X 与 Y 相互独立的充要条件是:等式 $f(x,y)=f_X(x)f_Y(y)$,几乎处处成立.

这里"几乎处处成立"的含义是:在平面上除去面积为 0 的集合外,处处成立.

例 4.36　设 (X,Y) 的概率密度为 $f(x,y)=\begin{cases}8xy, & 0\leqslant x\leqslant 1,0\leqslant y\leqslant x, \\ 0, & \text{其他.}\end{cases}$

求关于 X 及关于 Y 的概率密度,并判断 X 与 Y 是否相互独立.

解:关于 X 的边缘概率密度

$$f_X(x)=\int_{-\infty}^{+\infty}f(x,y)\mathrm{d}y.$$

当 $0\leqslant x\leqslant 1$ 时,

$$f_X(x)=\int_0^x 8xy\mathrm{d}y=4x^3,$$

当 $x<0$ 或 $x>1$ 时,

$$f_X(x)=0,$$

所以 $f_X(x) = \begin{cases} 4x^3, & 0 \leqslant x \leqslant 1, \\ 0, & \text{其他}. \end{cases}$

同理 $f_Y(y) = \begin{cases} \int_y^1 8xy\mathrm{d}x, & 0 \leqslant y \leqslant 1 \\ 0, & \text{其他} \end{cases} = \begin{cases} 4y(1-y^2), & 0 \leqslant y \leqslant 1, \\ 0, & \text{其他}. \end{cases}$

当 $0 \leqslant x \leqslant 1, 0 \leqslant y \leqslant 1$ 时，$f(x,y) \neq f_X(x)f_Y(y)$.

所以 X 与 Y 不相互独立.

4.3.4 二维随机变量函数的分布

1. 二维离散型随机变量函数的分布

设 (X,Y) 为二维离散型随机变量，其分布列为 $p_{ij} = P\{X = x_i, Y = y_j\}(i,j = 1,2,\cdots)$，记 $z_k(k = 1, 2, \cdots)$ 为 $Z = g(X,Y)$ 的所有可能的取值，则 Z 的概率分布为

$$P\{Z = z_k\} = P\{g(X,Y) = z_k\} = \sum_{g(x_i,y_j) = z_k} P\{X = x_i, Y = y_j\}, \quad k = 1,2,\cdots$$

(4.21)

例 4.37 设 (X,Y) 的分布律为

X \ Y	0	1	2
0	$\frac{1}{4}$	$\frac{1}{6}$	$\frac{1}{8}$
1	$\frac{1}{4}$	$\frac{1}{8}$	$\frac{1}{12}$

求 $Z = X + Y$ 的分布律.

解：Z 的可能取值为 $0,1,2,3$.

因为事件 $\{Z = 0\} = \{X = 0, Y = 0\}$，

所以 $P\{Z = 0\} = P\{X = 0, Y = 0\} = \dfrac{1}{4}$.

事件 $\{Z = 1\} = \{X = 0, Y = 1\} \bigcup \{X = 1, Y = 0\}$，

事件 $\{X = 0, Y = 1\}$ 与 $\{X = 1, Y = 0\}$ 互不相容，所以 $P\{Z = 1\} = \dfrac{1}{4} + \dfrac{1}{6} = \dfrac{5}{12}$.

事件 $\{Z = 2\} = \{X = 0, Y = 2\} \bigcup \{X = 1, Y = 1\}$，

事件 $\{X = 0, Y = 2\}$ 与 $\{X = 1, Y = 1\}$ 互不相容，所以 $P\{Z = 2\} = \dfrac{1}{8} + \dfrac{1}{8} = \dfrac{1}{4}$.

事件 $\{Z = 3\} = \{X = 1, Y = 2\}$，所以 $P\{Z = 3\} = \dfrac{1}{12}$.

从而得出 Z 的分布律为

Z	0	1	2	3
P	$\dfrac{1}{4}$	$\dfrac{5}{12}$	$\dfrac{1}{4}$	$\dfrac{1}{12}$

2. 二维连续型随机变量函数的分布

设 (X,Y) 为二维连续型随机变量,其概率密度为 $f(x,y)$,为了求二维随机变量 (X,Y) 函数 $Z=g(X,Y)$ 的概率密度. 我们可以通过分布函数的定义,先求出 Z 的分布函数 $F_Z(z)$,再利用性质 $f_Z(z)=F_Z'(z)$ 求得 Z 的概率密度 $f_Z(z)$.

(1) $Z=X+Y$ 的分布

已知 $(X,Y)\sim f(x,y),(x,y)\in R^2$,求 $Z=X+Y$ 的密度. 首先求 Z 的分布函数,由分布函数的定义, $F_Z(z)=P\{Z\leqslant z\}=P\{X+Y\leqslant z\}=\iint\limits_{x+y\leqslant z}f(x,y)\mathrm{d}x\mathrm{d}y=\int_{-\infty}^{+\infty}\left(\int_{-\infty}^{z-x}f(x,y)\mathrm{d}y\right)\mathrm{d}x$,对固定的 z 和 x,作变量代换 $y=u-x$,得到(如图 4.17 所示).

$$\int_{-\infty}^{z-x}f(x,y)\mathrm{d}y=\int_{-\infty}^{z}f(x,u-x)\mathrm{d}u.$$

因此 $F_Z(z)=\int_{-\infty}^{+\infty}\int_{-\infty}^{z}f(x,u-x)\mathrm{d}u\mathrm{d}x=\int_{-\infty}^{z}\left(\int_{-\infty}^{+\infty}f(x,u-x)\mathrm{d}x\right)\mathrm{d}u$. 于是由概率密度的定义知随机变量 Z 的概率密度为 $f_Z(z)=\int_{-\infty}^{+\infty}f(x,z-x)\mathrm{d}x$.

同理 $f_Z(z)=\int_{-\infty}^{+\infty}f(z-y,y)\mathrm{d}y$.

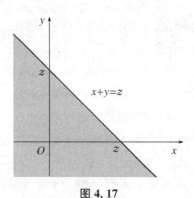

图 4.17

特别地,如果 X 和 Y 相互独立,$f_X(x),f_Y(y)$ 分别为二维随机变量 (X,Y) 关于 X 和关于 Y 的边缘概率密度,则 $f_Z(z)=\int_{-\infty}^{+\infty}f_X(x)f_Y(z-x)\mathrm{d}x,f_Z(z)=\int_{-\infty}^{+\infty}f_X(z-y)f_Y(y)\mathrm{d}y$,称为卷积公式,记作 f_X*f_Y.

例 4.38 设 X 与 Y 是两个相互独立的随机变量,且都服从 $[0,1]$ 上的均匀分布,求 $Z=X+Y$ 的概率密度.

解:由均匀分布的定义,可得 $f_X(x)=\begin{cases}1,0<x<1,\\0,\text{其他},\end{cases}$ $f_Y(y)=\begin{cases}1,0<y<1,\\0,\text{其他}.\end{cases}$ 由卷积公

式,得 $f_Z(z) = \int_{-\infty}^{+\infty} f_X(z-y)f_Y(y)\mathrm{d}y = \int_0^1 f_X(z-y)\mathrm{d}y$.

令 $z-y=t$,上式变成 $f_Z(z) = \int_{z-1}^z f_X(t)\mathrm{d}t$, $-\infty < z < +\infty$.

由于 $f_X(x)$ 在 $(0,1)$ 内的值为 1,在其余点的值为 0,所以

① 当 $z<0$ 时,$f_Z(z) = \int_{z-1}^z 0\mathrm{d}t = 0$;

② 当 $0 \leqslant z < 1$ 时,$f_Z(z) = \int_{z-1}^z f_X(t)\mathrm{d}t = \int_{z-1}^0 0\mathrm{d}t + \int_0^z 1\mathrm{d}t = z$;

③ 当 $1 \leqslant z < 2$ 时,$f_Z(z) = \int_{z-1}^z f_X(t)\mathrm{d}t = \int_{z-1}^1 1\mathrm{d}t + \int_1^z 0\mathrm{d}t = 2-z$;

④ 当 $z \geqslant 2$ 时,$f_Z(z) = \int_{z-1}^z f_X(t)\mathrm{d}t = \int_{z-1}^z 0\mathrm{d}t = 0$.

综上,随机变量 $Z=X+Y$ 的概率密度为

$$f_Z(z) = \begin{cases} z, & 0 \leqslant z < 1, \\ 2-z, & 1 \leqslant z < 2, \\ 0, & \text{其他}. \end{cases}$$

(2) $U = \max(X,Y)$ 和 $V = \min(X,Y)$ 的分布

设 X 和 Y 是相互独立的随机变量,分布函数分别为 $F_X(x)$ 和 $F_Y(y)$. 令 $U = \max(X, Y)$ 和 $V = \min(X,Y)$,记 U 的分布函数为 $F_{\max}(u)$,V 的分布函数 $F_{\min}(v)$,其中 $-\infty < u < +\infty$,$-\infty < v < +\infty$.

下面求 $U = \max(X,Y)$ 和 $V = \min(X,Y)$ 的分布函数. 注意到对于任意实数 u,都有 $\{U \leqslant u\} = \{X \leqslant u, Y \leqslant u\}$,由于 X 和 Y 相互独立,得到 $U = \max(X,Y)$ 的分布函数为 $F_{\max}(u) = P\{U \leqslant u\} = P\{X \leqslant u, Y \leqslant u\} = P\{X \leqslant u\}P\{Y \leqslant u\} = F_X(u)F_Y(u)$,类似地,可以得到 $V = \min(X,Y)$ 的分布函数为

$$\begin{aligned} F_{\min}(v) &= P\{V \leqslant v\} = 1 - P\{V > v\} = 1 - P\{X > v\}P\{Y > v\} \\ &= 1 - (1 - P\{X \leqslant v\})(1 - P\{Y \leqslant v\}) \\ &= 1 - (1 - F_X(v))(1 - F_Y(v)). \end{aligned}$$

以上结果容易推广到 n 个相互独立的随机变量的情况. 设 $X_1, X_2, \cdots, X_n$ 是 n 个相互独立的随机变量,它们的分布函数分别为 $F_{X_i}(x_i)(i=1,2,\cdots,n)$,则 $U = \max\{X_1, X_2, \cdots, X_n\}$ 和 $V = \min\{X_1, X_2, \cdots, X_n\}$ 的分布函数分别为 $F_{\max}(u) = F_{X_1}(u)F_{X_2}(u)\cdots F_{X_n}(u)$,$F_{\min}(v) = 1 - (1 - F_{X_1}(v))(1 - F_{X_2}(v))\cdots(1 - F_{X_n}(v))$.

特别地,当 $X_1, X_2, \cdots, X_n$ 相互独立且有相同的分布函数 $F(x)$ 时,有 $F_{\max}(u) = (F(u))^n$,$F_{\min}(v) = 1 - (1 - F(v))^n$.

例 4.39 一电路装有三个同类电器元件,其工作状态相互独立,且无故障工作时间都服从参数为 $\lambda > 0$ 的指数分布,当三个元件都无故障时,电路正常工作,否则整个电路不能正常工作,求电路正常工作时间 T 的概率分布函数.

解:以 $X_i(i=1,2,3)$ 表示第 i 个电器元件无故障工作时间,则 X_1, X_2, X_3 相互独立且同分布,其分布函数为 $F(x) = \begin{cases} 1 - \mathrm{e}^{-\lambda x}, & x > 0, \\ 0, & x \leqslant 0. \end{cases}$ 设 $G(t)$ 为工作时间 T 的分布函数,当 $t \leqslant 0$

时，$G(t)=0$；当 $t>0$ 时，有

$$G(t)=P\{T\leqslant t\}=1-P\{T>t\}=1-P\{X_1>t,X_2>t,X_3>t\}$$
$$=1-P\{X_1>t\}\cdot P\{X_2>t\}\cdot P\{X_3>t\}=1-(1-F(t))^3=1-e^{-3\lambda t}$$

即 $G(x)=\begin{cases}1-e^{-3\lambda t}, & t>0,\\ 0, & t\leqslant 0.\end{cases}$ 于是，T 服从参数为 3λ 的指数分布.

（3）$Z=X/Y$ 的分布

已知 $(X,Y)\sim f(x,y),(x,y)\in R^2$，求 $Z=X/Y$ 的密度.

例 4.40 变量 X 和 Y 相互独立，且有 $X\sim E(\lambda_1),Y\sim E(\lambda_2)$，求随机变量 $Z=\dfrac{X}{Y}$ 的概率密度.

解：由 (X,Y) 的概率密度为

$$f(x,y)=f_X(x)\cdot f_Y(y)=\begin{cases}\lambda_1\lambda_2 e^{-(\lambda_1 x+\lambda_2 y)}, & x>0,y>0,\\ 0, & \text{其他}.\end{cases}$$

而 X,Y 均取正值，因此，

当 $z\leqslant 0$ 时，随机变量 $Z=\dfrac{X}{Y}$ 的分布函数 $F_Z(z)=0$.

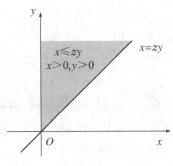

图 4.18

当 $z>0$ 时，有

$$F_Z(z)=P\{Z\leqslant z\}=P\left\{\frac{X}{Y}\leqslant z\right\}=\iint\limits_{\frac{x}{y}\leqslant z}f(x,y)\mathrm{d}x\mathrm{d}y$$

$$=\int_0^{+\infty}\mathrm{d}y\int_0^{zy}\lambda_1\lambda_2 e^{-(\lambda_1+\lambda_2)}\mathrm{d}x=\frac{\lambda_1 z}{\lambda_1 z+\lambda_2}.$$

于是，$Z=\dfrac{X}{Y}$ 的概率密度为

$$f_Z(z)=F_Z'(z)=\begin{cases}\dfrac{\lambda_1\lambda_2}{(\lambda_1 z+\lambda_2)^2}, & z>0,\\ 0, & z\leqslant 0.\end{cases}$$

4.4 随机变量的数字特征

4.4.1 随机变量的期望

1. 离散型随机变量的期望

定义 4.24 设离散型随机变量 X 的分布列为 $P\{X=x_k\}=p_k$，$k=1,2,\cdots$ 如果 $\sum\limits_{k=1}^{\infty}|x_k|p_k$ 有限，定义 X 的数学期望 $E(X)=\sum\limits_{k=1}^{\infty}x_kp_k$. 也就是说，离散型随机变量的数学期望是一个绝对收敛的级数的和.

注：(1) 当 X 的可能取值为有限多个 $x_1,x_2,\cdots,x_n$ 时，

$$E(X)=\sum_{i=1}^{n}x_ip_i. \tag{4.22}$$

(2) 当 X 的可能取值为可列多个 $x_1,x_2,\cdots,x_n\cdots$ 时，

$$E(X)=\sum_{i=1}^{+\infty}x_ip_i. \tag{4.23}$$

例 4.41 设随机变量 X 的分布列为

X	-1	0	1
P	0.3	0.2	0.5

求 $E(X)$.

解：$E(X)=(-1)\times0.3+0\times0.2+1\times0.5=0.2$.

下面介绍几种重要离散型随机变量的数学期望.

(1) 两点分布

随机变量 X 的分布律为

X	0	1
P	$1-p$	p

其中 $0<p<1$，有 $E(X)=0\times(1-p)+1\times p=p$.

(2) 二项分布

设 $X\sim b(n,p)$，即 $p_i=P\{X=i\}=C_n^ip^iq^{n-i}(i=0,1,\cdots,n)$，$q=1-p$，从而有 $E(X)=\sum\limits_{i=1}^{n}iC_n^ip^iq^{n-i}=\cdots=np$.

(3) 泊松分布

设 $X\sim P(\lambda)$ 其分布列为 $P\{X=i\}=\dfrac{\lambda^i e^{-\lambda}}{i!}(i=0,1,\cdots)$，则 X 的数学期望 $E(X)=$

$$\sum_{k=0}^{\infty} k\,\frac{\lambda^k}{k!}\mathrm{e}^{-\lambda} = \lambda\,\mathrm{e}^{-\lambda}\sum_{k=1}^{\infty}\frac{\lambda^{k-1}}{(k-1)!} = \lambda\,\mathrm{e}^{-\lambda} \cdot \mathrm{e}^{\lambda} = \lambda.$$

例 4.42　设随机变量 $X \sim b(5,p)$，已知 $E(X)=1.6$，求参数 p.

解：由已知 $X \sim b(5,p)$，因此 $E(X)=np=1.6$，$n=5$，所以，$p=1.6 \div 5 = 0.32$.

例 4.43　已知随机变量 X 的所有可能取值为 1 和 x，且 $P\{X=1\}=0.4$，$E(X)=0.2$，求 x.

解：由已知 $P\{X=1\}=0.4$，得 $E(X)=0.4+0.6x=0.2$.

从而 $x=-\dfrac{1}{3}$.

定理 4.3　设离散型随机变量 X 的分布列为 $P\{X=x_k\}=p_k$，$k=1,2,\cdots$令 $Y=g(X)$，若级数 $\displaystyle\sum_{k=1}^{\infty}g(x_k)p_k$ 绝对收敛，则随机变量 Y 的数学期望为 $E(Y)=E(g(X))=\displaystyle\sum_{k=1}^{\infty}g(x_k)p_k$.

例 4.44　设随机变量 X 的分布列如下所示，令 $Y=2X+1$，求 $E(Y)$.

X	-1	0	1	2
P	0.3	0.2	0.4	0.1

解：$E(Y)=(2\times(-1)+1)\times0.3+0.2+(2\times1+1)\times0.4+(2\times2+1)\times0.1=1.6$.

2. 连续型随机变量的期望

定义 4.25　设连续型随机变量 X 的概率密度为 $f(x)$，若广义积分 $\displaystyle\int_{-\infty}^{+\infty}xf(x)\mathrm{d}x$ 绝对收敛，则称该积分为随机变量 X 的数学期望（简称期望或均值），记作 $E(X)$，即

$$E(X)=\int_{-\infty}^{+\infty}xf(x)\mathrm{d}x. \tag{4.24}$$

例 4.45　设随机变量 X 的概率密度为 $f(x)=\begin{cases}2x, & 0\leqslant x\leqslant1, \\ 0, & \text{其他,}\end{cases}$ 求 $E(X)$.

解：$E(X)=\displaystyle\int_{-\infty}^{+\infty}xf(x)\mathrm{d}x=\int_{-\infty}^{0}xf(x)\mathrm{d}x+\int_{0}^{1}xf(x)\mathrm{d}x+\int_{1}^{+\infty}xf(x)\mathrm{d}x$

$\qquad = \displaystyle\int_{0}^{1}x \cdot 2x\,\mathrm{d}x$

$\qquad = \displaystyle\int_{0}^{1}2x^2\,\mathrm{d}x$

$\qquad = \dfrac{2}{3}x^3\Big|_{0}^{1}=\dfrac{2}{3}$.

(1) 均匀分布

设随机变量 X 在 $[a,b]$ 上服从均匀分布，其概率密度为 $f(x)=\begin{cases}\dfrac{1}{b-a}, & a\leqslant x\leqslant b, \\ 0, & \text{其他,}\end{cases}$ 则

$$E(X) = \int_{-\infty}^{+\infty} x f(x) \mathrm{d}x = \frac{a+b}{2}.$$

在区间 $[a,b]$ 上服从均匀分布的随机变量的数学期望是该区间中点.

（2）指数分布

设随机变量 X 服从参数为 $\lambda > 0$ 的指数分布,其概率密度为 $f(x) = \begin{cases} \lambda e^{-\lambda x}, & x>0, \\ 0, & x \leqslant 0, \end{cases}$ 则

$E(X) = \int_{-\infty}^{+\infty} x f(x) \mathrm{d}x = \int_{0}^{+\infty} x \cdot \lambda e^{-\lambda x} \mathrm{d}x = \frac{1}{\lambda}$,即指数分布的数学期望为参数 λ 的倒数.

（3）正态分布

设 $X \sim N(\mu, \sigma^2)$ 其概率密度为 $f(x) = \frac{1}{\sqrt{2\pi}\sigma} e^{-\frac{(x-\mu)^2}{2\sigma^2}}$, $-\infty < x < +\infty$,则 X 的期望

$E(X) = \mu$,随机变量 X 服从正态分布 $N(\mu, \sigma^2)$, $f(x) = \frac{1}{\sqrt{2\pi}\sigma} e^{-\frac{(x-\mu)^2}{2\sigma^2}}$, $-\infty < x < +\infty$,

因此

$$E(X) = \int_{-\infty}^{+\infty} x f(x) \mathrm{d}x = \int_{-\infty}^{+\infty} x \frac{1}{\sqrt{2\pi}\sigma} e^{-\frac{(x-\mu)^2}{2\sigma^2}} \mathrm{d}x \qquad (4.25)$$

$$= \frac{1}{\sqrt{2p}}\sigma \int_{-\infty}^{+\infty} (st+m) e^{-\frac{t^2}{2}} \mathrm{d}t = \frac{m}{\sqrt{2p}}\sigma \int_{-\infty}^{+\infty} e^{-\frac{t^2}{2}} \mathrm{d}t = m.$$

定理 4.4 设 X 为连续型随机变量,其概率密度为 $f_X(x)$,又随机变量 $Y = g(X)$,则 $\int_{-\infty}^{+\infty} |g(x)| f_X(x) \mathrm{d}x$,当收敛时,有 $E(Y) = E(g(X)) = \int_{-\infty}^{+\infty} g(x) f_X(x) \mathrm{d}x$.

例 4.46 风速 V 是一个随机变量,设它服从 $[0,a]$ 上均匀分布,其概率密度为

$$f(v) = \begin{cases} \dfrac{1}{a}, & 0 < v < a, \\ 0, & 其他. \end{cases}$$

又设飞机机翼受到的压力 W 是风速 V 的函数, $W = kV^2 (k>0$ 常数$)$,求 W 的数学期望.

解: $E(W) = E(kv^2) = \int_{-\infty}^{+\infty} kv^2 f(v) \mathrm{d}v = \int_{0}^{a} kv^2 \frac{1}{a} \mathrm{d}v = \frac{1}{3}ka^2$.

3. 二维随机变量函数的期望

定理 4.5 （1）若 (X,Y) 为离散型随机变量,若其分布列为 $p_{ij} = P\{X=x_i, Y=y_i\}$,边缘分布列为 $p_{i\cdot} = \sum_j p_{ij}$, $p_{\cdot j} = \sum_i p_{ij}$,则 $E(X) = \sum_i x_i p_{i\cdot} = \sum_i \sum_j x_i p_{ij}$, $E(Y) = \sum_j y_i p_{\cdot j} = \sum_j \sum_i y_i p_{ij}$.

（2）若 (X,Y) 为二维连续型随机变量, $f(x,y)$, $f_X(x)$, $f_Y(y)$ 分别为 (X,Y) 的概率密度与边缘概率密度,则 $E(X) = \int_{-\infty}^{+\infty} x f_X(x) \mathrm{d}x = \int_{-\infty}^{+\infty}\int_{-\infty}^{+\infty} x f(x,y) \mathrm{d}x \mathrm{d}y$, $E(Y) = \int_{-\infty}^{+\infty} y f_Y(y) \mathrm{d}y = \int_{-\infty}^{+\infty}\int_{-\infty}^{+\infty} y f(x,y) \mathrm{d}x \mathrm{d}y$.

定理 4.6　设 $g(X,Y)$ 为连续函数,对于二维随机变量 (X,Y) 的函数 $g(X,Y)$,

(1) 若 (X,Y) 为离散型随机变量,级数 $\sum\limits_{i}\sum\limits_{j}|g(x_i,y_j)|p_{ij}$ 收敛,则

$$E(g(X,Y))=\sum_i\sum_j g(x_i,y_j)p_{ij}. \tag{4.26}$$

(2) 若 (X,Y) 为连续型随机变量,且积分 $\int_{-\infty}^{+\infty}\int_{-\infty}^{+\infty}|g(x,y)|f(x,y)\mathrm{d}x\mathrm{d}y$ 收敛,则

$$E(g(X,Y))=\int_{-\infty}^{+\infty}\int_{-\infty}^{+\infty}g(x,y)f(x,y)\mathrm{d}x\mathrm{d}y. \tag{4.27}$$

例 4.47　设随机变量 (X,Y) 的概率密度为 $f(x,y)=\begin{cases}2, & 0\leqslant x\leqslant 1,0\leqslant y\leqslant x,\\ 0, & 其他.\end{cases}$

求(1) $E(X+Y)$;(2) $E(XY)$;(3) $P\{X+Y\leqslant 1\}$.

解:(1) $E(X+Y)=\int_0^1\mathrm{d}x\int_0^x 2(x+y)\mathrm{d}y=\int_0^1 2x^2+x^2\mathrm{d}x=1$

(2) $E(XY)=\int_0^1\mathrm{d}x\int_0^x 2xy\mathrm{d}y=\int_0^1 x^3\mathrm{d}x=\dfrac{1}{4}$

(3) $P\{X+Y\leqslant 1\}=\iint\limits_{x+y\leqslant 1}f(x,y)\mathrm{d}x\mathrm{d}y=\int_0^{\frac{1}{2}}\left(\int_y^{1-y}2\mathrm{d}x\right)\mathrm{d}y$

$$=\int_0^{\frac{1}{2}}(2-4y)\mathrm{d}y=\dfrac{1}{2}$$

4. 数学期望的性质

性质 4.3　$E(C)=C$,其中 C 为常数.

性质 4.4　$E(CX)=C\cdot E(X)$.

性质 4.5　$E(X+Y)=E(X)+E(Y)$.

推广　$E(C_1X+C_2Y)=C_1E(X)+C_2E(Y)$,其中 C_1,C_2 为常数.

$$E\left(\sum_{i=1}^n C_iX_i\right)=\sum_{i=1}^n C_iE(X_i),\ C_i(i=1,2,\cdots,n)是常数. \tag{4.28}$$

性质 4.6　若 X 与 Y 是相互独立的随机变量,则 $E(XY)=E(X)E(Y)$.

由数学归纳法可证得:当 $X_1,X_2,\cdots,X_n$ 相互独立时有 $E(X_1X_2\cdots X_n)=E(X_1)E(X_2)E(X_n)$.

例 4.48　设 $X_i(i=1,2,\cdots n)$ 服从 0-1 分布

X_i	0	1
P	$1-p$	p

其中 $0<p<1$,且 $X_1,X_2,\cdots,X_n$ 相互独立,令 $X=X_1+X_2+\cdots+X_n$,求 X 的期望.

解法 1:由二项分布的定义知,X 服从二项分布,因此

$$E(X)=np.$$

解法 2:因为 $E(X_i)=p$,$X=X_1+X_2+\cdots+X_n$,由期望性质知

$$E(X) = E(X_1) + E(X_2) + \cdots + E(X_n) = np.$$

4.4.2 随机变量的方差

上一节我们介绍了随机变量的数学期望,它体现了随机变量取值的平均水平,是随机变量的一个重要的数字特征.但是在一些场合,仅仅知道平均值是不够的.我们还要研究随机变量偏离期望的程度.这就需要再引入方差的概念.

1. 方差的概念

定义 4.26 设随机变量$(X-E(X))^2$的期望存在,则称$E((X-E(X))^2)$为随机变量X的方差,记为$D(X)$,即$D(X)=E((X-E(X))^2)$,称$\sqrt{D(X)}$为X的标准差(或均方差).

说明:

(1) 随机变量X的方差$D(X)$即为X的函数$(X-E(X))^2$的期望.

(2) 当随机变量的取值相对集中在期望区间时,方差较小;取值相对分散时,方差较大,这可能会增加风险或不确定性.

方差的计算方法:

(1) 若X为离散型随机变量,其分布律为$P\{X=x_k\}=p_k, k=1,2,\cdots,$则

$$D(X) = \sum_{i=1}^{n} (x_i - E(X))^2 p_i. \tag{4.29}$$

(2) 若X为连续型随机变量,其概率密度为$f(x)$,则

$$D(X) = \int_{-\infty}^{+\infty} (x - E(X))^2 f(x)\mathrm{d}x. \tag{4.30}$$

例 4.49 设两批纤维的长度分别为随机变量X_1,X_2,其分布列为

X_1	-1	1
P	0.5	0.5

X_2	-100	100
P	0.5	0.5

求$D(X_1),D(X_2)$.

解:$E(X_1)=(-1)\times 0.5+1\times 0.5=0,$

$E(X_2)=(-100)\times 0.5+100\times 0.5=0,$

$D(X_1)=(-1-0)^2\times 0.5+(1-0)^2\times 0.5=1,$

$D(X_2)=(-100-0)^2\times 0.5+(100-0)^2\times 0.5=10\,000.$

例 4.50 已知随机变量X的概率密度为

$$f(x) = \begin{cases} \dfrac{1}{2}, & 0 \leqslant x \leqslant 2, \\ 0, & \text{其他.} \end{cases}$$

求$D(X)$.

解:$E(X)=\dfrac{0+2}{2}=1,$

$$D(X) = \int_{-\infty}^{+\infty} (X - E(X))^2 f(x)\mathrm{d}x = \int_{0}^{2} \frac{1}{2}(x-1)^2\mathrm{d}x = \frac{1}{6}(x-1)^3 \Big|_{0}^{2} = \frac{1}{3}.$$

在计算方差时,用下面的公式有时更为简单.

$$D(X) = E(X^2) - (E(X))^2. \tag{4.31}$$

(1) 当 X 是离散型随机变量时,

$$D(X) = \sum_i x_i^2 p_i - \left(\sum_i x_i p_i\right)^2, \tag{4.32}$$

(2) 当 X 是连续型随机变量时,

$$D(X) = \int_{-\infty}^{+\infty} x^2 f(x)\mathrm{d}x - \left(\int_{-\infty}^{+\infty} x f(x)\mathrm{d}x\right)^2. \tag{4.33}$$

2. 常见分布的方差

(1) 两点分布(0-1 分布)

随机变量 X 的分布律为

X	0	1
P	$1-p$	p

其中 $0 < p < 1$,有 $D(X) = p(1-p)$.

(2) 二项分布

设 $X \sim b(n,p)$, 即 $p_i = P\{X=i\} = C_n^i p^i q^{n-i} (i=0,1,\cdots,n), q=1-p$,从而有 $D(X) = npq$.

例 4.51　已知随机变量 X 服从二项分布,且 $E(X)=2.4, D(X)=1.44$,求二项分布的参数 n,p.

解:因为 $E(X)=np, D(X)=npq$,由已知 $E(X)=2.4, D(X)=1.44$,即 $np=2.4$, $npq=1.44$,得 $q=0.6, p=0.4, n=6$.

(3) 泊松分布

设 $X \sim P(\lambda)$ 其分布列为 $P\{X=i\} = \dfrac{\lambda^i e^{-\lambda}}{i!} (i=0,1,\cdots)$,则 X 的方差 $D(X)=\lambda$,期望也为 λ.

例 4.52　设随机变量 X 服从参数为 λ 的泊松分布,且 $P\{X=1\}=P\{X=2\}$,求 $D(X)$.

解:由 $P\{X=1\}=P\{X=2\}$ 得 $\lambda e^{-\lambda} = \dfrac{\lambda^2 e^{-\lambda}}{2!}$,得 $\lambda=2$. 所以,$D(X)=\lambda=2$.

(4) 均匀分布

设随机变量 X 在区间 $[a,b]$ 上服从均匀分别,其概率密度为

$$f(x) = \begin{cases} \dfrac{1}{b-a}, & a \leqslant x \leqslant b, \\ 0, & \text{其他}, \end{cases} \quad \text{则 } X \text{ 的方差 } D(X) = \frac{(b-a)^2}{12}.$$

(5) 指数分布

设随机变量 X 服从参数为 λ 的指数分布,其概率密度为 $f(x) = \begin{cases} \lambda e^{-\lambda x}, & x > 0, \\ 0, & \text{其他}, \end{cases}$ 则 X

的方差 $D(X) = \dfrac{1}{\lambda^2}$.

（6）正态分布

设 $X \sim N(\mu, \sigma^2)$，其概率密度为 $f(x) = \dfrac{1}{\sqrt{2\pi}\sigma} e^{-\frac{(x-\mu)^2}{2\sigma^2}}$，$-\infty < x < +\infty$，则 X 的方差为 $D(X) = \sigma^2$.

例 4.53 设 (X, Y) 服从在 D 上的均匀分布，其中 D 的 x 轴，y 轴及 $x + y = 1$ 所围成，求 $D(X)$.

解：
$$E(X) = \int_0^1 \int_1^{1-x} 2x \, dx \, dy = \int_0^1 (2x - 2x^2) \, dx = \frac{1}{3},$$

$$E(X^2) = \int_0^1 \int_1^{1-x} 2x^2 \, dy \, dx = \int_0^1 2x^2(1-x) \, dx = \frac{1}{6},$$

$$D(X) = E(X^2) - E^2(X) = \frac{1}{6} - \frac{1}{9} = \frac{1}{18}.$$

3. 方差的性质

性质 4.7 $D(C) = 0, D(X + C) = D(X)$.

性质 4.8 $D(CX) = C^2 D(X)$，其中 C 常数.

性质 4.9 当 X 与 Y 相互独立，则 $D(X + Y) = D(X) + D(Y)$.

推广 若 $X_1, X_2, \cdots, X_n$，相互独立，则

$$D(X_1 + X_2 + \cdots + X_n) = D(X_1) + D(X_2) + \cdots + D(X_n). \tag{4.34}$$

表 4.4 总结了六种常见概率分布的概率密度函数、期望值和方差.

表 4.4

分布	分布列或概率密度	期望	方差
X 服从参数为 p 的 0-1 分布	$P\{X=0\} = q, P\{X=1\} = p,$ $0 < p < 1, q = 1 - p$	p	pq
X 服从二项分布 $X \sim B(n, p)$	$P\{X=k\} = C_n^k p^k q^{n-k}, k = 0, 1, 2, \cdots, n,$ $0 < p < 1, q = 1 - p$	np	npq
X 服从泊松分布 $X \sim P(\lambda)$	$P\{X=k\} = \dfrac{\lambda^k e^{-\lambda}}{k!} k = 0, 1, 2, \cdots$ $\lambda > 0$	λ	λ
均匀分布 $X \sim U(a, b)$	$f(x) = \begin{cases} \dfrac{1}{b-a}, & a \leqslant x \leqslant b \\ 0, & 其他 \end{cases}$	$\dfrac{a+b}{2}$	$\dfrac{(b-a)^2}{12}$
指数分布 $X \sim E(\lambda)$	$f(x) = \begin{cases} \lambda^k e^{-\lambda}, & x > 0 \\ 0, & x \leqslant 0 \end{cases} (\lambda > 0)$	$\dfrac{1}{\lambda}$	$\dfrac{1}{\lambda^2}$
正态分布 $X \sim N(\mu, \sigma^2)$	$f(x) = \dfrac{1}{\sqrt{2\pi}\sigma} e^{-\frac{(x-\mu)^2}{\sigma^2}} (\sigma > 0)$	μ	σ^2

4.4.3　协方差与相关系数

1. 协方差

定义 4.27　设有二维随机变量 (X,Y),且 $E(X)$,$E(Y)$ 存在,如果 $E((X-E(X))(Y-E(Y)))$ 存在,则称此值为 X 与 Y 的协方差,记为 $Cov(X,Y)$,即 $Cov(X,Y)=E((X-E(X))(Y-E(Y)))$.

分两种情况:

(1) 当 (X,Y) 是离散型随机变量时,其分布列为 $p=P\{X=x_i,Y=y_j\}$,$(i,j=1,2,\cdots)$,则

$$Cov(X,Y)=\sum_i\sum_j(x_i-E(X))(x_j-E(Y))P_{ij}. \tag{4.35}$$

(2) 当 (X,Y) 是连续型随机变量时,$f(x,y)$ 为 (X,Y) 的概率密度,则

$$Cov(X,Y)=\int_{-\infty}^{+\infty}\int_{-\infty}^{+\infty}(x-E(X))(y-E(Y))f(x,y)\mathrm{d}x\,\mathrm{d}y. \tag{4.36}$$

协方差等价计算公式:$Cov(X,Y)=E(XY)-E(X)E(Y)$.

特别地,当 $X=Y$ 时,有 $Cov(X,Y)=D(X)$.

例 4.54　设 (X,Y) 的密度函数为 $f(x,y)=\begin{cases}\dfrac{1}{2}, & 0<x<1,0<y<2,\\ 0, & \text{其他},\end{cases}$ 求 $Cov(X,Y)$.

解:由 $E(X)=\int_0^1\int_0^2\dfrac{1}{2}x\,\mathrm{d}x\,\mathrm{d}y=\int_0^1 x\,\mathrm{d}x=\dfrac{1}{2}$,

$E(Y)=\int_0^1\int_0^2\dfrac{1}{2}y\,\mathrm{d}y\,\mathrm{d}x=\int_0^1 1\mathrm{d}x=1$,

$E(XY)=\int_0^1\int_0^2\dfrac{1}{2}xy\,\mathrm{d}y\,\mathrm{d}x=\int_0^1 x\,\mathrm{d}x=\dfrac{1}{2}$,

则 $Cov(X,Y)=E(XY)-E(X)\cdot E(X)=\dfrac{1}{2}-\dfrac{1}{2}=0$.

协方差性质:

(1) $Cov(X,Y)=Cov(Y,X)$.

(2) $Cov(aX,bY)=abCov(X,Y)$,其中 a,b 为任意常数.

(3) $Cov(X_1+X_2,Y)=Cov(X_1,Y)+Cov(X_2,Y)$.

(4) 若 X 与 Y 相互独立,则 $Cov(X,Y)=0$.

例 4.55　设 (X,Y) 在圆域 $D=\{(x,y)\mid x^2+y^2\leqslant 1\}$ 上服从均匀分布. 求 $Cov(X,Y)$,并判断 X,Y 是否相互独立.

解:(X,Y) 的概率密度为 $f(x,y)=\begin{cases}\dfrac{1}{\pi}, & x^2+y^2\leqslant 1,\\ 0, & \text{其他}.\end{cases}$

$$f_X(x)=\int_{-\infty}^{+\infty}f(x,y)\mathrm{d}y=\begin{cases}\displaystyle\int_{-\sqrt{1-x^2}}^{\sqrt{1-x^2}}\dfrac{1}{\pi}\mathrm{d}x, & |x|\leqslant 1,\\ 0, & \text{其他}.\end{cases}$$

$$= \begin{cases} \dfrac{2}{\pi}\sqrt{1-x^2}, & |x| \leqslant 1, \\ 0, & \text{其他}. \end{cases}$$

同理,$f_Y(y) = \begin{cases} \dfrac{2}{\pi}\sqrt{1-y^2}, & |y| \leqslant 1, \\ 0, & \text{其他}. \end{cases}$

$$E(XY) = \int_{-\infty}^{+\infty}\int_{-\infty}^{+\infty} xy\,\mathrm{d}x\,\mathrm{d}y = \frac{1}{\pi}\int_{-1}^{1} x \int_{-\sqrt{1-x^2}}^{\sqrt{1-x^2}} y\,\mathrm{d}y\,\mathrm{d}x = 0,$$

$$E(X) = \int_{-\infty}^{+\infty} x f_X(x)\,\mathrm{d}x = \int_{-1}^{1} x\,\frac{2}{\pi}\sqrt{1-x^2}\,\mathrm{d}x = 0,$$

$$E(Y) = \int_{-\infty}^{+\infty} y f_Y(y)\,\mathrm{d}y = \int_{-1}^{1} y\,\frac{2}{\pi}\sqrt{1-y^2}\,\mathrm{d}y = 0.$$

则 $Cov(X,Y) = E(XY) - E(X)E(Y) = 0$,但 $f(x,y) \neq f_X(x) \cdot f_Y(y)$,知 X,Y 一定不相互独立.

可见 $Cov(X,Y) = 0$ 是 X 与 Y 相互独立的必要非充分条件.

2. 相关系数

定义 4.28 若 $D(X) > 0, D(Y) > 0$,称 $\dfrac{Cov(X,Y)}{\sqrt{D(x)}\sqrt{D(Y)}}$ 为 X 与 Y 的相关系数,记为 ρ_{XY},即

$$\rho_{XY} = \frac{Cov(X,Y)}{\sqrt{D(x)}\sqrt{D(Y)}}. \tag{4.37}$$

例 4.56 设随机变量 X 与 Y 的方差分别为 25 和 16,协方差为 8,求相关系数 ρ_{XY}.

解:$\rho_{XY} = \dfrac{Cov(X,Y)}{\sqrt{D(x)}\sqrt{D(Y)}} = \dfrac{8}{\sqrt{25}\sqrt{16}} = 0.4.$

相关系数的性质:

(1) $|\rho_{XY}| \leqslant 1.$

(2) $|\rho_{XY}| = 1 \Leftrightarrow$ 存在常数 a, b 使 $P\{Y = aX + b\} = 1$ 且 $a \neq 0$.

定义 4.29 若相关系数 $\rho_{XY} = 0$,则称 X 与 Y 不相关.

注:① 若随机变量 X 与 Y 相互独立,则 $Cov(X,Y) = 0$. 因此 X 与 Y 不相关,随机变量 X 与 Y 不相关,但 X 与 Y 不一定相互独立.

② 若二维随机变量 (X,Y) 服从二维正态分布 $N(\mu_1,\mu_2,\sigma_1^2,\sigma_2^2,\rho)$,$X$ 与 Y 的相关系数为 $\rho_{XY} = \rho$. 从而 X 与 Y 不相关的充要条件是 X 与 Y 相互独立,因为 X 与 Y 不相关和 X 与 Y 相互独立都等价于 $\rho = 0$.

例 4.57 设随机变量 (X,Y) 的分布律为

Y \ X	-1	1
-1	0.25	0.5
1	0	0.25

求 $E(X),E(Y),D(X),D(Y),Cov(X,Y),\rho_{XY}$.

解：
$$E(X)=(-1)\times 0.75+1\times 0.25=-0.5,$$

$$E(Y)=(-1)\times 0.25+1\times 0.75=0.5,$$

$$E(X^2)=1\times 0.75+1\times 0.25=1,$$

$$E(Y^2)=1\times 0.25+1\times 0.75=1,$$

$$E(XY)=(-1)\times(-1)\times 0.25+(-1)\times 1\times 0.5+(-1)\times 1\times 0+1\times 1\times 0.25=0,$$

$$D(X)=E(X^2)-E^2(X)=1-(-0.5)^2=0.75,$$

$$D(Y)=E(Y^2)-E^2(Y)=1-(0.5)^2=0.75,$$

$$Cov(X,Y)=E(XY)-E(X)E(Y)=0-(-0.5)\times 0.5=0.25,$$

$$\rho_{XY}=\frac{Cov(X,Y)}{\sqrt{D(x)}\sqrt{D(Y)}}=\frac{0.25}{0.75}=\frac{1}{3}.$$

例 4.58 设二维随机变量 (X,Y) 的概率密度为

$$f(x,y)=\begin{cases}8xy, & 0\leqslant y\leqslant x,0\leqslant x\leqslant 1,\\ 0, & \text{其他}.\end{cases}$$

求 (1) $E(X),E(Y)$；(2) $D(X),D(Y)$；(3) $Cov(X,Y),\rho_{XY}$.

解：
$$E(X)=\int_0^1\int_0^x(x\cdot 8xy\,\mathrm{d}y)\mathrm{d}x=\int_0^1 4x^4\mathrm{d}x=\frac{4}{5},$$

$$E(Y)=\int_0^1\int_0^x(y\cdot 8xy\,\mathrm{d}y)\mathrm{d}x=\int_0^1\frac{8}{3}x^4\mathrm{d}x=\frac{8}{15},$$

$$E(X^2)=\int_0^1\int_0^x(x^2\cdot 8xy\,\mathrm{d}y)\mathrm{d}x=\int_0^1 4x^5\mathrm{d}x=\frac{2}{3},$$

$$E(Y^2)=\int_0^1\int_0^x(y^2\cdot 8xy\,\mathrm{d}y)\mathrm{d}x=\int_0^1 2x^5\mathrm{d}x=\frac{1}{3},$$

$$D(X)=E(X^2)-E^2(X)=\frac{2}{3}-\left(\frac{4}{5}\right)^2=\frac{2}{75},$$

$$D(Y)=E(Y^2)-E^2(Y)=\frac{1}{3}-\left(\frac{8}{15}\right)^2=\frac{11}{225},$$

$$E(XY)=\int_0^1\int_0^X(xy\cdot 8xy\,\mathrm{d}y)\mathrm{d}x=\int_0^1\frac{8}{3}x^5=\frac{4}{9},$$

$$Cov(X,Y)=E(XY)-E(X)E(Y)=\frac{4}{9}-\frac{4}{5}\times\frac{8}{15}=\frac{4}{225},$$

$$\rho_{XY}=\frac{Cov(X,Y)}{\sqrt{D(X)}\sqrt{D(Y)}}=\frac{\dfrac{4}{225}}{\sqrt{\dfrac{2}{75}\times\dfrac{11}{225}}}=\frac{2\sqrt{66}}{33}.$$

4.5　大数定律和中心极限定理

4.5.1　大数定律

概率统计是研究随机变量统计规律性的数学学科,而随机变量的规律只有在对大量随机现象的考察中才能显现出来.研究大量随机现象的统计规律,常常采用极限定理的形式去刻画,由此导致对极限定理进行研究.大数定律描述频率和平均数的稳定性,而中心极限定理则阐述在一定条件下大量随机变量的和的分布近似于正态分布.

大数定律的客观背景:

$$大量随机试验中\begin{cases} 事件发生的频率稳定于某一常数, \\ 测量值的算术平均值具有稳定性. \end{cases}$$

1.　切比雪夫(Chebyshev)不等式

定理 4.7(切比雪夫不等式)　设随机变量 X 的期望 $E(X)$ 及 $D(X)$ 方差存在,则对任意小正数 $\varepsilon > 0$,有 $P\{|X - E(X)| \geqslant \varepsilon\} \leqslant \dfrac{D(X)}{\varepsilon^2}$ 或 $P\{|X - E(X)| < \varepsilon\} \geqslant 1 - \dfrac{D(X)}{\varepsilon^2}$.

证明:这里仅对连续型随机变量加以证明,离散型类似可证.设连续型随机变量 X 的密度函数为 $p(x)$,则有

$$P\{|X - E(X)| \geqslant \varepsilon\} = \int_{|X-E(X)| \geqslant \varepsilon} p(x)\mathrm{d}x \leqslant \int_{|X-E(X)| \geqslant \varepsilon} \frac{(X-E(X))^2}{\varepsilon^2} p(x)\mathrm{d}x$$

$$\leqslant \int_{-\infty}^{+\infty} \frac{(X-E(X))^2}{\varepsilon^2} p(x)\mathrm{d}x = \frac{1}{\varepsilon^2} \int_{-\infty}^{+\infty} (X-E(X))^2 p(x)\mathrm{d}x = \frac{D(X)}{\varepsilon^2}.$$

切比雪夫不等式给出了在随机变量 X 的分布未知的情况下,事件概率 $P\{|X - E(X)| \geqslant \varepsilon\}$ 或 $P\{|X - E(X)| < \varepsilon\}$ 的估计方法.同时也表明随机变量 X 的方差 $D(X)$ 越小,则事件 $\{|X - E(X)| < \varepsilon\}$ 发生的概率越大,即 X 的取值都集中在它的期望值 $E(X)$ 附近,这也正符合方差的基本意义.

例 4.59　设随机变量 X 服从参数为 2 的泊松分布,试用切比雪夫不等式估计 $\{-2 < X < 6.2\}$ 的大小.

解:因为 $X \sim P(2)$,故 $E(X) = D(X) = 2$.由切比雪夫不等式 $P\{-2 < X < 6.2\} = P\{-4 < X - 2 < 4.2\} \geqslant P\{|X-2| < 4\} \geqslant 1 - \dfrac{D(X)}{4^2} = 1 - \dfrac{2}{16} = 0.875$.因此 $P\{-2 < X < 6.2\}$ 的值不会小于 0.875.

2.　大数定律

定理 4.8(伯努利大数定律)　设 m 是 n 次独立重复试验中事件 A 发生的次数,p 是事件 A 在每次试验中发生的概率,则对于任意正数 $\varepsilon > 0$,有 $\lim\limits_{n \to \infty} P\left\{\left|\dfrac{m}{n} - p\right| < \varepsilon\right\} = 1$ 或

$$\lim_{n\to\infty} P\left\{\left|\frac{m}{n}-p\right|\geqslant\varepsilon\right\}=0.$$

注：伯努利大数定律表明,当重复试验次数 n 充分大时,事件 A 发生的频率 m/n 与事件 A 的概率 p 有较大偏差的概率很小.事情发生的频率可以代替事件的概率.

定理 4.9(切比雪夫大数定律)　设随机变量 $X_1,X_2,\cdots,X_n,\cdots$ 是独立随机变量序列,$E(X_i)=\mu$,$D(X_i)=\sigma^2$($i=1,2,\cdots$)均存在,则对任意 $\varepsilon>0$ 有

$$\lim_{n\to\infty} P\left\{\left|\frac{1}{n}\sum_{i=1}^{n}X_i-\mu\right|<\varepsilon\right\}=1.$$

说明：(1) 定理 4.9 中 $\left\{\left|\dfrac{1}{n}\sum\limits_{i=1}^{n}X_i-\mu\right|<\varepsilon\right\}$ 是指一个随机事件,当 $n\to\infty$ 时,这个事件的概率趋于 1.

(2) 定理 4.9 以数学形式证明了随机变量 $X,\cdots,X_n$ 的算术平均 $\overline{X}=\dfrac{1}{n}\sum\limits_{i=1}^{n}X_i$ 接近数学期望 $E(X_k)=\mu(k=1,2,\cdots,n)$,这种接近说明其具有的稳定性.这种稳定性的含义说明算术平均值是依概率收敛的意义下逼近某一常数.

定理 4.10(辛钦大数定律)　设随机变量 $X_1,X_2,\cdots,X_n,\cdots$ 相互独立,服从同一分布,且具有数学期望 $E(X_i)=\mu(i=1,2,\cdots)$,则对于任给 $\varepsilon>0$,有 $\lim\limits_{n\to\infty} P\left\{\left|\dfrac{1}{n}\sum\limits_{i=1}^{n}X_i-\mu\right|<\varepsilon\right\}=1.$

辛钦大数定律表明对相互独立、同分布且期望存在的随机变量序列,当 n 充分大时,可以用平均观察值 $\dfrac{1}{n}\sum\limits_{i=1}^{n}X_i$ 作为 $E(X_i)$ 的近似值.这正是实际当中常常用大量观察值的算术平均值作为随机变量均值的估计的理论依据.

在实际问题中许多随机变量是由相互独立随机因素的综合影响所形成的.例如:炮弹射击的落点与目标的偏差,就受许多随机因素(如瞄准,空气阻力,炮弹或炮身结构等)综合影响.每个随机因素对弹着点所起的作用都是很小的.那么弹着点应该服从何种分布呢?

4.5.2　中心极限定理

1. 独立同分布序列的中心极限定理

定理 4.11(林德伯格-列维定理)　设 $X_1,X_2,\cdots,X_n,\cdots$ 是独立同分布的随机变量序列,且具有相同数学期望和方差 $E(X_i)=\mu$,$D(X_i)=\sigma^2$($i=1,2,\cdots$).记随机变量

$$Y_n=\frac{\sum\limits_{i=1}^{n}X_i-n\mu}{\sqrt{n}\sigma}$$ 的分布函数为 $F_n(x)$,则对于任意实数 x,有 $\lim\limits_{n\to\infty}F_n(x)=\lim\limits_{n\to\infty}P\{Y_n\leqslant x\}$

$$=\lim_{n\to\infty} P\left\{\frac{\sum\limits_{i=1}^{n}X_{i-n\mu}}{\sqrt{n}\sigma}\right\}=\int_{-\infty}^{x}\frac{1}{\sqrt{2\pi}}e^{-\frac{t^2}{2}}dt=\Phi(x),$$ 其中 $\Phi(x)$ 为标准正态分布函数.

结论：

(1) 当 n 充分大时,独立同分布的随机变量之和 $Z_n=\sum\limits_{i=1}^{n}X$ 的分布近似于正态

分布 $N(n\mu, n\sigma^2)$.

(2) 当 n 充分大时,独立同分布的随机变量的平均值 $\overline{X} = \dfrac{1}{n}\sum_{i=1}^{n}X_i$,近似服从正态分布

$N\left(\mu, \dfrac{\sigma^2}{n}\right)$.

例 4.60 为测量两地间的距离,采取分段测量相加的方法,现将两地间距离分成 100 段,设每段的测量误差服从 $[-2,2]$(单位:cm)上的均匀分布,问测量值产生误差总和的绝对值超过 20 cm 的概率是多少?

解:设 X_i 为每段产生的误差($i=1,2,\cdots,100$),总误差 $Y = \sum_{i=1}^{100}X_i$,由于 X_i 之间相互独立,且 $X_i \sim U[-2,2]$,所以 $E(X_i)=0$,$D(X_i)=\dfrac{1}{12}(2-(-2))^2=\dfrac{4}{3}$,利用定理 4.11 得

$$P\{|Y|>20\} = P\left\{\left|\frac{Y-100\times 0}{\sqrt{100\times\dfrac{4}{3}}}\right| > \frac{20-100\times 0}{\sqrt{100\times\dfrac{4}{3}}}\right\} = 1-\Phi(\sqrt{3})+\Phi(-\sqrt{3}) = 2-2\Phi(\sqrt{3}).$$

查表可知 $\Phi(\sqrt{3})\approx 0.9584$,所以测量值总和产生误差绝对值超过 20 cm 的概率约为 $2-2\times 0.9584 = 8.32\%$.

2. 棣莫弗-拉普拉斯中心极限定理

定理 4.12(棣莫弗-拉普拉斯中心极限定理) 设随机变量 Z_n 是 n 次独立重复试验中事件 A 发生的次数,p 是事件 A 发生的概率,则对任意实数 x 有 $\lim\limits_{n\to\infty}P\left\{\dfrac{Z_n-np}{\sqrt{npq}}\leqslant x\right\} = \int_{-\infty}^{x}\dfrac{1}{\sqrt{2\pi}}e^{-\frac{t^2}{2}}dt = \Phi(x)$ 其中 $q=1-p$,$\Phi(x)$ 为标准正态分布函数.

结论:

(1) 在伯努利试验中,若事件 A 发生的概率为 p.又设 Z_n 为 n 次独立重复试验中事件 A 发生的频率,则当 n 充分大时,Z_n 近似服从正态分布 $N(np, npq)$.

(2) 在伯努利试验中,若事件 A 发生的概率为 p.$\dfrac{Z_n}{n}$ 为 n 次独立重复试验中事件 A 发生的频率,则当 n 充分大时,$\dfrac{Z_n}{n}$ 近似服从正态分布 $N\left(p, \dfrac{pq}{n}\right)$.

例 4.61 某系统由 100 个相互独立工作的部件构成,每个部分损坏的概率为 0.2,如果系统正常工作至少需要 75 个部件运转,试求系统正常工作的概率.

解:设 X_n 为 100 个部件中正常工作的部件个数,则 $X_n \sim b(100,0.8)$,且 $E(X_n)=80$,$D(X_n)=16$,故 $P\{X_n\geqslant 75\} \approx 1-\Phi\left(\dfrac{75-80}{4}\right) = \Phi\left(\dfrac{5}{4}\right) \approx 0.8944$.

第5章 数据理论之马尔可夫预测

马尔可夫(A. A Markov)预测法是应用概率论中马尔可夫链的理论和方法来研究随机事件变化并借此分析预测未来变化趋势的一种方法.

5.1 基本定理

20世纪初,数学家马尔可夫在研究中发现自然界中有一类事物的变化过程仅与事物的近期状况有关,而与事物的过去状态无关. 如设备维修和更新、人才结构变化、资金流向、市场需求变化等许多经济行为都可用这一类过程来描述或近似.

所谓马尔可夫链,就是一种随机时间序列,它在将来取什么值只与它现在的取值有关,而与它过去取什么值无关,即无后效性. 具备这个性质的离散型随机过程,称为马尔可夫链.

5.1.1 马尔可夫性

定义 5.1 设$\{X(t), t \in T\}$是一个随机过程,如果$\{X(t), t \in T\}$在t_0时刻所处的状态为已知,它在时刻$t > t_0$所处状态的条件分布与其在t_0之前所处的状态无关. 通俗地说,就是在知道现在的条件下,其将来的条件分布不依赖于过去,则称$\{X(t), t \in T\}$具有马尔可夫性.

5.1.2 马尔可夫过程

定义 5.2 设$\{X(t), t \in T\}$的状态空间为S,如果对$\forall n > 2, \forall t_1 < t_2 < L < t_n \in T$,在条件$X(t_i) = x_i, x_i \in S, i = 1, 2, \cdots, n-1$下$X(t_n)$的条件分布函数恰好等于在条件$X(t_{n-1}) = x_{n-1}$下的条件分布函数,即

$$P\{X(t_n) \leqslant x_n | X(t_1) = x_1, X(t_2) = x_2, \cdots, X(t_{n-1}) = x_{n-1}\}$$
$$= P\{X(t_n) \leqslant x_n | X(t_{n-1}) = x_{n-1}\}, x_n \in R. \tag{5.1}$$

则称$\{X(t), t \in T\}$为马尔可夫过程.

5.1.3 马尔可夫链

定义 5.3 参数集和状态空间都是离散的马尔可夫过程称为马尔可夫链.

注:只讨论马尔可夫链的状态空间为有限或可列无限.

则马尔可夫性可表示为:对$\forall n \geqslant 2, \forall t_1 < t_2 < \cdots < t_n \in T, i_1, i_2, L, i_n \in S$,

有
$$P\{X(t_n) = i_n | X(t_1) = i_1, X(t_2) = i_2, L, X(t_{n-1}) = i_{n-1}\}$$
$$= P\{X(t_n) \leqslant i_n | X(t_{n-1}) = i_{n-1}\}, x_n \in R.$$

5.2　基本概念

5.2.1　状态与状态变量

状态指客观事物可能出现或存在的状况.如商品可能畅销也可能滞销;机器运转可能正常也可能故障等.同一事物不同状态之间必须相互独立,不能同时存在两种状态.

客观事物的状态不是固定不变的,在不同的条件下呈现不同的状态,往往条件变化,状态也会发生变化.如某种产品在市场上本来是滞销的,但是由于销售渠道变化了,或者消费心理发生了变化等,它便可能变为畅销产品.

用状态变量来表示状态:$X_t = i (i=1,2,\cdots,N;t=1,2,\cdots)$,它表示随机运动系统,在时刻 $t(t=1,2,\cdots)$ 所处的状态为 $i(i=1,2,\cdots,N)$.

状态转移:客观事物由一种状态到另一种状态的变化.如由于产品质量或替代产品的变化,市场上产品可能由畅销变为滞销.

5.2.2　状态转移概率

客观事物可能有 $E_1, E_2, \cdots, E_N$ 共 N 种状态,其中每次只能处于一种状态,则每一状态都具有 N 个转向(包括转向自身),即 $E_i \rightarrow E_1, E_i \rightarrow E_2, \cdots, E_i \rightarrow E_N$.

由于状态转移是随机的,必须用概率来描述状态转移可能性的大小,将这种转移的可能性用概率描述,就是状态转移概率.

概率论中的条件概率 $P(A|B)$ 就表达了由状态 B 向状态 A 转移的概率,简称为状态转移概率.

对于由状态 E_i 转移到状态 E_j 的概率,称它为从 i 到 j 的转移概率.记为

$$P_{ij} = P(E_j|E_i) = P(E_i \rightarrow E_j) = P(x_{n+1}=j|x_n=i).$$

它表示由状态 E_i 经过一步转移到状态 E_j 的概率.

例 5.1　某地区有甲、乙、丙三家食品厂生产同一种食品,有 1 000 个用户(或购货点),假定在研究期间无新用户加入也无老用户退出,只有用户的转移,已知 2006 年 5 月份有 500 户是甲厂的顾客;400 户是乙厂的顾客;100 户是丙厂的顾客.6 月份,甲厂有 400 户原来的顾客,上月的顾客有 50 户转乙厂,50 户转丙厂;乙厂有 300 户原来的顾客,上月的顾客有 20 户转甲厂,80 户转丙厂;丙厂有 80 户原来的顾客,上月的顾客有 10 户转甲厂,10 户转乙厂.计算其状态转移概率.

解:由题意得 6 月份顾客转移表,见表 5.1.

表 5.1

	甲	乙	丙	合计
甲	400	50	50	500
乙	20	300	80	400
丙	10	10	80	100
合计	430	360	210	1 000

$$P_{11}=\frac{400}{500}=0.8,\quad P_{12}=\frac{50}{500}=0.1,\quad P_{13}=\frac{50}{500}=0.1;$$

$$P_{21}=\frac{20}{400}=0.05,\quad P_{22}=\frac{300}{400}=0.75,\quad P_{23}=\frac{80}{400}=0.2;$$

$$P_{31}=\frac{10}{100}=0.1,\quad P_{32}=\frac{10}{100}=0.1,\quad P_{33}=\frac{80}{100}=0.8.$$

5.2.3 状态转移概率矩阵及其基本特征

将事件 N 个状态的转移概率依次排列起来,就构成一个 N 行×N 列的矩阵,这种矩阵就是状态转移概率矩阵.

$$P=\begin{pmatrix} P_{11} & P_{12} & \cdots & P_{1N} \\ P_{21} & P_{22} & \cdots & P_{2N} \\ \cdots & \cdots & \cdots & \cdots \\ P_{N1} & P_{N2} & \cdots & P_{NN} \end{pmatrix}.$$

通常称矩阵 P 为状态转移概率矩阵,没有特别说明步数时,一般均为一步转移概率矩阵. 矩阵中的每一行称之为概率向量.

状态转移概率矩阵具有如下特征:

(1) $0 \leqslant P_{ij} \leqslant 1$, $i,j=1,2,\cdots,N$;

(2) $\sum_{j=1}^{N} P_{ij}=1$, $i=1,2,\cdots,N$.

状态转移概率的估算方法有主观概率法(一般缺乏历史统计资料或资料不全情况下使用)和统计估算法.

例 5.2 设味精市场的销售记录共有 6 年 24 个季度的数据,见表 5.2. 求味精销售转移概率矩阵.

表 5.2

季度	1	2	3	4	5	6	7	8	9	10	11	12
销售状态	畅	畅	滞	畅	滞	滞	畅	畅	畅	滞	畅	滞
季度	13	14	15	16	17	18	19	20	21	22	23	24
销售状态	畅	畅	滞	滞	畅	畅	滞	畅	滞	畅	畅	畅

解：共 24 个季度数据，其中有 15 个季度畅销，9 个季度滞销，现分别统计出：连续畅销、由畅转滞、由滞转畅和连续滞销的次数.

表 5.3

季度	1	2	3	4	5	6	7	8	9	10	11	12
销售状态	畅 1	畅 1	滞 2	畅 1	滞 2	滞 2	畅 1	畅 1	畅 1	滞 2	畅 1	滞 2
季度	13	14	15	16	17	18	19	20	21	22	23	24
销售状态	畅 1	畅 1	滞 2	滞 2	畅 1	畅 1	滞 2	畅 1	滞 2	畅 1	畅 1	畅 1

用"1"表示畅销，用"2"表示滞销

以 p_{11} 表示连续畅销的可能性，以频率代替概率，得

$$p_{11} = \frac{7}{15-1} = 50\%$$

分子 7 是表 5.3 中连续出现畅销的次数，分母 15 是表 5.3 中出现畅销的次数，因为第 24 季度是畅销，无后续记录，故减 1.

以 p_{12} 表示由畅销转入滞销的可能性：

$$p_{12} = \frac{7}{15-1} = 50\%.$$

分子 7 是表中由畅销转入滞销的次数.

以 p_{21} 表示由滞销转入畅销的可能性：

$$p_{21} = \frac{7}{9} = 78\%.$$

分子 7 是表中由滞销转入畅销的次数，分母数 9 是表中出现滞销的次数.

以 p_{22} 表示连续滞销的可能性：

$$p_{22} = \frac{2}{9} = 22\%.$$

分子 2 是表中连续出现滞销的次数.

综上所述，得销售状态转移概率矩阵为

$$\boldsymbol{P} = \begin{pmatrix} p_{11} & p_{12} \\ p_{21} & p_{22} \end{pmatrix} = \begin{pmatrix} 0.5 & 0.5 \\ 0.78 & 0.22 \end{pmatrix}.$$

5.2.4 多步状态转移概率矩阵

状态转移概率矩阵完全描述了所研究对象的变化过程. 正如前面所指出的，上述矩阵为一步转移概率矩阵. 对于多步转移概率矩阵，可按如下定义解释.

定义 5.4 若系统在时刻 t_0 处于状态 i，经过 n 步转移，在时刻 t_n 处于状态 j。那么，对这种转移的可能性的数量描述称为 n 步转移概率。记为 $P(x_n = j \mid x_0 = i) = P_{ij}^{(n)}$。

并令
$$\boldsymbol{P}^{(n)} = \begin{pmatrix} P_{11}^{(n)} & P_{12}^{(n)} & \cdots & P_{1N}^{(n)} \\ P_{21}^{(n)} & P_{22}^{(n)} & \cdots & P_{2N}^{(n)} \\ \vdots & \vdots & & \vdots \\ P_{N1}^{(n)} & P_{N2}^{(n)} & \cdots & P_{NN}^{(n)} \end{pmatrix}. \tag{5.2}$$

称 $\boldsymbol{P}^{(n)}$ 为 n 步转移概率矩阵。

多步转移概率矩阵，除具有一步转移概率矩阵的性质外，还具有以下的性质：

(1) $\boldsymbol{P}^{(n)} = \boldsymbol{P}^{(n-1)}\boldsymbol{P}$；

(2) $\boldsymbol{P}^{(n)} = \boldsymbol{P}^n$。

例 5.3 某经济系统有三种状态 E_1, E_2, E_3（如畅销、一般、滞销），系统地转移情况见表 5.4，试求系统的二步状态转移概率矩阵。

表 5.4

系统本步所处状态	系统下步所处状态		
	E_1	E_2	E_3
E_1	21	7	14
E_2	16	8	12
E_3	10	8	2

解：首先写出一步状态转移
$$\boldsymbol{P}^{(1)} = \begin{pmatrix} 0.500 & 0.167 & 0.333 \\ 0.444 & 0.222 & 0.334 \\ 0.500 & 0.400 & 0.100 \end{pmatrix}.$$

二步转移概率矩阵可由一步转移概率矩阵通过公式计算求出。

由一步转移概率矩阵求出，由公式 $\boldsymbol{P}^{(n)} = \boldsymbol{P}^n$ 计算得
$$\boldsymbol{P}^{(2)} = \boldsymbol{P}^2 = \begin{pmatrix} 0.500 & 0.167 & 0.333 \\ 0.444 & 0.222 & 0.334 \\ 0.500 & 0.400 & 0.100 \end{pmatrix}^2 = \begin{pmatrix} 0.491 & 0.254 & 0.255 \\ 0.488 & 0.257 & 0.255 \\ 0.478 & 0.212 & 0.310 \end{pmatrix}.$$

记 t_0 为过程的开始时刻，$P_i(0) = \{(X_0 = X(t_0) = i)\}$，则称 $\boldsymbol{P}(0) = (P_1(0), P_2(0), \cdots, P_N(0))$ 为初始状态概率向量。

已知马尔可夫链的转移矩阵 $\boldsymbol{P}^{(k)} = (P_{ij}^{(k)})$ 以及初始状态概率向量 $\boldsymbol{P}(0)$，则任一时刻的状态概率分布也就确定了。对 $k \geq 1$，记 $P_i(k) = P\{X_k = i\}$，则由全概率公式有
$$P_i(k) = \sum_{j=1}^{N} P_1(0) \cdot P_{ij}^{(k)}, i = 1, 2, \cdots, N; k \geq 1.$$

若记向量 $\boldsymbol{P}(k) = (P_1(k), P_2(k), \cdots, P_N(k))$，则上式可写为 $\boldsymbol{P}(k) = \boldsymbol{P}(0)\boldsymbol{P}^{(k)} = \boldsymbol{P}(k-1)\boldsymbol{P}$。由此可得 $\boldsymbol{P}(k) = \boldsymbol{P}(k-1)\boldsymbol{P}$。

例 5.4 机床运行存在正常和故障两种状态. 由于出现故障带有随机性, 故可将机床运行看作一个随时间变化的随机系统.

机床以后的状态只与其现在的状态有关, 而与过去的状态无关(有无后效性). 因此, 机床的运行可看作马尔可夫链.

如图 5.1 所示, 如机床运行过程中出现故障, 表示为从状态 1 转移到状态 2; 处于故障状态的机床经维修恢复到正常状态即从状态 2 转移到状态 1.

现以 1 个月为时间单位, 经统计知: 从某月到下月机床出现故障的概率为 0.2, 即 $p_{12}=0.2$. 保持正常状态的概率为 $p_{11}=0.8$. 在这一时间, 故障机床经维修返回正常状态的概率为 0.9, 即 $p_{21}=0.9$; 不能修好的概率为 $p_{22}=0.1$.

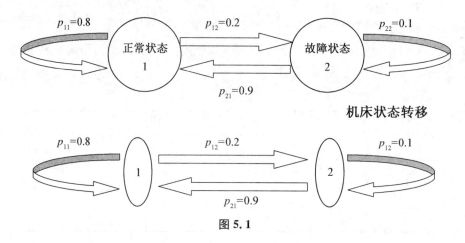

机床状态转移

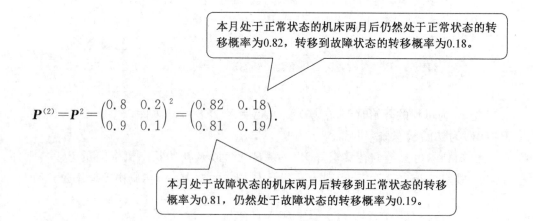

图 5.1

由机床的一步转移概率得状态转移概率矩阵: $\boldsymbol{P}=\begin{pmatrix} p_{11} & p_{12} \\ p_{21} & p_{22} \end{pmatrix}=\begin{pmatrix} 0.8 & 0.2 \\ 0.9 & 0.1 \end{pmatrix}$.

若已知本月机床的状态向量 $\boldsymbol{P}(0)=(0.85,0.15)$, 要求预测机床两个月后的状态.

首先, 求出两步转移概率矩阵

> 本月处于正常状态的机床两月后仍然处于正常状态的转移概率为0.82, 转移到故障状态的转移概率为0.18。

$$\boldsymbol{P}^{(2)}=\boldsymbol{P}^2=\begin{pmatrix} 0.8 & 0.2 \\ 0.9 & 0.1 \end{pmatrix}^2=\begin{pmatrix} 0.82 & 0.18 \\ 0.81 & 0.19 \end{pmatrix}.$$

> 本月处于故障状态的机床两月后转移到正常状态的转移概率为0.81, 仍然处于故障状态的转移概率为0.19。

然后,预测两个月后的状态向量

$$\boldsymbol{P}(2)=\boldsymbol{P}(0)\boldsymbol{P}^2=(0.85 \quad 0.15)\begin{pmatrix} 0.8 & 0.2 \\ 0.9 & 0.1 \end{pmatrix}^2=(0.818\,5 \quad 0.181\,5).$$

5.2.5　齐次马尔可夫链

定义 5.5　设 $\{X_n, n\geqslant 0\}$ 是一马尔可夫链,如果其一步转移概率 $P_{ij}(n)$ 恒与起始时刻 n 无关,记为 P_{ij} 则称 $\{X_n, n\geqslant 0\}$ 为齐次(时间齐次或时齐)马尔可夫链. 否则,称为非齐次马尔可夫链. 显然,对齐次马尔可夫链, k 步转移概率也与起始时刻 n 无关,记为 $P_{ij}^{(k)}$.

一般假定时间起点为零,即 $P_{ij}^{(k)}=P(X_k=j \mid X_0=i)$, $i,j\in S, k\geqslant 0$,相应的 k 步与一步转移概率矩阵分别记为 $\boldsymbol{P}^{(k)}$ 与 $\boldsymbol{P}$.

性质:

(1) $\boldsymbol{P}^{(k)}=\boldsymbol{P}^k$, $k\geqslant 0$;

(2) $\boldsymbol{q}^{(k)}=\boldsymbol{q}^{(0)}\boldsymbol{P}^k$, $k\geqslant 0$;

(3) $\{X_n, n\geqslant 0\}$ 的有限维分布由其初始分布和一步转移概率所完全确定.

例 5.5(天气预报问题)　如果明天是否有雨仅与今天的天气(是否有雨)有关,而与过去的天气无关. 并设今天下雨、明天有雨的概率为 a,今天无雨而明天有雨的概率为 b,又假设有雨称为 0 状态天气,无雨称为 1 状态天气.

X_n 表示时刻 n 时的天气状态,则 $\{X_n, n\geqslant 0\}$ 是以 $S=\{0,1\}$ 为状态空间的齐次马尔可夫链. 其一步转移概率矩阵为 $\boldsymbol{P}=\begin{pmatrix} a & 1-a \\ b & 1-b \end{pmatrix}$.

例 5.6(有限制随机游动问题)　设质点只能在 $\{0,1,2,\cdots,a\}$ 中的各点上作随机游动,移动规则如下.

(1) 移动前 $i\in\{1,2,\cdots,a-1\}$ 处 $p,q,r\geqslant 0$, $p+q+r=1$,如图 5.2 所示.

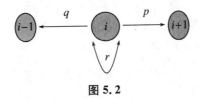

图 5.2

(2) 移动前 $i=0$ 处 $p_0,r_0\geqslant 0$, $p_0+r_0=1$,如图 5.3 所示.

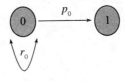

图 5.3

（3）移动前 $i=a$ 处 $q_a,r_a \geqslant 0, q_a+r_a=1$,如图 5.4 所示.

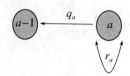

图 5.4

设 X_n 表示质点在 n 时刻所处的位置,则 $\{X_n,n \geqslant 0\}$ 是以 $S=\{0,1,\cdots,a\}$ 为状态空间的齐次马尔可夫链,其一步转移概率矩阵为

$$P=\begin{pmatrix} r_0 & p_0 & 0 & 0 & \cdots & 0 & 0 & 0 \\ q & r & p & 0 & \cdots & 0 & 0 & 0 \\ 0 & q & r & p & \cdots & 0 & 0 & 0 \\ \vdots & \vdots & \vdots & \vdots & & \vdots & \vdots & \vdots \\ 0 & 0 & 0 & 0 & \cdots & q & r & p \\ 0 & 0 & 0 & 0 & \cdots & 0 & q_a & r_a \end{pmatrix}.$$

例 5.7（坛子放回摸球问题）　设一个坛子中装有 m 个球,它们或是红色的,或是黑色的,从坛子中随机地摸出一球,并换入一个相反颜色的球.

设经过 n 次摸换,坛中黑球数为 X_n,则 $\{X_n,n \geqslant 0\}$ 是以 $S=\{0,1,\cdots,m\}$ 为状态空间的齐次马尔可夫链.

其一步转移概率矩阵为

$$P=\begin{pmatrix} 0 & 1 & 0 & 0 & \cdots & 0 & 0 & 0 \\ \dfrac{1}{m} & 0 & \dfrac{m-1}{m} & 0 & \cdots & 0 & 0 & 0 \\ 0 & \dfrac{2}{m} & 0 & \dfrac{m-2}{m} & \cdots & 0 & 0 & 0 \\ \vdots & \vdots & \vdots & \vdots & & \vdots & \vdots & \vdots \\ 0 & 0 & 0 & 0 & \cdots & \dfrac{m-1}{m} & 0 & \dfrac{1}{m} \\ 0 & 0 & 0 & 0 & \cdots & 0 & 1 & 0 \end{pmatrix}.$$

例 5.8（赌徒输光问题）　甲有赌资 a 元,乙有赌资 b 元,赌一局输者给赢者 1 元,无和局.甲赢的概率为 p,乙赢的概率为 $q=1-p$,如图 5.5 所示.求甲输光的概率.

解:状态空间 $I=\{0,1,2,\cdots,c\}, c=a+b$.

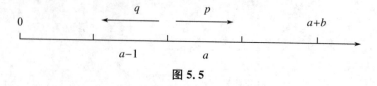

图 5.5

设 u_i 表示甲从状态 i 出发转移到状态 0 的概率,求 u_a.

显然 $u_0=1,u_c=0$（u_0 表示已知甲输光情形下甲输光的概率，u_c 表示已知乙输光情形下甲输光的概率）.

$$u_i=pu_{i+1}+qu_{i-1}(i=1,2,\cdots,c-1)$$

（甲在状态 i 下输光：甲赢一局后输光或甲输一局后输光）.

$$(p+q)u_i=pu_{i+1}+qu_{i-1},$$

$$p(u_{i+1}-u_i)=q(u_i-u_{i-1}),$$

$$u_{i+1}-u_i=\frac{q}{p}(u_i-u_{i-1}),$$

$$i=1,2,\cdots,c-1.$$

(1) $\dfrac{q}{p}=1$，即 $p=q=\dfrac{1}{2}$

$$u_{i+1}-u_i=u_i-u_{i-1}=u_{i-1}-u_{i-2}=\cdots=u_1-u_0\xlongequal{\triangle}\alpha,$$

$$(u_{i+1}-u_i)+(u_i-u_{i-1})+(u_{i-1}-u_{i-2})+\cdots+(u_1-u_0)=(i+1)\alpha.$$

即

$$u_{i+1}-u_0=(i+1)\alpha,$$

$$u_{i+1}=u_0+(i+1)\alpha=1+(i+1)\alpha,$$

$$u_c=1+c\alpha=0\Rightarrow\alpha=-\frac{1}{c},$$

$$u_i=1+i\alpha=1-\frac{i}{c},$$

$$u_a=1-\frac{a}{c}=\frac{b}{a+b}，\text{同理可得 } u_b=\frac{a}{a+b}.$$

(2) $\dfrac{q}{p}\neq1$，即 $p\neq q$，设 $\dfrac{q}{p}=r$

$$u_{i+1}-u_i=r(u_i-u_{i-1}),$$

$$u_c-u_k=\sum_{i=k}^{c-1}r(u_i-u_{i-1})=\sum_{i=k}^{c-1}r^i(u_1-u_0)=(u_1-1)\frac{r^k-r^c}{1-r}.$$

令 $k=0$，则

$$u_c-u_0=(u_1-1)\frac{r^0-r^c}{1-r},$$

从而

$$u_1-1=-\frac{1-r}{1-r^c},$$

$$u_k=-(u_1-1)\frac{r^k-r^c}{1-r}=\frac{r^k-r^c}{1-r^c},$$

$$u_a=-(u_1-1)\frac{r^a-r^c}{1-r}=\frac{r^a-r^c}{1-r^c},$$

$$u_b=-(u_1-1)\frac{r^b-r^c}{1-r}=\frac{r^b-r^c}{1-r^c}.$$

例 5.9(天气预报问题) RR 表示连续两天有雨,记为状态 0;NR 表示第 1 天无雨第 2 天有雨,记为状态 1;RN 表示第 1 天有雨第 2 天无雨,记为状态 2;NN 表示连续两天无雨,记为状态 3.

$$p_{00}=P\{R_今 R_明 | R_昨 R_今\}=P\{R_明 | R_昨 R_今\}=0.7,$$

$$p_{01}=P\{N_今 R_明 | R_昨 R_今\}=0,$$

$$p_{02}=P\{R_今 N_明 | R_昨 R_今\}=P\{N_明 | R_昨 R_今\}=0.3,$$

$$p_{03}=P\{N_今 N_明 | R_昨 R_今\}=0.$$

类似地,得到其他转移概率,于是转移概率矩阵为

$$\boldsymbol{P}=\begin{pmatrix} p_{00} & p_{01} & p_{02} & p_{03} \\ p_{10} & p_{11} & p_{12} & p_{13} \\ p_{20} & p_{21} & p_{22} & p_{23} \\ p_{30} & p_{31} & p_{32} & p_{33} \end{pmatrix}=\begin{pmatrix} 0.7 & 0 & 0.3 & 0 \\ 0.5 & 0 & 0.5 & 0 \\ 0 & 0.4 & 0 & 0.6 \\ 0 & 0.2 & 0 & 0.8 \end{pmatrix}.$$

若星期一、星期二均下雨,求星期四下雨的概率.

星期四下雨的情形如图 5.6 所示,星期四下雨的概率为

$$p=p_{00}^{(2)}+p_{01}^{(2)}=0.49+0.12=0.61.$$

两步转移概率矩阵为

$$\boldsymbol{P}^{(2)}=\boldsymbol{P}^2=\begin{pmatrix} 0.49 & 0.12 & 0.21 & 0.18 \\ 0.35 & 0.20 & 0.15 & 0.30 \\ 0.20 & 0.12 & 0.20 & 0.48 \\ 0.10 & 0.16 & 0.10 & 0.64 \end{pmatrix}.$$

一	二	三	四
R	R	R	R
0		0	
R	R	N	R
0		1	

图 5.6

例 5.10 设 $\{X_n, n\geqslant 0\}$ 是具有三个状态 0,1,2 的齐次马尔可夫链,其进一步转移概率矩阵为 $\boldsymbol{P}=\begin{pmatrix} \dfrac{3}{4} & \dfrac{1}{4} & 0 \\ \dfrac{1}{4} & \dfrac{1}{2} & \dfrac{1}{4} \\ 0 & \dfrac{3}{4} & \dfrac{1}{4} \end{pmatrix}$,初始分布 $q_i^{(0)}=\dfrac{1}{3}$,$i=0,1,2.$ 试求:

(1) $P(X_0=0, X_2=1)$;

(2) $P(X_2=1)$.

解:(1) $P(X_0=0, X_2=1)=P(X_0=0) \cdot P(X_2=1|X_0=0)=\dfrac{1}{3} \cdot P_{01}^{(2)}.$

其中 $P_{01}^{(2)}$ 为一个两步转移概率,在两步转移概率矩阵中是第一行第二列的元素.

$$\boldsymbol{P}^{(2)}=\boldsymbol{P}^2=\begin{bmatrix} \dfrac{5}{8} & \dfrac{5}{16} & \dfrac{1}{16} \\[2mm] \dfrac{5}{16} & \dfrac{1}{2} & \dfrac{3}{16} \\[2mm] \dfrac{3}{16} & \dfrac{9}{16} & \dfrac{1}{4} \end{bmatrix}.$$

所以 $P_{01}{}^{(2)}=\dfrac{5}{16}$，$P(X_0=0,X_2=1)=\dfrac{1}{3}\times\dfrac{5}{16}=\dfrac{5}{48}.$

(2) $P(X_2=1)=\displaystyle\sum_i q_i{}^{(0)}P_{i1}{}^{(2)}=\dfrac{1}{3}(P_{01}{}^{(2)}+P_{11}{}^{(2)}+P_{21}{}^{(2)})$

$\qquad\qquad\quad=\dfrac{1}{3}\left(\dfrac{5}{16}+\dfrac{1}{2}+\dfrac{9}{16}\right)=\dfrac{11}{24}.$

5.3　稳定概率矩阵

在马尔可夫链中,已知系统的初始状态和状态转移概率矩阵,就可推断出系统在任意时刻可能所处的状态.

当 k 不断增大时,$\boldsymbol{P}(k)$ 的变化趋势又是怎么样的呢?

5.3.1　平稳分布

如存在非零向量 $\boldsymbol{X}=(x_1,x_2,\cdots,x_N)$,使得 $\boldsymbol{XP}=\boldsymbol{X}$,其中 $\boldsymbol{P}$ 为一概率矩阵,则称 $\boldsymbol{X}$ 为 $\boldsymbol{P}$ 的固定概率向量.

特别地,设 $\boldsymbol{X}=(x_1,x_2,\cdots,x_N)$ 为一状态概率向量,$\boldsymbol{P}$ 为状态转移概率矩阵,若 $\boldsymbol{XP}=\boldsymbol{X}$,即 $\displaystyle\sum_{i=1}^{N}x_i p_{ij}=x_{ij}\ j=1,2,\cdots,N$,称 $\boldsymbol{X}$ 为该马尔可夫链的一个平稳分布性质.若随机过程某时刻的状态概率向量 $\boldsymbol{P}(k)$ 为平稳分布,则称过程处于平衡状态($\boldsymbol{XP}=\boldsymbol{X}$).

一旦过程处于平衡状态,则经过一步或多步状态转移之后,其状态概率分布保持不变,也就是说,过程一旦处于平衡状态后将永远处于平衡状态.

对于所讨论的状态有限(即 N 个状态)的马尔可夫链,平稳分布必定存在.

特别地,当状态转移矩阵为正规概率矩阵时,平稳分布唯一.

定义 5.6　如果 $\boldsymbol{P}$ 为概率矩阵,且存在 $m>0$,使 $\boldsymbol{P}^m$ 中诸元素皆非负非零,则称 $\boldsymbol{P}$ 为正规概率矩阵.

例如:$\boldsymbol{P}_1=\begin{pmatrix}0.4 & 0.6 \\ 0.6 & 0.4\end{pmatrix}$ 及 $\boldsymbol{P}_2=\begin{pmatrix}0 & 1 \\ 0.4 & 0.6\end{pmatrix}$ 均为正规概率矩阵.$\boldsymbol{P}_1$ 为正规概率矩阵是明显的($m=1$),$\boldsymbol{P}_2$ 是正规概率矩阵也易于论证.$\boldsymbol{P}_2^2=\begin{pmatrix}0 & 1 \\ 0.4 & 0.6\end{pmatrix}\begin{pmatrix}0 & 1 \\ 0.4 & 0.6\end{pmatrix}=$ $\begin{pmatrix}0.4 & 0.6 \\ 0.24 & 0.76\end{pmatrix}$,即存在 $m=2$,使 $\boldsymbol{P}^2$ 的元素皆非负非零.$\boldsymbol{P}_1=\begin{pmatrix}1 & 0 \\ 0.5 & 0.5\end{pmatrix}$ 是非正规概率

矩阵.

正规概率矩阵的这一性质很有实用价值.

因为在市场占有率是达到平稳分布时,顾客(或用户)的流动将对市场占有率不起影响. 即各市场主体丧失的顾客(或用户)与争取到的顾客相抵消.

5.3.2 稳态分布

例 5.11 甲、乙、丙三个食品厂顾客的 32 步转移概率.

$$\boldsymbol{P}^{32}=\begin{pmatrix} P_{11} & P_{12} & P_{13} \\ P_{21} & P_{22} & P_{23} \\ P_{31} & P_{32} & P_{33} \end{pmatrix}^{32}=\begin{pmatrix} 0.8 & 0.1 & 0.1 \\ 0.05 & 0.75 & 0.2 \\ 0.1 & 0.1 & 0.8 \end{pmatrix}^{32}$$

$$=\begin{pmatrix} 0.286 & 0.286 & 0.429 \\ 0.286 & 0.286 & 0.429 \\ 0.286 & 0.286 & 0.429 \end{pmatrix}.$$

可以看到每一列都有相同的值. 这说明不管初始状态三个食品厂占有多少顾客,经过 32 月之后处于状态 j 的概率都是相同的.

即经过多次转移之后,系统存在一个处于状态 j 的有限概率,此概率与系统原始状态无关.

对概率向量 $\boldsymbol{\pi}=(\pi_1,\pi_2,\cdots,\pi_N)$,如对任意的 $i,j\in S:\lim\limits_{m\to+\infty}\boldsymbol{P}_{ij}{}^{(m)}=\pi_j$,则称 $\boldsymbol{\pi}$ 为稳态分布.

此时,不管初始状态概率向量如何,均有 $\lim\limits_{m\to+\infty}P_j{}^{(m)}=\lim\limits_{m\to+\infty}\sum\limits_{i=1}^{N}P_i(0)P_{ij}{}^{(m)}=\sum\limits_{i=1}^{N}P_i(0)\pi_j=\pi_j$ 或 $\lim\limits_{m\to+\infty}P_j{}^{(m)}=\lim\limits_{m\to+\infty}(p_1(m),p_2(m),\cdots,p_N(m))=\boldsymbol{\pi}$,这也是称 $\boldsymbol{\pi}$ 为稳态分布的理由.

性质:设存在稳态分布 $\boldsymbol{\pi}=(\pi_1,\pi_2,\cdots,\pi_N)$,由于 $\boldsymbol{P}(k)=\boldsymbol{P}(k-1)\boldsymbol{P}$ 恒成立,令 $k\to\infty$,得 $\boldsymbol{\pi}=\boldsymbol{\pi P}$.

(1) 有限状态马尔可夫链的稳态分布如果存在,那么它也是平稳分布;

(2) 当马尔可夫链的状态转移概率矩阵为正规概率矩阵时稳态分布存在,稳态分布和平稳分布相同且均唯一.

例 5.12 设一马尔可夫链的状态转移矩阵如下,求其平稳分布及稳态分布.

$$\boldsymbol{P}=\begin{pmatrix} 0.5 & 0.25 & 0.25 \\ 0.5 & 0 & 0.5 \\ 0.25 & 0.25 & 0.5 \end{pmatrix}.$$

解:$\boldsymbol{P}$ 是正规概率矩阵

$$\boldsymbol{P}^{(2)}=\boldsymbol{P}^2=\begin{pmatrix} 0.4375 & 0.1875 & 0.375 \\ 0.375 & 0.25 & 0.375 \\ 0.375 & 0.1875 & 0.4375 \end{pmatrix}.$$

即存在 $m=2$,使 $\boldsymbol{P}^2$ 的元素皆非负非零.

由于 P 是正规概率矩阵,求解如下方程组:

$$\begin{cases} XP = X, \\ \sum_{i=1}^{3} x_i = 1. \end{cases}$$

$$X = (0.4, 0.2, 0.4).$$

这就是该马尔可夫链的稳态分布,而且也是平稳分布.

5.4　马尔可夫链预测法

马尔可夫链预测方法的最简单类型是预测下期最可能出现的状态. 步骤如下.

(1)划分预测对象所出现的状态

从预测目的出发,考虑决策需要来划分现象所处的状态.

(2)计算初始概率

据实际问题分析历史资料所得的状态概率称为初始概率.

(3)计算状态转移概率

(4)根据转移概率进行预测

如果目前预测对象处于状态 E_i,这时 P_{ij} 就描述了目前状态 E_i 在未来将转向状态 E_j($j = 1, 2, \cdots, N$)的可能性.

按最大可能性原则选择($P_{j1}, P_{j2}, \cdots, P_{jN}$)中最大者为预测结果.

例 5.13　某商店在最近 20 个月的商品销售量统计记录如表 5.5 所示.

表 5.5　　　　　　　　　　　　　　　　　　　　　　单位:千件

时间 t	1	2	3	4	5	6	7	8	9	10	11	12	13	14	15	16	17	18	19	20
销售量	40	45	80	120	110	38	40	50	62	90	110	130	140	120	55	70	45	80	110	120

试预测第 21 期商品销售量.

解:(1)划分状态:按盈利状况为标准

① 销售量<60 千件　　　　　　　属于滞销

② 60 千件≤销售量≤100 千件　　属于一般

③ 销售量>100 千件　　　　　　属于畅销

(2)计算初始概率 P_i

为使问题更为直观,绘制销售量散点图如图 5.7 所示,并画出状态分界线.

由图 5.7 可知,

滞销状态的有 $M_1 = 7$,

一般状态的有 $M_2 = 5$,

畅销状态的有 $M_3 = 8$.

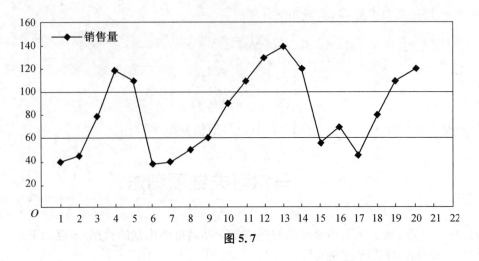

图 5.7

（3）计算初始转移概率矩阵

计算状态转移概率时，最后一个数据不参加计算，因为尚不清楚它转移至哪个状态.

$M_{11}=3$，$M_{12}=4$，$M_{13}=0$，$M_{21}=1$，$M_{22}=1$，$M_{23}=3$，$M_{31}=2$，$M_{32}=0$，$M_{33}=5$.

从而 $P_{11}=3/7$，$P_{12}=4/7$，$P_{13}=0/7$，$P_{21}=1/5$，$P_{22}=1/5$，

$P_{23}=3/5$，$P_{31}=2/7$，$P_{32}=0/7$，$P_{33}=5/7$.

滞销状态：$M_1=7$.

一般状态：$M_2=5$.

畅销状态：$M_3=8-1$.

$$P=\begin{bmatrix} \dfrac{3}{7} & \dfrac{4}{7} & \dfrac{0}{7} \\[2ex] \dfrac{1}{5} & \dfrac{1}{5} & \dfrac{3}{5} \\[2ex] \dfrac{2}{7} & 0 & \dfrac{5}{7} \end{bmatrix}$$

（4）预测第 21 月的销售情况

由于第 20 月的销售情况属于畅销状态，而经由一次转移到达三种状态的概率是

$$P_{31}=2/7,\ P_{32}=0/7,\ P_{33}=5/7,$$

$$P_{33}>P_{32}>P_{31}.$$

因此，第 21 月超过 100 千件的可能性最大，即预测第 21 月的销售状态是"畅销".

5.5　马尔可夫链的应用

5.5.1　市场占有率预测

例 5.14　东南亚各国行销上海、日本和香港三种味精,要预测在未来若干个月以后的市场占有情况.具体步骤如下.

(1) 进行市场调查

① 目前市场占有情况(顾客买上海、日本、香港味精的百分比)

结果:买上海味精的占 40%、买日本、香港的各占 30%,(40%、30%、30%)称为目前市场的占有分布或称初始分布.

② 查清顾客的流动情况

结果:

上月买上海味精的顾客,本月仍有 40%买上海味精,各有 30%转向买日本和香港味精.

上月买日本味精顾客,本月有 60%转向买上海味精,30%仍买日本味精,10%转向香港味精.

上月买香港味精的顾客,本月有 60%转向买上海味精,10%转向买日本味精,30%仍买香港味精.

(2) 建立数学模型

为了运算方便,以 1、2、3 分别代表上海、日本、香港味精,根据市场调查的结果,得到顾客购买味精的流动情况,如表 5.6 所示.

表 5.6

	上海	日本	香港
上海	40%	30%	30%
日本	60%	30%	10%
香港	60%	10%	30%

$$\boldsymbol{P}=\begin{pmatrix} p_{11} & p_{12} & p_{13} \\ p_{21} & p_{22} & p_{23} \\ p_{31} & p_{32} & p_{33} \end{pmatrix}=\begin{pmatrix} 0.4 & 0.3 & 0.3 \\ 0.6 & 0.3 & 0.1 \\ 0.6 & 0.1 & 0.3 \end{pmatrix}.$$

(3) 进行预测

设初始市场占有的分布是 $(p_1,p_2,p_3)=(0.4,0.3,0.3)$,三个月以后的市场占有分布是 $(p_1(3),p_2(3),p_3(3))$,则预测的公式是

$$(p_1(3),p_2(3),p_3(3))=(p_1,p_2,p_3)\begin{pmatrix} p_{11}^{(3)} & p_{12}^{(3)} & p_{13}^{(3)} \\ p_{21}^{(3)} & p_{22}^{(3)} & p_{23}^{(3)} \\ p_{31}^{(3)} & p_{32}^{(3)} & p_{33}^{(3)} \end{pmatrix}.$$

$$P(3)=(0.4 \quad 0.3 \quad 0.3)\begin{pmatrix} 0.4 & 0.3 & 0.3 \\ 0.6 & 0.3 & 0.1 \\ 0.6 & 0.1 & 0.3 \end{pmatrix}^3$$

$$=(0.500\,8 \quad 0.249\,6 \quad 0.249\,6).$$

三月后沪味精的市场占有率 $p_1(3)=0.500\,8$. 同理，三月后日、港味精的市场占有率 $p_2(3)=0.249\,6$，$p_3(3)=0.249\,6$.

经过 n 个月以后的市场占有率

$$(p_1(n),p_2(n),p_3(n))=(p_1,p_2,p_3)\begin{pmatrix} p_{11}(n) & p_{12}(n) & p_{13}(n) \\ p_{21}(n) & p_{22}(n) & p_{23}(n) \\ p_{31}(n) & p_{32}(n) & p_{33}(n) \end{pmatrix}$$

$$=(p_1,p_2,p_3)\begin{pmatrix} p_{11} & p_{12} & p_{13} \\ p_{21} & p_{22} & p_{23} \\ p_{31} & p_{32} & p_{33} \end{pmatrix}^n.$$

如果市场顾客流动趋势长期稳定下去，则经过一段时期以后的市场占有率将出现稳定的平衡状态.

所谓稳定的市场平衡状态，就是顾客的流动，将对市场占有率不起影响. 即在顾客流动过程中，各牌号产品丧失的顾客将与其争取到的顾客抵消.

（4）预测长期的市场占有率

一步转移概率矩阵 P 是正规概率矩阵，所以，长期的市场占有率即为平衡状态下的市场占有率，即马尔可夫链的平稳分布.

设长期市场市场占有率为 $X=(x_1 \quad x_2 \quad x_3)$，

$$\begin{cases} (x_1 \quad x_2 \quad x_3)\begin{pmatrix} 0.4 & 0.3 & 0.3 \\ 0.6 & 0.3 & 0.1 \\ 0.6 & 0.1 & 0.3 \end{pmatrix}=(x_1 \quad x_2 \quad x_3), \\ x_1+x_2+x_3=1. \end{cases}$$

得 $X=(x_1 \quad x_2 \quad x_3)=(0.5 \quad 0.25 \quad 0.25)$.

5.5.2　人力资源预测

例 5.15　某高校教师状态分为五类：助教、讲师、副教授、教授、流失及退休. 目前状态（550 人）：$P(0)=(135 \quad 240 \quad 115 \quad 60 \quad 0)$.

根据历史资料，$P=\begin{pmatrix} 0.6 & 0.4 & 0 & 0 & 0 \\ 0 & 0.6 & 0.25 & 0 & 0.15 \\ 0 & 0 & 0.55 & 0.21 & 0.24 \\ 0 & 0 & 0 & 0.8 & 0.2 \\ 0 & 0 & 0 & 0 & 1 \end{pmatrix}$.

试分析三年后教师结构以及三年内应进多少位新教师充实教师队伍.

一年后人员分布：

$$P(1)=P(0) \cdot P=(81+76 \quad 198 \quad 123 \quad 72 \quad 0).$$

要保持 550 人的总编制，流失 76 人，故第一年应进 76 位新教师.

第二年：

$$P(2)=P'(1) \cdot P=(94 \quad 182 \quad 117 \quad 83 \quad 74).$$

补充 74 人.

在第三年年底，人员结构为 $P'(2)=(94+74 \quad 182 \quad 117 \quad 83 \quad 0)$.

第三年：

$$P(3)=P'(2) \cdot P=(101 \quad 176 \quad 111 \quad 91 \quad 72).$$

补充 72 人.

在第三年年底，人员结构为 $P'(3)=(173 \quad 176 \quad 111 \quad 91 \quad 0)$.

5.5.3　策略与市场占有率预测

例 5.16　A、B、C 三公司的产品市场占有率分别为 50%，30%，20%. 由于 C 公司改善了销售与服务，销售额逐期稳定上升，而 A 公司却下降. 通过市场调查发现三个公司间的顾客流动情况如表 5.7 所示. 其中产品销售周期是季度.

表 5.7

公司	周期 0 的顾客数	周期 1 的供应公司		
		A	B	C
A	5 000	3 500	500	1 000
B	3 000	300	2 400	300
C	2 000	100	100	1 800
周期 2 的顾客数	—	3 900	3 000	3 100

按目前趋势发展，A 公司产品销售或客户转移的影响将严重到何种程度？三个公司产品的占有率将如何变化？

表 5.8

公司	A	B	C
A	3 500/5 000＝0.7	500/5 000＝0.1	1 000/5 000＝0.2
B	300/3 000＝0.1	2 400/3 000＝0.8	300/3 000＝0.1
C	100/2 000＝0.05	100/2 000＝0.05	1 800/2 000＝0.95

$$P=\begin{array}{c} \\ A \\ B \\ C \end{array}\begin{pmatrix} A & B & C \\ 0.7 & 0.1 & 0.2 \\ 0.1 & 0.8 & 0.1 \\ 0.05 & 0.05 & 0.9 \end{pmatrix}, \qquad P(0)=(0.5 \quad 0.3 \quad 0.2).$$

未来各期的市场占有率：

$$\boldsymbol{P}(1)=\boldsymbol{P}(0)\boldsymbol{P}=(0.5,0.3,0.2)\cdot\begin{pmatrix}0.7 & 0.1 & 0.2\\0.1 & 0.8 & 0.1\\0.05 & 0.05 & 0.9\end{pmatrix}=(0.39,0.3,0.31),$$

$$\boldsymbol{P}(2)=\boldsymbol{P}(1)\boldsymbol{P}=(0.319\quad0.294\quad0.387),$$

$$\boldsymbol{P}(3)=\boldsymbol{P}(2)\boldsymbol{P}=(0.272\quad0.286\quad0.442).$$

保销政策：C 的市场份额不断增大，是否可持续下去？

稳态市场占有率问题：

稳态市场占有率即平衡状态下的市场占有率，即马氏链的平稳分布.

$$(x_1,x_2,x_3)\cdot\begin{pmatrix}0.7 & 0.1 & 0.2\\0.1 & 0.8 & 0.1\\0.05 & 0.05 & 0.9\end{pmatrix}=(x_1,x_2,x_3),$$

$$x_1+x_2+x_3=1.$$

可解得 $x_1=0.176\,5, x_2=0.235\,3, x_3=0.588\,2.$

最佳经营策略：$\boldsymbol{P}(0)=(0.5\quad0.3\quad0.2).$

$$x_1=0.176\,5, x_2=0.235\,3, x_3=0.588\,2.$$

因于 A 厂不利，A 厂随后制定两套方案.

(1) 甲方案：保留策略，拉住老顾客

$$\boldsymbol{P}_{甲}=\begin{pmatrix}0.85 & 0.10 & 0.05\\0.10 & 0.80 & 0.10\\0.05 & 0.05 & 0.90\end{pmatrix},\quad\boldsymbol{P}=\begin{pmatrix} & A & B & C\\A & 0.7 & 0.1 & 0.2\\B & 0.1 & 0.8 & 0.1\\C & 0.05 & 0.05 & 0.9\end{pmatrix}.$$

新的平衡状态下 A、B、C 三公司的市场占有率分别为 $31.6\%, 26.3\%, 42.1\%$，A 公司的市场占有率从 17.65% 提高到 31.6%.

(2) 乙方案：争取策略，挖客户

$$\boldsymbol{P}_{乙}=\begin{pmatrix}0.7 & 0.1 & 0.2\\0.15 & 0.75 & 0.1\\0.15 & 0.05 & 0.8\end{pmatrix},\quad\boldsymbol{P}=\begin{pmatrix} & A & B\\A & 0.7 & 0.1\\B & 0.1 & 0.8\\C & 0.05 & 0.05\end{pmatrix}.$$

在新的平衡状态下，A、B、C 三家公司的市场占有率分别为 $33.3\%, 22.2\%, 44.5\%$.

5.5.4 期望利润预测

例 5.17 某商品每月市场状况有畅销和滞销两种. 1 代表畅销，2 代表滞销. 如产品畅销获利 50 万元；滞销将亏损 30 万元. 调查统计了过去 24 个月的销售记录，见表 5.9. 如当前月份该产品畅销，第 4 月前所获得的期望总利润为多少？

表 5.9

月份	1	2	3	4	5	6	7	8	9	10	11	12
销售状态	1	1	2	1	2	2	1	1	2	1	1	2
月份	13	14	15	16	17	18	19	20	21	22	23	24
销售状态	1	1	2	2	1	1	2	1	1	2	1	1

该产品在第 n 周期的状态用 X_n 表示，$X_n = \begin{cases} 1, & \text{第 } n \text{ 周期产品畅销,} \\ 2, & \text{第 } n \text{ 周期产品滞销.} \end{cases}$

一般地，设 $\{X_n\}$ 是状态空间为 $S = \{1, 2, \cdots, N\}$ 的齐次马氏链，其转移矩阵为 $P = (P_{ij})_{N \times N}$.

设 $r(i)$ 表示某周期系统处于状态 i 时获得的报酬. 称此马尔可夫链是具有报酬的. $r(i) > 0$ 时称为盈利，报酬，收益等；$r(i) < 0$ 时称为亏损，费用等.

1. 有限时段期望总报酬

记 $v_k(i)$ 表示初始状态为 i 的条件下，到第 k 步状态转移前所获得的期望总报酬（$k \geqslant 1, i \in S$）：$v_k(i) = \sum_{n=0}^{k-1} \text{第 } n \text{ 周期的期望报酬} = \sum_{n=0}^{k-1} E\{r(X_n) \mid X_0 = i\} = \sum_{n=0}^{k-1} (\sum_{j=1}^{N} P_{ij}^{(n)} r(j))$.

以例 5.17 说明，$k = 4$，$r(i)$ 表示某周期系统处于状态 i 时获得的报酬.

(1) $i = 1$，当前状态畅销 $v_4(1) = ?$

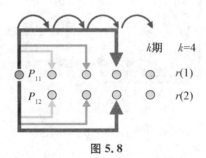

图 5.8

$$r(1) \quad p_{11}r(1) + p_{12}r(2)$$

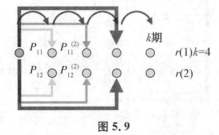

图 5.9

$$r(1) \quad p_{11}r(1) + p_{12}r(2)$$
$$p_{11}^{(2)}r(1) + p_{12}^{(2)}r(2)$$

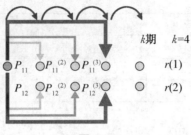

图 5.10

$$r(1) \quad p_{11}r(1)+p_{12}r(2)$$

$$p_{11}^{(2)}r(1)+p_{12}^{(2)}r(2)$$

$$p_{11}^{(3)}r(1)+p_{12}^{(3)}r(2)$$

到第 4 步状态转移前所获得的期望总报酬：

$$v_4(1)=r(1)+\sum_{n=1}^{4-1}(p_{11}^{(n)}r(1)+p_{12}^{(n)}r(2)).$$

(2) $i=2,v_4(2)=?$

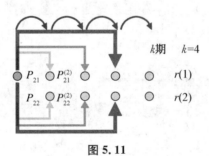

图 5.11

$$r(2) \quad p_{21}r(1)+p_{22}r(2)$$

$$p_{21}^{(2)}r(1)+p_{22}^{(2)}r(2)$$

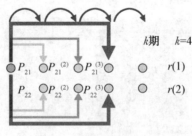

图 5.12

$$r(2) \quad p_{21}r(1)+p_{22}r(2)$$

$$p_{21}^{(2)}r(1)+p_{22}^{(2)}r(2)$$

$$p_{21}^{(3)}r(1)+p_{22}^{(3)}r(2)$$

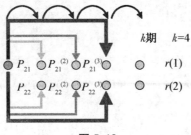

图 5.13

$$r(2) \quad p_{21}r(1) + p_{22}r(2)$$

$$p_{21}^{(2)}r(1) + p_{22}^{(2)}r(2)$$

$$p_{21}^{(3)}r(1) + p_{22}^{(3)}r(2)$$

到第 4 步状态转移前所获得的期望总报酬:

$$v_4(2) = r(2) + \sum_{n=1}^{4-1} (p_{21}^{(n)}r(1) + p_{22}^{(n)}r(2)),$$

$$v_4(1) = r(1) + \sum_{n=1}^{4-1} (p_{11}^{(n)}r(1) + p_{12}^{(n)}r(2)),$$

$$v_4(2) = r(2) + \sum_{n=1}^{4-1} (p_{21}^{(n)}r(1) + p_{22}^{(n)}r(2)).$$

记

$$\boldsymbol{V}_4 = (v_4(1), v_4(2))^{\mathrm{T}},$$

$$\boldsymbol{r} = (r(1), r(2))^{\mathrm{T}} \quad \boldsymbol{P}^{(n)} = \begin{pmatrix} p_{11}^{(n)} & p_{12}^{(n)} \\ p_{21}^{(n)} & p_{22}^{(n)} \end{pmatrix},$$

$$\boldsymbol{V}_4 = \boldsymbol{r} + \sum_{n=1}^{4-1} \boldsymbol{P}^{(n)}\boldsymbol{r} = \sum_{n=0}^{4-1} \boldsymbol{P}^{(n)}\boldsymbol{r} = \sum_{n=1}^{4-1} \boldsymbol{P}^n\boldsymbol{r}$$

$$= (\sum_{n=0}^{4-1} \boldsymbol{P}^n)\boldsymbol{r} + (\boldsymbol{E} + \boldsymbol{P} + \boldsymbol{P}^2 + \boldsymbol{P}^3)\boldsymbol{r}.$$

递推式:

$$\boldsymbol{V}_4 = (\sum_{n=0}^{4-1} \boldsymbol{P}^n)\boldsymbol{r} = \boldsymbol{r} + \boldsymbol{P}\sum_{n=0}^{3-1} \boldsymbol{P}^n\boldsymbol{r} = \boldsymbol{r} + \boldsymbol{P}\boldsymbol{V}_3,$$

$$v_4(i) = r(i) + \sum_{j=1}^{2} \boldsymbol{P}_{ij}v_3(j), i = 1, 2,$$

$$v_0(i) = 0, i = 1, 2.$$

一般地, $v_k(i) = \sum_{n=0}^{k-1}$ 第 n 周期的期望报酬:

记 $v_k(i) = (v_k(1), v_k(2), \cdots, v_k(N))^{\mathrm{T}} \boldsymbol{r} = (r(1), r(2), \cdots, r(N))^{\mathrm{T}},$

有

$$\boldsymbol{V}_k = \sum_{n=0}^{k-1} \boldsymbol{P}^n\boldsymbol{r} = (\boldsymbol{E} + \boldsymbol{P} + \boldsymbol{P}^2 + \cdots + \boldsymbol{P}^{k-1})\boldsymbol{r},$$

$$v_{k+1}(i) = r(i) + \sum_{j=1}^{N} \boldsymbol{P}_{ij}v_k(j), k \geqslant 0, i = 1, 2, \cdots, N,$$

$$\boldsymbol{V}_0(i) = 0, i = 1, 2, \cdots, N.$$

已知：$r=\begin{pmatrix} r(1) \\ r(2) \end{pmatrix}=\begin{pmatrix} 50 \\ 30 \end{pmatrix}$，$v_4(1)=?$

$i=1$，有三种形式的公式：

$$v_4(1)=r(1)+\sum_{n=1}^{4-1}(\boldsymbol{P}_{11}{}^{(n)}r(1)+\boldsymbol{P}_{12}{}^{(n)}r(2)),$$

$$\boldsymbol{V}_4=(\sum_{n=0}^{4-1}\boldsymbol{P}^n)r=(\boldsymbol{E}+\boldsymbol{P}+\boldsymbol{P}^2+\boldsymbol{P}^3)r,$$

$$v_4(i)=r(i)+\sum_{j=1}^{2}\boldsymbol{P}_{ij}v_3(j),i=1,2.$$

$$\boldsymbol{V}_0(i)=0,i=1,2,\cdots,N.$$

都需求出状态转移概率矩阵 $\boldsymbol{P}$.

估计状态转移矩阵 $\boldsymbol{P}$：以统计频率估计连续畅销的概率.

$$p_{11}=\frac{7}{15-1}=50\%.$$

分子 7 是表中连续出现畅销的次数，分母中的 15 是表中出现畅销的次数，因为第 24 月是畅销，无后续记录，故减 1.

$$p_{11}=\frac{7}{15-1}=50\%,\quad p_{12}=\frac{7}{15-1}=50\%,\quad p_{21}=\frac{7}{9}=78\%,\quad p_{22}=\frac{2}{9}\approx22\%,$$

$$\boldsymbol{P}=\begin{pmatrix} p_{11} & p_{12} \\ p_{21} & p_{22} \end{pmatrix}=\begin{pmatrix} 0.5 & 0.5 \\ 0.78 & 0.22 \end{pmatrix}.$$

$$r=\begin{pmatrix} r(1) \\ r(2) \end{pmatrix}=\begin{pmatrix} 50 \\ -30 \end{pmatrix},\quad \boldsymbol{P}=\begin{pmatrix} 0.5 & 0.5 \\ 0.78 & 0.22 \end{pmatrix},$$

$$\boldsymbol{V}_4=(\sum_{n=0}^{4-1}\boldsymbol{P}^n)r=(\boldsymbol{E}+\boldsymbol{P}+\boldsymbol{P}^2+\boldsymbol{P}^3)r,$$

$$\boldsymbol{V}_4=\begin{pmatrix} 1.875 & 0.875 \\ 1.86295 & 0.27905 \end{pmatrix}\begin{pmatrix} 50 \\ -30 \end{pmatrix}=\begin{pmatrix} 67.5 \\ 54.776 \end{pmatrix},$$

$$v_4(1)=67.5.$$

结果为如当前月份该产品畅销，第 4 月前所获得的期望总利润为 67.5 万.

2. 无限时段单位时间平均报酬

对 $i\in S$，定义初始状态为 i 的无限时段单位时间平均报酬为 $v(i)=\lim\limits_{k\to\infty}\dfrac{v_k(i)}{k}$.

记 $\boldsymbol{v}=(v(1)v(20)\cdots v(N))^{\mathrm{T}}$，$\boldsymbol{V}_k=(v_k(1),v_k(20)\cdots,v_k(N))^{\mathrm{T}}$.

$$\boldsymbol{V}_k=\sum_{n=0}^{k-1}\boldsymbol{P}^n r=(\boldsymbol{E}+\boldsymbol{P}+\boldsymbol{P}^2+\cdots+\boldsymbol{P}^{k-1})r. \tag{5.3}$$

则

$$v=\lim_{k\to\infty}\frac{\boldsymbol{V}_k}{k}=\lim_{k\to\infty}\frac{(\boldsymbol{E}+\boldsymbol{P}+\boldsymbol{P}^2+\cdots+\boldsymbol{P}^{k-1})r}{k}. \tag{5.4}$$

定义 5.7　对于概率向量 $\boldsymbol{\pi}=(\pi_1,\pi_2,\cdots,\pi_N)$，如对任的 $i,j\in S$，均有 $\lim\limits_{m\to+\infty}p_{ij}{}^{(m)}=\pi_j$，则称 $\boldsymbol{\pi}$ 为稳态分布.

$$\boldsymbol{P}^m=\begin{bmatrix} p_{11}{}^{(m)} & p_{12}{}^{(m)} & \cdots & p_{1N}{}^{(m)} \\ p_{21}{}^{(m)} & p_{22}{}^{(m)} & \cdots & p_{2N}{}^{(m)} \\ \cdots & \cdots & \cdots & \cdots \\ p_{N1}{}^{(m)} & p_{N2}{}^{(m)} & \cdots & p_{NN}{}^{(m)} \end{bmatrix}\to\begin{bmatrix} \pi_1 & \pi_2 & \cdots & \pi_N \\ \pi_1 & \pi_2 & \cdots & \pi_N \\ \cdots & \cdots & \cdots & \cdots \\ \pi_1 & \pi_2 & \cdots & \pi_N \end{bmatrix}. \tag{5.5}$$

可以证明，此时：

$$\boldsymbol{v}=\lim_{k\to\infty}\frac{\boldsymbol{V}_k}{k}=\lim_{k\to\infty}\frac{(\boldsymbol{E}+\boldsymbol{P}+\boldsymbol{P}^2+\cdots+\boldsymbol{P}^{k-1})\boldsymbol{r}}{k}$$

$$=\lim_{k\to\infty}\boldsymbol{P}^k\boldsymbol{r}$$

$$=\begin{bmatrix} \pi_1 & \pi_2 & \cdots & \pi_N \\ \pi_1 & \pi_2 & \cdots & \pi_N \\ \vdots & \vdots & & \vdots \\ \pi_1 & \pi_2 & \cdots & \pi_N \end{bmatrix}\begin{bmatrix} r(1) \\ r(2) \\ \vdots \\ r(N) \end{bmatrix}=\begin{bmatrix} \sum\limits_{j=1}^{N}\pi_j r(j) \\ \sum\limits_{j=1}^{N}\pi_j r(j) \\ \vdots \\ \sum\limits_{j=1}^{N}\pi_j r(j) \end{bmatrix}. \tag{5.6}$$

即无限时段单位时间平均报酬与初始状态无关，均为 $v(i)=\sum\limits_{j=1}^{N}\pi_j r(j)$.

3. 无限时段期望折扣总报酬

在现实生活中，今年的一元钱购买力将大于明年的一元钱，即明年的一元钱折算到现在计算，就不值一元钱了，如为 $\beta\in(0,1)$，这个 β 就称为折扣因子.

实际上，在企业管理中当考虑贷款、折旧等时都必须考虑到钱的增值问题. 如将钱存于银行，年息为 ρ，则 ρ 与 β 有如下关系：

$$\beta=\frac{1}{1+\rho}.$$

对有报酬的马氏链，定义从状态 i 出发的无限时段期望折扣总报酬为 $v_\beta(i)=\sum\limits_{t=0}^{\infty}\beta^t$，第 t 周期的期望报酬，$i\in S$，于是 $v_\beta(i)=\sum\limits_{t=0}^{\infty}\beta^t\cdot\sum\limits_{j}p_{ij}{}^{(t)}r(j)$，记

$$\boldsymbol{V}_\beta=(v_\beta(1),v_\beta(2),\cdots,v_\beta(N))^{\mathrm{T}}.$$

则 $\boldsymbol{V}_\beta=\sum\limits_{t=0}^{\infty}\beta^t\cdot\boldsymbol{P}^t\boldsymbol{r}=(\boldsymbol{E}-\beta\boldsymbol{p})^{-1}\boldsymbol{r}$.

示例：$1+r+r^2+\cdots+r^t+\cdots=\dfrac{1}{1-r}(|r|<1)$.

称 $v_k(i),v(i),v_\beta(i)$ 为具有报酬的马氏链的三种目标函数. 利用其中的任一个目标函数，可以讨论不同策略的优劣.

例 5.18 研究一化工企业对循环泵进行季度维修的过程. 每次检查中, 把泵按其外壳及叶轮的腐蚀程度定为五种状态中的一种. 这五种状态如下.

状态 1: 优秀状态, 无任何故障或缺陷;

状态 2: 良好状态, 稍有腐蚀;

状态 3: 及格状态, 轻度腐蚀;

状态 4: 可用状态, 大面积腐蚀;

状态 5: 不可运行状态, 腐蚀严重.

该公司可采用的维修策略有以下几种.

单状态策略: 处于状态 5 时才进行修理, 每次修理费为 500 元.

两状态策略: 处于状态 4 和 5 时进行修理, 处于状态 4 时的修理费用每次为 250 元, 处于状态 5 时的每次修理费用为 500 元.

三状态策略: 处于状态 3, 4, 5 时进行修理, 处于状态 3 时的每次修理费用为 200 元, 处于状态 4 和 5 时的修理费用同前.

目前, 公司采用的维修策略为"单状态"策略.

假定不管处于何种状态, 只要进行修理, 状态都将恢复为状态 1. 已知在不进行任何修理时的状态转移概率, 如表 5.10 所示.

表 5.10

泵在周期 n 的状态	泵在周期 $(n+1)$ 的状态				
	1	2	3	4	5
1	0.00	0.60	0.20	0.10	0.10
2	0.00	0.30	0.40	0.20	0.10
3	0.00	0.00	0.40	0.40	0.20
4	0.00	0.00	0.00	0.50	0.50
5	0.00	0.00	0.00	0.00	1.00

试确定哪个策略的费用最低, 及目标为长期运行单位时间平均报酬.

$$v(i) = \sum_{j=1}^{N} \pi_j r(j), \quad \pi P = \pi,$$

需知 r 和 P.

不维修时的状态转移概率矩阵 $P = \begin{pmatrix} 0 & 0.6 & 0.2 & 0.1 & 0.1 \\ 0 & 0.3 & 0.4 & 0.2 & 0.1 \\ 0 & 0 & 0.4 & 0.4 & 0.2 \\ 0 & 0 & 0 & 0.5 & 0.5 \\ 0 & 0 & 0 & 0 & 1 \end{pmatrix}$.

单状态策略下:

$$r = (0 \quad 0 \quad 0 \quad 0 \quad 500)^{\mathrm{T}},$$

$$\boldsymbol{\pi P_1} = \boldsymbol{\pi}, \boldsymbol{P_1} = \begin{pmatrix} 0 & 0.6 & 0.2 & 0.1 & 0.1 \\ 0 & 0.3 & 0.4 & 0.2 & 0.1 \\ 0 & 0 & 0.4 & 0.4 & 0.2 \\ 0 & 0 & 0 & 0.5 & 0.5 \\ 1 & 0 & 0 & 0 & 0 \end{pmatrix}.$$

解得 $\boldsymbol{\pi} = (0.199, 0.170, 0.180, 0.52, 0.199)$.

从而 $v(i) = \sum \pi_j r(j) = 500 \times 0.199 = 99.5$.

与 i 无关.

两状态策略下:

$$\boldsymbol{r} = (0 \quad 0 \quad 0 \quad 250 \quad 500)^{\mathrm{T}}, \quad \boldsymbol{\pi P_2} = \boldsymbol{\pi},$$

$$\boldsymbol{P_2} = \begin{pmatrix} 0 & 0.6 & 0.2 & 0.1 & 0.1 \\ 0 & 0.3 & 0.4 & 0.2 & 0.1 \\ 0 & 0 & 0.4 & 0.4 & 0.2 \\ 1 & 0 & 0 & 0 & 0 \\ 1 & 0 & 0 & 0 & 0 \end{pmatrix}, \boldsymbol{P} = \begin{pmatrix} 0 & 0.6 & 0.2 & 0.1 & 0.1 \\ 0 & 0.3 & 0.4 & 0.2 & 0.1 \\ 0 & 0 & 0.4 & 0.4 & 0.2 \\ 0 & 0 & 0 & 0.5 & 0.5 \\ 0 & 0 & 0 & 0 & 1 \end{pmatrix}.$$

解得 $\boldsymbol{\pi} = (0.266, 0.228, 0.241, 0.168, 0.097)$.

从而 $v(i) = \sum \pi_j r(j) = 0.168 \times 250 + 0.097 \times 500 = 90.50$.

三状态策略下:

$$\boldsymbol{r} = (0 \quad 0 \quad 200 \quad 250 \quad 500)^{\mathrm{T}}, \quad \boldsymbol{\pi P_3} = \boldsymbol{\pi},$$

$$\boldsymbol{P_3} = \begin{pmatrix} 0 & 0.6 & 0.2 & 0.1 & 0.1 \\ 0 & 0.3 & 0.4 & 0.2 & 0.1 \\ 1 & 0 & 0 & 0 & 0 \\ 1 & 0 & 0 & 0 & 0 \\ 1 & 0 & 0 & 0 & 0 \end{pmatrix}, \boldsymbol{P} = \begin{pmatrix} 0 & 0.6 & 0.2 & 0.1 & 0.1 \\ 0 & 0.3 & 0.4 & 0.2 & 0.1 \\ 0 & 0 & 0.4 & 0.4 & 0.2 \\ 0 & 0 & 0 & 0.5 & 0.5 \\ 0 & 0 & 0 & 0 & 1 \end{pmatrix}.$$

解得 $\boldsymbol{\pi} = (0.35, 0.30, 0.19, 0.095, 0.065)$.

从而 $v(i) = \sum \pi_j r(j) = 0.19 \times 200 + 0.095 \times 250 + 0.065 \times 500 = 94.25$.

单状态策略下:

$$v(i) = 99.5.$$

两状态策略下:

$$v(i) = 90.50.$$

三状态策略下:

$$v(i) = 94.25.$$

因此,两状态策略为最优策略,平均每周期的费用为 90.50 元.

第6章 数据理论之数理统计

6.1 数理统计的基本概念

每当提到数据科学中数据理论之数理统计,我们都会想,概率论与数理统计是研究什么的? 在回答这个问题之前,我们先来定义三个词语.

随机现象——指的是那些带有不确定性和统计规律性的事件或过程.

概率论——从数量上研究随机现象的统计规律性的科学.

数理统计——从应用角度研究处理随机性数据,建立有效的统计方法,进行统计推理.

6.2 样本与统计量

6.2.1 总体与样本

定义 6.1 研究对象的全体称为总体或母体,通常指研究对象的某项数量指标.组成总体的每个基本元素称为个体.从本质上讲,总体就是所研究的随机变量或随机变量的分布.

定义 6.2 从总体 X 中随机抽取 n 个个体,得到 n 个随机变量 $X_1, X_2, \cdots, X_n$,称 $X_1, X_2, \cdots, X_n$ 为总体的一个样本,n 为样本容量,样本中的个体称为样品.抽样结束后,便得到 n 个具体的试验数据,记为 $X_1, X_2, \cdots, X_n$,称它为一组样本观察值,简称样本值.

定义 6.3 来自总体的部分个体 $X_1, \cdots, X_n$,如果满足:

(1) 同分布性(随机性):$X_i(i=1, \cdots, n)$ 与总体同分布;

(2) 独立性:$X_1, \cdots, X_n$ 相互独立.

则称为容量为 n 的简单随机样本,简称样本 X_n.

对于有限总体,采用有放回的抽样可以得到简单随机样本,但是实际使用时并不方便,所以当总体数量远远超出样本数量时,我们常用无放回的抽样近似代替有放回的抽样.而对于无限总体,仍然采用无放回抽样来得到简单随机样本.

统计学的任务之一是运用已有的样本观察数据来推断总体的性质和分布.如图 6.1 所示,样本在这一过程中充当了连接两者的纽带.总体的分布方式决定了样本数据的概率分布,也就是样本观察值的可能性规律.因此,我们可以借助样本观察值的统计分析来进行对总体的合理推断.

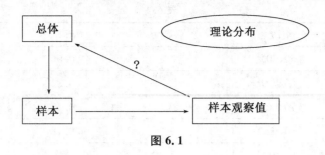

图 6.1

例 6.1 设总体 $X \sim B(1, p)$，$(X_1, X_2, \cdots X_n)$ 为其一个简单随机样本，则样本空间

$$\Omega = \{(x_1, x_2, \cdots, x_n) \mid x_i = 0, 1; i = 1, 2, \cdots, n\},$$

因为

$$P\{X = x\} = p^x \cdot (1-p)^{1-x}, x = 0, 1.$$

所以样本的联合分布列为

$$P\{X_1 = x_1, X_2 = x_2, \cdots, X_n = x_n\} = P\{X_1 = x_1\} P\{X_2 = x_2\} \cdots P\{X_n = x_n\}$$
$$= p^{x_1}(1-p)^{1-x_1} p^{x_2}(1-p)^{1-x_2} \cdots p^{x_n}(1-p)^{1-x_n} (x_i = 0, 1; i = 1, 2, \cdots, n).$$

6.2.2 频数表与直方图

在实际统计工作中，需要对样本数据加以整理，常用的方法有列频数表和画图法，利用它们可以粗略地显示出数据的分布情况。针对一组观察数据，我们首先要对它进行分组，各组区间长度称为组距，然后计算出各组的频数，从而可以列出频数表。有时候利用作图方法能更直观地显示数据特征，一般可以利用直方图或折线图来表示。

列频数表的一般步骤如下。

（1）确定最大值和最小值，并计算极差＝最大值－最小值；

（2）根据极差确定组段数及组距，要求包含最小值和最大值，一般可使组距相等，每个组段包括左端点或右端点，且组段数取整；

（3）计算频数或频率并列表。

作直方图时，通常用直角坐标系的横坐标表示数据分组情况，纵坐标表示频数，这样就得到了频数直方图。如果将频数改为频率，将得到频率表以及频率直方图。如果再将频数或频率直方图中矩形上方的中点连接起来，并使端点与横轴相交，得到的图形称为折线图。

例 6.2 某班 50 名同学数学考试成绩数据如下。

$$
\begin{array}{cccccccccc}
75 & 69 & 87 & 88 & 82 & 84 & 89 & 89 & 98 & 95 \\
98 & 78 & 76 & 88 & 77 & 65 & 69 & 75 & 55 & 70 \\
76 & 77 & 89 & 83 & 75 & 69 & 76 & 72 & 71 & 75 \\
63 & 78 & 52 & 69 & 66 & 100 & 64 & 51 & 96 & 79 \\
67 & 68 & 65 & 73 & 78 & 71 & 66 & 78 & 72 & 76 \\
\end{array}
$$

解：频数表如表 6.1 所示。

表 6.1

组序	组段	频数	频率	累计频率
1	$[50,60)$	3	0.06	0.06
2	$[60,70)$	12	0.24	0.3
3	$[70,80)$	21	0.42	0.72
4	$[80,90)$	9	0.18	0.9
5	$[90,100]$	5	0.1	1
合计		50		1

频率直方图与折线图如图 6.2 所示.

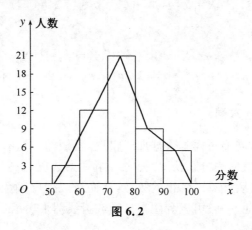

图 6.2

6.2.3 统计量

定义 6.4 设 $(X_1, X_2, \cdots, X_n)$ 是来自总体 X 的一个样本, $T(X_1, X_2, \cdots, X_n)$ 是样本的函数, 若 T 中不含任何未知参数, 则称 $T(X_1, X_2, \cdots, X_n)$ 是一个统计量 (statistic). 设 $(x_1, x_2, \cdots, x_n)$ 是对应于样本 $(X_1, X_2, \cdots, X_n)$ 的样本值, 则称 $T(x_1, x_2, \cdots, x_n)$ 为 $T(X_1, X_2, \cdots, X_n)$ 的观察值. 统计量的分布称为抽样分布.

注: ① 若 $X_1, X_2, \cdots, X_n$ 为样本, 则 $\sum\limits_{i=1}^{n} X_i, \sum\limits_{i=1}^{n} X_i^2$ 都是统计量.

② 当 μ, σ^2 未知时, $\sum\limits_{i=1}^{n}(X_i - \mu)^2, \dfrac{X_1}{\sigma}$ 等均不是统计量.

下面介绍几个常用统计量.

1. 样本均值

设 X_1, X_2, X_n 为取自某总体 X 的样本, 其算术平均值称为样本均值, 一般用 $\overline{X}$ 表示, 即

$$\overline{X} = \frac{X_1 + X_2 + \cdots + X_n}{n} = \frac{1}{n}\sum_{i=1}^{n} X_i. \tag{6.1}$$

2. 样本方差

设 X_1,X_2,X_n 为取自某总体 X 的样本,则它关于样本均值 $\overline{X}$ 的平均偏差平方和

$$S^2 = \frac{1}{n-1}\sum_{i=1}^{n}(X_i - \overline{X})^2 \tag{6.2}$$

称为样本方差,其算术平方根 $S = \sqrt{S^2}$ 称为样本标准差.

3. 样本矩

设 X_1,X_2,X_n 是样本,则统计量

$$A_k = \frac{1}{n}\sum_{i=1}^{n}X_j{}^k \tag{6.3}$$

称为样本 k 阶原点矩,特别地,样本一阶原点矩就是样本均值.

4. 中心矩

设 X_1,X_2,X_n 是样本,则统计量

$$B_k = \frac{1}{n}\sum_{i=1}^{n}(X_i - \overline{X})^k \tag{6.4}$$

称为样本 k 阶中心矩.

例 6.3 设总体 X 的期望 $E(X)=\mu$,方差 $D(X)=\sigma^2$,$(X_1,X_2,\cdots,X_n)$ 是来自总体 X 的一个样本,试求 $E(\overline{X})$、$D(\overline{X})$、$E(S^2)$.

解:因为 $X_1,X_2,\cdots,X_n$ 与 X 有相同的分布,所以 $E(X_i)=\mu$,$D(X_i)=\sigma^2(i=1,2,\cdots,n)$,又因为 $X_1,X_2,\cdots,X_n$ 相互独立,所以

$$E(\overline{X})=E\left(\frac{1}{n}\sum_{i=1}^{n}X_i\right)=\frac{1}{n}E\left(\sum_{i=1}^{n}X_i\right)=\mu,$$

$$D(\overline{X})=D\left(\frac{1}{n}\sum_{i=1}^{n}X_i\right)=\frac{1}{n^2}D\left(\sum_{i=1}^{n}X_i\right)=\frac{\sigma^2}{n}.$$

由 $X_1,X_2,\cdots,X_n$ 相互独立,所以 $X_1{}^2,X_2{}^2,\cdots,X_n{}^2$ 相互独立,且与 X^2 同分布,从而

$$E(X_i{}^2)=E(X^2)=\mu^2+\sigma^2(i=1,2,\cdots,n),$$

而

$$E(\overline{X}^2)=D(\overline{X})+(E(\overline{X}))^2=\frac{\sigma^2}{n}+\mu^2,$$

所以

$$E(S^2)=E\left(\frac{1}{n-1}\left(\sum_{i=1}^{n}X_i{}^2 - n\overline{X}^2\right)\right)=\frac{1}{n-1}\left(\sum_{i=1}^{n}E(X_i{}^2)-nE(\overline{X}^2)\right)$$

$$=\frac{1}{n-1}\left(n(\sigma^2+\mu^2)-n\left(\frac{\sigma^2}{n}+\mu^2\right)\right)=\sigma^2.$$

6.3 抽样分布

1. χ^2 分布(卡方分布)

定义 6.5 设 $X_1, X_2, \cdots, X_n$ 独立同分布于标准正态分布 $N(0,1)$，则 $\chi^2 = X_1{}^2 + X_2{}^2 + \cdots + X_n{}^2$ 的分布称为自由度为 n 的分布 χ^2 分布，记为 $\chi^2 \sim \chi^2(n)$，其概率密度函数为

$$f(x) = \begin{cases} \dfrac{1}{2^{\frac{n}{2}} \Gamma\left(\dfrac{n}{2}\right)} x^{\frac{n}{2}-1} e^{-\frac{x}{2}}, & x > 0, \\ 0, & x \leqslant 0. \end{cases} \tag{6.5}$$

其中 $\Gamma\left(\dfrac{n}{2}\right) = \displaystyle\int_0^{+\infty} x^{\frac{n}{2}-1} e^{-x} \mathrm{d}x$.

其图形如图 6.3 所示，从图中可以看出，卡方分布一般为右偏分布，随着 n 的增大，密度函数曲线逐渐趋于对称，并与正态分布相似.

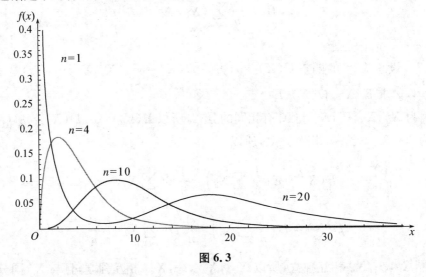

图 6.3

(1) 分位数

设 $X \sim X^2(n)$，若对于 $\alpha, 0 < \alpha < 1$，存在实数 $\chi_\alpha{}^2(n) > 0$，满足 $P\{X > \chi_\alpha{}^2(n)\} = \displaystyle\int_{\chi_\alpha{}^2(n)}^{+\infty} f(x)\mathrm{d}x = \alpha$，则称 $\chi_\alpha{}^2(n)$ 为 $\chi^2(n)$ 分布的上侧 α 分位数(分位点)，如图 6.4 所示.

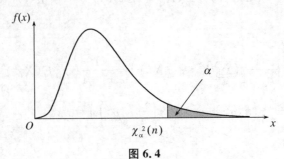

图 6.4

（2）χ^2 分布的性质

① 分布可加性：若 $X\sim\chi^2(n_1)$，$Y\sim\chi^2(n_2)$，X,Y 相互独立，则 $X+Y\sim\chi^2(n_1+n_2)$.

② 期望与方差：若 $X\sim\chi^2(n)$，则 $E(X)=n$，$D(X)=2n$.

例 6.4　设 (X_1,X_2,X_{10}) 为来自总体 $X\sim N(\mu,0.5^2)$ 的一个样本，计算 $P\left\{\sum\limits_{i=1}^{10}(X_i-\mu)^2\geqslant1.68\right\}$.

解：由于 $\chi^2=\dfrac{1}{0.5^2}\sum\limits_{i=1}^{10}(X_i-\mu)^2\sim\chi^2(10)$，

故 $P\left\{\sum\limits_{i=1}^{10}(X_i-\mu)^2\geqslant1.68\right\}=P\left\{\dfrac{1}{0.5^2}\sum\limits_{i=1}^{10}(X_i-\mu)^2\geqslant\dfrac{1.68}{0.5^2}\right\}=P\{\chi^2\geqslant6.72\}$.

查表得 $\chi^2(10)_{0.75}=6.737$，所以 $P\left\{\sum\limits_{i=1}^{10}(X_i-\mu)^2\geqslant1.68\right\}=0.75$.

2. t 分布

定义 6.6　设 X 与 Y 相互独立，且 $X\sim N(0,1)$，$Y\sim\chi^2(n)$，则称 $T=\dfrac{X}{\sqrt{Y/n}}$ 的分布是自由度 n 的 t 分布，记为 $T\sim t(n)$，其概率密度函数为

$$f(x)=\frac{\Gamma\left(\dfrac{n+1}{2}\right)}{\sqrt{n\pi}\,\Gamma\left(\dfrac{n}{2}\right)}\left(1+\frac{x^2}{n}\right)^{\frac{n+1}{2}},\quad-\infty<x<\infty. \tag{6.6}$$

概率密度函数的图形如图 6.5 所示.

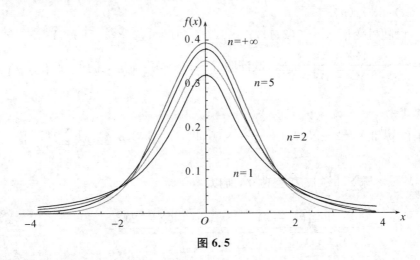

图 6.5

从图 6.5 中可以看出，t 分布关于纵轴对称，当 n 充分大时，t 分布近似于标准正态分布.

（1）t 分布的性质

① $f(x)$ 关于 $x=0$（纵轴）对称.

② $f(x)$ 的极限为 $N(0,1)$ 的密度函数,即

$$\lim_{n\to\infty}f(x)=\Phi(x)=\frac{1}{\sqrt{2\pi}}e^{-\frac{x^2}{2}}, -\infty<x<\infty. \tag{6.7}$$

(2) 分位数

如图 6.6 所示,设 $T\sim t(n)$,若对 $\alpha:0<\alpha<1$,存在 $t_\alpha(n)>0$,满足

$$P\{X>t_\alpha(n)\}=\int_{t_\alpha(n)}^{+\infty}f(x)\mathrm{d}x=\alpha,$$

则称 $t_\alpha(n)$ 为 $t(n)$ 的上侧 α 分位数(分位点).

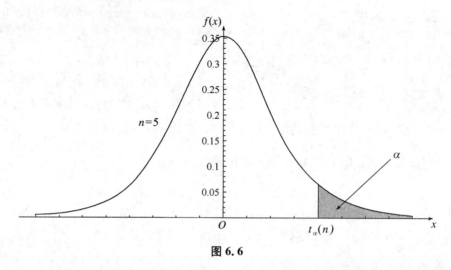

图 6.6

注:$t_{1-\alpha}(n)=-t_\alpha(n)$.

例 6.5 设随机变量 $X\sim N(2,1)$,$Y_i\sim N(0,4)i=1,2,3,4$,且 X,Y_1,Y_2,Y_3,Y_4 相互独立,令 $T=\dfrac{4(X-2)}{\sqrt{Y_1^2+Y_2^2+Y_3^2+Y_4^2}}$,试证明 $T\sim t(4)$,并确定 t 的值,使得 $P\{|T|>t\}=0.05$.

解:由条件易知 $X-2\sim N(0,1)$,$\dfrac{Y_i}{2}\sim N(0,1)$,$(i=1,2,3,4)$,故 $\sum\limits_{i=1}^{4}\left(\dfrac{Y_i}{2}\right)^2\sim\chi^2(4)$,

又因为 $X-2$ 与 $\sum\limits_{i=1}^{4}\left(\dfrac{Y_i}{2}\right)^2$ 相互独立,所以

$$T=\frac{4(X-2)}{\sqrt{Y_1^2+Y_2^2+Y_3^2+Y_4^2}}=\frac{(X-2)}{\sqrt{\sum\limits_{i=1}^{4}\left(\dfrac{Y_i}{2}\right)^2/4}}\sim t(4).$$

由 $P\{|T|>t\}=0.05$ 及 $n=4$,查表可得 $t=t_{0.025}(4)=2.7764$.

3. F 分布

定义 6.7 设 $X\sim\chi^2(m)$,$Y\sim\chi^2(n)$,X 与 Y 相互独立,则称 $F=\dfrac{X/m}{Y/m}$ 的分布是自由度

为 m 与 n 的 F 分布,记为 $F \sim F(m,n)$.其中 m 称为分子自由度(第一自由度),n 称为分母自由度(第二自由度).

其概率密度函数为

$$f(x) = \begin{cases} \dfrac{\Gamma\left(\dfrac{m+n}{2}\right)}{\Gamma\left(\dfrac{m}{2}\right)\Gamma\left(\dfrac{n}{2}\right)}\left(\dfrac{m}{n}\right)\left(\dfrac{m}{n}x\right)^{\frac{m}{2}-1}\left(1+\dfrac{m}{n}x\right)^{-\frac{m+n}{2}}, & x>0, \\ 0, & x \leqslant 0. \end{cases} \tag{6.8}$$

概率密度函数的图形如图 6.7 所示.

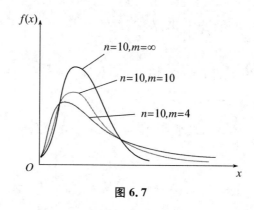

图 6.7

(1) F 分布的性质

$$F \sim F(m,n) \Rightarrow \frac{1}{F} \sim F(n,m). \tag{6.9}$$

(2) 分位数

如图 6.8 所示,对于 α,$0<\alpha<1$,若存在实数 $F_\alpha(m,n)>0$,满足 $P\{F \geqslant F_\alpha(m,n)\}=\alpha$,则称 $F_\alpha(m,n)$ 为 $F(m,n)$ 的上侧 α 分位数.

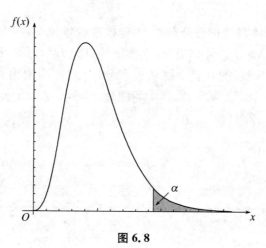

图 6.8

注：$F_{1-\alpha}(m,n)=\dfrac{1}{F_\alpha(n,m)}$.

例 6.6 设 $T \sim t(n)$，证明 $T^2 \sim F(1,n)$，并求当 $n=4$ 时概率 $P\{T^2>4.54\}$ 的值.

解：因为 $T \sim t(n)$，根据定义知 $T=\dfrac{X}{\sqrt{Y/n}}$，其中 $X \sim N(0,1)$，$Y \sim \chi^2(n)$，且 X 与 Y 相互独立，由定义知，$X^2 \sim \chi^2(1)$，再根据定义即得

$$T^2=\frac{X^2/1}{Y/n}\sim F(1,n).$$

当 $n=4$ 时，$T \sim t(4)$，$T^2 \sim F(1,4)$.

查 F 分布表得 $P\{T^2>4.54\}=0.1$.

也可以查 t 分布表得

$$P\{T^2>4.54\}=P\{|T|>2.13\}=2P\{T>2.13\}=2\times0.05=0.1.$$

4. 正态总体下的抽样分布

定理 6.1 设 $X_1,X_2,\cdots,X_n$，是来自正态总体 $N(\mu,\sigma^2)$ 的样本其样本均值和样本方差分别为

$$\overline{X}=\frac{1}{n}\sum_{i=1}^{n}X_i, \tag{6.10}$$

$$S^2=\frac{1}{n-1}\sum_{i=1}^{n}(X_i-\overline{X})^2. \tag{6.11}$$

则有　(1) $\overline{X}N\left(\mu,\dfrac{\sigma^2}{n}\right)$ 或 $\dfrac{\overline{X}-\mu}{\sigma/\sqrt{n}}N(0,1)$；

(2) $\overline{X}$ 与 S^2 相互独立；

(3) $\dfrac{(n-1)\cdot S^2}{\sigma^2}\sim \chi^2(n-1)$.

定理 6.1 表明：当总体服从正态分布时，无论样本容量大小，样本均值总服从正态分布，且样本均值的期望 $E(\overline{X})$ 等于总体均值，样本均值的方差 $D(\overline{X})$ 等于总体方差的 $1/n$.

例 6.7 已知某单位职工的月奖金服从正态分布，总体均值为 200，总体标准差为 40，从该总体抽取一个容量为 20 的样本，求样本均值介于 190～210 的概率.

解：已知总体 $X \sim N(200,40^2)$，$n=20$，

则 $E(\overline{X})=200$，$D(\overline{X})=\dfrac{1}{20}\times40^2=80$，

于是得 $\overline{X} \sim N(200,80)$，

$$P\{190<\overline{X}<210\}=\Phi\left(\frac{210-200}{\sqrt{80}}\right)-\Phi\left(\frac{190-200}{\sqrt{80}}\right)$$

$$\approx 2\Phi(1.118)-1\approx2\times0.868\,6-1$$
$$=0.737\,2.$$

6.4　参数估计

在学习上述内容后,我们确实获得了许多有价值的知识. 现在,让我们来探讨一个重要的统计推断问题,即参数估计. 参数估计是一种方法,通过利用从总体中抽取的样本信息来估计总体的某些参数或参数的函数. 通过参数估计,我们可以解决各种实际问题. 例如:估计新生儿的体重、估计废品率、估计湖中鱼数、估计降雨量等.

设有一个统计总体,总体的分布函数为 $F(x,\theta)$,其中 θ 为未知参数(θ 可以是向量). 现从该总体抽样,得样本 $X_1, X_2, \cdots, X_n$,要依据该样本对参数 θ 作出估计,或估计 θ 的某个已知函数 $g(\theta)$. 这类问题称为参数估计,有两种形式:点估计和区间估计.

例如,我们要估计某队男生的平均身高(假定身高服从正态分布 $N(\mu, 0.1^2)$). 现从该总体选取容量为 5 的样本,我们的任务是要根据选出的样本(5 个数)求出总体均值的估计,而全部信息就由这 5 个数组成.

设这 5 个数是

$$1.65, \ 1.67, \ 1.68, \ 1.78, \ 1.69.$$

估计 μ 为 1.68,这是点估计;

估计 μ 在区间 $[1.57, 1.84]$ 内,这是区间估计.

6.4.1　点估计

设总体 X 的分布函数为 $F(x,\theta)$,其中 x 为随机变量 X 的观测值,θ 是由一个未知参数或几个未知参数组成的参数向量,设 Θ 是参数 θ 可能取值的参数空间.

定义 6.8　设总体分布 $F(x,\theta)$ 中参数 θ 未知. 构造样本统计量 $\hat{\theta} = \hat{\theta}(X_1, \cdots, X_n)$ 用于估计参数 θ,将样本 $X_1, X_2, \cdots, X_n$ 的观测值 $(X_1, X_2, \cdots, X_n)$ 代入函数 $\hat{\theta}(x_1, \cdots, x_n)$ 即可获得 θ 的一个估计值. 这种使用一个点 $\hat{\theta}$ 去估计另一个点 θ 的估计方法被称为点估计.

点估计的经典方法是矩估计法与极大似然估计法.

6.4.2　矩估计法

1. 主要思想

用样本矩去替换总体矩,用样本矩的函数去替换总体矩的函数.

2. 理论基础

若总体 X 的 k 阶原点矩 $E(X^k)$ 存在,则样本的 k 阶原点矩 $A_k = \dfrac{1}{n} \sum_{i=1}^{n} X_j{}^k$ 依概率收敛于 $E(X^k)$,样本矩的连续函数也相应地依概率收敛于总体矩的连续函数.

3. 关键点

(1) 用样本矩作为总体同阶矩的估计,即

$$E(\hat{X}^k) = \frac{1}{n} \sum_{i=1}^{n} X_i{}^k. \tag{6.12}$$

（2）约定：若 $\hat{\theta}$ 是未知参数 θ 的矩估计，则 $g(\theta)$ 的矩估计为 $g(\hat{\theta})$.

例 6.8　设 $x_1, x_2 \cdots, x_n$ 是来自服从区间 $(0, \theta)$ 上的均匀分布 $U(0, \theta)$ 的样本，$\theta > 0$ 为未知参数. 求 θ 的矩估计 $\hat{\theta}$.

解：总体 X 的均值 $E(X) = \dfrac{\theta}{2}$. 由矩估计法，应有 $\theta/2 = \bar{x}$，解得 $\hat{\theta} = 2\bar{x}$.

比如，若样本值为 $0.1, 0.7, 0.2, 1, 1.9, 1.3, 1.8$，则 $\hat{\theta}$ 的估计值

$$\hat{\theta} = 2 \times (0.1 + 0.7 + 0.2 + 1 + 1.9 + 1.3 + 1.8) = 2.$$

例 6.9　设总体 X 在 $[\theta_1 + \theta_2]$ 上服从均匀分布，其密度函数为

$$f(x, \theta_1, \theta_2) = \begin{cases} \dfrac{1}{\theta_2 - \theta_1}, & x \in [\theta_1, \theta_2], \\ 0, & x \notin [\theta_1, \theta_2]. \end{cases}$$

其中 $\theta_2 > \theta_1$，试求 θ_2 和 θ_1 的矩估计量.

解：易知 $E(X) = \dfrac{1}{2}(\theta_1 + \theta_2)$，$D(X) = \dfrac{1}{12}(\theta_2 - \theta_1)^2$.

由方程组 $\begin{cases} \bar{X} = \dfrac{1}{2}(\theta_1 + \theta_2), \\ S^2 = \dfrac{1}{12}(\theta_2 - \theta_1)^2, \end{cases}$ 解得 $\begin{cases} \hat{\theta}_1 = \bar{X} - \sqrt{3}S, \\ \hat{\theta}_2 = \bar{X} + \sqrt{3}S. \end{cases}$

则 $\hat{\theta}_1$ 和 $\hat{\theta}_2$ 分别为 θ_1 和 θ_2 的矩估计量.

例 6.10　设 $x_1, x_2, \cdots, x_n$ 是来自正态总体 $N(\mu, \sigma^2)$ 的一个样本，试求 μ, σ^2 的估计量.

解：$E(x_i) = \mu$，$D(x_i) = \sigma^2$，$i = 1, 2, \cdots, n$，

又有 $D(x_i) = \sigma^2 = E(x_i^2) - E^2(x_i) = E(x_i^2) - \mu^2$.

于是，总体均值的估计量　　　$\hat{\mu} = \bar{x} = \dfrac{1}{n} \sum_{i=1}^{n} x_i$，

总体方差的估计量　　　$\hat{\sigma}^2 = \dfrac{1}{n} \sum_{i=1}^{n} (x_i - \bar{x})^2$，

总体标准差的估计量　　　$\hat{\sigma} = \sqrt{\dfrac{1}{n} \sum_{i=1}^{n} (x_i - \bar{x})^2}$.

若以样本方差作为总体方差的估计量，则

$$\hat{\sigma}^2 = \dfrac{1}{n-1} \sum_{i=1}^{n} (x_i - \bar{x})^2.$$

总体标准差的估计量为

$$\hat{\sigma} = \sqrt{\dfrac{1}{n-1} \sum_{i=1}^{n} (x_i - \bar{x})^2}.$$

例 6.11　设从正态总体 X 中抽取容量为 5 的一个样本，样本的一组观察值为

$$105, 130, 127, 108, 122.$$

试用矩估计法求总体分布的数学期望与方差的估计值.

解：由总体均值的估计量

$$\hat{\mu} = \bar{x} = \frac{1}{5} \sum_{i=1}^{n} x_i = \frac{1}{5}(105 + 130 + 127 + 108 + 122) = 118.4.$$

由估计量总体方差的估计量

$$\hat{\sigma}^2 = \frac{1}{5} \sum_{i=1}^{n} (x_i - \bar{x})^2 = \frac{1}{5}(13.4^2 + 11.6^2 + 8.6^2 + 10.4^2 + 3.6^2) = 101.84.$$

或用样本方差作为总体方差的估计量

$$\hat{\sigma}^2 = \frac{1}{5-1} \sum_{i=1}^{n} (x_i - \bar{x})^2 = \frac{1}{4}(13.4^2 + 11.6^2 + 8.6^2 + 10.4^2 + 3.6^2) = 127.30.$$

例 6.12 设 X 服从均匀分布 $f(x) = \begin{cases} \dfrac{1}{\beta}, & 0 < x < \beta, \\ 0, & 其他. \end{cases}$ $1.3, 0.6, 1.7, 2.2, 0.3, 1.1$ 是总体 X 的一组样本值，试估计总体的数学期望、方差以及参数 β.

解：总体均值的估计值为 $\hat{E}(X) = \bar{x} = 1.2.$

总体方差的估计值为 $\hat{D}(X) = \dfrac{1}{6-1}(0.1^2 + 0.6^2 + 0.5^2 + 1^2 + 0.9^2 + 0.1^2) = 0.488.$

由于总体分布已知为均匀分布，其均值为 $E(X) = \beta/2$.

得 β 的估计值为 $\hat{\beta} = 2\bar{x} = 2.4.$

6.4.3 极大似然估计法

极大似然估计法是在总体类型已知条件下使用的一种参数估计方法.

它首先是由德国数学家高斯在 1821 年提出的. 然而，这个方法常归功于英国统计学家费希尔. 费希尔在 1922 年重新发现了这一方法，并首先研究了这种方法的一些性质.

1. 极大似然估计法的基本思想

假如有一个罐子，里面有黑白两种颜色的球，不知具体数目，也不知两种颜色的比例. 我们想知道罐中白球和黑球的比例，但我们不能把罐中的球全部拿出来数. 现在我们可以每次任意从已经摇匀的罐中拿一个球出来，记录球的颜色，然后把拿出来的球再放回罐中. 这个过程可以重复，我们可以用记录的球的颜色来估计罐中黑白球的比例. 假如在前面的一百次重复记录中，有七十次是白球，请问罐中白球所占的比例最有可能是多少？

很多人马上就有答案了：70%. 而其后的理论支撑是什么呢？

我们假设罐中白球的比例是 p，那么黑球的比例就是 $1-p$. 因为每抽一个球出来，在记录颜色之后，我们把抽出的球放回了罐中并摇匀，所以每次抽出来的球的颜色服从同一独立分布.

这里我们把一次抽出来球的颜色称为一次抽样. 题目中在一百次抽样中，七十次是白球的，三十次为黑球事件的概率是 P（样本结果 $|$ Model）. 如果第一次抽样的结果记为 x_1，第二次抽样的结果记为 x_2……那么样本结果为 $(x_1, x_2, \cdots, x_{100})$. 这样，我们可以得到如下表达式：

$$P(\text{样本结果} \mid \text{Model}) = P(x_1, x_2, \cdots, x_{100} \mid \text{Model})$$
$$= P(x_1 \mid M)P(x_2 \mid M)\cdots P(x_{100} \mid M) = p^{70}(1-p)^{30}.$$

根据我们得到的概率表达式,要如何求模型的参数 p?

不同的 p,直接导致 $P(\text{样本结果} \mid \text{Model})$ 的不同.p 实际上是有无数多种分布的,如表 6.2 所示.

表 6.2

p(白球的比例)	$1-p$(黑球的比例)
50%	50%

那么求出 $p^{70}(1-p)^{30} = 7.8 \times 10^{-31}$.

p 的分布也可以如表 6.3 所示.

表 6.3

p(白球的比例)	$1-p$(黑球的比例)
70%	30%

那么也可以求出 $p^{70}(1-p)^{30} = 2.95 \times 10^{-27}$ 种分布.极大似然估计应该按照什么原则从无数种分布中去选取这个分布呢?

采取的方法是让这个样本结果出现的可能性最大,也就是使得 $p^{70}(1-p)^{30}$ 值最大,那么可以看成是 p 的方程,对 p 求导.最大似然估计的核心就是让观察样本出现的概率最大,转换为数学问题就是使得 $p^{70}(1-p)^{30}$ 最大,未知数只有一个 p,我们令其导数为 0,即可求出 p 为 70%,与我们一开始认为的 70% 是一致的.

2. 求极大似然估计的一般步骤

(1) 由总体分布导出样本的联合分布率(或联合密度);

(2) 把样本联合分布率(或联合密度)中自变量看成已知常数,而把参数 θ 看作自变量,得到似然函数 $L(\theta)$;

(3) 求似然函数 $L(\theta)$ 的最大值点(常常转化为求 $\ln L(\theta)$ 的最大值点);

(4) 在最大值点的表达式中,用样本值代入就得参数的极大似然估计值.

例 6.13 设 $x_1, x_2, \cdots, x_n$ 是总体的样本,已知总体的密度函数为

$$f(x) = \begin{cases} \theta x^{-(\theta+1)}, & x > 1 \\ 0, & \text{其他} \end{cases} \quad (\text{其中参数 } \theta > 1).$$

试分别求出 θ 的矩估计 $\hat{\theta}_1$ 和极大似然估计 $\hat{\theta}_2$.

解:总体期望为

$$E(X) = \int_1^{+\infty} x \theta x^{-(\theta+1)} \, \mathrm{d}x.$$

由矩估计法,令 $\bar{x} = \dfrac{\theta}{\theta-1}$ 得矩估计法方程,解之得 θ 的矩估计

$$\hat{\theta}_1 = \frac{\bar{x}}{\bar{x}-1}.$$

为求 θ 的极大似然估计,易求得似然函数为

$$L(\theta) = \prod_{i=1}^{n} (\theta x_i^{-(\theta+1)}) = \theta^n (\prod_{i=1}^{n} x_i)^{-(\theta+1)},$$

$$\ln L(\theta) = n \ln \theta - (\theta+1) \sum_{i=1}^{n} x_i,$$

$$\frac{\mathrm{d}\ln L(\theta)}{\mathrm{d}\theta} = \frac{n}{\theta} - \sum_{i=1}^{n} x_i = 0.$$

由以上似然方程解得 θ 的极大似然估计

$$\hat{\theta}_2 = \frac{n}{\sum\limits_{i=1}^{n} x_i}.$$

例 6.14　已知总体 X 服从以 λ 为参数的泊松分布,其中 λ 未知,用最大似然法估计 λ 的值.

解:总体 X 的分布律为

$$P(X=k) = \frac{\lambda^k}{k!} \mathrm{e}^{-\lambda} (k=0,1,2,\cdots).$$

设 $x_1,x_2,\cdots,x_n$ 为一个样本,
似然函数为

$$L(\lambda) = \prod_{i=1}^{n} \frac{\lambda^{x_i}}{x_i!} \mathrm{e}^{-\lambda} = \frac{\lambda^{x_1+x_2+\cdots+x_n}}{(x_1!)(x_2!)\cdots(x_n!)} \mathrm{e}^{-n\lambda}.$$

两边取对数　　　$\ln L = \ln \lambda \sum\limits_{i=1}^{n} x_i - \sum\limits_{i=1}^{n} \ln(x_i!) - n\lambda.$

对 λ 求导,并令其为零,

$$\frac{\mathrm{d}\ln L}{\mathrm{d}\lambda} = \frac{1}{\lambda} \sum_{i=1}^{n} x_i - n = 0.$$

解得 λ 的最大似然估计量

$$\hat{\lambda} = \frac{1}{n} \sum_{i=1}^{n} x_i = \bar{x}.$$

若 $x_1,x_2,\cdots,x_n$ 为一组样本观察值,则

$$\hat{\lambda} = \frac{1}{n} \sum_{i=1}^{n} x_i$$

为 λ 的最大似然估计值.

类似地,可以得到正态总体 $N(\mu,\sigma^2)$ 的参数 μ,σ^2 的最大似然估计量为

$$\hat{\mu} = \frac{1}{n} \sum_{i=1}^{n} x_i = \bar{x},$$

$$\hat{\sigma}^2 = \frac{1}{n} \sum_{i=1}^{n} (x_i - \bar{x})^2.$$

6.4.4 无偏性

定义 6.9 设 $\hat{\theta} = \hat{\theta}(X_1, X_2, \cdots, X_n)$ 是未知参数 θ 的估计量,若 $E(\hat{\theta})$ 存在,且对 $\forall \theta \in \Theta$ 有 $E(\hat{\theta}) = \theta$,则称 $\hat{\theta}$ 是 θ 的无偏估计量,并称 $\hat{\theta}$ 具有无偏性.

例 6.15 设总体 X 的期望和方差 $E(X) = \mu, D(X) = \sigma^2$ 都存在,且 $\sigma^2 > 0$. 若 μ, σ^2 均未知,则 σ^2 的估计量 $\hat{\sigma}^2 = \frac{1}{n} \sum_{i=1}^{n} (X_i - \bar{X})^2$ 是有偏的.

证明:由 $\hat{\sigma}^2 = \frac{1}{n} \sum_{i=1}^{n} (X_i - \bar{X})^2 = \frac{1}{n} \sum_{i=1}^{n} X_i^2 - \bar{X}^2$, 得到

$$E(\sigma^2) = \frac{1}{n} \sum_{i=1}^{n} E(X_i^2) - E(\bar{X}^2) = \frac{1}{n} \sum_{i=1}^{n} E(X_i^2) - (D\bar{X} + (E\bar{X})^2)$$

$$= (\sigma^2 + \mu^2) - \left(\frac{\sigma^2}{n} + \mu^2 \right) = \frac{n-1}{n} \sigma^2.$$

若在 $\hat{\sigma}^2$ 的两边同乘以 $\frac{n}{n-1}$,则所得估计量就是无偏的,即

$$E\left(\frac{n}{n-1} \hat{\sigma}^2 \right) = \frac{n}{n-1} E(\hat{\sigma}^2) = \sigma^2,$$

而 $\frac{n}{n-1} \hat{\sigma}^2$ 恰恰就是样本方差 $S^2 = \frac{1}{n-1} \sum_{i=1}^{n} (X_i - \bar{X})^2$.

例 6.16 证明:样本均值为总体均值的无偏估计量.

证明:设总体 X 的均值 $E(X) = \mu$,来自总体的样本为 $x_1, x_2, \cdots, x_n$.

则样本均值为 $\bar{x} = \frac{1}{n} \sum_{i=1}^{n} x_i$.

$$E(\bar{x}) = E\left(\frac{1}{n} \sum_{i=1}^{n} x_i \right)$$

$$= \frac{1}{n} (E(x_1) + E(x_2) + \cdots + E(x_n))$$

$$= \frac{1}{n} \cdot n\mu = \mu.$$

命题得证.

注:统计量 $\frac{1}{n} \sum_{i=1}^{n} (x_i - \bar{x})^2$ 不是总体方差的无偏估计量.

因为 $E\left(\frac{1}{n} \sum_{i=1}^{n} (x_i - \bar{x})^2 \right) = \frac{n-1}{n} D(x) \neq D(x)$,

样本方差 $s^2 = \dfrac{1}{n-1}\sum\limits_{i=1}^{n}(x_i - \bar{x})^2$ 是总体方差的无偏估计量.

定义 6.10　设 $\hat{\theta}_1 = \hat{\theta}_1(X_1, X_2, \cdots, X_n)$ 与 $\hat{\theta}_2 = \hat{\theta}_2(X_1, X_2, \cdots, X_n)$ 都是 θ 的无偏估计量,若有 $D(\hat{\theta}_1) < D(\hat{\theta}_2)$,则称 $\hat{\theta}_1$ 比 $\hat{\theta}_2$ 有效. 若对 $\forall\theta$ 的无偏估计都有 $D(\hat{\theta}_0) < D(\hat{\theta})$,则称 $\hat{\theta}_0$ 为 θ 的最小方差无偏估计.

两个结论:

(1) 频率是概率的最小方差无偏估计;

(2) 正态总体的样本均值和样本方差:

$$\bar{x} = \frac{1}{n}\sum_{i=1}^{n} x_i, \tag{6.13}$$

$$s^2 = \frac{1}{n-1}\sum_{i=1}^{n}(x_i - \bar{x})^2, \tag{6.14}$$

分别是总体均值与方差的最小方差无偏估计.

定义 6.11　设 $\theta \in \Theta$ 为未知参数,$\hat{\theta}_n = \hat{\theta}_n(X_1, X_2, \cdots, X_n)$ 是 θ 的一个估计量,n 是样本容量,若对任意一个 $\varepsilon > 0$,有

$$\lim_{n \to \infty} P\{|\hat{\theta}_n - \theta| > \varepsilon\} = 0. \tag{6.15}$$

则称 $\hat{\theta}_n$ 为 θ 的相合估计量,或称为一致估计量.

6.5　区间估计

点估计法只能给出参数 θ 的一个近似值 $\hat{\theta}$,但无法判断 $\hat{\theta}$ 的精确程度. 由一组样本值可以得到一个估计值 $\hat{\theta}$,但样本值是随机的,因而 $\hat{\theta}$ 也是随机的. 哪一个样本值算出的近似值更接近真值,也无法判断.

所以我们希望通过样本确定一个包含真值 θ 的区间 $(\underline{\theta}, \bar{\theta})$,同时给出该区间包含真值 θ 的可靠程度. 我们称这种形式的参数估计方法为区间估计.

6.5.1　置信区间

定义 6.12　设总体 X 的分布函数 $F(x, \theta)$ 含有一个未知参数 θ,对于给定的 $\alpha (0 < \alpha < 1)$,若由样本 $(X_1, X_2, \cdots, X_n)$ 确定的两个统计量 $\underline{\theta_1}(X_1, X_2, \cdots, X_n)$ 和 $\overline{\theta_2}(X_1, X_2, \cdots, X_n)$ 满足 $P\{\underline{\theta_1} < \theta < \overline{\theta_2}\} = 1 - \alpha$,则称 $[\underline{\theta_1}, \overline{\theta_2}]$ 为 θ 的置信度为 $1 - \alpha$ 的置信区间,$1 - \alpha$ 称为置信度或置信水平,$\underline{\theta_1}$ 称为双侧置信区间的置信下限,$\overline{\theta_2}$ 称为置信上限.

由于样本的随机性,置信区间也是随机的. 置信度 $1 - \alpha$ 给出了参数估计的把握性,是参数估计的可靠概率. α 表示参数估计不准的概率. 以 $\alpha = 0.5$ 为例,在重复的抽样中,例如:取 100 组容量为 n 的样本观察值,确定了 100 个 θ 的置信度为 0.95 的置信区间,大约有 95 个区间包含有 θ 的真值.

两点说明:

（1）区间估计没有给出参数的估计值.

（2）置信区间越长,置信度越大,包含参数的概率越大,但误差越大. 置信区间越短,误差可能会越小,但是包含参数的概率也越小,置信度越低. 因此,要在保证一定置信度的条件下,建立尽可能小的置信区间.

寻求未知参数的置信区间的一般步骤：

（1）寻求一个样本$(X_1, X_2, \cdots, X_n)$的函数$W(X_1, X_2, \cdots, X_n; \theta)$. 它包含待估参数$\theta$,而不包含其他未知参数,并且$\theta$的分布已知,且不依赖于任何未知参数. 这一步通常是根据θ的点估计及抽样分布得到的.

（2）对于给定的置信度$1-\alpha$,定出两个常数a和b,使$P\{a \leqslant W \leqslant b\} = 1-\alpha$. 这一步通常由抽样分布的分位数定义得到.

（3）从$a \leqslant W \leqslant b$中得到等价不等式$\underline{\theta} < \theta < \overline{\theta}$. 其中$\underline{\theta} = \underline{\theta}(X_1, X_2, \cdots, X_n)$,$\overline{\theta} = \overline{\theta}(X_1, X_2, \cdots, X_n)$都是统计量,则$[\underline{\theta}, \overline{\theta}]$就是$\theta$的一个置信度为$1-\alpha$的置信区间.

6.5.2 单个正态总体参数的置信区间

正态总体$N(\mu, \sigma^2)$是最常见的分布,主要讨论它的两个参数的置信区间$X \sim N(\mu, \sigma^2)$,并设$x_1, \cdots, x_n$为来自总体的样本,$\overline{x}, S^2$分别为样本均值和样本方差.

1. σ已知时μ的置信区间

$\dfrac{\overline{x} - \mu}{\frac{\sigma}{\sqrt{n}}} \sim N(0,1)$,$\mu$的$1-\alpha$的置信区间为$\left[\overline{x} - u_{\frac{\alpha}{2}} \dfrac{\sigma}{\sqrt{n}}, \overline{x} + u_{\frac{\alpha}{2}} \dfrac{\sigma}{\sqrt{n}}\right]$,如图6.9所示.

$x_1, x_2, \cdots, x_n$是总体的一个样本,给定置信度$1-\alpha$,要求置信区间$(\underline{\theta}, \overline{\theta})$,使$P(\underline{\theta} < \mu < \overline{\theta}) = 1-\alpha$成立.

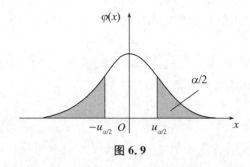

图 6.9

（1）确定一个统计量,该统计量的分布已知,且与μ有关.

取样本均值
$$\overline{x} = \frac{1}{n} \sum_{i=1}^{n} x_i \sim N\left(\mu, \frac{\sigma^2}{n}\right),$$

于是
$$\frac{\overline{x} - \mu}{\sigma/\sqrt{n}} \sim N(0,1).$$

（2）查标准正态分布表,找到$u_{\frac{\alpha}{2}} > 0$,$\Phi(u_{\frac{\alpha}{2}}) = 1 - \dfrac{\alpha}{2}$.

使
$$P\left\{-u_{\frac{\alpha}{2}}<\frac{\bar{x}-\mu}{\frac{\sigma}{\sqrt{n}}}<u_{\frac{\alpha}{2}}\right\}=1-\alpha.$$

（3）由上式左端不等式解出 μ 得

$$P\left\{\bar{x}-u_{\frac{\alpha}{2}}\frac{\sigma}{\sqrt{n}}<\mu<\bar{x}+u_{\frac{\alpha}{2}}\frac{\sigma}{\sqrt{n}}\right\}=1-\alpha. \tag{6.16}$$

于是得所求置信区间为

$$\left[\bar{x}-u_{\frac{\alpha}{2}}\frac{\sigma}{\sqrt{n}},\bar{x}+u_{\frac{\alpha}{2}}\frac{\sigma}{\sqrt{n}}\right].$$

在实际问题中,常取 $\alpha=0.10$ 或 0.05 或 0.01.

查表得 $u_{0.05}=1.645$, $u_{0.025}=1.96$, $u_{0.005}=2.576$.

置信度为 0.90 时,置信区间为

$$\left(\bar{x}-1.645\frac{\sigma}{\sqrt{n}},\bar{x}+1.645\frac{\sigma}{\sqrt{n}}\right).$$

置信度为 0.95 时,置信区间为

$$\left(\bar{x}-1.96\frac{\sigma}{\sqrt{n}},\bar{x}+1.96\frac{\sigma}{\sqrt{n}}\right).$$

置信度为 0.99 时,置信区间为

$$\left(\bar{x}-2.576\frac{\sigma}{\sqrt{n}},\bar{x}+2.576\frac{\sigma}{\sqrt{n}}\right).$$

例 6.17 设有一正态总体,其标准差 $\sigma=3$,总体均值 μ 未知,现抽得容量为 4 的一组样本值:$1.2, 3.4, 0.6, 5.6$,试求 μ 的 0.99 的置信区间.

解:样本均值为 $\bar{x}=\frac{1}{4}(1.2+3.4+0.6+5.6)=2.7$.

$$\sigma=3, \quad n=4, \quad \frac{\sigma}{\sqrt{n}}=\frac{3}{2}.$$

于是有 $2.7-2.576 \cdot \frac{3}{2}<\mu<2.7+2.576 \cdot \frac{3}{2}$.

即 μ 的 0.99 置信区间为 $(-1.64, 6.564)$.

2. σ 未知时 μ 的置信区间

统计量 $t=\frac{\sqrt{n}(\bar{x}-\mu)}{s} t(n-1)$,$\mu$ 的 $1-\alpha$ 置信区间为 $\left[\bar{x}-\frac{t_{\frac{\alpha}{2}}(n-1)S}{\sqrt{n}},\bar{x}+\right.$

$\left.\frac{t_{\frac{\alpha}{2}}(n-1)S}{\sqrt{n}}\right]$,$S^2=\frac{1}{n-1}\sum(x_i-\bar{x})^2$ 是 σ^2 的无偏估计,如图 6.10 所示.

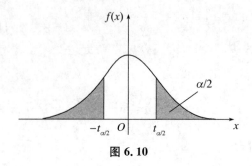

图 6.10

设总体 $X \sim N(\mu, \sigma^2)$，μ 与 σ^2 均为未知，样本为 $x_1, x_2, \cdots, x_n$，求 μ 的 $1-\alpha$ 置信区间.

(1) 用 σ^2 的无偏估计量

$$s^2 = \frac{1}{n-1} \sum_{i=1}^{n} (x_i - \bar{x})^2 \tag{6.17}$$

估计 σ^2.

$$\frac{\bar{x} - \mu}{s/\sqrt{n}} \sim t(n-1).$$

(2) 对给定置信度 $1-\alpha$，查 t 分布表，找到 $t_{\frac{\alpha}{2}}(n-1) > 0$，使

$$P\left(-t_{\frac{\alpha}{2}}(n-1) < \frac{\bar{x} - \mu}{\frac{s}{\sqrt{n}}} < t_{\frac{\alpha}{2}}(n-1)\right) = 1 - \alpha. \tag{6.18}$$

(3) 由上式左端不等式解出 μ 得

$$P\left(\bar{x} - t_{\frac{\alpha}{2}}(n-1)\frac{s}{\sqrt{n}} < \mu < \bar{x} + t_{\frac{\alpha}{2}}(n-1)\frac{s}{\sqrt{n}}\right) = 1 - \alpha. \tag{6.19}$$

于是得所求置信区间为

$$\left(\bar{x} - t_{\alpha/2}(n-1)\frac{s}{\sqrt{n}}, \ \bar{x} + t_{\alpha/2}(n-1)\frac{s}{\sqrt{n}}\right).$$

例 6.18 用某仪器测量温度，重复 5 次，得数据 $1\,250\,℃$，$1\,260\,℃$，$1\,265\,℃$，$1\,245\,℃$，$1\,275\,℃$. 若测得的数据服从正态分布，试求温度真值所在范围（$\alpha = 0.05$）.

解：样本均值为

$$\bar{x} = \frac{1}{5} \sum_{i=1}^{5} x_i = 1\,259,$$

$$s^2 = \frac{1}{5-1} \sum_{i=1}^{5} (x_i - 1\,259)^2 = \frac{1}{4}(9^2 + 1 + 6^2 + 14^2 + 16^2) = 142.5.$$

查表得 $t_{\alpha/2}(n-1) = t_{0.025}(4) = 2.776.$

计算 $t_{\frac{\alpha}{2}}(n-1)\frac{s}{\sqrt{n}} = 2.776\sqrt{\frac{142.5}{5}} = 14.8.$

得 $259-14.8<\mu<1\,259+14.8$.

即 μ 的 0.95 置信区间为 $(1\,244.2, 1\,273.8)$.

3. σ^2 的置信区间

$$\chi^2 = \frac{(n-1)S^2}{\sigma^2}. \tag{6.20}$$

可得到 σ^2 的置信水平为 $1-\alpha$ 的置信区间为 $\left[\dfrac{(n-1)S^2}{\chi_{\alpha/2}{}^2(n-1)}, \dfrac{(n-1)S^2}{\chi_{1-\alpha/2}{}^2(n-1)}\right]$，如图 6.11 所示.

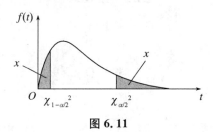

图 6.11

设总体 $X \sim N(\mu, \sigma^2)$，μ 与 σ^2 均为未知，样本为 $x_1, x_2, \cdots, x_n$，求 σ^2 的 $1-\alpha$ 置信区间.

样本方差

$$s^2 = \frac{1}{n-1} \sum_{i=1}^{n} (x_i - \bar{x})^2 \tag{6.21}$$

是 σ^2 的无偏估计量.

由于

$$\frac{(n-1)S^2}{\sigma^2} \sim \chi^2(n-1),$$

查 χ^2 分布表得

$$\chi_{1-\alpha/2}{}^2(n-1), \quad \chi_{\alpha/2}{}^2(n-1),$$

使

$$P\left(\chi_{1-\frac{\alpha}{2}}{}^2(n-1) < \frac{(n-1)s^2}{\sigma^2} < \chi_{\frac{\alpha}{2}}{}^2(n-1)\right) = 1-\alpha, \tag{6.22}$$

得 σ^2 的 $1-\alpha$ 置信区间为

$$\left(\frac{(n-1)s^2}{\chi_{1-\alpha/2}{}^2(n-1)}, \frac{(n-1)s^2}{\chi_{\alpha/2}{}^2(n-1)}\right).$$

例 6.19　用某仪器测量温度，重复 5 次，得数据 $1\,250\,℃$，$1\,260\,℃$，$1\,265\,℃$，$1\,245\,℃$，$1\,275\,℃$. 若测得的数据服从正态分布，试求总体方差 σ^2 和标准差 σ 的 0.95 置信区间.

解：

$$s^2 = \frac{1}{5-1} \sum_{i=1}^{5} (x_i - 1\,259)^2 = 142.5.$$

查表得

$$\chi_{\alpha/2}{}^2(n-1) = \chi_{0.025}{}^2(4) = 11.143,$$

$$\chi_{1-\alpha/2}{}^2(n-1) = \chi_{0.975}{}^2(4) = 0.488,$$

$$\frac{(n-1)s^2}{\chi_{1-\alpha/2}^2(n-1)} = \frac{4 \times 142.5}{0.488} \approx 1\,168,$$

$$\frac{(n-1)s^2}{\chi_{\alpha/2}^2(n-1)} = \frac{4 \times 142.5}{11.143} \approx 51.$$

于是总体方差的 0.95 置信区间为

$$(51, 1\,168).$$

总体标准差的 0.95 置信区间为

$$(\sqrt{51}, \sqrt{1\,168}).$$

即 $(7.2, 34.2)$.

6.6 假设检验

某工厂生产一种零件,零件的标准长度为 $\mu_0 = 2\,\text{cm}$,根据资料得知零件的标准差 $\sigma_0 = 0.05\,\text{cm}$. 为了提高产量,现采用一种新工艺生产该种零件. 抽取新工艺加工的零件 10 个,测得其长度平均值 $\bar{x} = 1.98\,\text{cm}$,问 $\bar{x}$ 与 μ_0 之间的差异纯粹是测试误差造成的,还是由工艺改变造成的? 设原工艺生产的零件的数学期望为 μ_0,新工艺生产零件的数学期望为 μ. 假设新工艺对零件的长度没有显著影响,即 $\bar{x}$ 与 μ_0 之间的差异是随机误差,不是条件误差. 这样就有 $\mu = \mu_0$ 成立.

那么问题变成:用样本均值 $\bar{x}$ 检验假设 $\mu = \mu_0$ 是否成立?

6.6.1 假设检验的步骤

在正式介绍假设检验的步骤之前,我们先来了解三个概念.

假设检验——对总体的分布形式或某些未知参数作某种假设,再利用样本构造统计量对假设的正确性进行判断.

参数假设检验——总体的分布形式已知,仅涉及总体的未知参数的假设检验.

显著性假设检验——仅检验一个假设,并不同时研究其他假设的一类假设检验.

在本节内容中,我们主要介绍参数显著性检验. 这里我们列出了四个参数显著性检验的步骤.

(1) 提出原假设(零假设)和备择假设;

(2) 确定适当的检验统计量;

(3) 确定显著性水平 α,求临界值;

(4) 计算检验统计量的值,作出判断.

1. 提出原假设和备择假设

对每一个假设检验问题,一般同时提出两个相反的假设. 如对例 6.20,提出的两个假设是

$$H_0 : \mu = \mu_0,$$

$$H_1 : \mu \neq \mu_0.$$

称 H_0 为零假设或原假设，是要检验的假设，H_1 为备择假设或对立假设，当零假设被否定时就生效的假设.

又如其他例子，提出的假设可以是

$$H_0 : p \leqslant 5\%,$$

$$H_1 : p > 5\%.$$

前一种检验为双边检验，后一种为单边检验.

2. 确定适当的检验统计量

用于假设检验的统计量称为检验统计量，检验统计量应满足以下条件.

(1)在零假设成立的条件下，其分布函数已知；

(2)必须包含要检验的总体参数；

(3)计算该统计量的值时，各项均为已知或可以依据样本得出.

当总体为正态总体且方差已知时，要检验总体均值 μ 是否等于假定的具体数值 μ_0. 建立假设

$$H_0 : \mu = \mu_0,$$

$$H_1 : \mu \neq \mu_0.$$

应选统计量
$$U = \frac{\bar{x} - \mu_0}{\sigma / \sqrt{n}},$$

$$U \sim N(0, 1).$$

3. 确定显著性水平 α，求临界值

根据实际推断原理(小概率原理)，规定一个界限 $\alpha(0 < \alpha < 1)$，当某事件的概率 $p \leqslant \alpha$，就认为该事件是实际不可能事件.

通常规定 $\alpha = 0.05$，$\alpha = 0.01$，$\alpha = 0.001$.

在假设检验中，认为零假设代表的事件概率很大，备择假设代表的对立事件概率很小. 如果在一次检验中，备择假设代表的小概率事件居然发生了，就有理由怀疑零假设的正确性. 这就是假设检验的基本原理.

确定临界值：在 H_0 成立的条件下求出满足 $P(|U| \leqslant u_{\alpha/2}) = 1 - \alpha$ 的临界值 $u_{\alpha/2}$.

称 $|U| \leqslant u_{\alpha/2}$ 为 H_0 的接受域，$|U| > u_{\alpha/2}$ 为 H_0 的拒绝域.

4. 计算检验统计量的值，作出判断

根据样本值和检验所用的统计量，计算检验统计量的值，如果统计量的值落入拒绝域，就拒绝 H_0，否则接受 H_0.

计算 $|U| = \left| \dfrac{\bar{x} - \mu_0}{\dfrac{\sigma_0}{\sqrt{n}}} \right| = \left| \dfrac{1.98 - 2}{\dfrac{0.05}{\sqrt{10}}} \right| = 1.265.$

若规定 $\alpha = 0.05$，查表得 $u_{\alpha/2} = u_{0.025} = 1.96$，

$$|U| < u_{\alpha/2}.$$

接受 H_0，可以认为新工艺没有改变零件的平均长度．

6.6.2 两类错误

我们知道，假设检验存在着接受错误的假设和拒绝正确假设的可能性．

按照表 6.4，假设检验的各种结果．

表 6.4

检验结果		假设的真实状态	
		H 为真	H 为非真
决策行动	接受 H	正确	
	拒绝 H		正确

在 H_0 为真时，拒绝 H_0 为"弃真"错误，又称为第一类错误或 α 错误．α 即为犯这一类错误的概率．

在 H_0 为假时，接受 H_0 为"存伪"错误，又称为第二类错误或 β 错误．β 即为犯这一类错误的概率．

α 减少，β 有可能增加，通常采取固定 α，增加样本容量使 β 减小．

例 6.20 某机器制造出的肥皂厚度为 $5\ \text{cm}$，欲了解机器性能是否良好，随机抽取 10 块肥皂为样本，测得平均厚度为 $5.3\ \text{cm}$，标准差为 $0.3\ \text{cm}$，试以 0.05 的显著性水平检验机器性能良好的假设（双侧检验）．

解：

$$H_0 : \mu = 5,$$
$$H_1 : \mu \neq 5,$$
$$\alpha = 0.05,$$
$$\mathrm{d}f = 10 - 1 = 9.$$

临界值(s)：

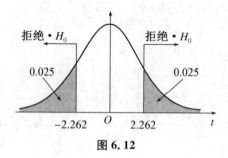

图 6.12

检验统计量：

$$t = \frac{\bar{x} - \mu_0}{s/\sqrt{n}} = \frac{5.3 - 5}{0.6/\sqrt{10}} = 3.16.$$

决策:在 $\alpha=0.05$ 的水平上拒绝 H_0.

结论:该机器的性能不好.

例 6.21　一个汽车轮胎制造商声称,某一等级的轮胎的平均寿命在一定的汽车重量和正常行驶条件下大于 40 000 千米,对一个由 20 个轮胎组成的随机样本做试验,测得平均值为 41 000 千米,标准差为 5 000 千米.已知轮胎寿命的行驶里程(千米)服从正态分布,我们能否根据这些数据作出结论,该制造商的产品同他所说的标准相符(单侧检验)($\alpha=0.05$)?

解:

$$H_0: \mu \geqslant 40\,000,$$

$$H_1: \mu < 40\,000,$$

$$\alpha = 0.05,$$

$$\mathrm{d}f = 20 - 1 = 19.$$

临界值(s):

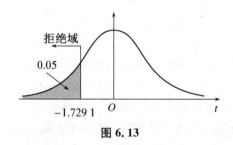

图 6.13

检验统计量:

$$t = \frac{\bar{x} - \mu_0}{s/\sqrt{n}} = \frac{41\,000 - 40\,000}{5\,000/\sqrt{20}} = 0.894.$$

决策:在 $\alpha=0.05$ 的水平上不拒绝 H_0.

结论:不能认为制造商的产品同他所说的标准不相符.

例 6.22　一项统计结果声称,某市老年人口(年龄在 65 岁以上)的比重为 14.7%,该市老年人口研究会为了检验该项统计是否可靠,随机抽选了 400 名居民,发现其中有 57 人年龄在 65 岁以上.调查结果是否支持该市老年人口比重为 14.7% 的看法(双侧检验)($\alpha=0.05$)?

解:

$$H_0: P = 14.7\%,$$

$$H_1: P \neq 14.7\%,$$

$$\alpha = 0.05,$$

$$n = 400.$$

临界值(s):

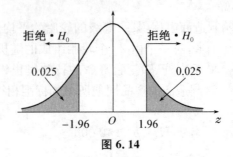

图 6.14

检验统计量:

$$z = \frac{0.142\,5 - 0.147}{\sqrt{\dfrac{0.147 \times (1 - 0.147)}{400}}} = -0.254.$$

决策:在 $\alpha = 0.05$ 的水平上不拒绝 H_0.

结论:该市老年人口比重为 14.7%.

例 6.23 某厂商生产出一种新型的饮料装瓶机器,按设计要求,该机器装一瓶 $1\,L(1\,000\,cm^3)$ 的饮料误差上下不超过 $1\,cm^3$. 如果达到设计要求,表明机器的稳定性非常好. 现从该机器装完的产品中随机抽取 25 瓶,分别进行测定(用样本减 $1\,000\,cm^3$),得到如下结果. 检验该机器的性能是否达到设计要求(双侧检验)($\alpha = 0.05$).

0.3	−0.4	−0.7	1.4	−0.6
−0.3	−1.5	0.6	−0.9	1.3
−1.3	0.7	1	−0.5	0
−0.6	0.7	−1.5	−0.2	−1.9
−0.5	1	−0.2	−0.6	1.1

解:

$$H_0: \sigma^2 = 1,$$

$$H_1: \sigma^2 \neq 1,$$

$$\alpha = 0.05,$$

$$\mathrm{d}f = 25 - 1 = 24.$$

临界值(s):

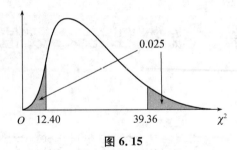

图 6.15

统计量:

$$\chi^2 = \frac{(n-1)s^2}{\sigma_0{}^2} = \frac{(25-1) \times 0.866}{1} = 20.8.$$

决策:在 $\alpha = 0.05$ 的水平上不拒绝 H_0.

结论:不能认为该机器的性能未达到设计要求.

第7章 数据理论之数值分析

7.1 非线性方程的求根方式

7.1.1 引言

方程是在科学研究中不可缺少的工具. 方程求解是科学计算中一个重要的研究对象, 几百年前就已经找到了代数方程中二次至四次方程的求解公式. 但是, 对于更高次数的代数方程目前仍无有效的精确解法, 对于无规律的非代数方程的求解也无精确解法. 因此, 研究非线性方程的数值解法成为必然.

非线性方程的一般形式: $f(x) = 0$.

代数方程: $f(x) = a_0 + a_1 x + \cdots + a_n x^n (a_n \neq 0)$.

超越方程: $f(x)$ 中含三角函数、指数函数、或其他超越函数.

用数值方法求解非线性方程的步骤:

(1) 找出隔根区间 (只含一个实根的区间称隔根区间);

(2) 近似根的精确化. 从隔根区间内的一个或多个点出发, 逐次逼近, 寻求满足精度的根的近似值.

7.1.2 方程求根的二分法

定理 7.1(介值定理) 设函数 $f(x)$ 在区间 $[a, b]$ 连续, 且 $f(a)f(b) < 0$, 则方程 $f(x) = 0$ 在区间 $[a, b]$ 内至少有一个根.

二分法的基本思想:

假定 $f(x) = 0$ 在 $[a, b]$ 内有唯一单实根 x^*, 考察有根区间 $[a, b]$, 取中点 $x_0 = (a+b)/2$, 若 $f(x_0) = 0$, 则 $x^* = x_0$, 否则,

(1) 若 $f(x_0)f(a) > 0$, 则 x^* 在 x_0 右侧, $a_1 = x_0$, $b_1 = b$;

(2) 若 $f(x_0)f(a) < 0$, 则 x^* 在 x_0 左侧, $a_1 = a$, $b_1 = x_0$.

如图 7.1, 以 $[a_1, b_1]$ 为新的隔根区间, 且仅为 $[a, b]$ 的一半, 对 $[a_1, b_1]$ 重复前过程, 得新的隔根区间 $[a_2, b_2]$, 如此二分下去, 得一系列隔根区间:

$$[a, b] \supset [a_1, b_1] \supset [a_2, b_2] \supset \cdots \supset [a_k, b_k] \cdots$$

其中每个区间都是前一区间的一半, 故 $[a_k, b_k]$ 的长度:

$$b_k - a_k = \frac{1}{2^k}(b - a). \tag{7.1}$$

当 k 趋于无穷时,长度趋于 0.

即若二分过程无限继续下去,这些区间最后必收敛于一点 x^*,即方程的根.

每次二分后,取有根区间的中点 $x_k = (a_k + b_k)/2$ 作为根的近似值,则可得一近似根序列:x_0,x_1,x_2,…该序列必以根 x^* 为极限.

实际计算中,若给定充分小的正数 ε_0 和允许误差限 ε_1,当 $|f(x_n)| < \varepsilon_0$ 或 $b_n - a_n < \varepsilon_1$ 时,均可取 $x^* \approx x_n$.

二分法性质:

$$f(a_n) \cdot f(b_n) < 0;$$
$$b_n - a_n = (b-a)/2n.$$

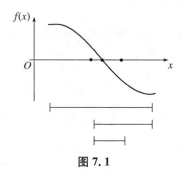

图 7.1

定理 7.2　设 x^* 为方程 $f(x) = 0$ 在 $[a,b]$ 内唯一根,且 $f(x)$ 满足 $f(a)f(b) < 0$,则由二分法产生的第 n 个区间 $[a_n, b_n]$ 的中点 x_n,满足不等式

$$|x^n - x^*| \leqslant \frac{b-a}{2^{n-1}}. \tag{7.2}$$

二分法求解 $f(x)$ 在 $[0,1]$ 区间上的根,迭代误差 10^{-4},最大迭代次数 20 次.

二分法求解非线性方程的优缺点:

(1) 计算过程简单,收敛性可保证;

(2) 对函数的性质要求低,只要连续即可;

(3) 收敛速度慢;

(4) 不能求复根和重根;

(5) 调用一次求解一个 $[a,b]$ 间的多个根无法求得.

7.1.3　迭代法及其收敛性

1. 不动点迭代法

迭代法的基本思想:迭代法是一种逐次逼近的方法,用某个固定公式反复校正根的近似值,使之逐步精确化,最后得到满足精度要求的结果.

将连续函数方程 $f(x) = 0$ 改写为等价形式:$x = \varphi(x)$. 其中 $\varphi(x)$ 也是连续函数,称为迭代函数.

不动点:若 x^* 满足 $f(x^*) = 0$,则 $x^* = \varphi(x^*)$;反之,若 $x^* = \varphi(x^*)$,则 $f(x^*) = 0$,称 x^* 为 $\varphi(x)$ 的一个不动点.

不动点迭代：$x_{k+1} = \varphi(x_k) \ (k=0,1,\cdots)$.

若对任意 $x_0 \in [a,b]$，由上述迭代得序列 $\{x_k\}$，有极限 $\lim\limits_{k \to \infty} x_k = x^*$，则称迭代过程收敛，且 $x^* = \varphi(x^*)$ 为 $\varphi(x)$ 的不动点.

例 7.1 求方程 $x^3 - x - 1 = 0$ 在 $x = 1.5$ 附近的一个根.

解：将所给方程改写成

$$x = \sqrt[3]{x+1}.$$

假设初值 $x_0 = 1.5$ 是其根，代入得

$$x_1 = \sqrt[3]{x_0 + 1} = \sqrt[3]{1.5 + 1} = 1.357\,21.$$

$x_1 \neq x_0$，再将 x_1 代入得

$$x_2 = \sqrt[3]{x_1 + 1} = \sqrt[3]{1.357\,21 + 1} = 1.330\,86.$$

$x_2 \neq x_1$，再将 x_2 代入得

$$x_3 = \sqrt[3]{x_2 + 1} = \sqrt[3]{1.330\,86 + 1} = 1.325\,88.$$

如此下去，这种逐步校正的过程称为迭代过程. 这里用的公式称为迭代公式，即

$$x_{k+1} = \sqrt[3]{x_k + 1},\ k = 0,1,2,\cdots$$

迭代结果见表 7.1.

表 7.1

k	0	1	2	3	4	5	6	7	8
x_k	1.5	1.357 21	1.330 86	1.325 88	1.324 94	1.324 76	1.324 73	1.324 72	1.324 72

仅取六位数字，x_1 与 x_8 相同，即认为 x_8 是方程的根.

$$x^* \approx x_8 = 1.324\,72.$$

几何意义：

将此方程改写后画图，如图 7.2 所示.

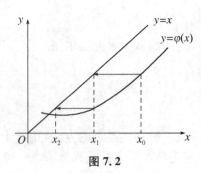

图 7.2

$$x = \varphi(x) \Longleftrightarrow \begin{cases} y = x, \\ y = \varphi(x). \end{cases}$$

但迭代法并不总令人满意，如将前述方程 $x^3 - x - 1 = 0$ 改写为另一等价形式：

$$x = x^3 - 1.$$

建立迭代公式：$x_{k+1} = x_k^3 - 1.$

仍取初值 $x_0 = 1.5$，则有 $x_1 = 2.375$，$x_2 = 12.396$，$x_3 = 1\,904$，

结果越来越大. 此时称迭代过程发散. 收敛与发散如图 7.3 和 7.4 所示.

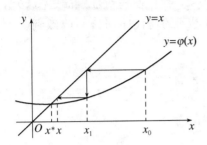

图 7.3

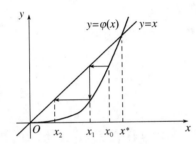

图 7.4

2. 不动点的存在性与迭代法的收敛性

定理 7.3(存在性)　设 $\varphi(x) \in [a,b]$ 且满足以下两个条件：

(1) 对于任意 $x \in [a,b]$，有 $a \leqslant \varphi(x) \leqslant b$；

(2) 若 $\varphi(x)$ 在 $[a,b]$ 一阶连续，且存在常数 $0 < L < 1$，使得对任意 $x \in [a,b]$，$|\varphi'(x)| \leqslant L$ 成立，则 $\varphi(x)$ 在 $[a,b]$ 上存在唯一的不动点 x^*.

不动点的存在性证明：

若 $\varphi(a) = a$ 或 $\varphi(b) = b$，显然 $\varphi(x)$ 有不动点，否则，设 $\varphi(a) \neq a$，$\varphi(b) \neq b$.

则有 $\varphi(a) > a$，$\varphi(b) < b$（因 $a \leqslant \varphi(x) \leqslant b$）.

记 $\psi(x) = \varphi(x) - x$，则有 $\psi(a) \cdot \psi(b) < 0$.

故存在 x^* 使得 $\psi(x^*) = 0$.

即 $\varphi(x^*) = x^*$，x^* 即为不动点.

不动点存在的唯一性证明：

设有 $x_1^* \neq x_2^*$，使得 $\varphi(x_1^*) = x_1^* \varphi(x_2^*) = x_2^*$，则

$$|x_1^* - x_2^*| = |\varphi(x_1^*) - \varphi(x_2^*)| = |\varphi'(\xi)| \, |x_1^* - x_2^*|.$$

其中 ξ 介于 x_1^* 和 x_2^* 之间.

由定理条件 $\varphi'(x) \leqslant L < 1$，

可得 $|x_1^* - x_2^*| < |x_1^* - x_2^*|$,矛盾!

故 $x_1^* = x_2^*$,不动点唯一存在.

定理 7.4(全局收敛性) 设 $\varphi(x) \in [a,b]$ 且满足以下两个条件:

(1) 对于任意 $x \in [a,b]$,有 $a \leqslant \varphi(x) \leqslant b$;

(2) 若 $\varphi(x)$ 在 $[a,b]$ 一阶连续,且存在常数 $0 < L < 1$,使得对任意 $x \in [a,b]$,$|\varphi'(x)| \leqslant L$ 成立,则对任意 $x_0 \in [a,b]$,由 $x_{n+1} = \varphi(x_n)$ 得到的迭代序列 $\{x_n\}$ 收敛到 (x) 的不动点 x^*,并有误差估计:

$$|x_n - x^*| \leqslant \frac{1}{1-L}|x_{n+1} - x_n|, \tag{7.3}$$

$$|x_n - x^*| \leqslant \frac{L^n}{1-L}|x_1 - x_0|. \tag{7.4}$$

证明:

$$\begin{cases} x_n = \varphi(x_{n-1}) \\ x^* = \varphi(x^*) \end{cases} \Rightarrow |x_n - x^*| = |\varphi(x_{n-1}) - \varphi(x^*)|$$

$$= |\varphi'(\xi)||x_{n-1} - x^*| \Rightarrow |x_n - x^*| \leqslant L|x_{n-1} - x^*|$$

$$= |x_n - x^*| \leqslant L^n|x_0 - x^*|,$$

$$\lim_{n\to\infty}|x_n - x^*| \leqslant \lim_{n\to\infty} L^n|x_0 - x^*| = 0 \quad (0 < L < 1).$$

所以 $\lim_{n\to\infty} x_n = x^*$,故迭代格式收敛.

$$|x_n - x^*| = |x_n - x_{n+1} + x_{n+1} - x^*| \leqslant |x_n - x_{n+1}| + |x_{n+1} - x^*|$$

$$\leqslant |x_n - x_{n+1}| + L|x_n - x^*|$$

$$\Rightarrow (1-L)|x_n - x^*| \leqslant |x_n - x_{n+1}|$$

$$\Rightarrow |x_n - x^*| \leqslant \frac{1}{1-L}|x_{n+1} - x_n|.$$

反复递推,可得误差估计式

$$|x_n - x^*| \leqslant \frac{L^n}{1-L}|x_1 - x_0|.$$

定义 7.1 设 $\varphi(x)$ 有不动点 x^*,若存在 x^* 的某邻域 $R: |x - x^*| \leqslant \delta$,对任意 $x_0 \in R$,迭代过程 $x_{k+1} = \varphi(x_k)$ 产生的序列 $\{x_k\} \in R$ 且收敛到 x^*,则称不动点迭代法 $x_{k+1} = \varphi(x_k)$ 局部收敛.

定理 7.5(局部收敛性) 设 x^* 为 $\varphi(x)$ 的不动点,$\varphi'(x)$ 在 x^* 的某邻域连续,且 $|\varphi'(x^*)| < 1$,则不动点迭代法 $x_{k+1} = \varphi(x_k)$ 局部收敛.

证明:根据连续函数性质,因 $\varphi'(x)$ 连续,存在 x^* 的某邻域 $R: |x - x^*| \leqslant \delta$,对任意 $x \in R$,$|\varphi'(x)| \leqslant L < 1$,且 $|\varphi(x) - x^*| = |\varphi(x) - \varphi(x^*)| = |\varphi'(\xi)||x - x^*| \leqslant L|x - x^*| \leqslant |x - x^*| \leqslant \delta$.

即对任意 $x \in R$,总有 $\varphi(x) \in R$.

由全局收敛性定义知,迭代过程 $x_{k+1} = \varphi(x_k)$ 对于任意初值 $x_0 \in R$ 均收敛.

例 7.2 用不同方法求 $x^2 - 3 = 0$ 的根 $x^* = \sqrt{3}$.

解：$f(x)=x^2-3$ 可改写为各种不同的等价形式 $x=\varphi(x)$，其不动点为 $x^*=\sqrt{3}$，由此构造不同的迭代法.

方法(1) $x_{k+1}=x_k{}^2+x_k-3$，

方法(2) $x_{k+1}=\dfrac{3}{x_k}$，

方法(3) $x_{k+1}=x_k-\dfrac{1}{4}(x_k{}^2-3)$，

方法(4) $x_{k+1}=\dfrac{1}{2}\left(x_k+\dfrac{3}{x_k}\right)$.

取 $x_0=2$，对上述四种方法，计算三步所得结果如下.

k	x_k	(1)	(2)	(3)	(4)
0	x_0	2	2	2	2
1	x_1	3	1.5	1.75	1.75
2	x_2	9	2	1.734 75	1.732 143
3	x_3	87	1.5	1.732 361	1.732 051

注：$x^*=1.732\ 050\ 8\cdots\cdots$

从计算结果看，方法(1)和(2)均不收敛，且它们均不满足定理 7.5 中的局部收敛条件. 方法(3)和(4)均满足局部收敛条件，且方法(4)比(3)收敛快.

定义 7.2 设迭代过程 $x_k+1=\varphi(x_k)$ 收敛于方程 $x=\varphi(x)$ 的根 x^*，若迭代误差 $e_k=x_k-x^*$，当 $k\to\infty$ 时成立下列渐近关系式：

$$\lim_{k\to\infty}\frac{e_{k+1}}{e_k{}^r}=c\ (c\text{ 为常数，且 }c\neq0),\tag{7.5}$$

则称迭代过程是 r 阶收敛的.

特别地，$r=1$ 时称线性收敛；

$\qquad\qquad r=2$ 时称平方收敛；

$\qquad\qquad r>1$ 时称超线性收敛，且 r 越大，收敛越快.

定理 7.6 设 x^* 为 $x=\varphi(x)$ 的不动点，若 $\varphi(x)$ 满足：
(1) $\varphi(x)$ 在 x^* 附近是 p 次连续可微的（$p>1$）；
(2) $\varphi'(x^*)=\varphi''(x^*)=\cdots=\varphi^{(p-1)}(x^*)=0,\varphi^{(p)}(x^*)\neq0^r$.
则迭代过程 $x_{n+1}=\varphi(x_n)$ 在点 x^* 邻近是 p 阶收敛的.

$$\varphi(x_n)=\varphi(x^*)+\varphi'(x^*)(x_n-x^*)+\frac{1}{2!}\varphi''(x^*)(x_n-x^*)^2+\cdots+\frac{1}{p!}\varphi^{(p)}(\xi_n)(x_n-x^*)^{pr}.$$

得 $|x_{n+1}-x^*|=|\varphi(x_n)-\varphi(x^*)|=\dfrac{|x_n-x^*|^p}{p!}\varphi^{(p)}(\xi_n)^r$.

所以 $\lim\limits_{n\to\infty}\dfrac{|x_{n+1}-x^*|}{|x_n-x^*|^p}=\lim\limits_{n\to\infty}\dfrac{1}{p!}|\varphi^{(p)}(\xi_n)|=\dfrac{1}{p!}|\varphi^{(p)}(x^*)|$，

故迭代过程 $x_{n+1}=\varphi(x_n)p$ 阶收敛.

3. 迭代收敛的加速方法

迭代收敛的加速方法主要以 Aitken 加速收敛方法，Steffensen 迭代法为主.

（1）Aitken 加速收敛方法

由微分中值定理，有

$$x_1 - x^* = \varphi(x_0) - \varphi(x^*) = \varphi'(\xi)(x_0 - x^*). \tag{7.6}$$

假定 $\varphi'(x)$ 改变不大，近似取某个近似值 L，则有

$$x_1 - x^* \approx L(x_0 - x^*).$$

同理

$$x_2 - x^* \approx L(x_1 - x^*).$$

两式相比，得

$$\frac{x_1 - x^*}{x_2 - x^*} = \frac{x_0 - x^*}{x_1 - x^*}.$$

故

$$x^* \approx \frac{x_0 x_2 - x_1^2}{x_2 - 2x_1 + x_0} = x_0 - \frac{(x_1 - x_0)^2}{x_2 - 2x_1 + x_0} = \widetilde{x}_0.$$

类推可得

$$\widetilde{x}_k = x_k - \frac{(x_{k+1} - x_k)^2}{x_k - 2x_{k+1} + x_{k+2}}. \tag{7.7}$$

上式即为 Aitken 加速收敛方法的迭代格式.

（2）Steffensen 迭代法

将 Aitken 加速技巧与不动点迭代结合可得

$$y_k = \varphi(x_k), \quad z_k = \varphi(y_k),$$

$$x_{k+1} = x_k - \frac{(y_k - x_k)^2}{z_k - 2y_k + x_k}. \tag{7.8}$$

或将其写为 $x_{k+1} = \psi(x_k)$，

$$\psi(x) = x - \frac{(\varphi(x) - x)^2}{\varphi(\varphi(x)) - 2\varphi(x) + x}. \tag{7.9}$$

例 7.3 用 Steffensen 迭代法求解方程 $x^3 - x - 1 = 0$.

解：由前知，迭代格式 $x_{k+1} = x_k^3 - 1$ 是发散的. 现用 Steffensen 迭代法计算. 取 $\varphi(x) = x^3 - 1$，结果见表 7.2.

表 7.2

k	x_k	y_k	z_k
0	1.5	2.375 00	12.396 5
1	1.416 29	1.840 92	5.238 88
2	1.355 65	1.491 40	2.317 28
3	1.328 95	1.347 10	1.444 35
4	1.324 80	1.325 18	1.327 14
5	1.324 72		

表明即使不动点迭代法不收敛,用 Steffensen 迭代法仍可能收敛.

例 7.4　求方程 $3x^2 - e^x = 0$ 在 $[3,4]$ 中的解.

解:由 $e^x = 3x^2$,取对数 $x = \ln 3x^2 = 2\ln x + \ln 3 = \varphi(x)$.

构造迭代格式 $x_{k+1} = 2\ln x_k + \ln 3$,故 $\varphi'(x) = \dfrac{2}{x}$.

当 $x \in [3,4]$ 时,$\varphi(x) \in [3,4]$,且 $\max|\varphi'(x)| \leqslant \dfrac{2}{3} < 1$,故迭代格式收敛.

取 $x_0 = 3.5$,经计算可得迭代 16 次后,$x_{16} = 3.733\,07$,有 6 位有效数字.

若用 Steffensen 迭代法加速,结果如下:

k	x_k	y_k	z_k
0	3.5	3.604 14	3.662 02
1	3.734 44	3.733 81	3.733 47
2	3.733 07		

说明 Steffensen 迭代法的收敛速度比不动点迭代快得多.

7.1.4　Newton 迭代法

1. Newton 迭代法及其收敛性

基本思想:将非线性方程逐步归结为某种线性方程求解.

Newton 法迭代格式如下.

设方程 $f(x) = 0$ 有近似根 $x_k(f'(x_k) \neq 0)$,将 $f(x)$ 在 x_k 展开(ξ在 x 和 x_k 之间):

$$f(x) = f(x_k) + f'(x_k)(x - x_k) + \frac{f''(\xi)}{2!}(x - x_k)^2. \tag{7.10}$$

可设 $f(x) \approx f(x_k) + f'(x_k)(x - x_k)$,

故 $f(x) = 0$ 可近似表示为

$$f(x_k) + f'(x_k)(x - x_k) = 0. \tag{7.11}$$

记该线性方程的根为 x_{k+1},则

$$x_{k+1} = x_k - \frac{f(x_k)}{f'(x_k)} \quad (k = 0, 1, \cdots). \tag{7.12}$$

Newton 迭代法的几何意义,如图 7.5 所示(亦称切线法).

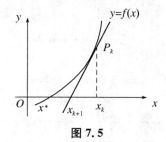

图 7.5

切线方程

$$y = f(x_k) + f'(x_k)(x - x_k),\qquad (7.13)$$

故 $x_{k+1} = x_k - \dfrac{f(x_k)}{f'(x_k)}$.

Newton 迭代法的收敛性：

迭代函数 $\varphi(x) = x - \dfrac{f(x)}{f'(x)}$，

对迭代函数求导数 $\varphi'(x) = 1 - \dfrac{(f'(x))^2 - f(x)f''(x)}{(f'(x))^2} = \dfrac{f(x)f''(x)}{(f'(x))^2}$.

设 $f(x^*) = 0$，$f'(x^*) \neq 0$，则 $\varphi'(x^*) = 0$，故 Newton 迭代法在 x^* 附近至少平方收敛.

定理 7.7 假设 $f(x)$ 在 x^* 的某邻域内具有连续的二阶导数，且设 $f(x^*) = 0$，$f'(x^*) \neq 0$，则对充分靠近 x^* 的初始值 x_0，Newton 迭代法产生的序列 $\{x_n\}$ 至少平方收敛于 x^*.

例 7.5 用 Newton 迭代法解方程 $x\mathrm{e}^x - 1 = 0$.

解：$f'(x) = \mathrm{e}^x + x\mathrm{e}^x$，故 Newton 迭代公式为

$$x_{k+1} = x_k - \frac{x_k \mathrm{e}^{x_k} - 1}{\mathrm{e}^{x_k} + x_k \mathrm{e}^{x_k}},\ 即\ x_{k+1} = x_k - \frac{x_k - \mathrm{e}^{-x_k}}{1 + x_k}.$$

取迭代初值 $x_0 = 0.5$，结果如下：

k	x_k
0	0.5
1	0.571 02
2	0.567 16
3	0.567 14

迭代 3 次即可得到精度为 10^{-5} 的近似解 0.567 14. 若用不动点迭代，达到同一精度需 17 次.

Newton 迭代法的缺陷：

（1）被零除错误

如图 7.6 所示，方程 $f(x) = x^3 - 3x + 2 = 0$ 在重根 $x^* = 1$ 附近，$f'(x)$ 近似为零.

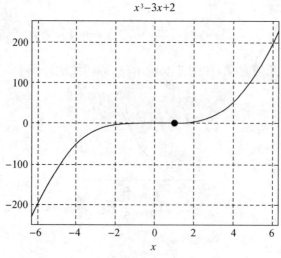

图 7.6

（2）程序死循环

如图 7.7 所示，对 $f(x)=\arctan x$ 存在 x_0，Newton 迭代法陷入死循环.

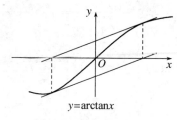

$y=\arctan x$

图 7.7

2. 简化 Newton 迭代法（平行弦法）

迭代公式：

$$x_{k+1}=x_k-cf(x) \quad (c\neq 0,k=0,1,\cdots). \tag{7.14}$$

迭代函数：

$$\varphi(x)=x-cf(x). \tag{7.15}$$

若 $|\varphi'(x)|=|1-cf'(x)|<1$，即取 $0<cf'(x)<2$ 在 x^* 附近成立，则收敛.

若取 $c=1/f'(x_0)$，则称简化 Newton 法.

3. 弦截法（割线法）

在 Newton 迭代格式中，用差商近似导数

$$f'(x_k)\approx\frac{f(x_k)-f(x_{k-1})}{x_k-x_{k-1}}, \tag{7.16}$$

得 $x_{k+1}=x_k-\dfrac{f(x_k)}{f(x_k)-f(x_{k-1})}(x_k-x_{k-1})$，称为弦截法.

弦截法的几何意义，如图 7.8 所示.

弦线 P_kP_{k-1} 的方程：

$$y=f(x_k)+\frac{f(x_k)-f(x_{k-1})}{x_k-x_{k-1}}(x-x_k). \tag{7.17}$$

当 $y=0$ 时，

$$x_{k+1}=x_k-\frac{f(x_k)}{f(x_k)-f(x_{k-1})}(x_k-x_{k-1}). \tag{7.18}$$

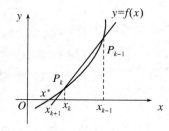

图 7.8

例 7.6 用简化的 Newton 迭代法和弦截法计算方程 $x^3 - 3x + 1 = 0$ 的根.

解:设 $f(x) = x^3 - 3x + 1$,则 $f'(x) = 3x^2 - 3$.

由简化的 Newton 法,得 $x_{k+1} = x_k - \dfrac{f(x_k)}{f'(x_0)} = x_k - \dfrac{x_k^3 - 3x_k + 1}{3x_0^2 - 3}$.

由弦截法,得 $x_{k+1} = x_k - \dfrac{f(x_k)}{f(x_k) - f(x_{k-1})}(x_k - x_{k-1}) = x_k - \dfrac{x_k^3 - 3x_k + 1}{x_k^2 + x_k x_{k-1} + x_{k-1}^2 - 3}$.

简化 Newton 法:

$x_0 = 0.5$,

$x_1 = 0.333\ 333\ 333\ 3$,

$x_2 = 0.349\ 794\ 238\ 7$,

$x_3 = 0.346\ 868\ 332\ 5$,

$x_4 = 0.347\ 370\ 279\ 9$,

$x_5 = 0.347\ 283\ 604\ 8$,

$x_6 = 0.347\ 298\ 555\ 0$,

$x_7 = 0.347\ 295\ 975\ 9$,

$x_8 = 0.347\ 296\ 420\ 8$,

$x_9 = 0.347\ 296\ 344\ 0$,

$x_{10} = 0.347\ 296\ 357\ 2$,

$x_{11} = 0.347\ 296\ 355\ 3$.

弦截法:

$x_0 = 0.5$,

$x_1 = 0.4$,

$x_2 = 0.343\ 096\ 234\ 3$,

$x_3 = 0.347\ 389\ 727\ 4$,

$x_4 = 0.347\ 296\ 509\ 3$.

可知要达到精度 10^{-8},简化 Newton 法需要迭代 11 次,弦截法需要迭代 5 次,Newton 迭代法需要迭代 4 次.

无论前面哪种迭代法(Newton 迭代法、简化 Newton 法、弦截法)是否收敛均与初值的位置有关.

如 $f(x) = \arctan x = 0$ 精确解为 $x = 0$.

表 7.3

取初值 $x_0 = 1$	取初值 $x_0 = 2$
$x_0 = 1$	$x_0 = 2$
$x_1 = -0.570\ 8$	$x_1 = -3.54$
$x_2 = 0.116\ 9$	$x_2 = 13.95$
$x_3 = -0.001\ 1$ 收敛	$x_3 = -279.34$ 发散
$x_4 = 7.963\ 1 \times 10^{-10}$	$x_4 = 122\ 017$
$x_5 = 0$	

4. Newton 下山法

为防止 Newton 法发散,可增加一个条件: $|f(x_{k+1})|<|f(x_k)|$,满足该条件的算法称下山法.

可以用下山法保证收敛,用 Newton 法加快速度.

记 $\bar{x}_{k+1}=x_k-\dfrac{f(x_k)}{f'(x_k)},x_{k+1}=\lambda\bar{x}_{k+1}+(1-\lambda)x_k.$

即 $x_{k+1}=x_k-\lambda\dfrac{f(x_k)}{f'(x_k)}.$

其中 λ——下山因子,$0<\lambda\leqslant1$,称为 Newton 下山法.

λ 的选取:从 $\lambda=1$ 开始,逐次减半计算. 即按 $\lambda=1,\dfrac{1}{2},\dfrac{1}{2^2},\dfrac{1}{2^3},\cdots$ 的顺序,直到使下降条件 $|f(x_{k+1})|<|f(x_k)|$ 成立为止.

例 7.7　求解方程 $\dfrac{x^3}{3}-x=0$ 要求达到精度 $|x_n-x_{n-1}|\leqslant10^{-5}$,取 $x_0=-0.99$.

解:先用 Newton 迭代法: $f'(x)=x^2-1$,

$$x_{k+1}=x_k-\frac{f(x_k)}{f'(x_k)}=x_k-\frac{x_k^3-3x_k}{3(x_k^2-1)},$$

$$x_1=x_0-\frac{x_0^3-3x_0}{3(x_0^2-1)}=32.505\,829,$$

$x_2=21.691\,18,x_3=15.156\,89,x_4=9.707\,24,x_5=6.540\,91,$
$x_6=4.464\,97,x_7=3.133\,84,x_8=2.326\,07,x_9=1.902\,30,$
$x_{10}=1.752\,48,x_{11}=1.732\,40,x_{12}=1.732\,05,x_{13}=1.732\,05.$
需迭代 13 次才达到精度要求.

用 Newton 下山法,结果如下. $x_{k+1}=x_k-\lambda\dfrac{f(x_k)}{f'(x_k)}.$

k	下山因子	x_k	$f(x_k)$
$k=0$		$x_0=-0.99$	$f(x_0)=0.666\,567$
$k=1$		$x_1=32.505\,829$	$f(x)=11\,416.4$
	$\lambda=0.5$	$x_1=15.757\,915$	$f(x)=1\,288.5$
	$\lambda=0.25$	$x_1=7.383\,958$	$f(x)=126.8$
	$\lambda=0.125$	$x_1=3.196\,979$	$f(x)=7.69$
	$\lambda=0.062\,5$	$x_1=1.103\,489$	$f(x)=-0.655$
$k=2$		$x_2=4.115\,071$	$f(x)=19.1$
	$\lambda=0.5$	$x_2=2.609\,28$	$f(x)=3.31$
	$\lambda=0.25$	$x_2=1.856\,38$	$f(x)=0.27$
$k=3$		$x_3=1.743\,52$	$f(x)=0.023$
$k=4$		$x_4=1.732\,16$	$f(x)=0.000\,24$

$k=5$	$x_5 = 1.732\ 05$	$f(x) = 0.000\ 00$
$k=6$	$x_6 = 1.732\ 05$	$f(x) = 0.000\ 000$

5. 重根情形

设 $f(x) = (x - x^*)^m g(x)$，$m \geqslant 2$，m 为整数，$g(x^*) \neq 0$，则 x^* 为方程 $f(x) = 0$ 的 m 重根. 此时有

$$f(x^*) = f'(x^*) = \cdots = f^{(m-1)}(x^*) = 0, f^m(x^*) \neq 0. \tag{7.19}$$

求解方法如下：

(1) 只要 $f'(x_k) \neq 0$，仍可用 Newton 法计算，此时为线性收敛.

(2) 若取 $x_{k+1} = x_k - m \dfrac{f(x_k)}{f'(x_k)}$，

$$\varphi(x) = x - m \frac{f(x)}{f'(x)}. \tag{7.20}$$

则 $\varphi'(x^*) = 0$，用迭代法求 m 重根，则具二阶收敛，但要知道 m.

(3) 还可令 $\mu(x) = \dfrac{f(x)}{f'(x)}$，则

$$\mu(x) = \frac{(x - x^*) g(x)}{m g(x) + (x - x^*) g'(x)}.$$

故 x^* 是 $\mu(x) = 0$ 的单根，对 $\mu(x)$ 用 Newton 法，可得

$$x_{k+1} = x_k - \frac{\mu(x_k)}{\mu'(x_k)} = x_k - \frac{f(x_k) f'(x_k)}{(f'(x_k))^2 - f(x_k) f''(x_k)}. \tag{7.21}$$

它是二阶收敛的.

7.2 插值方法

7.2.1 插值的基本概念

研究用简单函数为各种离散数据建立连续数学模型的方法.

例 7.8 某地区某年夏季时节间隔 30 天的日出日落时间见表 7.4.

表 7.4

	5月1日	5月31日	6月30日
日出	5:51	5:17	5:10
日落	19:04	19:38	19:50

日照时间的变化设为 $y(x) = a_0 + a_1 x + a_2 x^2$，

根据三组数据：

$$(1,\ 15.216\ 7),\ (31,\ 14.35),\ (61,\ 14.666\ 7)$$

导出关于 a_0, a_1, a_2 的线性方程组：

$$\begin{cases} a_0 + a_1 + a_2 = 13.21, \\ a_0 + 31a_1 + (31)^2 a_2 = 14.35, \\ a_0 + 61a_1 + (61)^2 a_2 = 14.66. \end{cases}$$

求出 a_0, a_1, a_2，即可得到 5、6 月份的日照时间的变化规律.

定义 7.3 已知函数 $y = f(x)$ 在 $[a, b]$ 有定义，且已知它在 $n+1$ 个互异节点 $a \leqslant x_0 < x_1 < \cdots < x_n \leqslant b$ 上的函数值 $y_0 = f(x_0), y_1 = f(x_1), \cdots, y_n = f(x_n)$，若存在一个次数不超过 n 次的多项式 $P_n(x) = a_0 + a_1 x + a_2 x^2 + \cdots + a_n x^n$ 满足条件 $P_n(x_k) = y_k (k = 0, 1, \cdots, n)$ 则称 $P_n(x)$ 为 $f(x)$ 的 n 次插值多项式. 点 $x_0, x_1, \cdots, x_n$ 称插值节点，$f(x)$ 为被插值函数. $[a, b]$ 称插值区间，点 x 称插值点. 插值点在插值区间内的叫内插，否则叫外插.

7.2.2 Lagrange 插值

1. 线性插值

$n = 1$ 情形，给定插值节点 $x_0, x_1, y_0 = f(x_0), y_1 = f(x_1)$. 求线性插值多项式 $L_1(x) = a_0 + a_1 x$，使满足 $L_1(x_0) = y_0, L_1(x_1) = y_1$. $y = L_1(x)$ 的几何意义就是过点 (x_0, y_0)，(x_1, y_1) 的直线.

点斜式：$L_1(x) = y_0 + \dfrac{y_1 - y_0}{x_1 - x_0}(x - x_0)$.

两点式：$L_1(x) = \dfrac{x - x_0}{x_1 - x_0} y_1 + \dfrac{x_1 - x}{x_1 - x_0} y_0$.

由两点式可以看出，$L_1(x)$ 是由两个线性函数

$$l_0(x) = \frac{x_1 - x}{x_1 - x_0}, l_1(x) = \frac{x - x_0}{x_1 - x_0}$$

的线性组合得到，其系数分别为 y_0, y_1. 即

$$L_1(x) = l_0(x) y_0 + l_1(x) y_1. \tag{7.22}$$

显然，$l_0(x)$ 及 $l_1(x)$ 也是线性插值多项式，在节点 x_0, x_1 上满足条件：

$$l_0(x_0) = 1, l_0(x_1) = 0;$$
$$l_1(x_0) = 0, l_1(x_1) = 1.$$

即
$$l_k(x_j) = \begin{cases} 1, j = k \\ 0, j \neq k \end{cases} \quad (j, k = 0, 1).$$

称 $l_0(x)$ 及 $l_1(x)$ 为线性插值基函数.

2. 抛物插值

$n = 2$ 情形，假定插值节点为 x_0, x_1, x_2，求二次插值多项式 $L_2(x)$，使 $L_2(x_j) = y_j (j = 0, 1, 2)$.

$y = L_2(x)$ 的几何意义就是过 $(x_0, y_0), (x_1, y_1), (x_2, y_2)$ 三点的抛物线.

采用基函数方法，设 $L_2(x) = l_0(x) y_0 + l_1(x) y_1 + l_2(x) y_2$，此时基函数 $l_0(x), l_1(x), l_2(x)$ 是二次函数.

基函数 $l_0(x), l_1(x), l_2(x)$ 在节点上满足：

$$l_0(x_0)=1, \quad l_0(x_1)=0, \quad l_0(x_2)=0;$$
$$l_1(x_0)=0, \quad l_1(x_1)=1, \quad l_1(x_2)=0;$$
$$l_2(x_0)=0, \quad l_2(x_1)=0, \quad l_2(x_2)=1.$$

即
$$l_k(x_j)=\begin{cases}1, j=k \\ 0, j\neq k\end{cases} (j,k=0,1).$$

满足上式的插值基函数很容易求出.

如求 $l_0(x)$，因 x_1,x_2 为其零点，故可表示为

$$l_0(x)=A(x-x_1)(x-x_2). \tag{7.23}$$

其中 A 为待定系数，由 $l_0(x_0)=1$，得

$$A=\frac{1}{(x_0-x_1)(x_0-x_2)}.$$

得
$$l_0(x)=\frac{(x-x_1)(x-x_2)}{(x_0-x_1)(x_0-x_2)}.$$

同理可得 $\quad l_1(x)=\dfrac{(x-x_0)(x-x_2)}{(x_1-x_0)(x_1-x_2)}, l_2(x)=\dfrac{(x-x_0)(x-x_1)}{(x_2-x_0)(x_2-x_1)}.$

显然 $\quad L(x)=l_0(x)y_0+l_1(x)y_1+l_2(x)y_2.$

满足条件 $\quad L_2(x_j)=y_j \quad (j=0,1,2).$

将 $l_0(x),l_1(x),l_2(x)$ 代入得

$$l_2(x)=\frac{(x-x_1)(x-x_2)}{(x_0-x_1)(x_0-x_2)}y_0+\frac{(x-x_0)(x-x_2)}{(x_1-x_0)(x_1-x_2)}y_1+\frac{(x-x_0)(x-x_1)}{(x_2-x_0)(x_2-x_1)}y_2.$$

7.2.3 分段低次插值

1. 分段线性 Lagrange 插值

设插值节点为 x_i，函数值为 $y_i,i=0,1,2,\cdots,n$，$h_i=x_i+1-x_{i-1},i=0,1,2,\cdots,n-1$，任取两个相邻的节点 x_k,x_{k+1}，形成一个插值区间 $[x_k,x_{k+1}]$，构造 Lagrange 线性插值

$$L_1^{(k)}(x)=y_k l_k(x)+y_{k+1}l_{k+1}(x)=y_k\frac{x-x_{k+1}}{x_k-x_{k+1}}+y_{k+1}\frac{x-x_k}{x_{k+1}-x_k}, k=0,1,2,\cdots,n-1. \tag{7.24}$$

$$L_1(x)=\begin{cases}L_1^{(0)}(x) & x_0\leqslant x<x_1 \\ L_1^{(1)}(x) & x_1\leqslant x<x_2 \\ \quad\cdots\cdots \\ L_1^{(n-1)}(x) & x_{n-1}\leqslant x<x_n\end{cases} \tag{7.25}$$

显然 $L_1(x_i)=y_i,i=0,1,2,\cdots,n.$

我们称由上式构成的插值多项式 $L_1(x)$ 为分段线性 Lagrange 插值多项式.

设 $x=x^*$ 为插值点，

若 $x_k \leqslant x^* \leqslant x_{k+1}$（内插），取 $y^* = L_1(x^*) = L_1^{(k)}(x^*) = y_k \dfrac{x^* - x_{k+1}}{x_k - x_{k+1}} + y_{k+1} \dfrac{x^* - x_k}{x_{k+1} - x_k}$;

若 $x^* \leqslant x_0$（外插），取 $y^* = L_1(x^*) = L_1^{(0)}(x^*) = y_0 \dfrac{x^* - x_1}{x_0 - x_1} + y_1 \dfrac{x^* - x_0}{x_1 - x_0}$;

若 $x^* \geqslant x_n$（外插），取 $y^* = L_1(x^*) = L_1^{(n-1)}(x^*) = y_{n-1} \dfrac{x^* - x_n}{x_{n-1} - x_n} + y_n \dfrac{x^* - x_{n-1}}{x_n - x_{n-1}}$.

分段线性插值 $y = L_1(x)$ 的图像实际上是连接点 (x_k, y_k) 的一条折线，如图 7.9 所示.

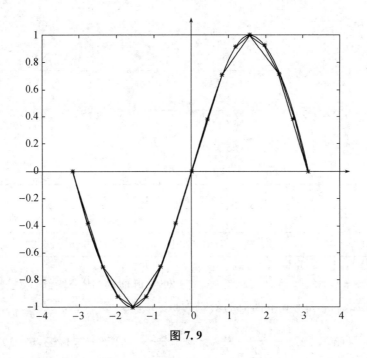

图 7.9

故也称折线插值，但曲线的光滑性较差，且在节点处有尖点. 如果增加节点的数量，减小步长，会改善插值效果. 因此，若 $f(x)$ 在 $[a, b]$ 上连续，则 $\lim\limits_{h \to 0} L_1(x) = f(x)$.

例 7.9　已知 $\sqrt{4} = 2, \sqrt{9} = 3, \sqrt{16} = 4$，求 $\sqrt{7}$.

解：取 $x_0 = 4, y_0 = 2, x_1 = 9, y_1 = 3, x_2 = 16, y_2 = 4$

（1）线性插值

取 $x_0 = 4$，$x_1 = 9$，

$$L_1(x) = \frac{9 - x}{9 - 4} \times 2 + \frac{x - 4}{9 - 4} \times 3,$$

$$\sqrt{7} \approx L_1(7) = \frac{2}{5}(9 - 7) + \frac{3}{5}(7 - 4) = \frac{13}{5} = 2.6.$$

（2）抛物插值

取 $x_0 = 4$，$x_1 = 9$，$x_2 = 16$，

$$\sqrt{7} \approx L_2(7) = \frac{(7-9)(7-16)}{(4-9)(4-16)} \times 2 + \frac{(7-4)(7-16)}{(9-4)(9-16)} \times 3 + \frac{(7-4)(7-9)}{(16-4)(16-9)} \times 4 = 2.628\,6,$$

$$\sqrt{7} \approx 2.645\,8.$$

2. 分段二次 Lagrange 插值

设插值节点为 x_i，函数值为 $y_i(i=0,1,2,\cdots,n)$，$h_i = x_{i+1} - x_i (i=0,1,2,\cdots,n-1)$.

任取三个相邻的节点 x_{k-1}, x_k, x_{k+1}，以 $[x_{k-1}, x_{k+1}]$ 为插值区间构造二次 Lagrange 插值多项式：

$$L_2^{(k)}(x) = y_{k-1} l_{k-1}(x) + y_k l_k(x) + y_{k+1} l_{k+1}(x), \tag{7.26}$$

$$L_2^{(k)}(x) = y_{k-1} \frac{(x-x_k)(x-x_{k+1})}{(x_{k-1}-x_k)(x_{k-1}-x_{k+1})} + y_k \frac{(x-x_{k-1})(x-x_{k+1})}{(x_k-x_{k-1})(x_k-x_{k+1})}$$
$$+ y_{k+1} \frac{(x-x_{k-1})(x-x_k)}{(x_{k+1}-x_{k-1})(x_{k+1}-x_k)} \quad (k=1,2,\cdots,n-1).$$

例 7.10 $f(x)$ 在各节点处的数据见表 7.5.

表 7.5

i	0	1	2	3	4	5
x_i	0.30	0.40	0.55	0.65	0.80	1.05
y_i	0.301 63	0.410 75	0.578 15	0.696 75	0.873 35	1.188 85

求 $f(x)$ 在 $x=0.36, 0.42, 0.75, 0.98, 1.1$ 处的近似值（用分段线性、二次插值）.

解：(1) 分段线性 Lagrange 插值的公式为

$$L_1^{(k)}(x) = y_k \frac{x-x_{k+1}}{x_k-x_{k+1}} + y_{k+1} \frac{x-x_k}{x_{k+1}-x_k} \quad (k=0,1,\cdots,n-1),$$

$$f(0.36) \approx L_1^{(0)}(0.36) = 0.301\,63 \times \frac{0.36-0.4}{0.3-0.4} + 0.410\,75 \times \frac{0.36-0.3}{0.4-0.3} = 0.367\,11,$$

$$f(0.42) \approx L_1^{(1)}(0.36) = 0.410\,75 \times \frac{0.42-0.55}{0.4-0.55} + 0.578\,15 \times \frac{0.42-0.4}{0.55-0.4} = 0.433\,07.$$

同理
$$f(0.75) \approx L_1^{(3)}(0.75) = 0.814\,48,$$
$$f(0.98) \approx L_1^{(4)}(0.98) = 1.100\,51.$$

$$f(1.1) \approx L_1^{(4)}(1.1) = 0.873\,35 \times \frac{1.1-1.05}{0.8-1.05} + 1.188\,85 \times \frac{1.1-0.8}{1.05-0.8} = 1.251\,95.$$

(2) 分段二次 Lagrange 插值的公式为

$$L_2^{(k)}(x) = y_{k-1} \frac{(x-x_k)(x-x_{k+1})}{(x_{k-1}-x_k)(x_{k-1}-x_{k+1})} + y_k \frac{(x-x_{k-1})(x-x_{k+1})}{(x_k-x_{k-1})(x_k-x_{k+1})}$$
$$+ y_{k+1} \frac{(x-x_{k-1})(x-x_k)}{(x_{k+1}-x_{k-1})(x_{k+1}-x_k)} \quad (k=1,2,\cdots,n-1),$$

$$f(0.36) \approx L_2^{(1)}(0.36)$$

$$= y_0 \frac{(0.36-x_1)(0.36-x_2)}{(x_0-x_1)(x_0-x_2)} + y_1 \frac{(0.36-x_0)(0.36-x_2)}{(x_1-x_0)(x_1-x_2)}$$

$$+ y_2 \frac{(0.36-x_0)(0.36-x_1)}{(x_2-x_0)(x_2-x_1)} = 0.366\,86,$$

$$f(0.42) \approx L_2^{(1)}(0.42)$$

$$= y_0 \frac{(0.42-x_1)(0.42-x_2)}{(x_0-x_1)(x_0-x_2)} + y_1 \frac{(0.42-x_0)(0.42-x_2)}{(x_1-x_0)(x_1-x_2)}$$

$$+ y_2 \frac{(0.42-x_0)(0.42-x_1)}{(x_2-x_0)(x_2-x_1)} = 0.432\,81,$$

$$f(0.75) \approx L_2^{(4)}(0.42)$$

$$= y_0 \frac{(0.75-x_1)(0.75-x_2)}{(x_0-x_1)(x_0-x_2)} + y_1 \frac{(0.75-x_0)(0.75-x_2)}{(x_1-x_0)(x_1-x_2)}$$

$$+ y_2 \frac{(0.75-x_0)(0.75-x_1)}{(x_2-x_0)(x_2-x_1)} = 0.813\,43,$$

$$f(0.98) \approx L_2^{(4)}(0.98) = 1.097\,84, \quad f(1.1) \approx L_2^{(4)}(1.1) = 1.255\,13.$$

7.2.4　均差与 Newton 插值

1. 均差及其性质

Lagrange 插值多项式理论上较方便,但当节点增加时,全部基函数 $l_k(x)$ 都要变,在实际运算中并不方便. 可将插值多项式表示为如下形式: $P_n(x) = a_0 + a_1(x-x_0) + a_2(x-x_0)(x-x_1) + \cdots + a_n(x-x_0)(x-x_1)\cdots(x-x_n)$,其中 $a_0, a_1, \cdots, a_n$ 待定,可由 $P_n(x) = f_i (i=0,1,\cdots,n)$ 确定. f_i 为节点处的函数值.

当 $x=x_0$ 时,$P(x_0) = f_0 = a_0, a_0 = f_0$;

当 $x=x_1$ 时,$P(x_1) = f_1 = a_0 + a_1(x_1-x_0), a_1 = \dfrac{f_1-f_0}{x_1-x_0}$;

当 $x=x_2$ 时,$P(x_2) = f_2 = a_0 + a_1(x_2-x_0) + a_2(x_2-x_0)(x_2-x_1)$,

$$a_2 = \frac{f_2 - a_0 - a_1(x_2-x_0)}{(x_2-x_0)(x_2-x_1)} = \frac{f_2 - f_0 - \dfrac{f_1-f_0}{x_1-x_0}(x_2-x_0)}{(x_2-x_0)(x_2-x_1)}$$

$$= \frac{\dfrac{f_2-f_0}{x_2-x_0} - \dfrac{f_1-f_0}{x_1-x_0}}{x_2-x_1} = \frac{\dfrac{f_2-f_1}{x_2-x_1} - \dfrac{f_1-f_0}{x_1-x_0}}{x_2-x_0}.$$

再继续下去待定系数的形式将更复杂,为此引入均差的概念:均差的计算方法(表格法),如图 7.10 所示.

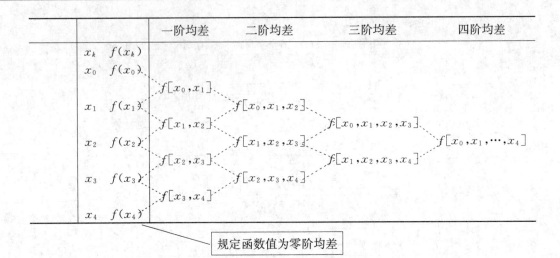

规定函数值为零阶均差

图 7.10

例 7.11 已知函数 $f(x)$ 的函数值列表见表 7.6.

表 7.6

x	-2	-1	0	1	3
y	-56	-16	-2	-2	4

列出一至三阶的均差表.

解:列出表 7.7.

表 7.7

x	$f(x)$	一阶均差	二阶均差	三阶均差
-2	-56			
-1	-16	40		
0	-2	14	-13	
1	-2	0	-7	2
3	4	3	1	2

2. Newton 插值公式

根据均差定义,把 $x \neq x_i$ 看成 $[a,b]$ 上一点,则

$$f[x_0,x_1,\cdots,x_k,x]=\frac{f[x_0,x_1,\cdots,x_k]-f[x_0,x_1,\cdots,x_k,x]}{x_k-x}. \quad (7.27)$$

即 $f[x_0,x_1,\cdots,x_k,x]=f[x_0,x_1,\cdots,x_k]+f[x_0,x_1,\cdots,x_k,x](x-x_k)$.

因此可得

$$f(x)=f_0+f[x,x_0](x-x_0),$$
$$f[x,x_0]=f[x_0,x_1]+f[x,x_0,x_1](x-x_1),$$

······

$$f[x,x_0,\cdots,x_{n-1}]=f[x_0,x_1,\cdots,x_n]+f[x,x_0,\cdots,x_n](x-x_n).$$

将后一式代入前一式,得

$$\begin{aligned}f(x)&=f_0+f[x_0,x_1](x-x_0)+f[x_0,x_1,x_2](x-x_0)(x-x_1)+\cdots\cdots\\&\quad+f[x_0,x_1,\cdots,x_n](x-x_0)\cdots(x-x_{n-1})+f[x,x_0,x_1,\cdots,x_n]\omega_{n+1}(x)\\&=N_n(x)+R_n(x)\,(\omega_{n+1}(x)=(x-x_0)(x-x_1)\cdots(x-x_n)).\end{aligned}$$

其中 $N_n(x)=f(x_0)+f[x_0,x_1](x-x_0)+\cdots\cdots+f[x_0,x_1,\cdots,x_n](x-x_0)\cdots(x-x_{n-1})$,

$$R_n(x)+f(x)-N_n(x)=f[x,x_0,x_1,\cdots,x_n]\omega_{n+1}(x).$$

称 $N_n(x)$ 为 Newton 均差插值多项式.

注:

(1) Newton 插值多项式的系数为均差表中各阶均差的第一个数据;

(2) Newton 插值多项式的基函数为 $\omega_i(x)$, $i=0,1,\cdots,n$;

(3) Newton 插值多项式的插值余项为 $R_n(x)$.

例 7.12　已知 $f(x)$ 的函数表,求 4 次牛顿插值多项式,并由此计算 $f(0.596)$ 的近似值.

表 7.8

x_k	$f(x_k)$	一阶均差	二阶均差	三阶均差	四阶均差	五阶均差
0.40	0.410 75					
0.55	0.578 15	1.116 00				
0.65	0.696 75	1.186 00	0.280 00			
0.80	0.888 11	1.275 73	0.358 93	0.197 33		
0.90	1.026 52	1.384 10	0.433 48	0.213 00	0.031 34	
1.05	1.253 82	1.515 33	0.524 93	0.228 63	0.031 26	−0.000 12

从表 7.8 中可以看到 4 阶均差几乎为常数,故取 4 次插值多项式即可,于是:

$$\begin{aligned}N_4(x)&=0.410\,75+1.166(x-0.4)+0.28(x-0.4)(x-0.55)\\&\quad+0.197\,33(x-0.4)(x-0.55)(x-0.65)\\&\quad+0.031\,34(x-0.4)(x-0.55)(x-0.65)(x-0.8)\end{aligned}$$

可得　　　　　　　　　$f(0.596)\approx N_4(0.596)=0.631\,92.$

截断误差为

$$|R_4(x)|\approx|f[x_0,x_1,x_2,x_3,x_4,x_5]\omega_5(0.596)|\leqslant3.63\times10^{-9}.$$

这说明截断误差很小.

截断误差的估计:此例中,五阶均差 $f[x,x_0,x_1,\cdots,x_4]$ 是用 $f[x_0,x_1,\cdots,x_5]$ 来近似的.另一种方法是取 $x=0.596$,由 $f(0.596)\approx0.613\,92$ 求得 $f[x,x_0,x_1,\cdots,x_4]$ 的近似值,进而计算 $|R_4(x)|$.

7.3 数据拟合的最小二乘法

7.3.1 曲线拟合的数学描述与问题求解

例 7.13 考察某种纤维的强度与其拉伸倍数的关系,表 7.9 是实际测定的 24 个纤维样品的强度与相应的拉伸倍数的记录.

表 7.9

编号	拉伸倍数	强度	编号	拉伸倍数	强度
1	1.9	1.4	13	5	5.5
2	2	1.3	14	5.2	5
3	2.1	1.8	15	6	5.5
4	2.5	2.5	16	6.3	6.4
5	2.7	2.8	17	6.5	6
6	2.7	2.5	18	7.1	5.3
7	3.5	3	19	8	6.5
8	3.5	2.7	20	8	7
9	4	4	21	8.9	8.5
10	4	3.5	22	9	8
11	4.5	4.2	23	9.5	8.1
12	4.6	3.5	24	10	8.1

纤维强度随拉伸倍数增加而增加,如图 7.11 所示.

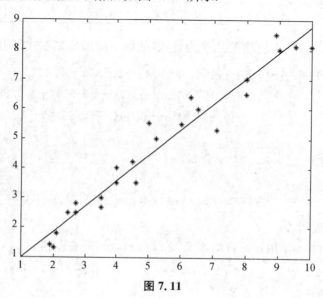

图 7.11

24 个点大致分布在一条直线附近. 故可认为强度 y 与拉伸倍数 x 的主要关系应为线性关系:

$$y(x) = \beta_0 + \beta_1 x.$$

其中 β_0, β_1 为待定参数.

注: $y(x) = \beta_0 + \beta_1 x$ 与所有的数据点(样本点) (x_i, y_i) 越接近越好. 必须找到一种度量标准来衡量某种曲线最接近所有数据点.

1. 数据拟合问题

从一大堆看上去杂乱无章的数据中找出规律性来,即设法构造一条曲线(拟合曲线)反映所给数据点总的趋势,以消除其局部波动. 这种要求曲线尽可能逼近给定数据的过程称"拟合".

给定一组值,见表 7.10.

表 7.10

x	x_1	x_2	$\cdots\cdots$	x_m
$f(x)$	y_1	y_2	$\cdots\cdots$	y_m

求函数 $\varphi(x) = a_0 \varphi_0(x) + a_1 \varphi_1(x) + \cdots + a_n \varphi_n(x) = \sum_{j=0}^{n} a_j \varphi_j(x)$,

使得 $\sum_{i=1}^{m} (\varphi(x_i) - y_i)^2 = \sum_{i=1}^{m} \left(\sum_{j=0}^{n} a_j \varphi_j(x_i) - y_i \right)^2$ 最小.

说明:

(1) 若 $\varphi(x)$ 为一元函数,则函数曲线为平面图形,称曲线拟合.

(2) $\varphi(x)$ 为拟合函数,上式最小即为拟合条件(即要求拟合曲线与各数据点在 y 方向的误差平方和最小).

(3) 函数类的选取:据实验数据分布特点选取,可选幂函数类、指数函数类、三角函数类等.

2. 最小二乘法

以残差平方和最小问题的解来确定拟合函数的方法.

令 $\delta_i = \varphi(x_i) - y_i (i = 1, 2, \cdots, m)$——在回归分析中称为残差.

残差向量:
$$\vec{\boldsymbol{\delta}} = \begin{pmatrix} \varphi(x_1) - y_1 \\ \varphi(x_2) - y_2 \\ \cdots\cdots \\ \varphi(x_m) - y_m \end{pmatrix}.$$

残差向量的各分量平方和记为:

$$S(a_0, a_1, \cdots, a_n) = \sum_{i=1}^{m} \left(\sum_{j=0}^{n} a_j \varphi_j(x_i) - y_i \right)^2 = || \vec{\boldsymbol{\delta}} ||_2^2. \tag{7.28}$$

由多元函数求极值的必要条件,有

$$\frac{\partial S}{\partial a_k} = 0 \quad (k = 0, 1, \cdots, n). \tag{7.29}$$

可得

$$2\sum_{i=1}^{m}\varphi_k(x_i)\left(\sum_{j=0}^{n}a_j\varphi_j(x_i)-y_i\right)=0. \tag{7.30}$$

即

$$\sum_{i=1}^{m}\left(\sum_{j=0}^{n}a_j\varphi_k(x_i)\varphi_j(x_i)-\varphi_k(x_i)y_i\right)=0,$$

$$\sum_{i=1}^{m}\sum_{j=0}^{n}a_j\varphi_k(x_i)\varphi_j(x_i)=\sum_{i=1}^{m}\varphi_k(x_i)y_i.$$

由

$$\sum_{i=1}^{m}\sum_{j=0}^{n}a_j\varphi_k(x_i)\varphi_j(x_i)=\sum_{i=1}^{m}\varphi_k(x_i)y_i, \tag{7.31}$$

得

$$\sum_{j=0}^{n}\left(\sum_{i=1}^{m}\varphi_k(x_i)\varphi_j(x_i)\right)a_j=\sum_{i=1}^{m}\varphi_k(x_i)y_i \quad (k=0,1,\cdots,n).$$

即

$$a_0\sum_{i=1}^{m}\varphi_k(x_i)\varphi_0(x_i)+a_1\sum_{i=1}^{m}\varphi_k(x_i)\varphi_1(x_i)+\cdots+a_n\sum_{i=1}^{m}\varphi_k(x_i)\varphi_n(x_i)$$
$$=\sum_{i=1}^{m}\varphi_k(x_i)y_i(k=0,1,\cdots,n). \tag{7.32}$$

上式为由 $n+1$ 个方程组成的方程组,称正规方程组.

引入记号

$$\varphi_r=(\varphi_r(x_1),\varphi_r(x_2),\cdots,\varphi_r(x_m)),$$
$$f=(y_1,y_2,\cdots,y_m).$$

则由内积的概念可知

$$(\varphi_k,\varphi_j)=\sum_{i=1}^{m}\varphi_k(x_i)\varphi_j(x_i),(\varphi_k,f)=\sum_{i=1}^{m}\varphi_k(x_i)y_i. \tag{7.33}$$

显然内积满足交换律 $(\varphi_k,\varphi_j)=(\varphi_j,\varphi_k)$,

正规方程组便可化为

$$a_0(\varphi_k,\varphi_0)+a_1(\varphi_k,\varphi_1)+\cdots+a_n(\varphi_k,\varphi_n)=(\varphi_k,f) \quad (k=0,1,\cdots,n). \tag{7.34}$$

这是一个系数为 (φ_k,φ_j),常数项为 (φ_k,f) 的线性方程组.

将其表示成矩阵形式

$$\begin{bmatrix} (\varphi_0,\varphi_0) & (\varphi_0,\varphi_1) & \cdots & (\varphi_0,\varphi_n) \\ (\varphi_1,\varphi_0) & (\varphi_1,\varphi_1) & \cdots & (\varphi_1,\varphi_n) \\ \vdots & \vdots & & \vdots \\ (\varphi_n,\varphi_0) & (\varphi_n,\varphi_1) & \cdots & (\varphi_n,\varphi_n) \end{bmatrix}\begin{bmatrix} a_0 \\ a_1 \\ \vdots \\ a_n \end{bmatrix}=\begin{bmatrix} (\varphi_0,f) \\ (\varphi_1,f) \\ \vdots \\ (\varphi_n,f) \end{bmatrix}. \tag{7.35}$$

其系数矩阵为对称阵.

由于 $\varphi_0(x), \varphi_1(x), \cdots, \varphi_n(x)$ 为函数类 φ 的基，$\varphi_0(x), \varphi_1(x), \cdots, \varphi_n(x)$ 必然线性无关.

所以正规方程组的系数矩阵非奇异，即

$$\det((\varphi_i, \varphi_j)_{n \times n}) \neq 0.$$

根据克拉默法则，正规方程组有唯一解，称其为最小二乘解.

作为一种简单的情况，常使用多项式函数 $P_n(x)$ 作为 $(x_i, y_i)(i = 1, 2, \cdots, m)$ 的拟合函数.

拟合函数 $\varphi(x) = P_n(x)$ 的基函数为

$$\varphi_0(x) = 1, \varphi_1(x) = x, \cdots \varphi_k(x) = x^k, \cdots, \varphi_n(x) = x^n. \tag{7.36}$$

基函数之间的内积为

$$(\varphi_k, \varphi_j) = \sum_{i=1}^{m} \varphi_k(x_i) \varphi_j(x_i) = \sum_{i=1}^{m} x_i^k x_i^j = \sum_{i=1}^{m} x_i^{k+j},$$

$$(\varphi_k, f) = \sum_{i=1}^{m} \varphi_k(x_i) y_i = \sum_{i=1}^{m} x_i^k y_i.$$

即正规方程组为

$$\begin{bmatrix} m & \sum\limits_{k=1}^{m} x_k & \cdots & \sum\limits_{k=1}^{m} x_k^n \\ \sum\limits_{k=1}^{m} x_k & \sum\limits_{k=1}^{m} x_k^2 & \cdots & \sum\limits_{k=1}^{m} x_k^{n+1} \\ \vdots & \vdots & & \vdots \\ \sum\limits_{k=1}^{m} x_k^n & \sum\limits_{k=1}^{m} x_k^{n+1} & \cdots & \sum\limits_{k=1}^{m} x_k^{2n} \end{bmatrix} \begin{bmatrix} a_0 \\ a_1 \\ \vdots \\ a_n \end{bmatrix} = \begin{bmatrix} \sum\limits_{k=1}^{m} y_k \\ \sum\limits_{k=1}^{m} x_k y_k \\ \vdots \\ \sum\limits_{k=1}^{m} x_k^n y_k \end{bmatrix}. \tag{7.37}$$

例 7.14　回到本节开始的例 7.13，从散点图可以看出，纤维强度和拉伸倍数之间近似线性关系，故可选线性函数 $y(x) = a_0 + a_1 x$ 为拟合函数建立正规方程组，其基函数为 $\varphi_0(x) = 1, \varphi_1(x) = x$. 根据内积公式，可得 $(\varphi_0, \varphi_0) = 24, (\varphi_0, \varphi_1) = 127.5, (\varphi_1, \varphi_1) = 829.61, (\varphi_0, f) = 113.1 (\varphi_1, f) = 731.6$.

正规方程组为 $\begin{pmatrix} 24 & 127.5 \\ 127.5 & 829.61 \end{pmatrix} \begin{pmatrix} a_0 \\ a_1 \end{pmatrix} = \begin{pmatrix} 113.1 \\ 731.6 \end{pmatrix}$.

解得 $a_0 = 0.1505, a_1 = 0.8587$.

故 $y(x) = 0.1505 + 0.8587x$ 即为所求的最小二乘解.

残差平方和：$\|\delta^*\|_2^2 = 5.6615$.

拟合曲线与散点的关系如图 7.12 所示.

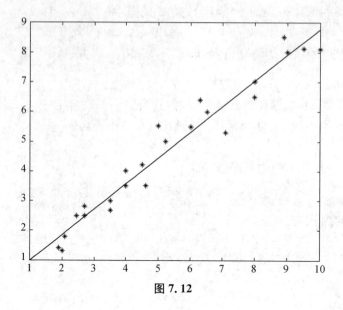

图 7. 12

7. 3. 2　超定方程组的最小二乘解

将拟合函数以用向量表示：

$$\boldsymbol{\varphi}(x) = (\varphi_0(x) \quad \varphi_1(x) \quad \cdots \quad \varphi_n(x)) \begin{pmatrix} a_0 \\ a_1 \\ \vdots \\ a_n \end{pmatrix}. \tag{7.38}$$

令 $\varphi(x_i) = y_i \quad (i=1,2,\cdots,m)$，

可得

$$\begin{pmatrix} \varphi_0(x_1) & \varphi_1(x_1) & \cdots & \varphi_n(x_1) \\ \varphi_0(x_2) & \varphi_1(x_2) & \cdots & \varphi_n(x_2) \\ \vdots & \vdots & & \vdots \\ \varphi_0(x_m) & \varphi_1(x_m) & \cdots & \varphi_n(x_m) \end{pmatrix} \begin{pmatrix} a_0 \\ a_1 \\ \vdots \\ a_n \end{pmatrix} = \begin{pmatrix} y_1 \\ y_2 \\ \vdots \\ y_m \end{pmatrix}. \tag{7.39}$$

若 $m > n+1$，则此方程组称超定方程组（方程个数＞未知数个数）.

考虑正规方程组

$$\sum_{j=0}^{n} \left(\sum_{i=1}^{m} \varphi_k(x_i) \varphi_j(x_i) \right) a_j = \sum_{i=1}^{m} \varphi_k(x_i) y_i \quad (k=0,1,\cdots,n), \tag{7.40}$$

可知：

(1) 未知数 a_j 的系数 $\sum\limits_{i=1}^{m} \varphi_k(x_i) \varphi_j(x_i)$，为超定方程组中系数阵第 k 列与第 j 列对应积之和（即内积 (φ_k, φ_j)）；

(2) 右端向量 $\sum\limits_{i=1}^{m} \varphi_k(x_i) y_i$，为系数阵第 k 列与 m 个函数值对应积之和.

注:最小二乘解并不能满足超定方程组中每个方程,但要求尽可能接近给定数据,即允许每个等式可以稍有偏差(即残差).

故正规方程组矩阵形式为 $\boldsymbol{\phi}^{\mathrm{T}}\boldsymbol{\phi}\vec{a}=\boldsymbol{\phi}^{\mathrm{T}}\vec{y}$,若有唯一解,称其为超定方程组的最小二乘解.

求一般超定方程组 $\boldsymbol{A}x=\boldsymbol{b}$ 的主要过程:

(1) 求出系数矩阵 $\boldsymbol{A}$ 的转置矩阵 $\boldsymbol{A}^{\mathrm{T}}$;

(2) 计算矩阵 $\boldsymbol{D}=\boldsymbol{A}^{\mathrm{T}}\boldsymbol{A}$ 和向量 $\boldsymbol{f}=\boldsymbol{A}^{\mathrm{T}}\boldsymbol{b}$;

(3) 求解正规方程组 $\boldsymbol{D}x=\boldsymbol{f}$.

例 7.15 用多项式函数拟合表 7.11 给定数据.

表 7.11

x	1	2	3	4
y	4	10	18	26

解:设 $P(x)=a_0+a_1x+a_2x^2$.

得

$$\begin{cases} a_0+a_1+a_2=4 \\ a_0+2a_1+4a_2=10 \\ a_0+3a_1+9a_2=18 \\ a_0+4a_1+16a_2=26 \end{cases},\ 即\ \begin{pmatrix} 1 & 1 & 1 \\ 1 & 2 & 4 \\ 1 & 3 & 9 \\ 1 & 4 & 16 \end{pmatrix}\begin{pmatrix} a_0 \\ a_1 \\ a_2 \end{pmatrix}=\begin{pmatrix} 4 \\ 10 \\ 18 \\ 26 \end{pmatrix}.$$

记系数矩阵为 $\boldsymbol{\Phi}$,则

$$\boldsymbol{\Phi}^{\mathrm{T}}\boldsymbol{\Phi}=\begin{pmatrix} 4 & 10 & 30 \\ 10 & 30 & 100 \\ 30 & 100 & 354 \end{pmatrix} \qquad \boldsymbol{\Phi}^{\mathrm{T}}\vec{y}=\begin{pmatrix} 58 \\ 182 \\ 622 \end{pmatrix}$$

故正规方程组为 $\begin{pmatrix} 4 & 10 & 30 \\ 10 & 30 & 100 \\ 30 & 100 & 354 \end{pmatrix}\begin{pmatrix} a_0 \\ a_1 \\ a_2 \end{pmatrix}=\begin{pmatrix} 58 \\ 182 \\ 622 \end{pmatrix}.$

解得

$$a_0=-\frac{3}{2},\ a_1=\frac{49}{10},\ a_2=\frac{1}{2}.$$

拟合曲线

为

$$P(x)=-\frac{3}{2}+\frac{49}{10}x+\frac{1}{2}x^2.$$

第8章　数据科学中的分析方法概述

8.1　大数据分析方法概述

8.1.1　大数据分析方法的类型

大数据分析是指用适当的统计分析方法对采集的大量数据进行分析,并将这些数据加以汇总、理解和消化,提取有用信息和形成结论,以求最大化开发数据的功能和发挥数据的作用.

依据任务难度和产生价值两个维度,大数据分析方法可以划分为描述分析、诊断分析、预测分析和规范分析四个层次.

（1）描述分析:描述分析用来描述事情发生的结果,是通过历史数据来说明发生的事件.它的任务难度和产生的价值都是相对比较低的.

（2）诊断分析:诊断分析用来分析事情发生的原因,是通过采集的数据说明事件发生的原因.它的任务难度和产生的价值比描述分析高.

（3）预测分析:预测分析用来预测未来事件的演化趋势和发生的概率,它的任务难度和产生价值相对于描述分析和诊断分析来说更高.通过预测分析,将学习到的知识和规律应用到未来,可以更好地对未来的情况进行判断.

（4）规范分析:规范分析用来控制事情发生的轨迹,用于决策制定以及提高分析效率.它的任务难度和产生价值是这四个层次中最高的.

按统计学领域划分,可分为描述性分析、探索性分析和验证性分析.描述性分析用来说明发生的事件;探索性分析致力于找出事物内在的本质结构;验证性分析主要检验已知的特定结构是否按照预期的方式发挥作用.

如果分析者没有坚实的理论基础来支撑有关观测变量内部结构的假定,通常先用探索性分析,然后在探索性分析产生结果的基础上用验证分析.

描述性分析指通过图表形式加工处理和显示采集的数据,进而综合概括和分析出反映客观现象的规律,即描绘或总结所采集到的数据.描述数据的指标包括描述数据集中趋势和描述数据离中趋势.

描述数据集中趋势的指标有平均数、中位数、众数.

（1）平均数

① 容易受极端值的影响.

② 具有唯一性.

③ 是一个"虚拟"的数,通过计算得出,不是数据中的原始数据.

（2）中位数

① 中位数适用于对定量数据的集中趋势分析.

② 不适用于分类数据.

③ 不受极端值的影响.

（3）众数

① 众数是一组数据中出现次数最多的数据,主要用于描述分类数据的特点.

② 一般在数据量较大的情况下才有意义.

③ 不受极端值的影响,但是可能存在多个众数或者没有众数的情况.

描述数据离中趋势的指标有极差、分位距、平均差、标准差、离散系数.

（1）极差（全距）

$$R = \max(x_i) - \min(x_i). \tag{8.1}$$

说明了数据值的最大变动范围,但没有考虑到中间值的变动情况,受极端数值影响.

（2）分位距

从一组数据中剔除了一部分极端值后重新计算的类似于全距的指标,如四分位距.

（3）平均差

$$\frac{\sum_{i=1}^{N} |x_i - \bar{x}|}{n}. \tag{8.2}$$

反映数据组中各项数据与算术平均数之间的平均差异.

缺点:用绝对值的形式消除各标志值与算术平均数离差的正负值问题,不便于作数学处理和参与统计分析运算.

（4）标准差

$$\sqrt{\frac{\sum_{i=1}^{N} (x_i - \bar{x})^2}{n}}. \tag{8.3}$$

标准差是一组数据平均值分散程度的一种度量.

标准差较大,代表大部分数值和其平均值之间差异较大;标准差较小,代表这些数值较接近平均值.

（5）离散系数

$$\frac{S}{\bar{X}}. \tag{8.4}$$

比较数据平均水平不同的两组数据离中程度的大小,即相对离中程度.

是一个无量纲的指标,因此在比较量纲不同或均值不同的两组数据时,应该采用离散系数而非标准差作为参考指标.

探索性分析是在 20 世纪 60 年代由美国著名统计学家约翰·图基提出的,它是指在尽量少的先验假设下对已有的原始数据进行探索性分析,通过作图、制表、方程拟合和计算特征量等手段研究数据的结构和规律的一种数据分析方法.

探索性分析主要有三个特点:在分析思路上探索数据的内在规律,不局限于某种数据的假设;采用的方法灵活多样;选用的工具简单直观、易于普及.

探索性分析和传统估计方法的特点对比见表 8.1.

表 8.1

探索性分析	传统统计方法
探索数据内在规律,不进行数据假设	先假定一个模型,后使用适合此模型的方法进行拟合、分析和预测
采用的方法灵活多样,分析者能够一目了然地看出数据中隐含的有价值的信息	以概率论为基础,使用假设检验和置信区间等处理工具
选用的工具简单直观、更易于普及,强调数据可视化	比较抽象和深奥

验证性分析是指运用各种定性或定量的分析方法和理论,对事物未来发展的趋势进行判断和推测,并且构建出相应的模型. 然后通过已有的数据验证所提出的模型. 验证性分析的具体步骤如图 8.1 所示.

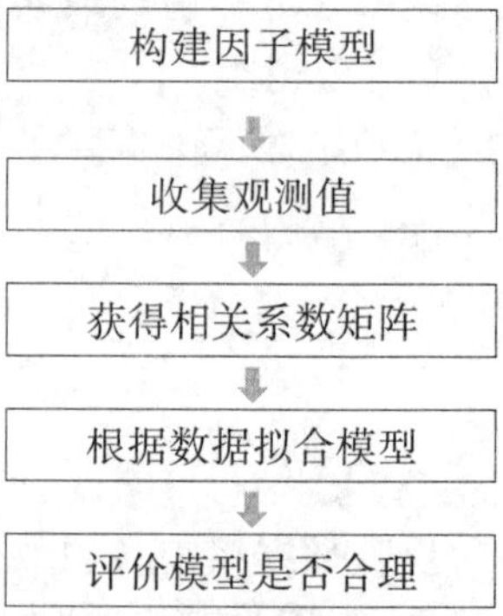

依据探索自然的过程,可以划分为定性分析和定量分析. 定性分析侧重于物理模型的建立和数据意义的阐述;定量分析为信息研究提供数量依据,侧重于数学模型的建立和求解. 定性分析和定量分析是相互补充的,定性分析是定量分析的前提,定量分析使定性分析更加科学准确. 定性分析和定量分析的区别见表 8.2.

构建因子模型
↓
收集观测值
↓
获得相关系数矩阵
↓
根据数据拟合模型
↓
评价模型是否合理

图 8.1

表 8.2

	定性分析	定量分析
样本	无代表性的小样本	有代表性的大样本
分析方法	非统计方法	统计方法
优点	操作简便	结果直观简洁、应用效果好
缺点	主观性强、应用效果不好	操作困难

根据数据分析的实时性划分,大数据分析方法的类型可以划分为在线数据分析和离线数据分析两种. 离线数据分析和在线数据分析的区别见表 8.3.

表 8.3

在线数据分析	离线数据分析
实时处理用户请求	不能实时处理用户请求
允许用户随时更改分析的约束和限制条件	用户不可随时更改分析的约束、限制条件
处理的数据量少	处理的数据量大
要求数秒内返回准确的分析结果	对反馈时间要求不严格

8.1.2　大数据分析方法的步骤

处在大数据时代,如何有效地从海量的数据中获取有价值的信息对企业和科研人员来说至关重要.大数据分析方法有很多种,不同的分析方法具有不同的分析步骤,但是如图8.2所示的五个步骤是每种大数据分析方法必不可少的.

1. 识别信息需求

(1)识别信息需求是确保数据分析过程有效性的首要条件,可以为收集数据、分析数据提供清晰的目标.

(2)识别信息需求是数据分析师的职责,数据分析师应该根据决策和过程控制的需求,提出对信息的需求.

2. 采集数据

(1)采集过程中,应该将识别的需求转化为具体的要求;明确数据采集的方法、渠道、采集者以及采集时间和地点;采取一定的措施防止数据丢失和虚假数据的情况发生.

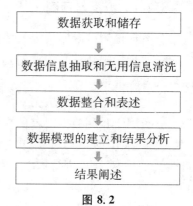

图 8.2

(2)常用的采集数据的方法有 DPI 采集法、系统日志采集法和网络数据采集法.

3. 数据预处理

(1)最初收集到的数据可能是杂乱无章、高度冗余的,看不出规律.如若直接对这些数据进行分析,则会产生耗费时间、分析结果不准确的情况发生.

(2)常用的数据预处理的方法有数据清理、数据集成、数据变换、数据归约、数据去冗余.

4. 数据分析

(1)数据分析是将预处理后的数据进行加工处理、分析整理,让其转化为有价值的信息.

(2)数据分析主要依靠的技术有统计分析、数据挖掘、机器学习和可视化分析.

(3)常用的工具有调查表、排列图、控制图、分层法、系统图、矩阵数据图、关联图、矩阵图等.

5. 评价并且改进数据分析的有效性

(1)数据采集的目的是否明确、数据是否完备和有效、采集信息的渠道和方法是否恰当.

(2)数据分析的方法是否合理.

(3)数据分析需要的资源能否提供.

(4)提供给决策者的信息是否完整可信、是否存在因信息不完整、不准确而导致决策失误.

(5)最终分析得到的结果是否与期望值一样、是否能够在产品实现过程中有效运用.

8.2 大数据分析主要方法

8.2.1 分类与预测

分类和预测可以用来提取描述重要数据类的模型或预测未来的数据趋势.

分类是指把数据样本映射到一个事先定义的类的学习过程,用于预测数据对象的分类标号或者离散值.

预测是指用于预测数据对象的连续性取值.

分类用于预测数据对象的类标记,而预测则是估计某些空缺或未知值.

决策树(decision tree,DT)是一种归纳分类算法,它通过对训练集的学习,挖掘出有用的规则,用于对新集进行预测.每个内部节点代表一个属性上的测试;每个分支代表测试的结果;每个叶节点代表一个类标签或者类标签的概率分数.

实例是由"属性—值"对应表示.目标函数具有离散的输出值.输入值可以是连续的也可以是离散的,输出是用来描述决策流程的树状模型,叶子节点返回的是类标签或者类标签的概率分数.

决策树的生成过程如下.

(1) 树的建立:将所有训练样本都放在根结点,依据所选的属性循环地划分样本.

(2) 剪树枝:在决策树构造时,许多分支可能反映的是训练数据中的噪声或孤立点,剪枝就是识别并消除这类分支,以提高在未知数据上分类的准确性.

决策树的优点有以下几个方面.

(1) 易于理解和实现,不需要了解具体背景知识,只需理解决策树表达的意思即可.

(2) 易于通过静态测试来对模型进行评测,可以测定模型可信度.

(3) 如果给定一个观察的模型,根据所产生的决策树很容易推出相应的逻辑表达式.

(4) 可以处理连续和种类字段,计算量相对较小.

(5) 可以清晰地显示哪些字段比较重要.

决策树的缺点有以下几个方面.

(1) 对连续性的字段比较难预测.

(2) 有时间顺序的数据,需很多预处理的工作.

(3) 当类别太多时,错误可能会增加的比较快.

(4) 一般算法分类时,只根据一个字段来分类.

基于 ID3 算法的决策树构建,其选择特征的准则是信息增益.信息增益表示已知类别 X 的信息而使得类 Y 的信息的不确定性减少的程度.信息增益越大,通过类别 X,就越能够准确地将样本进行分类;信息增益越少,越无法准确进行分类.

信息增益的定义为:集合 D 的信息熵与类别 a 给定条件下 D 的条件熵之差

$$G(D,a) = E(D) - E(D|a).$$

其中类别 a 将数据集划分为 $D_1, D_2, \cdots, D_v$，类别 a 给定条件下 D 的条件熵为

$$E(D|a) = \sum_{i=1}^{v} \frac{|D_i|}{|D|} E(D_i). \tag{8.5}$$

可以用打网球与天气情况的数据集来说明利用 ID3 算法构造决策树的过程.

打网球与天气情况的数据集见表 8.4.

表 8.4

Outlook	Temperature	Humidity	Windy	Class
Sunny	Hot	High	Weak	No
Sunny	Hot	High	Strong	No
Overcast	Hot	High	Weak	Yes
Rain	Mild	High	Weak	Yes
Rain	Cool	Normal	Weak	No
Rain	Cool	Normal	Strong	No
Overcast	Cool	Normal	Strong	Yes
Sunny	Mild	High	Weak	Yes
Sunny	Cool	Normal	Weak	Yes
Rain	Mild	Normal	Weak	Yes
Sunny	Mild	Normal	Strong	Yes
Overcast	Mild	High	Strong	Yes
Overcast	Hot	Normal	Weak	Yes
Rain	Mild	High	Strong	No

(1) 计算未分区前类别属性(天气)的信息熵. 数据集中共有 14 个实例,其中 9 个实例属于 Yes 类(适合打网球的),5 个实例属于 No 类(不适合打网球的),因此分区前类别属性的信息熵为

$$E(p, n) = -\frac{9}{14} \log_2 \frac{9}{14} - \frac{5}{14} \log_2 \frac{5}{14} = 0.940 \text{ bit}.$$

(2) 非类别属性信息熵的计算. 先选择 Outlook 属性.

$$E(\text{Outlook}) = \frac{5}{14} \left(-\frac{2}{5} \log_2 \frac{2}{5} - \frac{3}{5} \log_2 \frac{3}{5} \right) + \frac{4}{14} \left(-\frac{4}{4} \log_2 \frac{4}{4} - \frac{0}{4} \log_2 \frac{0}{4} \right)$$
$$+ \frac{5}{14} \left(-\frac{2}{5} \log_2 \frac{2}{5} - \frac{3}{5} \log_2 \frac{3}{5} \right) = 0.694 \text{ bit}.$$

(3) Outlook 属性的信息增益为

$$G(\text{Outlook}) = E(p, n) - E(\text{Outlook}) = 0.940 - 0.694 = 0.246 \text{ bit}.$$

(4) 同理计算出其他 3 个非类别属性的信息增益,取最大的属性作为分裂节点,此例中最大的是 Outlook,如图 8.3 所示.

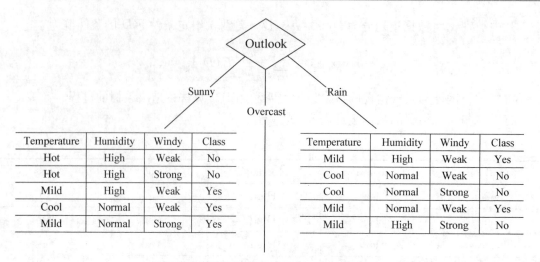

图 8.3

（5）针对 Sunny 中的子数据集分支,有两个类别,该分支下有 2 个实例属于 No 类,3 个实例属于 Yes 类,其类别属性新的信息熵为

$$E_1(p,n) = -\frac{2}{5}\log_2\frac{2}{5} - \frac{3}{5}\log_2\frac{3}{5} = 0.971 \text{ bit}.$$

（6）再分别求 3 个非类别属性的信息熵,同时求出各属性的信息增益,选出信息增益最大的属性 Humidity.

（7）同理可得,Rain 子数据集下信息增益最大的是 Temperature.

（8）在 Rain 子数据集中,Cool 对应的数据子集都是 No,所以直接写 No,无需分裂. Mild 对应的数据子集,Humidity 和 Windy 的信息增益相同. 因为在该分组中,Yes 元组的比例比 No 元组的大,所以直接写 Yes. 最终结果如图 8.4 所示.

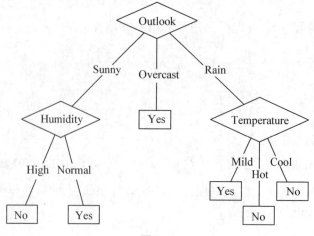

图 8.4

8.2.2　回归分析

变量的关系类型分为确定性关系和非确定性关系.

（1）确定性关系：多个变量之间存在明确的依赖关系，可以用确定的或者已知的函数关系来表示.

（2）非确定性关系：多个变量之间存在密切的联系，会互相影响和制约，但由于有不可预知的其他因素存在，这种依赖关系具有不确定性，不能用确定的函数关系来表示.

这种变量之间存在相互依赖但又不能通过确定函数来描述的关系称为变量间的统计关系或者相关关系.

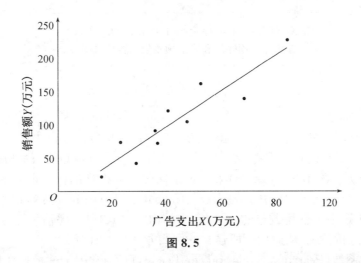

图 8.5

回归分析（regression analysis）是基于数据统计的原理，对经过预处理后的大数据进行数学建模，确定一个或者多个独立预测变量（自变量）与响应变量（因变量）之间相互依赖的定量关系，建立相关性较好的回归方程（数学函数表达式），通过数学模型进行描述和解释，并用做预测未来响应变量变化的统计分析方法.

（1）按照自变量个数的多少，分为一元回归分析和多元回归分析.

（2）根据自变量和因变量的相关关系，分为线性回归分析和非线性回归分析.

部分非线性回归问题可以借助数学手段将其转化为线性回归问题. 对于不可以线性化的回归模型，也可以采用转换成近似线性化回归模型的方法.

回归分析的基本步骤如下.

（1）根据背景理论和经验描述，建立自变量与因变量之间的数学关系式，即回归分析预测模型. 基于自变量和因变量的历史统计数据，计算得到合理的回归参数，构建回归分析方程.

线性回归模型为 $Y = a + bX + \varepsilon$，其中 a、b 称为回归参数，分别称为截距和斜率，ε 为随机误差项或随机干扰项.

回归分析方程为 $\hat{Y} = \hat{a} + \hat{b}X$，其中 $\hat{a}$ 和 $\hat{b}$ 为通过参数估计方法得到的回归参数.

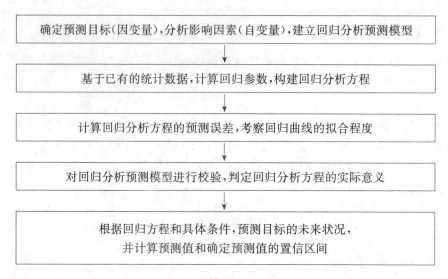

图 8.6

通常采用普通最小二乘法(ordinary least squares,OLS)和最大似然法(maximum likelihood,ML)对回归参数进行估计,得到的回归方程就是最佳拟合曲线.

(2) 计算回归方程的预测误差,考察所得到的回归曲线对观测数值的拟合程度.

通常用拟合优度(goodness of fit)来表示由回归方程得到的回归曲线对观测值的拟合程度,度量拟合优度的统计量为决定系数(coefficient of determination),记作 R^2.

在多元回归模型中,使用调整的 R^2(adjusted R-square)进行评估.

(3) 对模型进行校验,从而判断所建立的回归方程是否有意义.

皮尔森相关系数(Pearson correlation coefficient,PCC)常用于度量自变量 X 和因变量 Y 之间的线性相关程度;F 校验(F test)是用于度量自变量与因变量之间线性关系是否显著的校验方法;t 校验用于对回归参数的显著性进行校验,检测回归方程中某个自变量是否是因变量的一个显著性影响因素.

(4) 根据已经得到的回归方程和具体条件,来确定预测目标的未来状况,并计算预测值,对预测值进行综合分析,确定预测值的置信区间.

线性回归采用直线或平面去近似连续自变量与连续因变量之间的关系,是比较基础简洁的一种分析方式.自变量 X 与因变量 Y 之间呈现某种曲线关系,采用非线性回归模型更加符合实际应用需求.逐步回归分析、岭回归分析、套索回归分析、弹性网回归分析等.

回归算法评估:假设数据集中共有 n 个样本,每个样本用(x_i,y_i)表示,$\hat{y}_i$ 是通过回归模型得到的预测数据.

平均绝对误差(MAE):是样本集中所有观测数据与预测数据之间的绝对误差平均值.

$$MAE(y,\hat{y}) = \frac{1}{n}\sum_{i=1}^{n}|y_i - \hat{y}_i|. \tag{8.6}$$

均方误差(MSE):是样本集中所有观测数据与预测数据之间的误差平方的平均值,可以很好反映预测数据偏离真实数据的程度.

$$MSE(y,\hat{y}) = \frac{1}{n}\sum_{i=1}^{n}(y_i - \hat{y}_i)^2. \tag{8.7}$$

平均绝对百分误差(MAPE):是相对误差的预期值.

$$MAPE(y,\hat{y}) = \frac{100}{n}\sum_{i=1}^{n}\left|\frac{y_i - \hat{y}_i}{y_i}\right|, y_i \neq 0. \tag{8.8}$$

均方根误差(RMSE):为均方误差的算术平方根,表示预测值和观测值之差的样本标准差,主要反映样本集内数据的离散程度.

$$RMSE(y,\hat{y}) = \sqrt{\frac{1}{n}\sum_{i=1}^{n}(y_i - \hat{y}_i)^2}. \tag{8.9}$$

均方根对数误差(RMSLE):是观测数据与预测数据之间的均方根对数(二次)误差,适用于存在欠预测比过预测会带来更大损失的应用场景.

$$RMSLE(y,\hat{y}) = \sqrt{\frac{1}{n}\sum_{i=1}^{n}(\log(1+y_i) - \log(1+\hat{y}_i))^2}. \tag{8.10}$$

中位数绝对误差(MedAE):是样本集中所有观测数据与预测数据之间绝对误差的中位数.

$$MedAE(y,\hat{y}) = \text{median}(|y_1 - \hat{y}_1|, \cdots, |y_n - \hat{y}_n|). \tag{8.11}$$

8.2.3　聚类

聚类分析(cluster analysis,CA)简称为聚类,是指把数据对象划分为子集的过程,每一个子集称为一个簇(cluster),同一个簇中的数据之间存在最大的相似性,而不同簇之间的数据存在最大的相异性. 聚类是一种无监督学习,即在事先不知道分类标签的情况下,根据信息相似度原则进行数据分类.

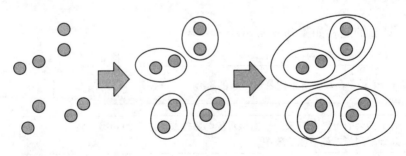

图 8.7

从数据挖掘的角度来看,聚类分析可以分为以下四种.

(1) 划分聚类

① 划分聚类是指给定一个 N 对象的集合,划分方法构建数据的 K 个分区,其中每个分区表示一个簇.

② 大部分的划分聚类是基于距离的,根据构建的 K 个分区数,首先创建一个初始划分,然后用一种迭代的重定位技术将各个样本重定位,直到满足条件为止.

③ 划分准则:在同一个簇中的对象尽可能相似,不同簇中的对象则尽可能相异.

（2）层次聚类

① 层次聚类是指对给定的数据进行层次分解，直到某种条件满足为止。该方法首先将数据对象组成聚类树，然后根据层次，自底向上或自顶向下分解。

② 自底向上的层次聚类就是初始时每个对象都被看成是单独的簇，然后逐步的合并相似的对象或簇，每个对象都从一个单点簇变为属于最终的某个簇，或者达到某个终止条件为止。

③ 自顶向下的层次聚类是指初始时将所有的对象置于一个簇内，然后逐渐细分为更小的簇，直到最终每个对象都在单独的一个簇中，或者达到某个终止条件为止，例如：达到了某个希望的簇的数目，或者两个最近的簇之间的距离超过了每个阈值。

（3）基于密度的聚类

① 由于划分聚类和层次聚类往往只能发现凸形的聚类簇，为了弥补这一缺陷，发现各种任意形状的聚类簇，人们开发了基于密度的聚类。

② 该类算法从对象分布区域的密度着手，对于给定类中的数据点，如果在给定范围的区域中，对象或数据点的密度超过某一阈值就继续聚类。通过连接密度较大的区域，就能形成不同形状的聚类，而且还可以消除孤立点和噪声对聚类质量的影响。

（4）基于网络的聚类

① 基于网格的聚类将数据空间划分成有限个单元的网格结构，所有对数据的处理都是以单个单元为对象。

② 优点：处理速度快；聚类的精度取决于单元的大小。

③ 缺点：只能发现边界是水平或垂直的簇，而不能检测到斜边界。

k-means 算法也称为 k-均值聚类算法，是一种基于样本间相似性度量的聚类方法。这种算法以 k 为参数，把 n 个对象分为 k 个簇，使得簇内对象间的相似度较高，而簇间对象的相似度较低。

k-means 算法的过程如图 8.8 所示。

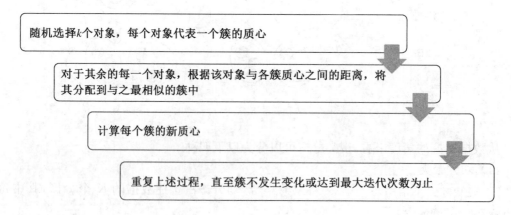

图 8.8

k-means 算法的优点和缺点见表 8.5.

表 8.5

优点	缺点
解决聚类问题的经典算法,简单快速	需要预先给定 k 值
处理大数据集时,该算法效率高	不能处理非球形、不同尺寸或不同密度的簇
能找出使平方误差函数值最小的 k 个划分	可能收敛于局部最小值
易于实现	数据规模较大时收敛速度慢

如图 8.9 所示,对象个数为 10,簇的个数为 2.首先随机选择 2 个对象,每个对象代表一个簇的质心.对于其余的每一个对象,根据该对象与各个簇质心之间的距离,把它分配到与之最相似的簇中.然后计算每个簇的新质心.重复上述过程,直到簇的质心不发生变化.

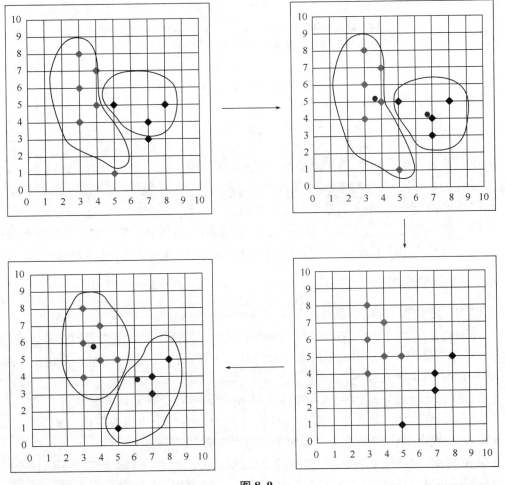

图 8.9

k-中心聚类是对 k-means 算法的改进和优化.

在 k-means 算法中,异常数据会对算法过程产生很大的影响,如果某些异常点距离质心相对较大,很可能导致重新计算得到的质心偏离了聚簇的真实中心. 而 k-中心聚类算法刚好可以弥补这一点.

k-中心聚类算法重复迭代,直至每个代表对象都成为它的簇的实际中心点,聚类结果的质量用代价函数评估,该函数用来度量对象与其簇的代表对象之间的平均相异度.

k-中心聚类算法的步骤如图 8.10 所示.

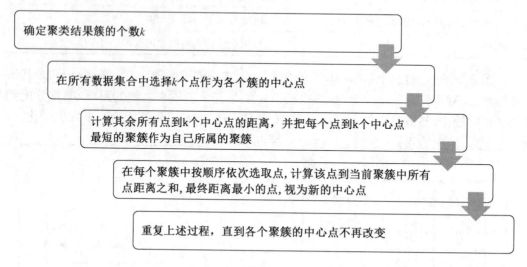

图 8.10

k-中心聚类的基本思想:选用簇中位置最中心的对象,对 n 个对象给出 k 个划分,代表对象也被称为中心点,其他对象被称为非代表对象.

k-中心聚类的缺点:在聚类过程中耗时性高.

k-中心聚类的优点:① 对噪声点(孤立点)不敏感,具有较强的数据鲁棒性;② 聚类结果与数据对象点输入顺序无关;③ 聚类结果具有数据对象平移和正交变换的不变性.

8.2.4 关联规则

1993 年,美国学者安格沃尔首次提出了关联规则的概念. 关联规则最初提出的动机是针对超市购物篮分析提出的,初次出现在超市的条形码扫描器收集消费者的交易数据. 通过这些数据,超市管理人员从中分析出顾客类型和购买产品的分类等,进而改善超市布局,提高顾客满意度. 相关定义如下.

(1) 关系:是指人与人之间、人与事务之间、事物与事物之间的相互联系.

(2) 关联分析:是指从大量数据中找出数据项之间潜在的、有用的依赖关系.

(3) 关联规则:是指两种物品之间可能存在的较强的关系.

(4) 支持度:是指数据集中包含该项集的记录所占的比例. 例如,数据集$\{A,B\}$的支持度,表示同时包含 A 和 B 的记录占所有记录的比例. 如果用 $P(A)$ 表示项 A 的比例,那么数据集$\{A,B\}$的支持度就是 $P(AB)$.

(5) 置信度:对于数据集$\{A,B\}$,置信度是指包含项 A 的记录中同时包含项 B 的比例,即同时包含项 A 和 B 的记录占所有包含项 A 记录的比例,即 $P(AB)/P(A)$.

（6）频繁项集：满足最小支持度的项集为频繁项集.

假设某超市的部分购物记录如表 8.6 所示，则{牛奶}和{牛奶,尿布}的支持度分别为 4/5、3/5. 规则{尿布}→{啤酒}的置信度定义为"支持度({尿布,啤酒})/支持度({尿布})". 由于{尿布,啤酒}、{尿布}的支持度分别为 3/5、4/5，所以规则"{尿布}→{啤酒}"的置信度为 3/4. 即该规则适用于 75% 包含"尿布"的记录.

表 8.6

交易号码	商品
0	牛奶、面包
1	面包、尿布、啤酒、香肠
2	牛奶、尿布、啤酒、可乐
3	面包、牛奶、尿布、啤酒、
4	面包、牛奶、尿布、可乐

根据不同的划分标准，关联规则可以分为以下几种.

（1）依据规则涉及的数据维数可分为单维的和多维关联规则

单维关联规则只处理数据的一个维数，而多维关联规则处理多个维数的数据.

（2）依据规则抽象层次可分为单层和多层关联规则

单层关联规则忽略了所有变量在现实数据上具有多层次性，而多层关联规则充分考虑了数据的多层次性.

（3）依据规划中处理变量的类别可分为布尔型和数值型

布尔型处理的值都是种类化的、离散的；数值型对数值型字段进行处理，多层关联规则或多维关联结合起来.

Apriori 算法的基本思想是使用候选项集查找频繁项集，采用逐层搜索的迭代方法，即 k -项集用于搜索（$k+1$）-项集.

Apriori 算法的主要思路：先找到频繁 1 -项集集合 L_1，然后用 L_1 找到频繁 2 -项集集合 L_2，接着用 L_2 找 L_3，直到找不到频繁 k -项集，找每个 L_k 需要一次数据库扫描.

Apriori 算法的主要原理：

（1）频繁项集的所有非空子集也必须都是频繁的.

（2）若一个项集是非频繁的，则其所有超集也一定是非频繁的. 并可对其立即剪枝，这种基于支持度度量修剪指数搜索空间的策略称为基于支持度的剪枝.

Apriori 算法的步骤：Apriori 算法由连接和剪枝两个步骤组成.

（1）连接：L_{k-1} 与自己连接产生候选 k -项集的集合 C_k.

（2）剪枝：扫描数据库，确定 C_k 中每个候选项集的计数，数值不小于最小支持度计数的所有候选集都是频繁的，从而得到 L_k. 如果一个候选 k -项集的（$k-1$）-子集不在 L_{k-1} 中，则该候选项集也不可能是频繁的，从而可以从 C_k 中删除.

如图 8.11 所示数据库为超市中顾客的购物交易数据库.

数据库

TID	Items
100	1,3,4
200	2,3,5
300	1,2,3,5
400	2,5
500	1,3

DB →

C_1

Itemset	Sup
{1}	3/5
{2}	3/5
{3}	4/5
{4}	1/5
{5}	3/5

→

L_1

Itemset	Sup
{1}	3/5
{2}	3/5
{3}	4/5
{5}	3/5

C_2

Itemset
{1,2}
{1,3}
{1,5}
{2,3}
{2,5}
{3,5}

DB →

C_2

Itemset	Sup
{1,2}	1/5
{1,3}	3/5
{1,5}	1/5
{2,3}	2/5
{2,5}	3/5
{3,5}	2/5

→

L_2

Itemset	Sup
{1,2}	1/5
{1,3}	3/5
{1,5}	1/5
{2,3}	2/5
{2,5}	3/5
{3,5}	2/5

C_3

Itemset
{2,3,5}

→

L_3

Itemset	Sup
{2,3,5}	2/5

图 8.11

美国伊利诺伊大学教授韩嘉炜等人在 2000 年提出了 FP-Growth 算法.

FP-Growth 算法将提供频繁项集的数据库压缩到一棵频繁模式树(FP-tree,FPT),但仍保留项集的所有关联信息.

FP-Growth 算法减少了扫描次数,不使用候选集,并且只需对数据库进行两次扫描,就能够将数据库压缩成一个频繁模式树,并且直接从该结构中提取频繁项集,最后通过这棵树生成关联规则.

FP 树是一种输入数据的压缩表示,它通过逐个读入事务,把每个事务映射到 FP 树中的一条路径来构造. 由于不同的事务可能会有若干个相同的项,它们的路径可能部分重叠,路径相互重叠越多,使用 FP 树结构获得的压缩效果越好.

FP-Growth 算法的过程如下.

(1) 扫描一次数据集,确定每个项的支持度计数. 舍弃非频繁项,将频繁项按照支持度的大小进行递减排序.

(2) 第二次扫描数据库,构建 FP 树和创建项头表.

(3) 按照从下到上的顺序找到每个元素的条件模式基,递归调用树状结构,删除小于最小支持度的节点.若呈现单一路径的树状结构,则列举所有组合;若呈现的是非单一路径的树状结构,则继续调用树状结构,直到形成单一路径.

下面的例子说明了 FP-Growth 算法的过程.数据库记录见表 8.7,最小支持度为 20%.

表 8.7

编号	项集	编号	项集
1	I_1, I_2, I_5	6	I_2, I_3
2	I_2, I_4	7	I_1, I_3
3	I_2, I_3	8	I_1, I_2, I_3, I_5
4	I_1, I_2, I_4	9	I_1, I_2, I_3
5	I_1, I_3		

（1）扫描数据库，对每个元素进行计数，删除小于最小支持度的项集，并且按照降序重新排列元素，然后按照元素出现次数重新调整数据库中的记录，见表 8.8.

表 8.8

编号	项集	编号	项集
1	I_2, I_1, I_5	6	I_2, I_3
2	I_2, I_4	7	I_1, I_3
3	I_2, I_3	8	I_2, I_1, I_3, I_5
4	I_2, I_1, I_4	9	I_2, I_1, I_3
5	I_1, I_3		

（2）再次扫描数据库，创建项头表和频繁模式树.

① 建立一个根结点，标记为 null. 对于第一条记录 $\{I_2, I_1, I_5\}$，新建一个 $\{I_2\}$ 结点，将其插入根结点下，并设次数为 1，再新建一个 $\{I_1\}$ 结点，插入 $\{I_2\}$ 结点下面，最后新建一个 $\{I_5\}$ 结点，插入 $\{I_1\}$ 结点下面，插入后如图 8.12 所示.

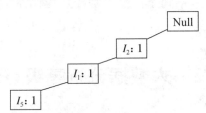

图 8.12

② 对于第二条记录 $\{I_2, I_4\}$，发现根结点有儿子 $\{I_2\}$，因此不需要新建结点，只需将原来的 $\{I_2\}$ 结点的次数加 1 即可，随后新建 $\{I_4\}$ 结点插入 $\{I_2\}$ 结点下面，插入后如图 8.13 所示.

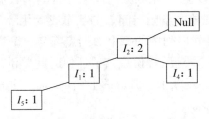

图 8.13

225

③ 以此类推,再分析第五条记录 $\{I_1, I_3\}$,发现根结点没有儿子 $\{I_1\}$,因此新建一个 $\{I_1\}$ 结点,并设次数为 1,插入根结点下面.随后新建结点 $\{I_3\}$ 插入 $\{I_1\}$ 结点下面,插入后如图 8.14 所示.

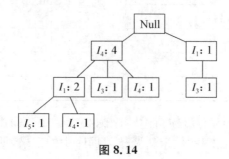

图 8.14

④ 按照以上步骤以此类推,得到项头表和频繁模式树,如图 8.15 所示.

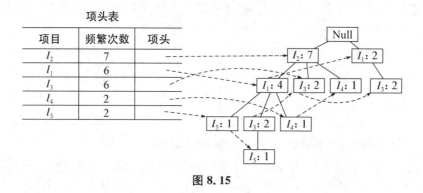

图 8.15

（3）按照从下到上的顺序,得到条件模式基,递归调用树状结构,删除小于最小支持度的节点,从而找到频繁项集.

8.3 大数据分析高级方法

8.3.1 时间序列分析概述

时间序列是指将某一指标在不同时间上的数值,按照时间的先后顺序排列而成的数列.时间序列的概念要点有以下四个.

（1）相继观察值:时间序列由一系列按时间顺序排列的数据点组成,这些数据点是连续或定期收集的,反映了某个现象在不同时间点的状态或变化.

（2）现象所属的时间:时间序列中的每个数据点都与一个特定的时间点相关联,这个时间点可以是具体的日期、年份、季度、月份或其他任何时间单位.

（3）现象在不同时间上的观察值:时间序列不仅记录了时间点,还记录了在这些时间点上观测到的现象的数值或状态.

（4）时间形式的多样性：时间序列可以基于不同的时间间隔构建，如年度、季度、月度、周、日等，这取决于数据收集的频率和分析的目的.

时间序列数据中的不同类型的变化如下.

（1）趋势性：现象随时间推移朝着一定方向呈现出持续渐进地上升、下降或平稳的变化或移动.

（2）周期性：时间序列表现为循环于趋势线上方和下方的点序列并持续年以上的有规则变动.

（3）季节性变化：现象受季节性影响，按一固定周期呈现出的周期波动变化.

（4）不规则变化：现象受偶然因素影响而呈现出不规则波动. 不规则因素是由短期未被预测到的以及不重复发现的那些影响时间序列的因素引起的.

根据划分标准的不同，时间序列有不同的分类.

（1）按指标形式划分

按指标形式划分，可以分为绝对数时间序列、相对数时间序列和平均数时间序列.

① 绝对数序列是时间序列中最基本的表现形式，它是由一系列绝对数按时间顺序排列而成的序列，反映现象在不同时间上所达到的绝对水平.

绝对数序列又分为时期序列和时点序列. 时期序列是由时期绝对数数据所构成的时间序列，其中的每一个数值反映现象在一段时间内发展过程的总量. 时点序列是由时点绝对数数据构成的时间序列，其中每个数值反映现象在某一时点上说达到的水平. 两者的区别见表8.9.

表8.9

项目	时期序列	时点序列
定义	统计数据是时期数	统计数据是时点数
各项数据相加是否有实际意义	有	无
统计数据的大小与时期长短有无关系	有	无
数据的取得方式	连续登记	间断登记

② 相对数时间序列是指一系列相对数按时间顺序排列而成的序列.

③ 平均数时间序列是指一系列平均数按时间顺序排列而成的序列.

（2）按指标变量的性质划分

按指标变量的性质划分，可以分为平稳序列和非平稳序列.

① 平稳序列基本上不存在趋势的序列，各个观察值基本上在某个固定的水平上波动，或虽有波动，但并不存在某种规律，而其波动可以看成是随机的.

② 非平稳序列可以分为有趋势序列和复合型序列. 非平稳序列是指包含趋势、季节性或周期性的序列，它可能只含有其中的一种成分，也可能是几种成分的组合.

时间序列分析是指利用预测目标的历史时间数据，通过统计分析研究其发展变化规律，建立数学模型，据此进行预测目标的一种定量预测方法. 时间序列分析的逻辑图如图8.16所示.

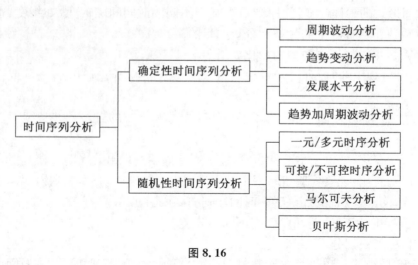

图 8.16

时间序列分析方法的分类如下.

(1) 确定性时间序列分析

① 基本思想:用一个确定的时间函数来拟合时间序列,不同的变化采取不同的函数形式来描述,不同变化的叠加采用不同的函数叠加来描述.

② 分类:周期波动分析、趋势变动分析、发展水平分析、趋势加周期波动分析.

(2) 随机性时间序列分析

① 基本思想:通过分析不同时刻变量的相关关系,揭示其相关结构,利用这种相关结构建立模型对时间序列进行预测.

② 分类:一元/多元时序分析、可控/不可控时序分析、马尔可夫分析、贝叶斯分析.

8.3.2　确定性时间序列分析

时间序列虽然或多或少受不规则变动的影响,但是若其在未来的发展情况能与过去一段时期的平均状况大致相同,则可以采用历史数据的平均值进行预测. 建立在平均值基础上的预测方法适用于基本在水平方向波动同时没有明显周期变化和变化趋势的序列.

(1) 简单移动平均法

时间序列 n 期的资料为 $Y_1, Y_2, \cdots, Y_n$,选择平均期数为 T,则第 $T+1$ 期的预测值为

$$F_{T+1} = \frac{Y_1 + Y_2 + \cdots Y_T}{T} = \sum_{i=1}^{T} \frac{Y_i}{T}. \tag{8.12}$$

若预测第 $T+2$ 期,则其预测值为

$$F_{T+2} = \frac{Y_2 + \cdots Y_{T+1}}{T} = \sum_{i=2}^{T+1} \frac{Y_i}{T}. \tag{8.13}$$

简单移动平均法是利用时序前 T 期的平均值作为下一期预测值的方法.

T 是平均的期数,即移动步长,其作用为平滑数据,其大小决定了数据平滑的程度.

一般来说,若序列变动比较剧烈,T 宜选取比较小的值;若序列变化较为平缓,则 T 可以取较大的值.

优点:通过误差不断修正得到新的预测值.

缺点:往往存在滞后问题,即实际序列已经发生大的波动,而预测结果却不能立即反映.

如表 8.10 所示为某农机公司某年 1 月到 12 月某种农具的销售量进行的预测.通过表格可以看出选取移动步长为 5 时进行预测更加科学准确.

表 8.10

月份	实际销售量(件)	N = 3		N = 5	
		预测销售(件)	误差平方	预测销售量(件)	误差平方
1	423	—	—	—	—
2	358	—	—	—	—
3	434	—	—	—	—
4	445	405	1 600	—	—
5	527	412	13 225	—	—
6	429	469	1 600	437	64
7	426	467	1 681	439	169
8	502	461	1 681	452	2 500
9	480	452	784	466	196
10	384	469	7 225	473	7 921
11	427	455	784	446	361
12	446	430	256	444	4
		419		448	
总和			28 836		11 215

(2) 一次指数平滑法

一次指数平滑法也称为单指数平滑法.令移动步长 N 为 T, t 为任意时刻,则

$$F_{t+1} = F_t + \frac{Y_t - F_{t-N}}{N} = \frac{Y_t}{N} + \left(1 - \frac{1}{N}\right)F_t.$$

令 $a = 1/N$,显然, $0 < a < 1$.平滑值记为 S_t,则上式可写为

$$s_{t+1} = aY_t + (1-a)s_t.$$

一次指数平滑法的局限性有以下三个方面.

① 预测值不能反映趋势变动、季节波动等有规律的变动.

② 该方法多适用于短期预测,不适合用于中长期预测.

③ 由于预测值是历史数据的均值,所以与实际序列变化相比有滞后现象.

(3) 季节指数法

① 季节指数法是根据呈现季节变动的时间序列列资料,使用求算术平均值的方法直接计算各月或者各季的季节指数,从而达到预测目的的一种方法.

② 当时间序列没有明显的趋势变动,而主要受季节变化和不规则变动影响时,可用季

节性水平模型进行预测.

在预测中,对于平稳的时间序列,可用自回归移动平均模型、移动平均模型等来拟合,预测该时间序列的未来值,但在实际的经济预测中,随机数据序列往往都是非平稳的,此时就需要对该随机数据序列进行差分运算,即差分自回归滑动平均模型(autoregressive integrated-moving average models,ARIMA).

8.3.3 随机性时间序列分析

ARIMA 建模包括三个阶段,即模型识别阶段、参数估计和检验阶段、预测应用阶段. 其中前两个阶段可能需要反复进行.

ARIMA 模型的识别就是判断 p,d,q 的阶,主要依靠自相关函数和偏自相关函数图来初步判断和估计.

一个识别良好的模型应该有两个要素:一是模型的残差为白噪声序列,需要通过残差白噪声检验,二是模型参数的简约性和拟合优度指标的优良性方面取得平衡,还有一点需要注意的是,模型的形式易于理解.

8.3.4 人工神经网络

人工神经网络是采用物理可实现的系统来模拟人脑神经细胞的结构和功能的系统.

研究人工神经网络的目的是用计算机代替人的脑力劳动.

人工神经网络由大量模拟的神经元组成. 当它用于预测技术时,可能有一个或多个相关变量,这些变量相对于最后一级的某个节点,预测性的人工神经网络称为有监督学习网络,描述性的人工神经网络称为无监督学习网络. 人工神经网络包含以下三个层次.

(1) 输入层

① 目的:接收每个观测值的解释属性.

② 输入节点的数量等于解释变量的个数. 输入层的节点是被动的,它们不会改变数据.

③ 节点从输入层收到一个值,并且将其复制到众多输出中.

(2) 隐藏层

① 隐藏层将给定的转换应用于网络内的输出值.

② 每个节点连接到从其他隐藏节点或者输入节点发出的入弧,并用出弧与输出节点或者其他隐藏节点相连.

(3) 输出层

输出层接收来自隐藏层或者输入层的连接,并返回对应于响应变量预测的输出值. 在分类问题中,通常只有一个输出节点.

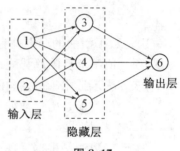

图 8.17

如图 8.17 所示连通图是一个简单的人工神经网络. 图中人工神经网络以输入节点开始,该节点组成了输入层,即节点 1 和 2. 其中,每个输入节点(节点 1 和 2)类似一个预测变量. 每个输入节点连接到隐藏层的各个节点(节点 1 和 2 都与节点 3,4 和 5 相连). 每个隐藏节点(节点 3,4 和 5)连接到其他隐藏节点或者输出节点,即节点 6.

根据网络中神经元的相互连接方式,人工神经网络可以分为以下几种.

(1) 前馈神经网络

① 前馈神经网络是一种最简单的神经网络,各个神经元分层排列,每一个神经元只和前一层的神经元相连,接收前一层的输出,并且输出给下一层,各层之间没有反馈.

② 在这种网络中,移动的方向只能是向前.信息从输入节点通过隐藏节点移到输出节点,前馈网络不允许循环.

(2) 反馈神经网络

① 反馈神经网络是指在网络中至少有一个反馈回路的神经网络,但是只在输出层到输入层之间有反馈.

② 每一个输入节点都有可能接收来自外部的输入和来自输出神经元的反馈.

(3) 自组织神经网络

自组织神经网络是一种无导师学习网络,通过自动寻找样本的本质属性以及内在规律,自组织、自适应的改变网络结构以及参数.

人工智能研究人脑的推理、学习等思维活动,解决人类专家才能处理的复杂问题.而人工神经网络试图说明人脑结构及其功能,以及一些相关学习的基本规则.它们都是研究怎么使用计算机来模仿人脑工作的过程,具体区别见表 8.11.

表 8.11

	人工智能	人工神经网络
研究目的	解决人类专家处理的复杂问题	说明人脑结构及其功能以及相关学习的基本规律
研究内容	推理方法、知识表示、机器学习	生物的生理机制、信息的存储、传递、处理方式
知识表达方式	人懂→机器懂→人懂	图像等→机器→图像等
知识储存方式	知识库中有事实和规则,随时添加而增大	网络结构不会随知识增加变化很大
信息传递方式	符号	脉冲形式,以频率表示
信息处理方式	树、网等,一条一条处理	并行结构,与生物信息处理机制一致

① 神经网络有各种各样的模型,主要有多层感知器(multilayer perceptron,MLP)、径向基函数和科霍嫩网络.

② MLP 和 RBFNN 函数是输出层有一个或者多个因变量的有监督学习网络,而科霍嫩网络是用于聚类的无监督学习网络.

③ 最简单且最经典的是多层感知器.

多层感知器是一种前馈神经网络模型,它将输入的多个数据集映射到单一的输出的数据集上.

多层感知器是由简单的相互连接的神经元或节点组成的,它是一个表示输入和输出之间的非线性映射的模型,节点之间通过权值和输出信号进行连接,这些权值和输出信号是一个简单的非线性传递或者激活函数修改的节点输入和的函数.

它是许多简单的非线性传递函数的叠加,这让多层感知器可以近似非线性函数.

多层感知器神经网络特别适合于复杂非线性模型的发现.在多层感知器中,神经元以全联通前馈网络的形式按层组织. 每个神经元就是一个线性方程. 多层感知器是非参数估计器, 可以用来进行回归和分类. 多层感知器结构如图 8.18 所示.

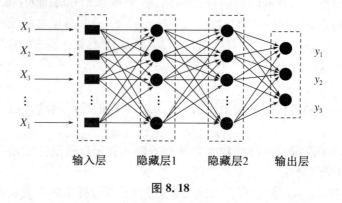

输入层　　隐藏层1　　隐藏层2　　输出层

图 8.18

人工神经网络的训练方法有很多, 比如: 梯度下降算法、演化算法, 但是使用梯度下降法对训练数据进行训练居多.

第9章 分析方法之关联规则挖掘

在零售业中,存在一个著名的案例,即美国沃尔玛超市发现将尿布与啤酒这两种看似不相关的商品摆放在一起,意外地提高了这两种商品的销量.这一现象背后的原因是,美国的家庭中,妇女通常负责照顾孩子,她们会要求丈夫在下班途中购买尿布.而丈夫在购买尿布的同时,往往会顺便购买自己喜爱的啤酒.这种消费模式的发现为商家带来了显著的利润增长.但是如何从浩如烟海却又杂乱无章的数据中,发现啤酒和尿布销售之间的联系呢?这又给了我们什么样的启示呢?

其实,这种通过研究用户消费数据,将不同商品之间进行关联,并挖掘二者之间联系的分析方法,就叫作商品关联分析法,也叫作"购物篮分析".购物篮分析在电商分析和零售分析中应用相当广泛,下面是几名用户购买的商品列表,我们可以把每位顾客购买的东西的总和看作客户购物篮.

$D=\{$牛肉,鸡肉,牛奶,奶酪,靴子,衣服……$\}$

t_1:牛肉、鸡肉、牛奶

t_2:牛肉、奶酪

t_3:奶酪、靴子

t_4:牛肉、鸡肉、奶酪

t_5:牛肉、鸡肉、衣服、奶酪、牛奶

t_6:鸡肉、衣服、牛奶

t_7:鸡肉、牛奶、衣服

那么,如何从客户购物篮中找出具有关联关系的商品组合呢?关联规则挖掘方法可以帮助我们发现这些关联关系,通过分析不同商品之间的共现频率和置信度,识别出顾客购买行为中的潜在规律.这样的分析可以帮助商家更好地理解顾客需求,制定有效的营销策略,提升销售业绩.

关联规则反映一个事物与其他事物之间的相互依存性和关联性.如果两个或者多个事物之间存在一定的关联关系,那么,其中一个事物就能够通过其他事物预测到.关联分析是指反映某一事物与其他事物之间相互依存关系的方法.在商品关联分析中,通过对顾客的购买记录数据库进行某种规则的挖掘,最终揭示顾客群体购买习惯的内在共性.什么叫作内在共性呢?举个简单例子,一般来说女性去超市买的东西是化妆品、服装、时蔬等等,而男性去超市买的东西大多是日用品,所以超市里会设置女性专柜和男性专柜,通过简单的客户分群实现商品分类.

典型的关联规则发现问题是对超市中的货篮数据(market basket data)进行分析.通过发现顾客放入货篮中的不同商品之间的关系来分析顾客的购买习惯.

9.1 关联规则引入

关联规则挖掘是数据挖掘领域中最为活跃和重要的研究方法之一,它在商业和科学领域都有着广泛的应用,关联规则挖掘可以帮助企业发现产品之间的潜在关联,优化市场营销策略,提高销售额和客户满意度,一个典型的关联规则的例子是 70% 购买了牛奶的顾客将倾向于同时购买面包. 除此之外,关联规则挖掘还被广泛运用在电子商务、社交网络分析、医学诊断等领域. 关联规则挖掘最早由 R. Agrawal 等人在 1993 年针对购物篮分析问题提出. 其目的是发现交易数据库中不同商品之间的联系规则,这些规则可以描绘顾客购买行为模式,有助于商家科学安排进货、库存和货架设计等.

随后,许多研究人员对关联规则挖掘问题进行了大量研究. 他们涉及关联规则挖掘理论的探索、原有算法的改进和新算法的设计,以及并行关联规则挖掘(parallel association rule mining)和数量关联规则挖掘(quantatitive association rule mining)等问题. 许多学者为提高挖掘规则算法的效率、适应性、可用性以及应用推广等方面进行了不懈努力. 在 1994 年 Agrawal 等人又提出了基于关联规则的 Apriori 算法,至今 Apriori 算法仍是关联规则挖掘的重要算法. 该算法基于先验性质,通过逐层扫描数据集来发现频繁项集. 在 Apriori 算法的基础上,Han 等人提出了改进后的 FP-Growth 算法,采用了不同的思路,显著提高了运算效率. Apriori 算法和 FP-Growth 算法都是用于关联规则挖掘的经典算法.

9.1.1 购物篮分析——引发关联规则挖掘的例子

1. 购物篮分析的定义

购物篮分析是指分析一段时间内所有客户购物篮中商品的规律和特性的一种数据分析方法. 在超市购物中,每个人都会拿一个购物篮,将自己想买或喜欢的商品放入其中,最终结账离开超市时,购物篮中所有一次购买的商品的集合就被称为一个购物篮. 通过购物篮分析,可以挖掘出客户购买的商品之间的关联规律,尤其是哪些商品经常被一起购买,进而用于超市商品的排列、采购、推广和营销,提升用户体验,产生商业价值.

2. 购物篮分析的商业价值

前面提到了著名的"啤酒与尿布"的故事,啤酒和尿布尽管在表面上似乎毫不相关,但这种购买行为的关联性在现实中确实存在,这一发现可能超出了一般人的预期,却是典型的相关性分析得到的结论.

相关性分析可以揭示哪些商品或商品组合经常一起购买. 发现这些常一起被购买的商品组合后,可以开展许多有益的工作.

(1)优化线下门店商品陈列和摆放:将经常一起购买的商品放置在空间上靠近的位置,方便顾客选购,减少顾客寻找商品的时间,提升用户体验,增加销售量,从而创造更多销售收入.

(2)优化线下采购、供应链和库存:统一规划经常一起购买的商品在采购、打包、运输和库存管理中的流程,如选择同一地域的供货商,统一存放在相邻的仓库等.

（3）支持活动营销：利用经常一起购买的商品组合进行促销活动，甚至可以联合相关商品的品牌进行合作推广，如组合购买打折或购买某一商品赠送其他经常一起购买的商品等.

3. 购物篮分析

什么商品组或集合顾客多半会在一次购物中同时购买？

设全域为商店出售的商品的集合（即项目全集），一次购物购买（即事务）的商品为项目全集的子集，通过对购物篮清单的分析，得到反映商品频繁关联或同时购买的购买模式. 这些模式可用关联规则描述.

例如，购买计算机与购买财务管理软件的关联规则可表示为

computer$\Rightarrow$financial_management_software

$[support=2\%, confidence=60\%]$

$support$ 为支持度，$confidence$ 为置信度.

这条关联规则提供了有关购买计算机和购买财务管理软件之间关系的重要信息. 根据支持度和置信度的数值，我们可以得出以下结论：在所分析的全部事务中，有 2% 的事务同时购买计算机和财务管理软件；而在购买计算机的顾客中，有 60% 的人也购买了财务管理软件.

通过这条关联规则，商家可以得到一些启示和策略. 例如，他们可以将计算机和财务管理软件进行捆绑销售，或者在购买计算机时提供财务管理软件的优惠推广. 这样的策略可以吸引更多的顾客同时购买这两种产品，提高销售额和客户满意度.

同时，通过购物篮分析和关联规则挖掘，商家还可以进一步探索其他商品之间的关联性，发现潜在的交叉销售机会，从而制定更加精准的营销策略，提升商品销售和用户体验.

购物篮分析和关联规则挖掘作为数据挖掘的重要技术之一，对于商业决策和市场营销具有重要的指导意义，可以帮助企业洞察消费者行为、优化产品组合、提高销售效益，从而赢得竞争优势.

4. 购物篮分析基础概念与关键指标

设 $I=\{i_1, i_2, \cdots, i_m\}$ 是项的集合，表示各种商品的集合；$D=\{t_1, t_2, \cdots, t_n\}$ 为交易集，表示每笔交易的集合（是全体事务的集合）. 其中每一个事务 T 都是项的集合，且有 $T \subseteq I$. 每个事务都有一个相关的唯一标识符和它对应，也就是事务标识符或 TID.

设 X 为一个由项目构成的集合，称为项集，当且仅当 $X \subseteq T$ 时我们说事务 T 包含 X. 项集 X 在事务数据库 DB 中出现的次数占总事务的百分比叫作项集的支持度. 如果项集的支持度超过用户给定的最小支持度阈值，就称该项集是频繁项集（或大项集）.

关联规则是形如 $X \Rightarrow Y$ 的蕴含式，其中 $X \subseteq I, Y \subseteq I$ 且 $X \cap Y = \varnothing$，则 X 称为规则的条件，Y 称为规则的结果. 在关联规则挖掘中，事务（transactions）通常指代交易记录或数据集中的一条记录，而物品集（itemset）则指代其中的一组物品或属性的集合.

购物篮分析的关键衡量指标有三个：支持度、置信度、提升度. 为了更好地解释这三个指标，先跟大家举个例子，后续就用下面这个例子说明.

某超市 30 天订单数一共 10 000 单，其中包含 A 商品的订单有 600 单，包含 B 商品的订单有 400 单，同时包含 A 和 B 两种商品的订单有 300 单.

购买 A 商品的概率 $P(A)=(600/10\,000)\times100\%=6\%$,

购买 B 商品的概率 $P(B)=(400/10\,000)\times100\%=4\%$,

同时购买 A 商品和 B 商品的概率 $P(A\bigcap B)=(300/10\,000)\times100\%=3\%$.

（1）支持度

支持度是指 A 和 B 两个商品同时被购买的概率,代表了这个组合的可靠程度.

AB 组合的支持度＝同时包含 A 和 B 商品的订单数/总订单数$\times100\%$.

在本例中,AB 组合的支持度$=P(A\bigcap B)=(300/10\,000)\times100\%=3\%$.

（2）置信度

置信度是指先购买 A 之后又购买了 B 的条件概率,是买了 A 和 B 的订单占所有买了 A 的订单里的占比.代表买了 A 的用户有多大概率会再买 B,也就是买 A 产品对 B 产品产生了多大的影响.

A 对 B 的置信度＝同时包含 A 和 B 商品的订单数/包含 A 商品的订单数$\times100\%$.

在本例中,A 对 B 的置信度$=P(A\bigcap B)/P(A)=(300/600)\times100\%=50\%$.

（3）提升度

提升度是一个比较难理解的指标.它的计算方法是 A 对 B 的置信度/$P(B)$.提升度和置信度一样,也是一个条件概率.A 对 B 的置信度指的是在购买 A 商品的情况下,有多大概率再买 B 商品.而 $P(B)$ 则是不计其他商品的影响下,用户购买 B 的自然概率.

当置信度$>P(B)$时,A 对 B 的提升度>1,则表示买 A 再买 B 的概率大于本身买 B 的概率,就表示用户买了 A 之后再买 B 的意愿要比自然情况下买 B 的意愿要强烈,组合 AB 商品会对 B 商品的销量带来提升.

当置信度$<P(B)$时,A 对 B 的提升度<1,则表示买 A 再买 B 的概率小于本身买 B 的概率,就表示用户买了 A 之后再买 B 的意愿要比自然情况下买 B 的意愿要低,组合 AB 商品会对 B 商品的销量带来降低.

当置信度$=P(B)$时,A 对 B 的提升度$=1$,则代表买 A 对买 B 没有影响,不会对 B 的销量带来提升或者降低.

在本例中,A 对 B 的提升度＝A 对 B 的置信度/$P(B)=50\%/4\%=12.5$ 表示用户买 A 后再买 B 的概率是自然情况下买 B 的概率的 12.5 倍,有较大的搭配价值,建议搭配.

当我们算出所有搭配的这三个指标后,可以设定合理的阈值来衡量每个搭配的优劣,最终就可以根据这些指标来确定合适的组合搭配了.

9.1.2　关联规则

关联分析,就是从大规模数据中,发现对象之间隐含关系与规律的过程,也称为关联规则学习.其目的是挖掘隐藏在数据间的相互关系,即对于给定的一组项目和一个记录集,通过对记录集的分析,得出项目集中的项目之间的相关性.

关联项目之间的相关性用关联规则来描述,关联规则反映了一组数据项之间的密切程度或关系,是形如 $A\Rightarrow B$ 的蕴含式,其中 A 和 B 分别称为关联规则的先导和后继.设 $I=\{I_1,I_2,\cdots,I_m\}$ 是一个项集,m 为项的个数,其中 I_i 表示第 i 个项,对应每一个商品.事务 t_i 表示 I 的一个子集,对应于每一个订单.事务组成的集合记做 $D=\{t_1,t_2,\cdots,t_n\}$,通常也称作事务数据库.通常描述中,每一个事务都有唯一的编号,每个事务中都包含若干项.

关联规则要被认为是有价值的,还需要满足该规则必须是人们常识之外、意料之外的关联,且该规则必须具有潜在的作用.而目前任何技术与算法都无法判断哪些知识属于常识,也无法判断哪些属于可能具有潜在作用的规则,因此关联规则的挖掘离不开人的作用.

1. 关联规则分析过程

关联规则分析是一种强大的数据挖掘技术,它专注于发现数据集中变量间的有趣关系,尤其是那些经常一起出现的项集.这个过程通常从明确分析目标开始,然后收集和清洗相关数据,确保数据的质量和适用性.接着,定义最小支持度阈值,这是一个关键参数,用于过滤掉不频繁的项集,从而减少分析的复杂性.

在数据预处理之后,使用特定的算法,如 Apriori 或 FP-Growth,生成所有可能的项集.这些算法能够高效地识别出在数据集中频繁出现的项集组合.然后,计算每个候选项集的支持度,即它们在所有事务中出现的频率,并根据预设的最小支持度阈值筛选出频繁项集.

有了频繁项集后,下一步是生成关联规则.这些规则通常以 $X \Rightarrow Y$ 的形式表示,其中 X 和 Y 是项集,且 X 与 Y 没有共同的项.为了评估规则的强度,计算它们的置信度,即在包含 X 的事务中也包含 Y 的条件概率.此外,还可以考虑规则的提升度,以进一步评估规则的实用性.

在筛选出强关联规则后,需要对这些规则进行评估和解释,以确保它们具有实际的业务意义和应用价值.可能还需要对规则进行增强,如通过增加额外的约束条件或考虑其他指标.一旦规则被验证并认为有效,它们就会被部署到实际应用中,并持续监控其性能和效果.

最后,根据规则在实际应用中的表现收集反馈,并可能需要回到早期步骤进行调整和迭代.这个过程是一个动态的循环,旨在不断优化关联规则分析的结果,以满足不断变化的业务需求.通过这种方式,关联规则分析可以帮助企业发现有价值的信息,优化决策过程,并在市场篮分析、推荐系统、欺诈检测等多个领域发挥重要作用.

2. 关联规则种类

根据不同的标准,关联规则可以用很多不同的方法分成若干类型.根据规则涉及的数据的层和维可以把关联规则分为单层关联规则、多层关联规则、单维关联规则和多维关联规则的挖掘;根据规则所处理的值的类型可以把关联规则分为挖掘布尔型关联规则和量化关联规则;根据所挖掘的模式类型可以把关联规则分为频繁项集挖掘、序列模式挖掘、结构模式挖掘等;根据所挖掘的约束类型可以把关联规则分为知识类型约束、数据约束、维层约束、兴趣度约束、规则约束关联规则等.

而我们主要使用的 Apriori 算法和 FP-Growth 算法主要适用于单层/维关联规则,不直接适用于结构模式挖掘,且 Apriori 算法不适用于序列模式挖掘,而 FP-Growth 算法可以通过修改构建 FP 树的方式来用于序列数据的挖掘.

3. 常用的关联规则分析算法

关联规则分析会用到很多种算法,其中代表性的有 Apriori 算法和 FP-Growth 算法,这些算法在后续的研究中进行了优化和改进,产生了一系列基于原始算法的变种.新的算法通过减少计算复杂度、提高挖掘效率或增加功能来适应不同的数据集和应用场景.

表 9.1 为常用关联规则算法及其描述.

表 9.1

算法名称	算法描述
Apriori 算法	关联规则最常用、最经典的挖掘频繁项集的算法,核心思想是通过连接产生候选项及其支持度,然后通过剪枝生成频繁项集.无法处理连续型数值变量,往往分析之前需要对数据进行离散化.
FP-Growth 算法	针对 Apriori 算法固有的多次扫描事务数据集的缺陷,提出的不产生候选频繁项集的方法. Apriori 和 FP-Growth 算法都是寻找频繁项集的算法.
Eclat 算法	一种深度优先算法,采用垂直数据表示形式,在概念格理论的基础上利用基于前缀的等价关系将搜索空间划分为较小的子空间.
PCY 算法	此算法利用哈希函数和位图技术来过滤掉不可能成为频繁项集的候选项,在第一次和第二次扫描之间通过哈希计数提前过滤掉一部分 2-项集,使得候选 2-项集规模变小从而减少计算量.
灰色关联法	分析和确定各因素之间的影响程度,或是若干个子因素(子序列)对主因素(母序列)的贡献度而进行的一种分析方法.

9.1.3 关联规则挖掘

关联规则挖掘用于发现隐藏在大型数据集中的令人感兴趣的联系,所发现的模式通常用关联规则或频繁项集的形式表示.它反映了一个事物与其他事物之间的相互依存性和关联性.如果两个或多个事物之间存在一定的关联关系,那么,其中一个事物发生就能够预测与之相关联的其他事情的发生.关联规则挖掘用于知识发现,而非预测,所以是属于无监督的机器学习算法.

给定一组项和记录集合,挖掘出项间的相关性,使其置信度和支持度分别大于用户给定的最小置信度和最小支持度.

例如,购买商品事务如表 9.2 所示,设最小支持度为 50%,最小可信度为 50%,则可得到以下关联规则.

表 9.2

交易 ID	购买的商品	交易 ID	购买的商品
2000	A,B,C	4000	A,D
1000	A,C	5000	B,E,F

$A \Rightarrow C(50\%, 66.6\%)$,
$C \Rightarrow A(50\%, 100\%)$.

9.2　关联规则挖掘的过程

9.2.1　概念

关联规则挖掘是一种数据挖掘技术,旨在发现大规模数据集中项之间的相关性.给定一组项目和记录集合,该技术通过计算每个项集的支持度和置信度来确定哪些项集是频繁的,并生成具有足够高的支持度和置信度的关联规则.

下面以表 9.3 为例介绍关联规则挖掘中的相关术语.

表 9.3

编号	项目	编号	项目
1	面包,牛奶	4	面包,牛奶,尿布,啤酒
2	面包,尿布,啤酒,鸡蛋	5	面包,牛奶,尿布,可乐
3	牛奶,尿布,啤酒,可乐		

（1）项集（itemset）:所有项（item）的集合 $I=\{i_1,i_2,\cdots,i_d\}$,包含 0 个或多个项,如包含 k 项则称为 k-项集.比如说一个顾客买了一袋子商品,那么这一袋子商品就是一个项集,其中的每一个商品就是一个项,例如:｛面包｝是 1-项集,｛牛奶,面包｝是 2-项集.

（2）事务（trasaction）:若干项组成的集合 t_j,一个事务 T 就是一个项集,每一个事务 T 均与一个唯一标识符 TID 相联系.

（3）事务集合:不同的事务一起组成了事物集 $D=\{t_1,t_2,\cdots,t_N\}$（所有事务的集合）,它构成了关联规则发现的事务数据库个数.每个顾客的一袋子商品（所有商品放到一个袋子里面）就是一个事务,那么以每个袋子单位,今天的销售量就是一个事务集.

（4）支持度（support）:指所有项集中｛X,Y｝同时出现的项集所占的百分比,即项集中同时含有 X 和 Y 的概率

$$support(X\Rightarrow Y)=support(X\bigcup Y)=\frac{\text{itemset including } X\bigcup Y}{\text{total itemset}}. \tag{9.1}$$

（5）支持度计数（support count）:指包含特定项集的事务个数,用符号 σ 表示,如 σ（｛牛奶,啤酒,面包｝）=2,表示今天同时买这三种商品的人次为 2.

（6）最小支持度:发现关联规则要求项集必须满足最小阈值,最小阈值称为项集的最小支持度,记为 $sup_{\min}$.从统计意义上讲,它表示用户关心的关联规则必须满足的最低出现概率.最小支持度用于衡量规则需要满足的最低重要性,需要人为指定.

（7）频繁项集（frequent itemset）:支持度大于或等于最小支持度阈值的非空项集,这个最小支持度阈值是给定的.

（8）置信度（confidence）:指当条件项集出现时,结果项集也同时出现的概率,置信度可用于衡量关联规则的可靠程度.换言之,置信度指包含指定｛X,Y｝的事务数与包含｛X｝或｛Y｝的事务数的比值,用符号 C 表示.

关联规则 $X \Rightarrow Y$ 的置信度,是指包含 X 和 Y 的项集数与包含 X 的项集数之比,即 $confidence(X \Rightarrow Y) = support(X,Y)/support(X)$,易知,

$$confidence(X \Rightarrow Y) = P(Y|X) = \frac{support(X \bigcup Y)}{support(X)} = C. \tag{9.2}$$

(9) 最小置信度(minconfidence):记为 $conf_{min}$,即用户规定的关联规则必须满足的最小的置信度阈值,它反映了关联规则的最低可靠度.

(10) 关联规则(association rule):关联规则是一个蕴含式 $X \Rightarrow Y$,即由项集 X 可以推导出项集 Y.其中 X 和 Y 是不相交的项集.X 称为规则的条件,也称为前项,Y 称为规则结果,也称为后项.关联规则表示在一次交易中,如果出现项集 X,则项集 Y 也会按照一定概率出现.如{牛奶,尿布}和{啤酒}.

(11) 强关联规则(strong association rule):同时满足最小支持度(minsupport)和最小置信度的关联规则称为强关联规则.

(12) 关联规则的提升度:

$$lift(X \Rightarrow Y) = \frac{confidence(X \Rightarrow Y)}{support(Y)} \tag{9.3}$$

提升度表示关联规则的强弱,值越大表示规则越强,该值越大越好.

提升度 $lift(X \Rightarrow Y)$ 是用来衡量 X 出现的情况下,是否会对 Y 出现的概率有所提升.

所以提升度有三种可能:

① 提升度 $lift > 1$ 代表有提升,越高表明正相关性越高:

② 提升度 $lift = 1$ 代表有没有提升,也没有下降,表明没有相关性;

③ 提升度 $lift < 1$ 代表有下降,越低表明负相关性越高.

(13) 关联规则的部署能力:如果关联规则 $X \rightarrow Y$,部署能力是前项支持度减去规则支持度,即 $support(YX) - support(X \bigcup)$.部署能力越趋近 1,表示前项和后项的负向关联越大.

9.2.2 关联规则的挖掘过程

一般来说,对于一个给定的交易事务数据集,关联分析就是指通过用户指定最小支持度和最小置信度来寻求强关联规则的过程.

如图 9.1 所示,关联分析一般分为两大步:发现频繁项集和发现关联规则.

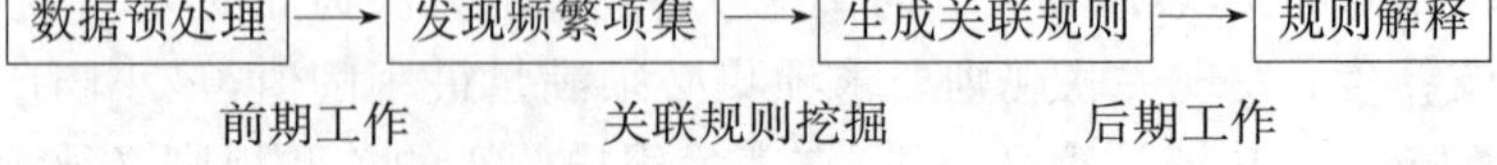

数据预处理 → 发现频繁项集 → 生成关联规则 → 规则解释

前期工作　　　　关联规则挖掘　　　　后期工作

图 9.1

(1) 频繁模式发现:寻找满足最小支持度阈值的所有项集,即频繁项集,这是最重要也是最核心的一步.事实上,这些频繁项集可能具有包含关系.例如,项集{尿布,啤酒,可乐}就包含了项集{尿布,啤酒}.一般地,只需关心那些不被其他频繁项集所包含的所谓最大频繁项集的集合.发现所有的频繁项集是形成关联规则的基础.

由事物数据集产生的频繁项集的数量可能非常大,因此,从中找出可以推导出其他所有

的频繁项集的、较小的、具有代表性的项集将是非常有用的. 表 9.4 所示是对项集的不同类型进行定义和说明.

表 9.4

名称	说明
闭项集	如果项集 X 是闭的,而且它的直接超集都不具有和它相同的支持度计数,则 X 是闭项集.
频繁闭项集	如果项集 X 是闭的,并且它的支持度大于或等于最小支持度阈值,则 X 是频繁闭项集.
最大频繁项集	如果项集 X 是频繁项集,并且它的直接超集都不是频繁的,则 X 为最大频繁项集.

最大频繁项集都是闭的,因为任何最大频繁项集都不可能与它的直接超集具有相同的支持度计数. 最大频繁项集有效地提供了频繁项集的紧凑表示. 换句话说,最大频繁项集形成了可以导出所有频繁项集的最小项集的集合.

（2）生成关联规则：发现关联规则是指通过用户给定的最小置信度,在每个最大频繁项集中寻找置信度不小于用户设定的最小置信度的关联规则. 当生成频繁项集后,生成关联规则会相对简单. 我们只需要将每个频繁项集拆分成两个非空子集,就可以构成关联规则. 当然,一个频繁项集拆分成两个非空子集可能有很多种方式,我们要考虑每一种不同的可能. 例如频繁项集 $\{1,2,3\}$ 可以拆分成 $\{1 \rightarrow 2,3\}$, $\{2 \rightarrow 1,3\}$, $\{3 \rightarrow 1,2\}$, $\{1,2 \rightarrow 3\}$ $\{1,3 \rightarrow 2\}$, $\{2,3 \rightarrow 1\}$.

相对于第一步来讲,第二步的任务相对简单,因为它只需要在已经找出的频繁项集的基础上列出所有可能的关联规则. 由于所有的关联规则都是在频繁项集的基础上产生的,已经满足了支持度阈值的要求,所以第二步只需要考虑置信度阈值的要求,只有那些大于用户给定的最小置信度的规则才会被留下来.

注意,如果一个频繁项集是 $\{A,B\}$,那么可能的一个关联规则是 $A \rightarrow B$,说明某人买了 A,大概率也会买 B,但顺序反过来是不成立的.

在表 9.5 中,这个简单的事务数据库模型包含了四个事务,每个事务包含了不同的项. 通过这些事务,我们可以进行关联规则分析来发现其中的关联性.

表 9.5

数据库 DB	
编号	项目
001	ACD
002	BCE
003	$ABCE$
004	BE

首先,我们可以使用这个事务数据库来找出频繁项集,即在数据集中出现频率不低于最小支持度阈值的项集. 例如,我们可以计算每个项的支持度,然后找出支持度大于预先设定的阈值的频繁项集.

接下来,基于频繁项集,我们可以生成可能的关联规则,并计算这些规则的置信度. 例如,我们可以尝试找出满足最小置信度要求的强关联规则,这些规则可以帮助我们理解不同项之间的关联性和相关性.

因此,这个简单的事务数据库模型可以用于关联规则分析,帮助我们发现数据集中的潜在关联规则,并从中获得有用的见解和信息.

9.3　大项目集

9.3.1　项目集

1. 项目集定义

项目集是指经过协调管理以便获取单独管理这些项目时无法取得的收益和控制的一组相关联的项目. 项目集常有多个相关联的项目组合而成,以便获得分别管理所无法获得的效益和控制. 它可能包括各单个项目范围之外的相关工作. 一个项目可能属于某个项目集,也可能不属于任何一个项目集,但任何一个项目集中都一定包含项目.

2. 项目集的形成原因

（1）为了适应部门壁垒的现状

很多科研机构,科室与科室之间的部门墙还是比较厚的,短时间打破部门墙,构建跨部门的项目团队,从而对项目端到端的整体负责,还是一种理想状态. 所以拆分为小项目,划分到具体科室,由科室主任对应负责,也不失为一个好的办法,这样就形成了多个项目,而这些项目的汇总就是项目集.

（2）为了把技术开发与产品开发相分离

这个是第三代研发管理的核心要素,而技术开发是一个项目,负责把货架技术搞定;产品开发是一个项目,负责将成熟的货架技术组装为产品,这两个项目是相互独立,又相互关联的关系,这就是项目集.

（3）产品相互之间存在共享的物理模块

公司同时有三个机器人开发项目,而每个机器人都需要机器人手臂,如果三个项目都独立设计自己的机器人手臂,资源、成本都是极大的浪费,所以会把机器人手臂的设计落实到一个项目中,并且要求他们设计时要同时兼顾三个项目的需求,这样通过机器人手臂就把三个项目关联在一起了,手臂进度延期三个项目都受影响,而这三个项目就需要统一协调管理,这就是项目集.

9.3.2　大项目集

1. 大项目集定义

大项目集是出现次数大于阈值 S 的项目集. 用符号 L 表示大项目集组成的整个集合,用 τ 表示一个特定的大项目集.

频繁项集挖掘是数据挖掘研究课题中一个很重要的研究基础,它可以告诉我们在数据集中经常一起出现的变量,为可能的决策提供一些支持. 频繁项集挖掘是关联规则、相关性分析、因果关系、序列项集、局部周期性、情节片段等许多重要数据挖掘任务的基础. 因此,频繁项集有着很广泛的应用,例如:购物篮数据分析、网页预取、交叉购物、个性化网站、网络入侵检测等.

对频繁项集挖掘算法进行研究的方向大概可归纳为以下四个方面:在遍历方向上采取自底向上、自顶向下以及混合遍历的方式;在搜索策略上采取深度优先和宽度优先策略;在项集的产生上着眼于是否会产生候选项集;在数据库的布局上,从垂直和水平两个方向上考虑数据库的布局. 对于不同的遍历方式,数据库的搜索策略和布局方式将会产生不同的方法,研究表明,没有什么挖掘算法能同时对所有的定义域和数据类型都优于其他的挖掘算法,也就是说,对于每一种相对较为优秀的算法,它都有具体的适用场景和环境一旦找出大项目集,则对于任何有趣的关联规则 $X \Rightarrow Y$,在频繁项目集的集合中一定有 $X \cup Y$. 其中,任何大项目集的子集也是大的.

2. 重要概念与符号

在频繁项集挖掘和关联规则发现过程中,有几个重要的概念需要理解和应用.

候选项集:潜在的大项目集被称为候选项集,即那些可能成为频繁项集的项. 这些候选项集是通过连接操作生成的,然后再通过支持度计算和筛选确定是否为频繁项集.

候选项目集:所有被计数的(潜在大的)项目集的集合被称为候选项目集. 候选项目集包含了所有在数据集中出现过的项集,无论它们是否满足频繁项集的条件. 在 Apriori 算法中,候选项目集是通过连接操作生成的,然后再经过支持度计算来筛选出频繁项集.

关联规则的性能度量指标之一是候选项目集的大小. 候选项目集的大小反映了在挖掘频繁项集和关联规则时考虑的潜在项集数量. 通常情况下,候选项目集的大小越大,意味着需要考虑的组合越多,计算复杂度也会相应增加. 因此,在实际应用中,需要根据数据集的特征和计算资源的限制来合理选择候选项目集的大小,以在保证挖掘效果的同时控制计算成本.

关联规则中使用了大量的符号,这些符号汇总在表 9.6 中.

一个特定符号所带的下标表示所考虑的集合的大小,例如,l_k 表示一个大小为 k 的项目集. 一些算法将事务集合分为若干个分区,在这种情况下,用 p 表示分区的数目,用下标表明分区的编号,例如,D_i 表示 D 的第 i 个分区.

关联规则中的符号注解见表 9.6.

表 9.6

符号	描述	符号	描述
D	事务数据库	$X \Rightarrow Y$	关联规则
t_i	D 中的事务	L	大项目集的集合
s	支持度	I	L 中的大项目集
α	可信度	C	候选项目集的集合
X, Y	项目集	p	分区的数目

一旦所有大项目集被确定后,关联规则的生成就变得非常直接. 在这一步骤中,我们可以利用频繁项集之间的关系,根据设定的关联规则评估标准(如置信度、支持度等)来筛选出具有足够关联度的规则,从而更好地理解数据集中的关联关系,并进行进一步的分析和决策. 基于[AS94]改进的 ARGen 算法则是利用这一原理,通过计算支持度和可信度来生成满足要求的关联规则集合.

9.3.3 基于[AS94]改进的 ARGen 算法

ARGen 算法改编自[AS94],是一种用于关联规则挖掘的算法,用于从事务数据库中发现频繁的项集并生成关联规则. 它基于支持度和可信度的阈值来筛选关联规则,核心思想是在满足支持度和可信度要求的情况下,生成项集之间的关联规则.

ARGen 算法的基本步骤:初始化关联规则集合 R 为空集. 对于大项目集合 L 中的每个大项目集 l,对于 l 的每个子集 x(其中 x 非空). 如果 $support(l)/support(x) \geqslant \alpha$,即该规则满足可信度要求,则将关联规则 $\{x \Rightarrow (l-x)\}$ 加入关联规则集合 R 中 $\{x \Rightarrow (l-x)\}$ 表示 x 出现时,l 的剩余部分也会出现).

该算法的核心是通过计算支持度和可信度来筛选出满足要求的关联规则,从而生成最终的关联规则集合 R.

用伪代码来表示该算法如下.

输入:
    D   //事务数据库
    I   //项目集合
    L   //大项目集
    s   //支持度
    α   //可信度(置信度)
输出:
    R   //满足 s 和 α 的关联规则集合
ARGen 算法:
    R=∅;
    for each l∈L do
        for each x⊂l such that $x=∅$ do
            if support(l)/support(x) $\geqslant \alpha$ then
                R=R∪{x⇒(l−x)};

表 9.7 所示为演示关联规则的样本数据.

表 9.7

事务	项目	事务	项目
t_1	面包,果冻,花生酱	t_4	啤酒,面包
t_2	面包,花生酱	t_5	啤酒,牛奶
t_3	面包,牛奶,花生酱		

表 9.8 所示为所有项目集合的支持度.

表 9.8

集合	支持度	集合	支持度
{啤酒}	40	{啤酒,面包,牛奶}	0
{面包}	80	{啤酒,面包,花生酱}	0
{果冻}	20	{啤酒,果冻,牛奶}	0
{牛奶}	40	{啤酒,果冻,花生酱}	0
{花生酱}	60	{啤酒,牛奶,花生酱}	0
{啤酒,面包}	20	{面包,果冻,牛奶}	0
{啤酒,果冻}	0	{面包,果冻,花生酱}	20
{啤酒,牛奶}	20	{面包,牛奶,花生酱}	20
{啤酒,花生酱}	0	{果冻,牛奶,花生酱}	0
{面包,果冻}	20	{啤酒,面包,果冻,牛奶}	0
{面包,果冻}	20	{啤酒,面包,果冻,花生酱}	0
{面包,花生酱}	60	{啤酒,面包,牛奶,花生酱}	0
{果冻,牛奶}	0	{啤酒,果冻,牛奶,花生酱}	0
{果冻,花生酱}	20	{面包,果冻,牛奶,花生酱}	0
{牛奶,花生酱}	20	{啤酒,面包,果冻,牛奶,花生酱}	0
{啤酒,面包,果冻}	0		

假定输入的支持度和可信度分别为 $s=30\%$ 和 $\alpha=50\%$. 利用该 s 值得到大项目集的集合 $L=\{\{啤酒\},\{面包\},\{牛奶\},\{花生酱\},\{面包、花生酱\}\}$. 查看最后一个大项目集可以生成的关联规则,其中 $l=\{面包,花生酱\}$ 有两个非空子集 {面包} 和 {花生酱}. 对于第一个非空子集,可得 $support(\{面包,花生酱\})/support(\{面包\})=60/80=0.75$. 意味着关联规则 {面包⇒花生酱} 的置信度为 75%,因为其置信度高于 α,所以是一条有效的关联规则.

对于第二个非空子集,可得 $support(\{面包,花生酱\})/support(\{花生酱\})=60/60=1$. 意味着关联规则 {花生酱⇒面包} 的置信度为 100%,也是一条有效的关联规则. 找出大项目集的算法可以很简单,但代价很高. 简单的方法是对出现在事务中的所有项目集进行计数. 给定一个大小为 m 的项目集合,共有 $2m$ 个子集,去掉空集,则潜在的大项目集数为 $2m-1$. 随着项目数的增多,潜在的大项目集数成爆炸性增长(当 $m=5$,为 31 个;当 $m=30$,变成 1 073 741 823 个). 解决问题的难点为如何高效确定所有大项目集. 大部分关联规则算法都利用巧妙的方法来减少要计数的项目集.

9.4 关联规则挖掘的 Apriori 算法

9.4.1 Apriori 算法的基本思想

1. Apriori 算法的核心理论

Apriori 算法的名字源自拉丁文"先验"或"开始"的意思. Apriori 算法是第一个关联规则挖掘算法,也是最经典的算法. 该算法基于频繁项集的重要性质,通过逐层搜索的迭代方法,逐步生成频繁项集和关联规则. 其核心理论包括两条定律:

第一定律:如果一个集合是频繁项集,则它的所有子集都是频繁项集.

第二定律:如果一个集合不是频繁项集,则它的所有超集都不是频繁项集.

假设集合 $\{A, B\}$ 是频繁项集,即 A 和 B 同时出现在一条记录的次数大于等于最小支持度. 根据 Apriori 第一定律,它的子集 $\{A\}$ 和 $\{B\}$ 出现次数必定大于等于最小支持度,因此它们都是频繁项集.

假设集合 $\{A\}$ 不是频繁项集,即 A 出现的次数小于最小支持度. 根据 Apriori 第二定律,它的任何超集如 $\{A, B\}$ 出现的次数必定小于最小支持度,因此其超集也不是频繁项集.

通过这两条定律的应用,可以有效地过滤掉许多候选项集,提高频繁项集挖掘的效率.

图 9.2 描述了 Apriori 算法通过剪枝来优化频繁项集的搜索过程.

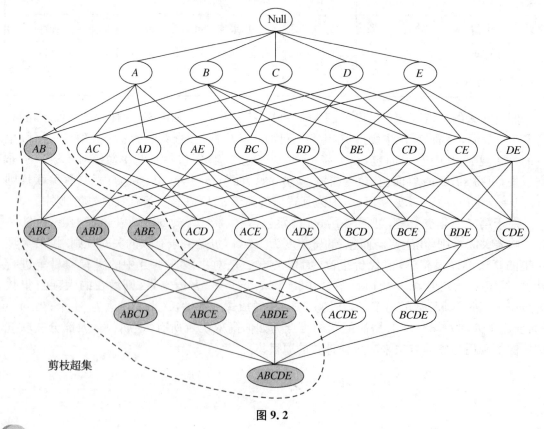

剪枝超集

图 9.2

利用第一定律通过已知的频繁项集构成长度更大的项集,并将其称为候选频繁项集.利用第二定律滤候选频繁项集中的非频繁项集.二项频繁集是在一项频繁集的基础上产生的,三项频繁项集是在二项频繁项集的基础上产生的,以此类推.

Apriori 算法是一种最有影响的挖掘布尔关联规则大(频繁)项目集的算法.它使用一种称作逐层搜索的迭代算法,通过 k-项集用于探索 $(k+1)$-项集,已经为大部分商业产品所使用.

2. Apriori 算法的基本思想

首先,通过扫描数据集,产生一个大的候选数据项集,并计算每个候选数据项发生的次数,然后基于预先给定的最小支持度生成频繁 1-项集的集合,该集合记作 L_1.

然后基于 L_1 和数据集中的数据,产生频繁 2-项集 L_2.

用同样的方法,直到生成频繁 n-项集,其中已不再可能生成满足最小支持度的 $(n+1)$-项集 L_n.

最后,从大数据项集中导出规则.

3. 基于 Apriori 算法的关联规则挖掘的具体思路

步骤 1:数据预处理;

步骤 2:生成候选 1-项集 C_1;

步骤 3:根据候选 1-项集 C_1 生成频繁 1-项集 L_1;

步骤 4:$k \geqslant 2$ 时,根据频繁 k-项集 L_k 组合生成候选 $(k+1)$-项集 $C_{(k+1)}$;

步骤 5:生成所有频繁项集;

步骤 6:根据最小置信度,由频繁项集生成关联规则并输出.

利用 Apriori 算法生成关联规则的具体步骤如图 9.3 所示.

① 扫描全部数据,统计每一个项的出现次数,形成候选 1-项集的集合 C_1;

② 根据最小支持度阈值和候选 1-项集的集合 C_1 产生频繁 1-项集的集合 L_1;

③ 由 $k=1$ 开始,执行 $k=k+1$ 逐渐增大 k 的值,重复执行步骤④⑤;

④ 对 L_{k-1} 进行连接和剪枝操作,形成候选 k-项集的集合 C_k,再根据最小支持度,由候选 k-项集的集合 C_k,产生频繁 k-项集的集合 L_k;

⑤ 若 $L \neq \Phi$,则 $k=k+1$,跳往步骤④,否则往下执行步骤⑥;

⑥ 根据最小置信度,由频繁项集产生强关联规则,程序结束.

4. Apriori 算法示例

例 9.1 如表 9.9 所示原始表,给定最小支持度计数为 2.

表 9.9

Tid	Items	Tid	Items
1	A,C,D	3	A,B,C,E
2	B,C,E	4	B,E

表中有 4 个交易记录.由于指定最小支持度阈值是 0.5,由这些交易记录应用 Apriori 算法找到频繁项集的详细步骤如下.

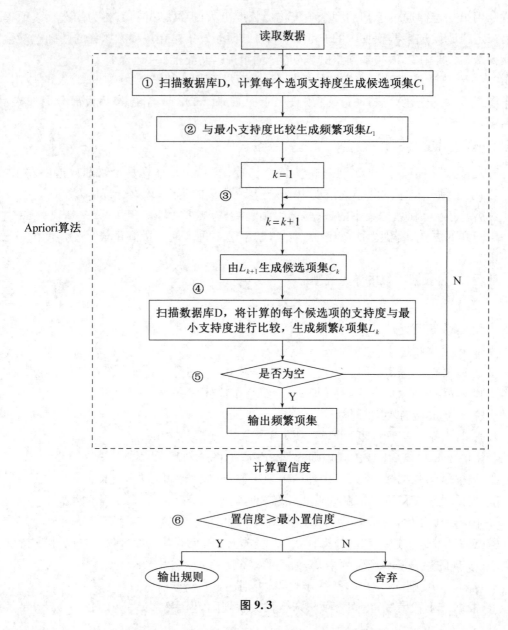

图 9.3

第一步，$k=1$，计算一项集的支持度计数.方法：直接数数项集在原始表出现的次数.

表 9.10

Itemset	Support count	Itemset	Support count
$\{A\}$	2	$\{D\}$	1
$\{B\}$	3	$\{E\}$	3
$\{C\}$	3		

可见，项集 $\{D\}$ 的支持度计数小于 2，由先验原理，凡是包含 $\{D\}$ 的都可以舍弃.

表 9.9 就变成了表 9.11.

表 9.11

Itemset	Support count	Itemset	Support count
$\{A\}$	2	$\{C\}$	3
$\{B\}$	3	$\{E\}$	3

第二步,$k=2$,计算二项集的支持度计数.

表 9.12

Itemset	Support count	Itemset	Support count
$\{A,B\}$	1	$\{B,C\}$	2
$\{A,C\}$	3	$\{B,E\}$	3
$\{A,E\}$	1	$\{C,E\}$	2

剪除掉支持度计数小于 2 的项集后,可得表 9.13.

表 9.13

Itemset	Support count	Itemset	Support count
$\{A,C\}$	3	$\{B,E\}$	3
$\{B,C\}$	2	$\{C,E\}$	2

第三步,$k=3$,计算三项集的支持度计数.

三项集及其以上项集的连接遵循以下规则.

$\{A,C\}$ 与 $\{B,C\}$ 连接,两个项集的尾项划掉,剩余项不同,不可连接.

$\{B,C\}$ 与 $\{B,E\}$ 连接,两个项集的尾项划掉,剩余项相同,可连接,变成 $\{B,C,E\}$.

逐一连接,可得表 9.14.

表 9.14

Itemset	Support count
$\{B,C,E\}$	2

第四步,$k=4$,计算四项集的支持度计数.

但是四项集为空,算法流程终止,第三步的频繁项集为最终结果.

综上,Apriori 算法的工作原理是一个递归过程:

(1)$k=1$,计算一项集的支持度计数;

(2)根据给定的最小支持度计数筛选出 k 项集的频繁项集;

(3)$k-1$ 项集两两连接形成 k 项集,如果为空,则上一步就是最终结果;

(4)计算 k 项集的支持度计数;

(5)根据给定的最小支持度计数筛选出 k 项集的频繁项集;

(6)$k=k+1$,重复(3)—(5)步.

整个步骤的流程图如图 9.4 所示.

说明:C_k 为所有的候选 k 项集;L_k 为所有的频繁 k 项集.

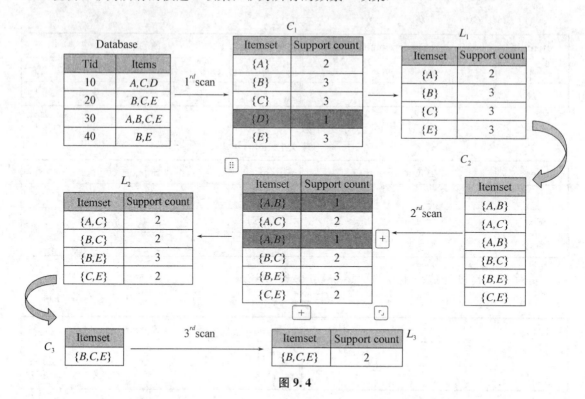

图 9.4

5. 频繁项集挖掘关联规则

每一个频繁项集及其子集都可能产生若干条关联规则. 例如,一个 2 -频繁项集{豆奶,莴苣},那么可能有一条关联规则是"豆奶⇒莴苣",即一个人购买了豆奶,则他可能会购买莴苣,但反过来一个人购买了莴苣,他不一定会购买豆奶,频繁项集使用支持度来量化,关联规则使用置信度量化. 一条规则 $X⇒Y$ 的置信度定义为

$$confidence(X⇒Y)=\frac{support(X\bigcup Y)}{support(X)} \tag{9.4}$$

从频繁项集产生关联规则要先指定最小置信度,步骤如下.

(1) 根据每个频繁项集,找到它所有的非空真子集;

(2) 根据这些非空真子集,两两组成所有的候选关联规则;

(3) 计算所有候选关联规则的置信度,移除小于最小置信度的规则,得到强关联规则.

如图 9.5 所示是从一个 4 -频繁项集 {0,1,2,3}中挖掘关联规则过程的示意图,从下向上看.

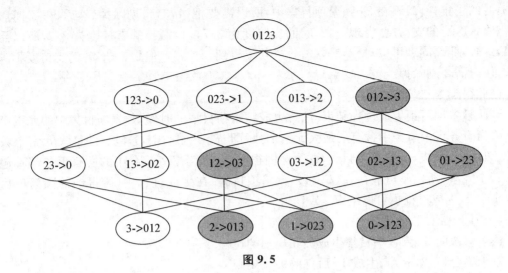

图 9.5

如图 9.5 所示,阴影区域是低置信度关联规则. 如果 $\{0,1,2\} \Rightarrow \{3\}$ 是一条低置信度的关联规则,那么所有包含 3 为后项的关联规则的置信度也会低.

因此,先从 2-频繁项集出发(1-频繁项集没有关联规则的),创建一个规则列表,该规则的前项、后项只包含一个元素,然后对这些规则测试. 合并所有规则创建新的关联列表,该规则的后项包含两个元素. 以此类推从 3-频繁项集、4-频繁项集中挖掘关联规则.

例 9.2　对表 9.7 进行演算,其中 $s = 30\%, \alpha = 50\%$.

假如有项目集合 $I = \{1,2,3,4,5\}$,有事务集 T:

$\{1,2,3\} \{1,2,4\} \{1,3,4\} \{1,2,3,5\} \{1,3,5\} \{2,4,5\} \{1,2,3,4\}$.

设定 $support_{\min} = 3/7, confidence_{\min} = 5/7$.

(1) 生成 1-频繁项目集

$\{1\}, \{2\}, \{3\}, \{4\}, \{5\}$.

(2) 生成 2-频繁项目集

根据 1-频繁项目集生成所有的包含两个元素的项目集:任意取两个只有最后一个元素不同的 1-频繁项目集,求其并集,由于每个 1-频繁项目集元素只有一个,所以生成的项目集如下.

$\{1,2\}, \{1,3\}, \{1,4\}, \{1,5\}$,

$\{2,3\}, \{2,4\}, \{2,5\}$,

$\{3,4\}, \{3,5\}$,

$\{4,5\}$.

计算它们的支持度,发现只有 $\{1,2\}, \{1,3\}, \{1,4\}, \{2,3\}, \{2,4\}$ 的支持度满足要求,因此求得 2-频繁项目集:

$\{1,2\}, \{1,3\}, \{1,4\}, \{2,3\}, \{2,4\}$.

(3) 生成 3-频繁项目集

因为 $\{1,2\}, \{1,3\}, \{1,4\}$ 除了最后一个元素以外都相同,所以求 $\{1,2\}, \{1,3\}$ 的并集得到 $\{1,2,3\}$,$\{1,2\}$ 和 $\{1,4\}$ 的并集得到 $\{1,2,4\}$,$\{1,3\}$ 和 $\{1,4\}$ 的并集得到 $\{1,3,4\}$. 但是由于

$\{1,3,4\}$ 的子集 $\{3,4\}$ 不在 2-频繁项目集中,所以需要把 $\{1,3,4\}$ 剔除掉. 然后再来计算 $\{1,2,3\}$ 和 $\{1,2,4\}$ 的支持度,发现 $\{1,2,3\}$ 的支持度为 $3/7$,$\{1,2,4\}$ 的支持度为 $2/7$,所以需要把 $\{1,2,4\}$ 剔除. 同理可以对 $\{2,3\}$,$\{2,4\}$ 求并集得到 $\{2,3,4\}$,但是 $\{2,3,4\}$ 的支持度不满足要求,所以需要剔除掉.

因此得到 3-频繁项目集:$\{1,2,3\}$.

到此频繁项目集生成过程结束. 注意生成频繁项目集的时候,频繁项目集中的元素个数最大值为事务集中事务中含有的最大元素个数,即若事务集中事务包含的最大元素个数为 k,那么最多能生成 k-频繁项目集,这个原因很简单,因为事务集合中的所有事务都不包含 $(k+1)$ 个元素,所以不可能存在 $(k+1)$-频繁项目集. 在生成过程中,若得到的频繁项目集个数小于 2,生成过程也可以结束了.

(4) 生成强关联规则

这里只说明 3-频繁项目集生成关联规则的过程.

对于集合 $\{1,2,3\}$,先生成 1-后件的关联规则.

$(1,2) \Rightarrow 3$,置信度 $=3/4$;

$(1,3) \Rightarrow 2$,置信度 $=3/5$;

$(2,3) \Rightarrow 1$,置信度 $=3/3$.

$(1,3) \Rightarrow 2$ 的置信度不满足要求,所以剔除掉. 因此得到 1-后件的集合 $\{1\}$,$\{3\}$,然后再以 $\{1,3\}$ 作为后件.

$2 \Rightarrow (1,3)$ 置信度 $=3/5$ 不满足要求,所以对于 3-频繁项目集生成的强关联规则为 $(1,2) \Rightarrow 3$ 和 $(2,3) \Rightarrow 1$.

例 9.3 对于表 9.9 所示的 Apriori 算法生成频繁项集的示例中,得到的 1-频繁项集 $L[1] = \{A, B, C, E\}$,其支持度分别是 0.5、0.75、0.75、0.75.

2-频繁项集 $L[2] = \{\{A,C\}, \{B,C\}, \{B,E\}, \{C,E\}\}$,它们的支持度分别是 0.5、0.5、0.75、0.5.

3-频繁项集 $L[3] = \{\{B,C,E\}\}$,它的支持度是 0.5.

下面从这些频繁项集中找出关联规则,设给定最小置信度是 0.8.

(1) 2-频繁项集 $L[2] = \{\{A,C\}, \{B,C\}, \{B,E\}, \{C,E\}\}$.

① 从 2-频繁项集 $\{A,C\}$ 出发,其非空真子集有 $\{A\}$、$\{C\}$,候选关联规则有 $A \Rightarrow C$、$C \Rightarrow A$.

$A \Rightarrow C$ 的置信度 $confidence(A \Rightarrow C) = support(\{A,C\}) / support(\{A\}) = 0.5/0.5 = 1$,其值大于最小置信度是 0.8,因此保留该条关联规则.

$C \Rightarrow A$ 的置信度 $confidence(C \Rightarrow A) = support(\{C,A\}) / support(\{C\}) = 0.5/0.75 = 0.67$,其值小于 0.8,因此移除该条关联规则.

② 从 2-频繁项集 $\{B,C\}$ 出发,其非空真子集是 $\{B\}$、$\{C\}$,可能的候选关联规则有 $B \Rightarrow C$、$C \Rightarrow B$.

$B \Rightarrow C$ 的置信度 $confidence(B \Rightarrow C) = support(\{B,C\}) / support(\{B\}) = 0.5/0.75 = 0.67$,其值小于 0.8,因此移除该条关联规则.

$C \Rightarrow B$ 的置信度 $confidence(C \Rightarrow B) = support(\{C,B\}) / support(\{C\}) = 0.5/0.75 = 0.67$,其值小于 0.8,因此移除该条关联规则.

③ 从 2-频繁项集 $\{B,E\}$ 出发,其非空真子集有 $\{B\}$、$\{E\}$,候选关联规则有 $B \Rightarrow E$、$E \Rightarrow B$.

$B \Rightarrow E$ 的置信度 $confidence(B \Rightarrow E) = support(\{B, E\}) / support(\{B\}) = 0.75/0.75 = 1$，其值大于 0.8，因此保留该条关联规则.

$E \Rightarrow B$ 的置信度 $confidence(E \Rightarrow B) = support(\{E, B\}) / support(\{E\}) = 0.75/0.75 = 1$，其值大于 0.8，因此保留该条关联规则.

因此，2-频繁项集 $L[2] = \{\{A, C\}, \{B, C\}, \{B, E\}, \{C, E\}\}$ 的关联规则有 $A \Rightarrow C, B \Rightarrow E, E \Rightarrow B$.

（2）3-频繁项集 $L[3] = \{\{B, C, E\}\}$，其非空真子集有 $\{B\}, \{C\}, \{E\}, \{B, C\}, \{B, E\}, \{C, E\}$. 因此所有的关联规则有 $B \Rightarrow \{C, E\}, C \Rightarrow \{B, E\}, E \Rightarrow \{B, C\}, \{B, C\} \Rightarrow E, \{B, E\} \Rightarrow C, \{C, E\} \Rightarrow B$.

因为 1-频繁项集 B, C, E 之间的规则已经计算过，所以只需计算有多项的规则.

（3）下面计算这些规则的置信度，得到强关联规则.

计算规则的 $B \Rightarrow \{C, E\}$ 置信度 $confidence(B \Rightarrow \{C, E\}) = support(B)/support(\{C, E\}) = 0.75/0.5 = 1.5 >$ 最小置信度是 0.8，所以保留该条规则.

以此类推，$confidence(C \Rightarrow \{B, E\}) = 0.75/0.75 = 1 > 0.8$；
$$confidence(E \Rightarrow \{B, C\}) = 0.75/0.5 = 1.5 > 0.8;$$
$$confidence(\{B, C\} \Rightarrow E) = 0.5/0.75 = 0.67 < 0.8;$$
$$confidence(\{B, E\} \Rightarrow C) = 0.75/0.75 = 1 > 0.8;$$
$$confidence(\{C, E\} \Rightarrow B) = 0.5/0.75 = 0.67 < 0.8.$$

因此，在支持度是 0.5、最小置信度是 0.8 的条件下得到的强关联规则有 $A \Rightarrow C, B \Rightarrow E, E \Rightarrow B, B \Rightarrow \{C, E\}, C \Rightarrow \{B, E\}, E \Rightarrow \{B, C\}, \{B, E\} \Rightarrow C$.

6. Apriori 算法的性质

在 Apriori 算法中，应用到了大项目集的下述性质.

（1）大项目集的任一子集也一定是大的.

（2）大项目集也称作是向下封闭的，如果一个项目集满足最小支持度的要求，其所有的子集也满足这一要求.

（3）其逆命题：如果知道一个项目集是小的，就不需要生成它的任何超集来作为它的候选集，因为它们也一定是小的.

（4）Apriori 算法性质基于如下事实. 根据定义，如果项集 I 不满足最小支持度阈值 $support_{\min}$，则 I 不是频繁的，即 $support(I) < support_{\min}$. 如果将项 A 添加到 I，则结果项集（即 $I \cup A$）不可能比 I 更频繁出现. 因此，$I \cup A$ 也不是频繁的，即 $support(I \cup A) < support_{\min}$.

（5）频繁项集的 Apriori 算法性质用于压缩搜索空间（剪枝），以提高逐层产生频繁项集的效率.

7. Apriori 算法的应用

经典的关联规则数据挖掘算法 Apriori 算法广泛应用于各种领域，通过对数据的关联性进行了分析和挖掘，挖掘出的这些信息在决策制定过程中具有重要的参考价值.

Apriori 算法广泛应用于商业中，应用于消费市场价格分析中，它能够很快地求出各种产品之间的价格关系和它们之间的影响. 通过数据挖掘，市场商人可以瞄准目标客户，采用个人股票行市、最新信息、特殊的市场推广活动或其他一些特殊的信息手段,从而极大地减少广告预算和增加收入.百货商场、超市和一些老字号的零售店也在进行数据挖掘,以便猜测这些年来顾客的消费习惯.

Apriori 算法应用于网络安全领域,如网络入侵检测技术中.早期中大型的电脑系统中都收集审计信息来建立跟踪档,这些审计跟踪的目的多是为了性能测试或计费,因此对攻击检测提供的有用信息比较少.它通过模式的学习和训练可以发现网络用户的异常行为模式.采用作用度的 Apriori 算法削弱了 Apriori 算法的挖掘结果规则,是网络入侵检测系统可以快速地发现用户的行为模式,能够快速地锁定攻击者,提高了基于关联规则的入侵检测系统的检测性.

Apriori 算法应用于高校管理中.随着高校贫困生人数的不断增加,学校管理部门资助工作难度也越加增大.针对这一现象,提出一种基于数据挖掘算法的解决方法.将关联规则的 Apriori 算法应用到贫困助学体系中,并且针对经典 Apriori 挖掘算法存在的不足进行改进,先将事务数据库映射为一个布尔矩阵,用一种逐层递增的思想来动态的分配内存进行存储,再利用向量求"与"运算,寻找频繁项集.实验结果表明,改进后的 Apriori 算法在运行效率上有了很大的提升,挖掘出的规则也可以有效地辅助学校管理部门有针对性地开展贫困助学工作.

Apriori 算法被广泛应用于移动通信领域.移动增值业务逐渐成为移动通信市场上最有活力、最具潜力、最受瞩目的业务.随着产业的复苏,越来越多的增值业务表现出强劲的发展势头,呈现出应用多元化、营销品牌化、管理集中化、合作纵深化的特点.针对这种趋势,在关联规则数据挖掘中广泛应用的 Apriori 算法被很多公司应用.依托某电信运营商正在建设的增值业务 Web 数据仓库平台,对来自移动增值业务方面的调查数据进行了相关的挖掘处理,从而获得了关于用户行为特征和需求的间接反映市场动态的有用信息,这些信息在指导运营商的业务运营和辅助业务提供商的决策制定等方面具有十分重要的参考价值.

在地球科学数据分析中,关联模式可以揭示海洋、陆地和大气过程之间的有意义的关系.这些信息能够帮助地球科学家更好的理解地球系统中不同的自然力之间的相互作用.

8. Apriori 算法实战

在理解了 Apriori 算法的理论基础和工作原理之后,现在我们将进一步探讨其在实际场景中的应用.特别是在购物篮分析和推荐系统中,Apriori 算法被广泛应用.

为了更好地说明这一点,下面将通过 Python 展示如何实现 Apriori 算法,并用一个简单的购物数据集进行演示.

输入:一组交易数据,每一笔交易包含多个购买的商品.

输出:满足最小支持度和最小置信度的关联规则.

Python 实现代码如下.

首先导入必要的库.

```
1. from itertools import chain, combinations
```

接着定义几个辅助函数.

```
1. # 生成候选项集的所有非空子集
2. def powerset(s):
```

```
3.     return chain.from_iterable(combinations(s, r) for r in range(1, len(s)))
4.
5. # 计算支持度
6. def calculate_support(itemset, transactions):
7.     return sum(1 for transaction in transactions if itemset.issubset(transaction)) /
           len(transactions)
```

现在我们来实现 Apriori 算法：

```
1. def apriori(transactions, min_support, min_confidence):
2.     # 初始化频繁项集和关联规则列表
3.     frequent_itemsets=[]
4.     association_rules=[]
5.
6.     # 第一步:找出单项频繁项集
7.     singletons={frozenset([item]) for transaction in transactions for item in
          transaction}
8.     singletons={itemset for itemset in singletons if calculate_support(itemset,
          transactions) >= min_support}
9.     frequent_itemsets.extend(singletons)
10.
11.    # 迭代找出所有其他频繁项集
12.    prev_frequent_itemsets=singletons
13.    while prev_frequent_itemsets:
14.        # 生成新的候选项集
15.        candidates={itemset1 | itemset2 for itemset1 in prev_frequent_itemsets
              for itemset2 in prev_frequent_itemsets if len(itemset1 | itemset2)==len
              (itemset1) + 1}
16.
17.        # 计算支持度并筛选
18.        new_frequent_itemsets={itemset for itemset in candidates if calculate_
              support(itemset, transactions) >=min_support}
19.        frequent_itemsets.extend(new_frequent_itemsets)
20.
21.        # 生成关联规则
22.        for itemset in new_frequent_itemsets:
23.            for subset in powerset(itemset):
24.                subset=frozenset(subset)
25.                diff=itemset - subset
26.                if diff:
27.                    confidence=calculate_support(itemset, transactions) /
                          calculate_support(subset, transactions)
28.                    if confidence >=min_confidence:
29.                        association_rules.append((subset, diff,
```

```
    confidence))
30.
31.            prev_frequent_itemsets=new_frequent_itemsets
32.
33.            return frequent_itemsets, association_rules
```

示例和输出:假设我们有以下简单的购物数据集.

```
1. transactions=[
2.     {'牛奶', '面包', '黄油'},
3.     {'啤酒', '面包'},
4.     {'牛奶', '啤酒', '黄油'},
5.     {'牛奶', '鸡蛋'},
6.     {'面包', '鸡蛋', '黄油'}
7. ]
```

调用 Apriori 算法.

```
1. min_support=0.4
2. min_confidence=0.5
3.
4. frequent_itemsets, association_rules=apriori(transactions, min_support, min_
   confidence)
5.
6. print("频繁项集:", frequent_itemsets)
7. print("关联规则:", association_rules)
```

输出可能如下.

```
1. 频繁项集: [{'牛奶'}, {'面包'}, {'黄油'}, {'啤酒'}, {'鸡蛋'}, {'牛奶', '面包'}, {'
        牛奶', '黄油'}, {'面包', '黄油'}, {'啤酒', '黄油'}, {'面包', '啤酒'}]
2. 关联规则: [(('牛奶',), ('面包',), 0.6666666666666666), (('面包',), ('牛奶',),
        0.6666666666666666),…]
```

通过上述示例,我们不仅学习了如何在 Python 中实现 Apriori 算法,还了解了它在购物篮分析中的具体应用.这为进一步的研究和实际应用提供了有用的指导.

9. Apriori 算法分析

(1) 优点

① 采用逐层搜索的迭代方法,没有复杂的理论推导,算法简单且易于实现,是最具代表性的关联规则挖掘算法.

② 利用项集支持度的特性,避免了枚举所有的候选项集,从而提升了关联挖掘的效率

(2) 缺点

① 产生大量候选项目效率低:因为采用排列组合的方式,把可能的项集都组合出来了,而随着数据的增大,Apriori 算法生成候选集数量呈指数级增长,且当数据集很大时数据无法一次性加载入内存,运算时间也显著增加.特别是在频繁项目集长度变大的情况下,效率

下降更为明显.

② 连接过程中重复比较多：在 Apriori 算法的连接阶段，需要对频繁 $(k-1)$-项集进行两两连接，生成候选 k-项集. 这可能导致相同项目的重复比较，降低了效率.

③ 频繁扫描数据：Apriori 算法需要进行多次数据集的扫描，有很大的 I/O 负载. 每次迭代都需要重新计算候选项集的支持度，这增加了计算时间和开销.

④ 数据局限性：Apriori 算法的适应面窄，无法处理连续型数值变量，在分析之前往往需要对数据进行离散化. 这限制了算法在某些应用场景中的适用性.

⑤ 浪费计算空间和时间：由于产生大量中间项集、重复比较和频繁扫描数据等原因，Apriori 算法会浪费大量的计算空间和计算时间.

10. 性能优化与扩展

Apriori 算法虽然在多个领域有着广泛的应用，但其在大数据集上的性能表现并不尽如人意. 这是由于它需要多次扫描数据集以及生成大量的候选项集. 在这一节中，我们将讨论针对这些问题的性能优化方案和扩展方法.

（1）剪枝策略：传统的 Apriori 算法生成候选项集时会产生大量的无效候选项集，通过引入更优的剪枝策略，可以在生成候选项集的过程中排除不可能成为频繁项集的候选项集，从而减少计算开销，常用的剪枝策略包括使用先验性质剪枝和使用封闭性剪枝.

（2）改进采样方式：通过利用先前的信息和并行计算，来减少不必要的扫描次数，从而提高频繁项集挖掘的效率.

（3）压缩事物数据集：通过减少扫描操作、剪枝操作以及跳过不可能成为频繁项集的事务，来提高频繁项集挖掘的效率. 例如：在每次扫描前比较项目计数项 n 和设定阈值 k，若 $n<k$ 则忽略扫描该事物；在进行首次支持度裁剪后，通过比较非频繁项目集的项目数和频繁项目集的项目数，取较小值来进行剪枝操作.

（4）减少数据扫描次数：由于 Apriori 算法在每一轮都需要扫描整个数据集以计算支持度，一个直观的优化方式就是减少数据扫描的次数. 例如，通过构建一个事务-项倒排索引，可以在单次数据集扫描后立即找到任何项集的支持度.

（5）采用数据压缩技术：可以通过压缩事务数据来减少计算量，例如，使用位向量来表示事务. 若数据集中有 100 个商品，每一笔交易都可以通过一个 100 位的位向量来表示. 这种方式可以显著减少数据的存储需求.

（6）使用 Hashing 技术：通过使用哈希表来存储候选项集和它们的计数，可以加速支持度的计算. 例如，在生成候选项集时，可以使用哈希函数来将项集映射到哈希表的一个位置，并在该位置增加相应的计数.

11. 技术洞见

经过探讨后，我们不仅对 Apriori 算法有了全面且深入的了解，而且掌握了它在实际问题中的应用，特别是在购物篮分析和推荐系统方面. 然而，我们也注意到了这一算法在面对大规模数据时存在的局限性.

（1）支持度与置信度的平衡：在实际应用中，选择合适的支持度和置信度阈值是一门艺术. 过低的阈值可能会导致大量不显著的关联规则，而过高的阈值可能会漏掉一些有用的规则.

（2）实时性问题：在动态变化的数据集上，如何实现 Apriori 算法的实时或近实时分析也是一个值得关注的问题．这在电子商务等快速响应的场景中尤为重要．

（3）多维、多层分析：现有的 Apriori 算法主要集中在单一的项集层面，未来可以考虑如何将其扩展到多维或多层的关联规则挖掘．

（4）算法与模型的集成：未来的研究趋势可能会更多地集中在将关联规则挖掘与其他机器学习模型（如神经网络、决策树等）集成，以解决更为复杂的问题．

在今后的工作中，探究这些技术洞见的相关性和应用价值，以及将 Apriori 算法与现代计算架构（如 GPU、分布式计算等）更紧密地结合，将是关键的研究方向．

9.4.2 Apriori 算法代码与应用

1. Apriori 算法中的关键步骤

Apriori 算法的步骤如图 9.6 所示．

图 9.6

Apriori 算法中的关键步骤是由 L_{k-1} 找 L_k，该步骤可分为两步，其过程需要不断重复连接（类矩阵运算）与剪枝（去掉没必要的中间结果）．

第一步（连接）：为找 L_k，通过 L_{k-1} 与自己连接产生候选 k -项集的集合．将该候选项集的集合记作 C_k．设 l_1 和 l_2 是 L_{k-1} 中的项集，记号 $l_i[j]$ 表示 l_i 的第 j 项．执行连接 L_{k-1} 和 L_{k-1}，其中 L_{k-1} 的元素是可连接，如果它们前 $(k-2)$ 个项相同而且第 $(k-2)$ 项不同（设 $l_1[k-1] < l_2[k-1]$），即

$$l_1[1] = l_2[1] \wedge l_1[2] = l_2[2] \wedge \cdots \cdots \wedge l_1[k-2] = l_2[k-2] \wedge l_1[k-1] < l_2[k-1].$$

则 L_{k-1} 的元素 l_1 和 l_2 是可连接的．连接 l_1 和 l_2 产生的结果的项集是 $l_1[1] l_1[2] \cdots \cdots l_1[k-1] l_2[k-1]$.

第二步（剪枝）：C_k 是 L_k 的超集，即它的成员可以是也可以不是频繁的，但所有的频繁 k -项集都包含在 C_k 中．扫描数据库，确定 C_k 中每个候选的计数，从而确定 L_k．然而，C_k 可能很大，这样所涉及的计算量就很大．为压缩 C_k，可以用以下办法使用 Apriori 性质：任何非频繁的 $(k-1)$-项集都不可能是频繁 k -项集的子集．因此，如果一个候选 k -项集的 $(k-1)$-子集不在 L_{k-1} 中，则该候选也不可能是频繁的，从而可以由 C_k 中删除．

Apriori-Gen 算法是 Apriori 算法的一个变体，它用于生成候选项目集，这是关联规则挖掘过程中的一个关键步骤．

（1）生成候选项目集：Apriori-Gen 算法用于生成除第一趟之外的每一趟扫描的候选项目集．这意味着在算法的初始阶段，它将生成所有可能的单元素项集作为候选项集，然后通过迭代过程生成更大的项集．

（2）单元素项集作为候选：在算法的第一趟扫描中，所有的单元素项目集被用作候选项集．这些单元素项集是频繁项集的基础，算法将在此基础上构建更大的项集．

（3）连接运算：前一趟发现的大项目集的集合与自身进行连接运算以确定候选项集．这种连接运算是 Apriori 算法的核心，它通过组合前一轮的频繁项集来生成新的候选项集．

（4）组合下一级候选项集：为了组合出下一级候选项集，每个项目集除了一个项目之外，其他的项目都相同. 这意味着在生成新的候选项集时，算法会确保新生成的项集与现有的频繁项集在大部分元素上是一致的，只有一项不同.

2. 算法伪代码

Apriori 算法的主函数，它的输入是交易数据库 D 和最小支持度，最终输出频繁集 L. 函数第一步是扫描数据库产生 1-频繁集，这只要统计每个项目出现的次数就可以了. 然后依次产生 2 阶，3 阶，$\cdots$，k 阶频繁集，k 阶频繁集为空则算法停止. Apriori-Gen 函数的功能是根据$(k-1)$-频繁集产生 k-候选集. 接着扫描交易数据库里的每一笔交易，调用 subset 函数产生候选集的子集，这个子集里的每一个项集都是此次交易的子集，并对子集里的每一个项集的计数增一. 最后统计候选集里所有项集的计数，将未达到最小支持度标准的项集删去，得到新的频繁集.

可以看到每一次循环，都必须遍历交易数据库；而且对于每一个交易，也要遍历候选集来增加计数，当候选集很大时也是很大的开销.

1. 输入：交易数据库 D，最小支持度 SUPmin.
2. 输出：频繁集 L.
3. L1=find_frequent_1_itemset(D);//产生 1-频繁集
4. for(k=2;Lk-1! =∅;k++){
5. 　　Ck=apriori_gen(Lk-1);//产生 k-候选集
6. 　　for each transaction t in D{
7. 　　　　Ct=subset(Ck,t);//Ct 是 Ck 中被 t 包含的候选集的集合
8. 　　　　for each candidate c in Ct
9. 　　　　　　c.count++;
10. 　　}
11. 　　Lk={c∈Ck|c.count>=SUPmin};
12. }
13. L=∪Lk;

Apriori-Gen 的功能是根据$(k-1)$-频繁集产生 k-候选集. 函数是一个二重循环，当遇到两个项集，它们的前$(k-2)$项都相同，只有最后一项不同时，就对它们进行连接操作，产生一个 k 阶的项集（这么做的理论依据如前所述，任何一个 k 阶的频繁集一定能找到两个满足此条件的$(k-1)$阶子频繁集）. 新产生的 k 阶项集可能包含有不是频繁集的子集，遇到这样的情况应该将此项集从候选集中裁剪掉，避免无谓的开销，这就是 has_infrequent_subset 函数做的工作.

1. 输入：(k-1)-频繁集 Lk-1.
2. 输出：k-候选集 Ck.
3. for each itemset p in Lk-1
4. 　　for each itemset q in Lk-1{
5. 　　　　if(p.item1=q.item1&p.item2=q.item2&$\cdots$&p.itemk-2=q.itemk-2&p.itemk-1 < q.itemk-1)
6. 　　　　{

```
7.            c=p.concat(q. itemk-1);//连接 p 和 q
8.            if !has_infequent_subset(c, Lk-1)
9.                add c to Ck;
10.           }
11. return Ck;
```

has_infrequent_ subset 函数的功能就是判断一个项集是否包含有不是频繁集的子集. 函数很简单,遍历候选项集 c 的 k(实际上只需要遍历 $(k-2)$ 个) 个 $(k-1)$ 阶子集,依次判断是否频繁集.

```
1. 输入:一个 k-候选项集 c,(k-1)- 频繁集 Lk-1.
2. 输出:c 是否从候选集删除.
3. for each (k-1)-subsets s of c
4.     if s not in Lk-1 return true;
5. return false;
```

3. Apriori-Gen 算法实例

一个女士服装店在一天中有 20 个收款机事务记录,见表 9.15.

表 9.15

衣服事务样本				
事务	项目		事务	项目
t_1	罩衣		t_{10}	牛仔裤,鞋,T 恤
t_2	鞋,裙子,T 恤		t_{12}	罩衣,牛仔裤,鞋,裙子,T 恤
t_3	牛仔裤,T 恤		t_{13}	牛仔裤,鞋,短裤,T 恤
t_4	牛仔裤,鞋,T 恤		t_{14}	鞋,裙子,T 恤
t_5	牛仔裤,短裤		t_{15}	牛仔裤,T 恤
t_6	鞋,T 恤		t_{16}	裙子,T 恤
t_7	牛仔裤,裙子		t_{17}	罩衣,牛仔裤,裙子
t_8	牛仔裤,鞋,短裤,T 恤		t_{18}	牛仔裤,鞋,短裤,T 恤
t_9	牛仔裤		t_{19}	牛仔裤
t_{11}	T 恤		t_{20}	牛仔裤,鞋,短裤,T 恤

Apriori-Gen 算法处理过程见表 9.16.

(1) 第一趟扫描得到 6 个候选项目集,其中 5 个候选是大的.

(2) 对该 5 个候选应用 Apriori-Gen 算法,将每一个候选与另外 4 个进行组合,得到第二趟扫描:4+3+2+1=10 个候选,其中 7 个候选是大的.

(3) 在 7 个候选中再应用 Apriori-Gen 算法,将每一个项目集与另外一个与之具有一个公共成员的项目集进行连接运算,第三趟扫描后得到 4 个大项目集.

(4) 第四趟扫描后只剩下一个大项目集,也不存在下一趟计数为 5 个的新项目集.

表 9.16

扫描	候选集	大项目集
Apriori-Gen 实例		
1	{罩衣},{牛仔裤},{鞋},{短裤},{裙子},{T恤}	{牛仔裤},{鞋},{短裤},{裙子},{T恤}
2	{牛仔裤,鞋},{牛仔裤,短裤},{牛仔裤,裙子},{牛仔裤,T恤},{鞋,短裤},{鞋,裙子},{鞋,T恤},{短裤,裙子},{短裤,T恤},{裙子,T恤}	{牛仔裤,鞋},{牛仔裤,短裤},{牛仔裤,T恤},{鞋,短裤},{鞋,T恤},{短裤,T恤},{裙子,T恤}
3	{牛仔裤,鞋,短裤},{牛仔裤,鞋,T恤},{牛仔裤,短裤,T恤},{牛仔裤,裙子,T恤},{鞋,短裤,T恤},{鞋,裙子,T恤},{短裤,裙子,T恤}	{牛仔裤,鞋,短裤},{牛仔裤,鞋,T恤},{牛仔裤,短裤,T恤},{鞋,短裤,T恤}
4	{牛仔裤,鞋,短裤,T恤}	{牛仔裤,鞋,短裤,T恤}
5	∅	∅

4. 实现 Apriori 算法

实现 Apriori 算法,并采用所写程序提取以下购物篮数据中的频繁项集和强关联规则(参数设置:最小支持度计数=4,最小置信度=0.6).

表 9.17

事务 ID	购买商品
001	面包,黄油,尿布,啤酒
002	咖啡,糖,小甜饼,鲑鱼,啤酒
003	面包,黄油,咖啡,尿布,啤酒,鸡蛋
004	面包,黄油,鲑鱼,鸡
005	鸡蛋,面包,黄油
006	鲑鱼,尿布,啤酒
007	面包,茶,糖鸡蛋
008	咖啡,糖,鸡,鸡蛋
009	面包,尿布,啤酒,盐
010	茶,鸡蛋,小甜饼,尿布,啤酒

实验代码如下.

```
1. #  coding= utf- 8
2. """
3. 实现 Apriori 算法,并采用所写程序提取购物篮数据中的 频繁项集 和 强关联规则
4. 参数设置:最小支持度计数=4,最小置信度=0.6
5. """
```

```
6. min_sup=4
7. min_conf=0.6
8. # 最大 K 项集
9. K=3
10.
11. # apriori 算法
12. def apriori():
13.     # 1.读入数据
14.     data_set=load_data()
15.     # 2.计算每项的支持数
16.     C1=create_C1(data_set)
17.     item_count=count_itemset1(data_set, C1)
18.     # 3.剪枝,去掉支持数小于最小支持度数的项
19.     L1=generate_L1(item_count)
20.     # 4.连接
21.     # 5.扫描前一个项集,剪枝
22.     # 6.计数,剪枝
23.     # 7.重复 4-6,直到得到最终的 K 项频繁项集
24.     Lk_copy=L1.copy()
25.     L=[]
26.     L.append(Lk_copy)
27.     for i in range(2, K + 1):
28.         Ci= create_Ck(Lk_copy, i)
29.         Li= generate_Lk_by_Ck(Ci, data_set)
30.         Lk_copy= Li.copy()
31.         L.append(Lk_copy)
32.     # 8.输出频繁项集及其支持度数
33.     print('频繁项集\\t 支持度计数')
34.     support_data={}
35.     for item in L:
36.         for i in item:
37.             print(list(i), '\\t', item[i])
38.             support_data[i]= item[i]
39.     # 9.对每个关联规则计算置信度,保留大于最小置信度的频繁项为 强关联规则
40.     strong_rules_list= generate_strong_rules(L, support_data, data_set)
41.     strong_rules_list.sort(key= lambda result: result[2], reverse= True)
42.     print("\\nStrong association rule\\nX\\t\\t\\tY\\t\\tconf")
43.     for item in strong_rules_list:
44.         print(list(item[0]), "\\t", list(item[1]), "\\t", item[2])
45.
46. # 读入数据
47. def load_data():
48. # 事务 ID 购买商品
```

```
49.      data={'001': '面包,黄油,尿布,啤酒', '002': '咖啡,糖,小甜饼,鲑鱼,啤酒',
50.             '003': '面包,黄油,咖啡,尿布,啤酒,鸡蛋', '004': '面包,黄油,鲑鱼,鸡',
51.             '005': '鸡蛋,面包,黄油', '006': '鲑鱼,尿布,啤酒',
52.             '007': '面包,茶,糖鸡蛋', '008': '咖啡,糖,鸡,鸡蛋',
53.             '009': '面包,尿布,啤酒,盐', '010': '茶,鸡蛋,小甜饼,尿布,啤酒'}
54.      data_set=[]
55.      for key in data:
56.          item= data[key].split(',')
57.          data_set.append(item)
58.      return data_set
59.
60. # 构建 1- 项集
61. def create_C1(data_set):
62.      C1= set()
63.      for t in data_set:
64.          for item in t:
65.              item_set= frozenset([item])
66.              C1.add(item_set)
67.      return C1
68.
69. # 计算给定数据每项及其支持数,第一次
70. def count_itemset1(data_set, C1):
71.      item_count={}
72.      for data in data_set:
73.          for item in C1:
74.              if item.issubset(data):
75.                  if item in item_count:
76.                      item_count[item] + = 1
77.                  else:
78.                      item_count[item]= 1
79.      return item_count
80.
81. # 生成剪枝后的 L1
82. def generate_L1(item_count):
83.      L1={}
84.      for i in item_count:
85.          if item_count[i] >= min_sup:
86.              L1[i]= item_count[i]
87.      return L1
88.
89. # 判断是否该剪枝
90. def is_apriori(Ck_item, Lk_copy):
91.      for item in Ck_item:
```

```
92.              sub_Ck= Ck_item -  frozenset([item])
93.              if sub_Ck not in Lk_copy:
94.                  return False
95.      return True
96.
97. # 生成 k 项商品集,连接操作
98. def create_Ck(Lk_copy, k):
99.      Ck= set()
100.     len_Lk_copy= len(Lk_copy)
101.     list_Lk_copy= list(Lk_copy)
102.     for i in range(len_Lk_copy):
103.         for j in range(1, len_Lk_copy):
104.             l1= list(list_Lk_copy[i])
105.             l2= list(list_Lk_copy[j])
106.             l1.sort()
107.             l2.sort()
108.             if l1[0:k- 2]== l2[0:k- 2]:
109.                 Ck_item= list_Lk_copy[i] | list_Lk_copy[j]
110.                 #  扫描前一个项集,剪枝
111.                 if is_apriori(Ck_item, Lk_copy):
112.                     Ck.add(Ck_item)
113.     return Ck
114.
115. # 生成剪枝后的 Lk
116. def generate_Lk_by_Ck(Ck, data_set):
117.     item_count={}
118.     for data in data_set:
119.         for item in Ck:
120.             if item.issubset(data):
121.                 if item in item_count:
122.                     item_count[item] + = 1
123.                 else:
124.                     item_count[item]= 1
125.     Lk2={}
126.     for i in item_count:
127.         if item_count[i] >= min_sup:
128.             Lk2[i]= item_count[i]
129.     return Lk2
130.
131. # 产生强关联规则
132. def generate_strong_rules(L, support_data, data_set):
133.     strong_rule_list=[]
134.     sub_set_list=[]
```

```
135.     #  print(L)
136.     for i in range(0, len(L)):
137.         for freq_set in L[i]:
138.             for sub_set in sub_set_list:
139.                 if sub_set.issubset(freq_set):
140.                     #  计算包含 X 的交易数
141.                     sub_set_num= 0
142.                     for item in data_set:
143.                         if (freq_set -  sub_set).issubset(item):
144.                             sub_set_num + = 1
145.                     conf= support_data[freq_set] / sub_set_num
146.                     strong_rule= (freq_set -  sub_set, sub_set, conf)
147.                     if conf >= min_conf and strong_rule not in strong_rule_
list:
148.                         #  print(list(freq_set- sub_set), "= >  ", list(sub_
                             set), "conf: ", conf)
149.                         strong_rule_list.append(strong_rule)
150.             sub_set_list.append(freq_set)
151.     return strong_rule_list
152.
153.     if __name__ == '__main__':
154.     #  运行 Apriori 算法
155.     apriori()
```

运行结果见表 9.18.

表 9.18

频繁项集	支持度计数
['啤酒']	6
['面包']	6
['尿布']	5
['黄油']	4
['鸡蛋']	4
['尿布','啤酒']	5
['黄油','面包']	4

强关联规则结果见表 9.19.

表 9.19

X	Y	Confidence
['尿布']	['啤酒']	1.0
['黄油']	['面包']	1.0
['啤酒']	['尿布']	0.833 333 333 333 333 4
['面包']	['黄油']	0666 666 666 666 666 6

第 10 章　分析方法之人工神经网络

10.1　人工神经网络历史回顾

1. 第一次热潮(20 世纪 40—60 年代末)

1943 年,美国心理学家 W. McCulloch 和数学家 W. Pitts 提出了一个简单的神经元模型,即 MP 模型. 1958 年,F. Rosenblatt 等研制出了感知机(perceptron).

2. 低潮(20 世纪 70—80 年代初)

20 世纪 60 年代以后,数字计算机的发展达到全盛时期,人们误以为数字计算机可以解决人工智能、专家系统、模式识别问题,而放松了对"感知机"的研究. 人工神经网络进入低潮期.

3. 第二次热潮(20 世纪 80 年代)

1982 年,美国物理学家 J. J. Hopfield 提出 Hopfield 网络. 1986 年 Rumelhart 等提出误差反向传播法,即 BP 算法,其影响最为广泛. 直到今天,BP 算法仍然是自动控制上最重要、应用最多的有效算法.

4. 低潮(20 世纪 90 年代—21 世纪初)

支持向量机(support vector machine,SVM)算法诞生,与神经网络相比,无需调参,高效,全局最优解. 基于以上种种理由,SVM 成为主流,人工神经网络再次陷入冰河期.

5. 第三次热潮(2006 年开始)

在被人摒弃的 10 年中,有几个学者仍然在坚持研究. 其中的棋手就是加拿大多伦多大学的 Geoffrey Hinton 教授. 2006 年,Hinton 在 *Science* 和相关期刊上发表了论文,首次提出了"深度学习"的概念. 很快,深度学习在语音识别领域崭露头角. 2012 年,深度学习技术又在图像识别领域大放光彩. Hinton 与他的学生在 ImageNet 竞赛中,用多层的卷积神经网络(convolutional neural network,CNN)成功地对包含一千类别的一百万张图片进行了训练,取得了分类错误率 15% 的好成绩,这个成绩比第二名高了近 11 个百分点,充分证明了多层神经网络识别效果的优越性.

10.2 单层感知机与多层感知机

10.2.1 单层感知机

单层感知机是用于线性可分模式分类的最简单的神经网络模型.用于调整这个神经网络中自由参数的算法最早由 F. Roseblatt 在 1958 年提出的感知机模型中得到应用,并在 1962 年进一步发展,用于模拟大脑感知过程的学习算法.

网络模型结构如图 10.1 所示.

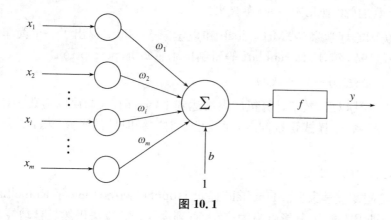

图 10.1

输入与输出具有如下关系.

$$y = f\left(\sum_{i=1}^{m} w_i x_i + b\right).$$

其中 $\boldsymbol{x} = (x_1, \cdots, x_m)^{\mathrm{T}}$ 为输入向量;y 为输出;w_i 是权系数;b 为偏置;$f(x)$ 是激活函数,它可以是线性函数,也可以是非线性函数.

1. 常见的三类激活函数

(1) 单位阶跃函数

$$f(x) = \begin{cases} 1, & x \geqslant 0, \\ 0, & x < 0. \end{cases} \tag{10.1}$$

(2) S 型激活函数

$$f(x) = \frac{1}{1 + \mathrm{e}^{-x}}, \quad 0 \leqslant f(x) \leqslant 1. \tag{10.2}$$

(3) tanh 型激活函数

$$f(x) = \frac{\mathrm{e}^x - \mathrm{e}^{-x}}{\mathrm{e}^x + \mathrm{e}^{-x}}, \quad -1 < f(x) < 1. \tag{10.3}$$

2. 单层感知机工作原理

对于只有两个输入的判别边界是直线(如图 10.2 所示),选择合适的学习算法可训练出满意的结果,当它用于两类模式的分类时,相当于在高维样本空间中,用一个超平面将两类样本分开.

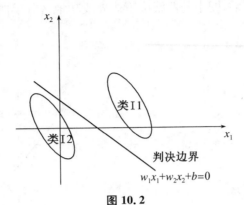

图 10.2

感知机的学习策略:

$$f(x) = \mathrm{sgn}(w.x + b),$$

$$\min_{w,b} L(w,b) = -\sum_{x_i \in M} y_i(w.x_i + b).$$

感知机常用的最优化算法是对损失函数的梯度下降法.

单层感知机的缺点:

(1) 单层感知机是线性可分模型.

(2) 感知机的输出只能取 -1 或 $1(0$ 或 $1)$,只能用来解决简单的分类问题.

(3) 当感知机输入矢量中有一个数比其他数都大或小得很多时,可能导致较慢的收敛速度.

10.2.2　多层感知机

多层感知机相对于单层感知机,输出端从一个变成多个.输入端和输出端之间也不只有一层,可以有多层:输出层和隐藏层.

网络模型结构如图 10.3 所示.

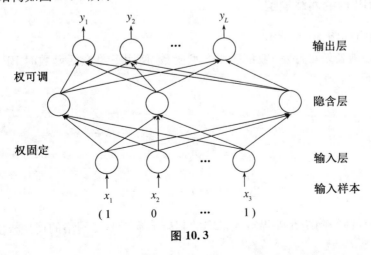

图 10.3

如图 10.4 所示是一个含有两个输入神经元,三个隐藏神经元和一个输出神经元的三层感知机网络. 如图 10.5 所示直观地展示了一个三层感知机网络通过其隐藏层的非线性激活函数实现的非线性分类效果,图中的曲线决策边界成功地区分了两类数据点.

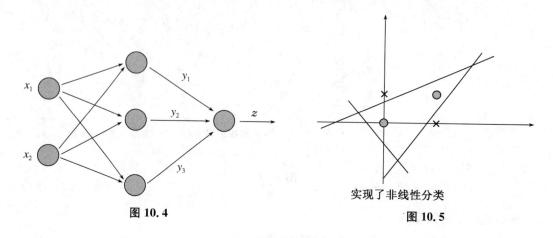

图 10.4

实现了非线性分类

图 10.5

隐藏神经元扮演着特征检测算子的角色. 随着学习过程通过多层感知机不断进行,隐藏神经元开始逐步"发现"刻画训练数据的突出特征. 它们是通过输入数据非线性变换到新的称为特征空间的空间而实现的.

10.3 BP 神经网络

感知机和 BP 神经网络都可具有一层或多层隐含层,其主要差别也表现在激活函数上. BP 神经网络的激活函数必须是处处可微的,因此它不能采用二值型的阈值函数$\{0,1\}$或符号函数$\{-1,1\}$.

BP 神经网络经常使用的是 S 型的对数或正切激活函数和线性函数. BP 神经网络寻找最优参数 w 和 b,采用的是实际输出和期望输出的误差的最佳平方逼近的思路.

10.3.1 BP 神经网络模型

BP 神经网络如图 10.6 所示.

激活函数必须处处可导,一般都使用 S 型函数. 使用 S 型激活函数时 BP 神经网络输入与输出关系如下.

输入:

$$net = x_1 w_1 + x_2 w_2 + \cdots + x_n w_n.$$

输出:

$$y = f(net) = \frac{1}{1 + e^{-net}}.$$

学习的过程:神经网络在外界输入样本的刺激下不断改变网络的连接权值,以使网络的

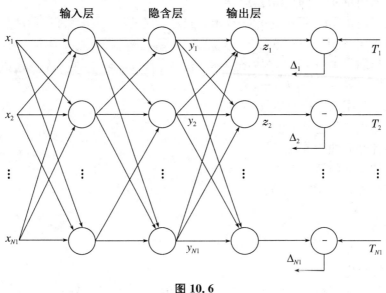

图 10.6

输出不断地接近期望的输出.

学习的本质:对各连接权值的动态调整.

学习规则:权值调整规则,即在学习过程中网络中各神经元的连接权变化所依据的一定的调整规则.

10.3.2　BP 神经网络的标准学习算法

BP 神经网络的学习类型是有监督学习,其核心思想是通过正向传播计算输出层的预测结果,然后将输出误差以某种形式反向传播回网络,逐层通过隐藏层向输入层传递. 在这个过程中,误差被分摊给各层的所有单元,形成各层单元的误差信号. 最后,根据这些误差信号来修正各单元的权值,以减少预测误差,提高网络的学习效果. 该神经网络结构由输入层的 n 个神经元、隐含层的 p 个神经元以及输出层的 q 个神经元组成.

1. 学习的过程

(1) 正向传播:输入样本经过输入层,传递至各隐藏层,最终到达输出层.

(2) 判断是否转入反向传播阶段:比较输出层的实际输出与期望的输出(监督信号),判断是否相符.

(3) 误差反传:如果输出的实际输出与期望的输出不符,将误差以某种形式在各层表示,并开始反向传播过程.

(4) 权重修正:根据误差反传的结果,修正各层单元的权值.

(5) 学习终止条件:网络输出的误差减少到可接受的程度,或者进行到预先设定的学习次数为止.

2. BP 神经网络训练步骤

变量定义如下.

输入向量 $\boldsymbol{x}=(x_1,x_2,\cdots,x_n)$;

隐含层输入向量 $\boldsymbol{hi}=(hi_1,hi_2,\cdots,hi_p)$；

隐含层输出向量 $\boldsymbol{ho}=(ho_1,ho_2,\cdots,ho_p)$；

输出层输入向量 $\boldsymbol{yi}=(yi_1,yi_2,\cdots,yi_q)$；

输出层输出向量 $\boldsymbol{yo}=(yo_1,yo_2,\cdots,yo_q)$；

期望输出向量 $\boldsymbol{d}_o=(d_1,d_2,\cdots,d_q)$；

输入层与中间层的连接权值 w_{ih}；

隐含层与输出层的连接权值 w_{ho}；

隐含层各神经元的阈值 b_h；

输出层各神经元的阈值 b_o；

样本数据个数 $k=1,2,\cdots,m$；

激活函数 $f(\cdot)$；

误差函数 $e=\dfrac{1}{2}\sum\limits_{o=1}^{q}(d_o(k)-y_o(k))^2$.

(1) 网络初始化

给各连接权值分别赋一个区间 $(-1,1)$ 内的随机数,设定误差函数 e,给定计算精度值 ε 和最大学习次数 M.

(2) 随机选取第 k 个输入样本及对应期望输出

$$x(k)=(x_1(k),x_2(k),\cdots,x_n(k)),$$
$$d_o(k)=(d_1(k),d_2(k),\cdots,d_q(k)).$$

(3) 计算隐含层各神经元的输入和输出

$$hi_h(k)=\sum_{i=1}^{n}w_{ih}x_i(k)-b_h,h=1,2,\cdots,p,$$
$$ho_h(k)=f(hi_h(k)),h=1,2,\cdots,p,$$
$$yi_o(k)=\sum_{h=1}^{p}w_{ho}ho_h(k)-b_o,o=1,2,\cdots,q,$$
$$yo_o(k)=f(yi_o(k)),o=1,2,\cdots,q.$$

(4) 利用网络期望输出和实际输出,计算误差函数对输出层的各神经元的偏导数 $\delta_o(k)$

$$\frac{\partial e}{\partial w_{ho}}=\frac{\partial e}{\partial yi_o}\frac{\partial yi_o}{\partial w_{ho}},$$

$$\frac{\partial yi_o(k)}{\partial w_{ho}}=\frac{\partial\left(\sum\limits_{h}^{p}w_{ho}ho_h(k)-b_o\right)}{\partial w_{ho}}=ho_h(k),$$

$$\frac{\partial e}{\partial yi_o}=\partial\left(\frac{1}{2}\sum_{o=1}^{q}(d_o(k)-yo_o(k))\right)^2=-(d_o(k)-yo_o(k))yo'_o(k)$$

$$=-(d_o(k)-yo_o(k))f'(yi_o(k))\overset{\triangle}{=\!=}-\delta_o(k).$$

(5) 利用隐含层到输出层的连接权值、输出层的 $\delta_o(k)$ 和隐含层的输出计算误差函数对隐含层各神经元的偏导数 $\delta_h(k)$

$$\frac{\partial e}{\partial w_{ho}}=\frac{\partial e}{\partial yi_o}\frac{\partial yi_o}{\partial w_{ho}}=-\delta_o(k)ho_h(k),$$

$$\frac{\partial e}{\partial w_{ih}} = \frac{\partial e}{\partial hi_h(k)} \frac{\partial hi_h(k)}{\partial w_{ih}},$$

$$\frac{\partial hi_h(k)}{w_{ih}} = \frac{\partial \left(\sum_{i=1}^{n} w_{ih} x_i(k) - b_h \right)}{w_{ih}} = x_i(k),$$

$$\frac{\partial e}{\partial hi_h(k)} = \frac{\partial \left(\frac{1}{2} \sum_{o=1}^{q} (d_o(k) - yo_o(k)) \right)^2}{\partial ho_h(k)} \frac{\partial ho_h(k)}{\partial hi_h(k)}$$

$$= \frac{\partial \left(\frac{1}{2} \sum_{o=1}^{q} (d_o(k) - f(yi_o(k)))^2 \right)}{\partial ho_h(k)} \frac{\partial ho_h(k)}{\partial hi_h(k)}$$

$$= \frac{\partial \left(\frac{1}{2} \sum_{o=1}^{q} (d_o(k) - f(\sum_{h=1}^{p} w_{ho} ho_h(k) - b_o))^2 \right)}{\partial ho_h(k)} \frac{\partial ho_h(k)}{\partial hi_h(k)}$$

$$= - \sum_{o=1}^{q} (d_o(k) - yo_o(k)) f'(yi_o(k)) w_{ho} \frac{\partial ho_h(k)}{\partial hi_h(k)}$$

$$= - \left(\sum_{o=1}^{q} \delta_o(k) w_{ho} \right) f'(hi_h(k)) \triangleq - \delta_h(k).$$

（6）利用输出层各神经元的 $\delta_o(k)$ 和隐含层各神经元的输出来修正连接权值 $w_{ho}(k)$

$$\Delta w_{ho}(k) = - \mu \frac{\partial e}{\partial w_{ho}} = \mu \delta_o(k) ho_h(k),$$

$$w_{ho}{}^{N+1} = w_{ho}{}^{N} + \eta \delta_o(k) ho_h(k).$$

（7）利用隐含层各神经元的 $\delta_h(k)$ 和输入层各神经元的输入修正连接权值 $w_{ih}(k)$

$$\Delta w_{ih}(k) = - \mu \frac{\partial e}{\partial w_{ih}} = - \mu \frac{\partial e}{\partial hi_h(k)} \frac{\partial hi_h(k)}{\partial w_{ih}} = \delta_h(k) x_i(k),$$

$$w_{ih}{}^{N+1} = w_{ih}{}^{N} + \eta \delta_h(k) x_i(k).$$

（8）计算全局误差

$$E = \frac{1}{2m} \sum_{k=1}^{m} \sum_{o=1}^{q} (d_o(k) - y_o(k))^2.$$

（9）判断网络误差是否满足要求

当误差达到预设精度或学习次数大于设定的最大次数,则结束算法. 否则,选取下一个学习样本及对应的期望输出,返回到第三步,进入下一轮学习.

3. 实例分析

如图 10.7 所示网络层:第一层是输入层,包含两个神经元 i_1, i_2,和截距项 b_1;第二层是隐含层,包含两个神经元 h_1, h_2 和截距项 b_2;第三层是输出 o_1, o_2,每条线上标的 w_i 是层与层之间连接的权重,激活函数默认为 sigmoid 函数.

其中,输入数据 $i_1=0.05, i_2=0.10$;输出数据 $o_1=0.01, o_2=0.99$;初始权重 $w_1=0.15, w_2=0.20, w_3=0.25, w_4=0.30, w_5=0.40, w_6=0.45, w_7=0.50, w_8=0.88$.

目标:给出输入数据 i_1, i_2(0.05 和 0.10),使输出尽可能与原始输出 o_1, o_2(0.01 和 0.99)接近.

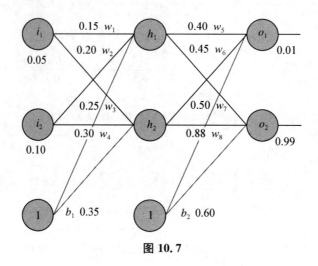

图 10.7

(1)计算总误差(square error)

$$E_{\text{total}}=\frac{1}{2}(target\text{-}output)^2.$$

但是有两个输出,所以分别计算 o_1 和 o_2 的误差,总误差为两者之和:

$$E_{o_1}=\frac{1}{2}(target_{o_1}-out_{o_1})^2=\frac{1}{2}(0.01-0.751\,365\,07)^2=0.274\,811\,083,$$

$$E_{o_2}=0.023\,560\,026,$$

$$E_{\text{total}}=E_{o_1}+E_{o_2}=0.274\,811\,083+0.023\,560\,026=0.298\,371\,109.$$

(2) 输入层→隐含层

计算神经元 h_1 的输入加权和:

$$net_{h1}=w_1\times i_1+w_2\times i_2+b_1\times 1,$$

$$net_{h1}=0.15\times 0.05+0.2\times 0.1+0.35\times 1=0.377\,5.$$

神经元 h_1 的输出 o_1(此处用到激活函数为 sigmoid 函数):

$$out_{h_1}=\frac{1}{1+e^{-net}h_1}=\frac{1}{1+e^{-0.377\,5}}=0.593\,269\,992.$$

同理,可计算出神经元 h_2 的输出 o_2:

$$out_{h_2}=0.596\,884\,378.$$

(3) 隐含层→输出层

计算输出层神经元 o_1 和 o_2 的值:

$$net_{o_1} = w_5 \times out_{h_1} + w_6 \times out_{h_2} + b_2 \times 1,$$

$$net_{o_1} = 0.4 \times 0.593\,269\,992 + 0.45 \times 0.596\,884\,378 + 0.6 \times 1 = 1.105\,905\,967,$$

$$out_{o_1} = \frac{1}{1 + e_{o_1}^{-net}} = \frac{1}{1 + e^{-1.105\,905\,907}} = 0.751\,365\,07,$$

$$out_{o_2} = 0.772\,928\,465.$$

这样前向传播的过程就结束了,得到输出值为[0.751 365 07,0.772 928 465],与实际值 [0.01,0.99]相差还很远,现在对误差进行反向传播,更新权值,重新计算输出.

(4) 隐含层→输出层的权值更新

如图 10.8 所示,以权重参数 w_5 为例,如果我们想知道 w_5 对整体误差产生了多少影响,可以用整体误差对 w_5 求偏导求出(链式法则).

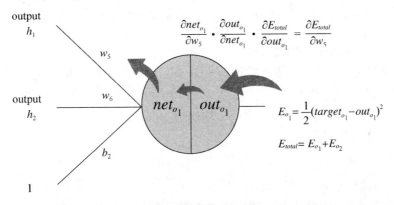

图 10.8

计算 $\dfrac{\partial E_{\text{total}}}{\partial out_{o_1}}$:

$$E_{\text{total}} = \frac{1}{2}(target_{o_1} - out_{o_1})^2 + \frac{1}{2}(target_{o_2} - out_{o_2})^2,$$

$$\frac{\partial E_{\text{total}}}{\partial out_{o_1}} = 2 \times \frac{1}{2}(target_{o_1} - out_{o_1})^{2-1} \times -1 + 0,$$

$$\frac{\partial E_{\text{total}}}{\partial out_{o_1}} = -(target_{o_1} - out_{o_1}) = -(0.01 - 0.751\,365\,07) = 0.741\,365\,07.$$

计算 $\dfrac{\partial out_{o_1}}{\partial net_{o_1}}$:

$$out_{o_1} = \frac{1}{1 + e_{o_1}^{-net}},$$

$$\frac{\partial out_{o_1}}{\partial net_{o_1}} = out_{o_1}(1 - out_{o_1}) = 0.751\,365\,07(1 - 0.751\,365\,07) = 0.186\,815\,602.$$

计算 $\dfrac{\partial net_{o_1}}{\partial w_5}$：

$$net_{o_1} = w_5 \times out_{h_1} + w_5 \times out_{h_2} + b_2 \times 1,$$

$$\frac{\partial net_{o_1}}{\partial w_5} = 1 \times out_{h_1} \times w_5^{(1-1)} + 0 + 0 = out_{h_1} = 0.593\,269\,992.$$

最后三者相乘：

$$\frac{\partial E_{\text{total}}}{\partial w_5} = \frac{\partial E_{total}}{\partial out_{o1}} \times \frac{\partial out_{o1}}{\partial net_{o1}} \times \frac{\partial net_{o1}}{\partial w_5},$$

$$\frac{\partial E_{\text{total}}}{\partial w_5} = 0.741\,365\,07 \times 0.186\,815\,602 \times 0.593\,269\,992 = 0.082\,167\,041,$$

$$w_5^+ = w_5 - \eta \times \frac{\partial E_{\text{total}}}{\partial w_5} = 0.4 - 0.5 \times 0.082\,167\,041 = 0.358\,916\,48.$$

其中，η 是学习速率，这里取 0.5．

同理，可更新 w_6, w_7, w_8，以及前面的 w_1—w_4，这样误差反向传播法就完成了，最后再把更新的权值重新计算，总误差 E_{total} 由 0.298 371 109 下降至 0.291 027 924．不停地迭代，迭代 10 000 次后，总误差为 0.000 035 085，输出为 [0.015 912 196, 0.984 065 734]（原输入为 [0.01, 0.99]），证明效果还是不错的．

4．BP 神经网络特点

（1）输入和输出是并行的模拟量．

（2）网络的输入输出关系是各层连接的权因子决定，没有固定的算法．

（3）权因子通过学习信号调节．学习越多，网络越聪明．

（4）隐含层越多，网络输出精度越高，且个别权因子的损坏不会对网络输出产生大的影响．

（5）只有当希望对网络的输出进行限制，如限制在 0 和 1 之间，那么在输出层应当包含 S 型激活函数．

（6）在一般情况下，均是在隐含层采用 S 型激活函数，而输出层采用线性激活函数．

10.3.3　BP 神经网络训练

训练 BP 神经网络，需要计算网络加权输入矢量以及网络输出和误差矢量，然后求误差平方和．当所训练矢量的误差平方和小于误差目标，训练停止；否则在输出层计算误差变化，且采用反向传播学习规则来调整权值，然后重复此过程．网络完成训练后，对网络输入一个不是训练集合中的矢量，网络将以泛化方式给出输出结果．

理论上已经证明：具有偏差和至少一个 S 型隐含层加上一个线性输出层的网络，能够逼近任何有理函数．增加层数主要可以进一步地降低误差，提高精度，但同时也使网络复杂化，从而增加了网络权值的训练时间．一般情况下应优先考虑增加隐含层中神经元数．仅用具有非线性激活函数的单层网络来解决问题没有必要或效果不好．

网络训练精度的提高，可以通过采用一个隐含层，而增加其神经元数的方法来获得．这在结构实现上,要比增加更多的隐含层简单得多.

定理 10.1　实现任意 N 个输入向量构成的任何布尔函数的前向网络所需权系数数目为

$$W \geqslant \frac{N}{1+\log_2 N}|.$$

在具体设计时,比较实际的做法是通过对不同神经元数进行训练对比,然后适当地加上一点余量.

10.4　CNN

10.4.1　经典 CNN 模型

经典 CNN 模型及其特征见表 10.1.

表 10.1

名称	特点
LeNet5	第一个 CNN 模型
AlexNet	引入了 ReLU 和 dropout,引入数据增强、池化相互之间有覆盖,三个卷积一个最大池化＋三个全连接层
VGGNet	采用 1×1 和 3×3 的卷积核以及 2×2 的最大池化使得层数变得更深.常用 VGGNet16 和 VGGNet19
Google Inception Net 称为谷歌初始网络	在控制了计算量和参数量的同时,获得了比较好的分类性能,和上面相比有几个大的改进: ① 去除了最后的全连接层,而是用一个全局的平均池化来取代它 ② 引入 Inception Module,这是一个 4 个分支结合的结构.所有的分支都用到了 1×1 的卷积,这是因为 1×1 性价比很高,可以用很少的参数达到非线性和特征变换 ③ Inception V2 将所有的 5×5 变成 2 个 3×3,而且提出著名的 Batch Normalization ④ Inception V3 把较大的二维卷积拆成了 2 个较小的一维卷积,加速运算、减少过拟合,同时还更改了 Inception Module 的结构
微软 ResNet 残差神经网络（residual neural network）	① 引入高速公路结构,可以让神经网络变得非常深 ② ResNet 第二个版本将 ReLU 激活函数变成 $y=x$ 的线性函数

10.4.2　卷积与池化操作

1. 卷积

（1）卷积的目的

卷积是为了提取图像特征,通过卷积层,可以自动提取图像的高维度且有效的特征.

（2）卷积的分类

卷积按步长可分为单位步长和非单位步长;按填充可分为有 0 填充和无 0 填充.

（3）图画卷积过程

假设一个卷积核如图 10.9 所示.

0	1	2
2	2	0
0	1	2

图 10.9

输入数据如图 10.10 所示.

3	3	2	1	0
0	0	1	3	1
3	1	2	2	3
2	0	0	2	2
2	0	0	0	1

图 10.10

那么根据对应元素相乘求和的规则,可得出单位步长.

例 10.1　深色块大小为卷积核维度,由于步长为1,每次将深色块右平移一个单位长度,直到深色块到达输出矩阵的最右侧,之后向下平移;每平移一次,就将深色块中的数字相乘相加,如第一个深色块为 $3x_0+3x_1+2x_2+0x_2+0x_2+1x_0+3x_0+1x_1+2x_2=12$. 输出矩阵的维度计算公式.

解:可以明显看出,有 0 填充和无 0 填充最后的输出矩阵维度存在明显不同,若 i 表示输入矩阵维度、k 表示卷积核维度、s 表示步长、p 表示填充、o 表示输出矩阵维度,可得

无 0 填充:$o=\lfloor (i-k)/s \rfloor+1$,

有 0 填充:$o=\lfloor (i-k+2p)/s \rfloor+1$,

其中$\lfloor\ \rfloor$表示下取整,为了消除小数.

3_0	3_1	2_2	1	0
0_2	0_2	1_0	3	1
3_0	1_1	2_2	2	3
2	0	0	2	2
2	0	0	0	1

12	12	17
10	17	19
9	6	14

（无 0 填充）

0_0	0_1	0_2	0	0	0	0
0_2	3_2	3_0	2	1	0	0
0_0	0_1	0_2	1	3	1	0
0	3	1	2	2	3	0
0	2	0	0	2	2	0
0	2	0	0	0	1	0
0	0	0	0	0	0	0

6.0	17.0	3.0
8.0	17.0	13.0
6.0	4.0	4.0

（有 0 填充）

图 10.11

2. 池化

(1) 池化的目的

池化主要是为了减少卷积层提取的特征个数，从而达到降维或者增加特征鲁棒性的目的.

(2) 池化的分类

池化可分为平均值池化和最大值池化.

(3) 图画池化过程

平均值池化，以卷积的输入数据为例.

3	3	2	1	0
0	0	1	3	1
3	1	2	2	3
2	0	0	2	2
2	0	0	0	1

1.7	1.7	1.7
1.0	1.2	1.8
1.1	0.8	1.3

图 10.12

其实池化和卷积很相似,可以想象成池化也有一个卷积核,只是这个核没有了需要变化的数字,而只剩一个框,即图 10.12 所示深色框,而要得到池化后的输出数据,则需对框中的输入数据做平均值,即 $(3+3+2+0+0+1+3+1+2)/9=1.7$,其后深色框的平移方式如卷积类似,而最大值池化,顾名思义,池化后的输出数据应为深色框中的最大值.

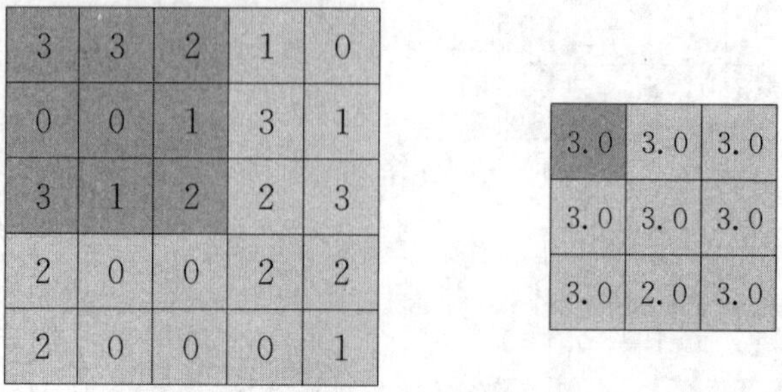

图 10.13

10.5 RNN

10.5.1 为什么需要 RNN

卷积神经网络可以认为是能够拟合任意函数的一个黑盒子,只要训练数据足够,给定特定的 x,就能得到希望的 y. 然而,卷积神经网络只能单独地处理一个个的输入,前一个输入和后一个输入是完全没有关系的. 但是,某些任务需要能够更好地处理序列的信息,即前面的输入和后面的输入是有关系的.

比如,当我们在理解一句话意思时,孤立的理解这句话的每个词是不够的,我们需要处理这些词连接起来的整个序列;当我们处理视频的时候,也不能只单独地去分析每一帧,而要分析这些帧连接起来的整个序列.

以自然语言处理(natural language processing,NLP)的一个最简单词性标注任务来说,将我、吃、苹果三个单词标注词性为我/nn、吃/v、苹果/nn.

那么这个任务的输入就是:我 吃 苹果(已经分词好的句子)

这个任务的输出是:我/nn 吃/v 苹果/nn(词性标注好的句子)

对于这个任务来说,我们当然可以直接用普通的神经网络来做,给网络的训练数据格式就是我→我/nn 这样的多个单独的单词→词性标注好的单词.

但是很明显,一个句子中,前一个单词其实对于当前单词的词性预测是有很大影响的,比如,预测苹果的时候,前面的吃是一个动词,那么很显然苹果作为名词的概率就会远大于动词的概率,因为动词后面接名词很常见,而动词后面接动词很少见.

所以为了解决一些这样类似的问题,能够更好地处理序列的信息,循环神经网络(recurrent neural network,RNN)就诞生了.

10.5.2　RNN 结构

如图 10.14 所示为一个简单的循环神经网络,它由输入层、一个隐藏层和一个输出层组成.

如果把上面有 W 的那个带箭头的圈去掉,它就变成了最普通的全连接神经网络. X 是一个向量,它表示输入层的值(这里面没有画出来表示神经元节点的圆圈);S 是一个向量,它表示隐藏层的值(这里隐藏层面画了一个节点,你也可以想象这一层其实是多个节点,节点数与向量 S 的维度相同);U 是输入层到隐藏层的权重矩阵,O 也是一个向量,它表示输出层的值;V 是隐藏层到输出层的权重矩阵.

那么,现在我们来看看 W 是什么. 循环神经网络的隐藏层的值 S 不仅仅取决于当前这次的输入 X,还取决于上一次隐藏层的值 S. 权重矩阵 W 就是隐藏层上一次的值作为这一次的输入的权重. 我们给出这个抽象图对应的具体图如图 10.15 所示.

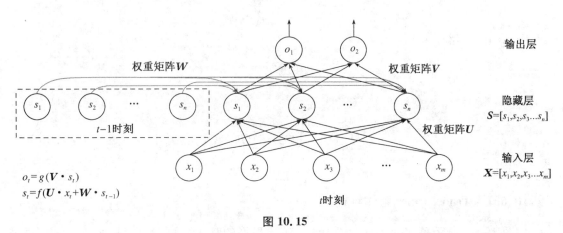

$$o_t = g(V \cdot s_t)$$
$$s_t = f(U \cdot x_t + W \cdot s_{t-1})$$

图 10.15

从图 10.15 就能够很清楚地看到,上一时刻的隐藏层是如何影响当前时刻的隐藏层的. 如果我们把图 10.15 展开,循环神经网络也可以如图 10.16 所示.

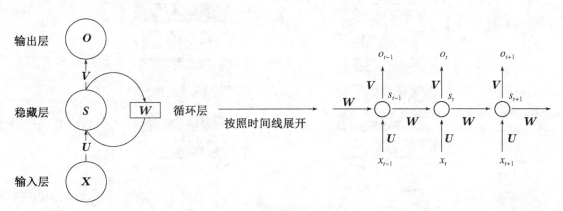

图 10.16

现在看上去就比较清楚了,这个网络在 t 时刻接收到输入 x_t 之后,隐藏层的值是 s_t,输出值是 o_t. 关键一点是,s_t 的值不仅仅取决于 x_t,还取决于 s_{t-1}. 我们可以用下面的公式来表示循环神经网络的计算方法.

$$o_t = g(\boldsymbol{V} \cdot s_t), \tag{10.4}$$

$$s_t = f(\boldsymbol{U} \cdot x_t + \boldsymbol{W} \cdot s_{t-1}). \tag{10.5}$$

最后给出 RNN 的总括图如图 10.17 所示.

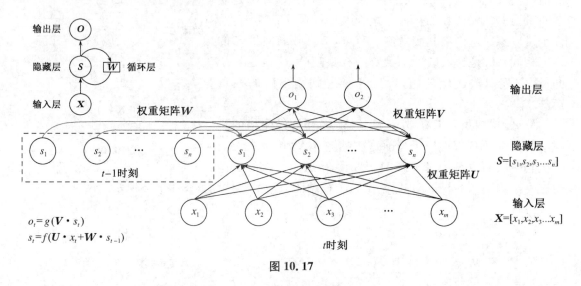

图 10.17

10.6 Transformer

10.6.1 Transformer 整体结构

如图 10.18 所示是 Transformer 用于中英文翻译的整体结构.

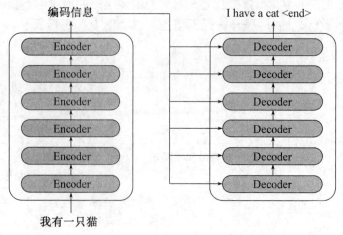

图 10.18

可以看到 Transformer 由 Encoder 和 Decoder 组成，Encoder 和 Decoder 都包含 6 个 block. Transformer 的工作流程大体如下.

（1）获取输入句子的每一个单词的表示向量 X，X 由单词的 Embedding（Embedding 就是从原始数据提取出来的 Feature）和单词位置的 Embedding 相加得到.

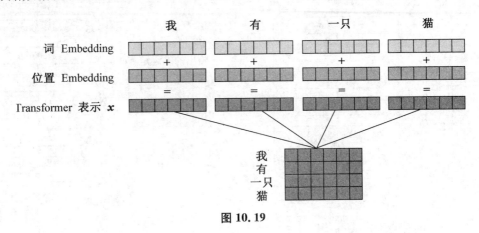

图 10.19

（2）将得到的单词表示向量矩阵（如图 10.19 所示，每一行是一个单词的表示 x）传入 Encoder 中，经过 6 个 Encoder block 后可以得到句子所有单词的编码信息矩阵 C，如图 12.20 所示. 单词向量矩阵用 $X_{n \times d}$ 表示，n 是句子中单词个数，d 是表示向量的维度. 每一个 Encoder block 输出的矩阵维度与输入完全一致.

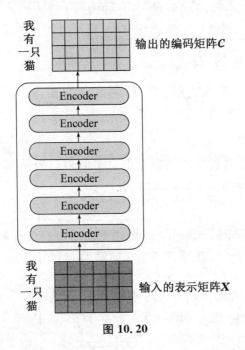

图 10.20

（3）将 Encoder 输出的编码信息矩阵 C 传递到 Decoder 中，Decoder 依次会根据当前翻译过的单词 i 翻译下一个单词 $i+1$，如图 10.21 所示. 在使用的过程中，翻译到单词 $i+1$ 的时候需要通过 Mask(掩盖)操作遮盖住 $i+1$ 之后的单词.

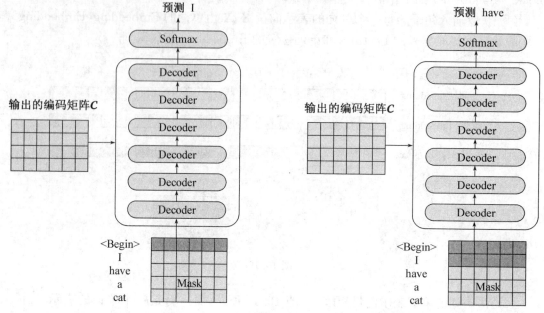

图 10.21

Decoder 接收了 Encoder 的编码矩阵 C,然后首先输入一个翻译开始符"<Begin>",预测第一个单词"I";然后输入翻译开始符"<Begin>"和单词"I",预测单词"have",以此类推. 这是 Transformer 使用时候的大致流程,接下来是里面各个部分的细节.

10.6.2 Transformer 的输入

Transformer 中单词的输入表示 x 由单词 Embedding 和位置 Embedding(Positional Encoding)相加得到.

1. 单词 Embedding

单词 Embedding 有很多种方式可以获取,例如,可以采用 Word2Vec、Glove 等算法预训练得到,也可以在 Transformer 中训练得到.

2. 位置 Embedding

Transformer 中除了单词 Embedding,还需要使用位置 Embedding 表示单词出现在句子中的位置. 因为 Transformer 不采用 RNN 的结构,而是使用全局信息,不能利用单词的顺序信息,而这部分信息对于 NLP 来说非常重要. 所以 Transformer 中使用位置 Embedding 保存单词在序列中的相对或绝对位置.

位置 Embedding 用 PE 表示,PE 的维度与单词 Embedding 是一样的. PE 可以通过训练得到,也可以使用某种公式计算得到. 在 Transformer 中采用了后者,计算公式如下.

$$PE_{(pos,2i)} = \sin(pos/10\,000^{2i/d}),\tag{10.6}$$

$$PE_{(pos,2i+1)} = \cos(pos/10\,000^{2i/d}).\tag{10.7}$$

其中, pos 表示单词在句子中的位置, d 表示 PE 的维度, $2i$ 表示偶数的维度, $2i+1$ 表示奇数维度(即 $2i\leqslant d$, $2i+1\leqslant d$). 使用这种公式计算 PE 有以下的好处.

(1) 使 PE 能够适应比训练集里面所有句子更长的句子, 假设训练集里面最长的句子是有 20 个单词, 突然来了一个长度为 21 的句子, 则使用公式计算的方法可以计算出第 21 位的 Embedding.

(2) 可以让模型容易地计算出相对位置, 对于固定长度的间距 k, $PE(pos+k)$ 可以用 $PE(pos)$ 计算得到. 因为 $\sin(A+B)=\sin A\cos B+\cos A\sin B$, $\cos(A+B)=\cos A\cos B-\sin A\sin B$.

(3) 将单词的词 Embedding 和位置 Embedding 相加, 就可以得到单词的表示向量 $\boldsymbol{x}$, $\boldsymbol{x}$ 就是 Transformer 的输入.

10.6.3　自注意力机制

如图 10.22 所示是论文 *Attention is All You Need* 中 Transformer 的内部结构图, 左侧为 Encoder block, 右侧为 Decoder block. Multi-Head Attention, 是由多个自注意力机制(Self-Attention)组成的, 可以看到 Encoder block 包含一个 Multi-Head Attention, 而 Decoder block 包含两个 Multi-Head Attention(其中有一个用到 Mask). Multi-Head Attention 上方还包括一个 Add & Norm 层, Add 表示残差连接(residual connection)用于防止网络退化, Norm 表示 Layer Normalization, 用于对每一层的激活值进行归一化.

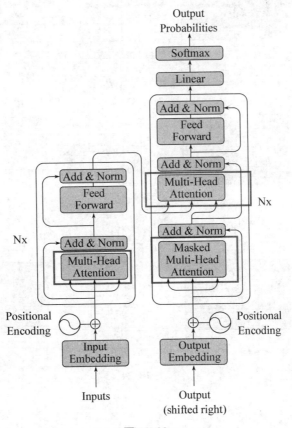

图 **10.22**

因为 Self-Attention 是 Transformer 的重点,所以我们重点关注 Multi-Head Attention 以及 Self-Attention,首先详细了解一下 Self-Attention 的内部逻辑.

1. Self-Attention 结构

如图 10.23 所示是 Self-Attention 的结构,在计算的时候需要用到矩阵 Q(查询),K(键值),V(值). 在实际中,Self-Attention 接收的是输入(单词的表示向量 x 组成的矩阵 X)或者上一个 Encoder block 的输出. 而 Q,K,V 正是通过 Self-Attention 的输入进行线性变换得到的.

2. Q,K,V 的计算

Self-Attention 的输入用矩阵 X 进行表示,则可以使用线性变阵矩阵 WQ,WK,WV 计算得到 Q,K,V. 计算如图 10.24 所示,注意 X,Q,K,V 的每一行都表示一个单词.

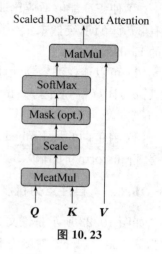

图 10.23

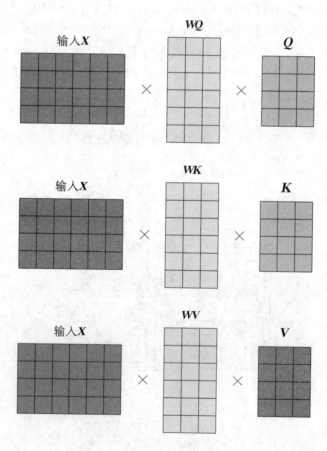

图 10.24

3. Self-Attention 的输出

得到矩阵 $\boldsymbol{Q}, \boldsymbol{K}, \boldsymbol{V}$ 之后就可以计算出 Self-Attention 的输出,计算的公式如下.

$$\text{attention}(\boldsymbol{Q}, \boldsymbol{K}, \boldsymbol{T}) = \text{softmax}\left(\frac{\boldsymbol{Q}\boldsymbol{K}^{\mathrm{T}}}{\sqrt{d_k}}\right)\boldsymbol{V}. \tag{10.8}$$

d_k 是 $\boldsymbol{Q}, \boldsymbol{K}$ 矩阵的列数,即向量维度.

公式中计算矩阵 $\boldsymbol{Q}$ 和 $\boldsymbol{K}$ 每一行向量的内积,为了防止内积过大,因此除以 d_k 的平方根. $\boldsymbol{Q}$ 乘以 $\boldsymbol{K}$ 的转置后,得到的矩阵行列数都为 n,n 为句子单词数,这个矩阵可以表示单词之间的 attention 强度. 如图 10.25 所示为 $\boldsymbol{Q}$ 乘以 $\boldsymbol{K}^{\mathrm{T}}$,1234 表示的是句子中的单词.

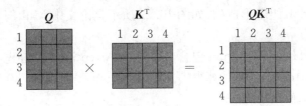

图 10.25

得到 $\boldsymbol{Q}\boldsymbol{K}^{\mathrm{T}}$ 之后,如图 10.26 所示使用 softmax 计算每一个单词对于其他单词的 attention 系数,公式中的 softmax 是对矩阵的每一行进行 softmax,即每一行的和都变为 1.

图 10.26

得到 softmax 矩阵之后可以和 $\boldsymbol{V}$ 相乘,得到最终的输出 $\boldsymbol{Z}$.

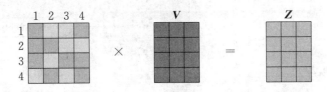

图 10.27

如图 10.27 所示 softmax 矩阵的第 1 行表示单词 1 与其他所有单词的 attention 系数,最终单词 1 的输出 $\boldsymbol{Z}_1$ 等于所有单词 i 的值 $\boldsymbol{V}_i$ 根据 attention 系数的比例加在一起得到,如图 10.28 所示.

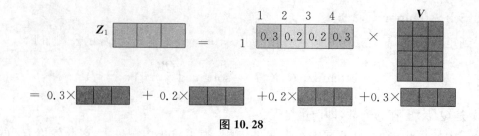

图 10.28

4. Multi-Head Attention

我们已经知道怎么通过 Self-Attention 计算得到输出矩阵 Z,而 Multi-Head Attention 是由多个 Self-Attention 组合形成的,如图 10.29 所示是论文中 Multi-Head Attention 的结构图.

可以看到 Multi-Head Attention 包含多个 Self-Attention 层,首先将输入 X 分别传递到 h 个不同的 Self-Attention 中,计算得到 h 个输出矩阵 Z.如图 10.30 所示是 $h=8$ 时候的情况,此时会得到 8 个输出矩阵 Z.

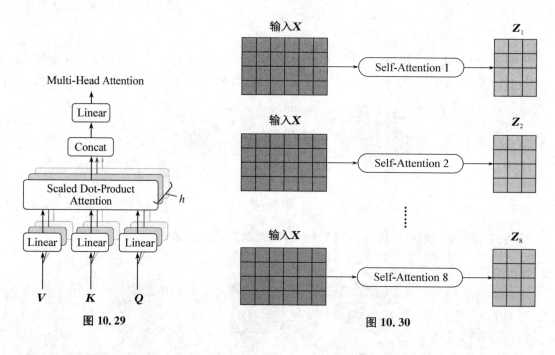

图 10.29

图 10.30

得到 8 个输出矩阵 Z_1 到 Z_8 之后,Multi-Head Attention 将它们拼接在一起,然后传入一个 Linear 层,得到 Multi-Head Attention 最终的输出 Z.

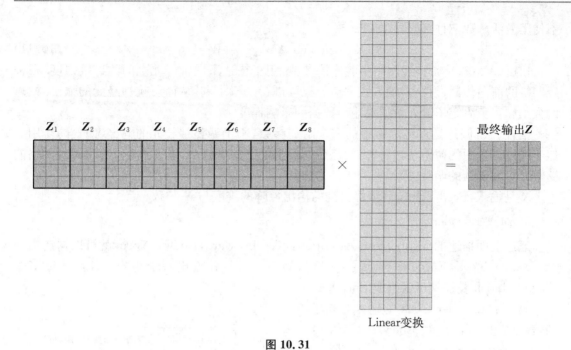

Linear变换

图 10.31

如图 10.31 所示，Multi-Head Attention 输出的矩阵 Z 与其输入的矩阵 X 的维度是一样的.

10.6.4 Encoder 结构

1. 残差连接和层归一化(Add & Norm)

Add & Norm 层由 Add 和 Norm 两部分组成，其计算公式如下.

$$\text{LayerNorm}(\boldsymbol{X}+\text{MultiHeadAttention}(\boldsymbol{X})), \tag{10.9}$$

$$\text{LayerNorm}(\boldsymbol{X}+\text{FeedForward}(\boldsymbol{X})). \tag{10.10}$$

其中 X 表示 Multi-Head Attention 或者 Feed Forward 的输入，MultiHeadAttention(X)和 FeedForward(X)表示输出(输出与输入 X 维度是一样的，所以可以相加).

如图 10.32 所示，Add 指 X+MultiHeadAttention(X)，是一种残差连接，通常用于解决多层网络训练的问题，可以让网络只关注当前差异的部分，在 ResNet 中经常用到.

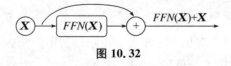

图 10.32

Norm 指 Layer Normalization，通常用于 RNN 结构，Layer Normalization 会将每一层神经元的输入都转成均值方差都一样的，这样可以加快收敛.

2. 前馈(Feed Forward)层

Feed Forward 层比较简单，是一个两层的全连接层，第一层的激活函数为 Relu，第二层不使用激活函数,对应的公式如下.

$$FFN(\boldsymbol{X}) = \max(0, \boldsymbol{X}W_1 + b_1)W_2 + b_2. \tag{10.11}$$

权重(W):权重是神经网络中的连接参数,用于描述不同神经元之间的连接强度. 在神经网络的前向传播过程中,输入数据会与权重进行加权求和,从而影响神经元的输出. 权重的大小和正负决定了输入数据对输出数据的影响程度.

偏置(b):偏置是神经网络中的一个附加参数,用于调整神经元的输出. 偏置的作用类似于线性方程中的截距项,它使得神经元的输出可以偏离原点. 偏置的存在使得神经网络能够学习更加复杂的函数关系.

$\boldsymbol{X}$ 是输入,Feed Forward 最终得到的输出矩阵的维度与 $\boldsymbol{X}$ 一致.

3. 组成 Encoder

通过上面描述的 Multi-Head Attention,Feed Forward,Add & Norm 就可以构造出一个 Encoder block,Encoder block 接收输入矩阵 $\boldsymbol{X}_{n \times d}$,并输出一个矩阵 $\boldsymbol{O}_{n \times d}$. 通过多个 Encoder block 叠加就可以组成 Encoder.

第一个 Encoder block 的输入为句子单词的表示向量矩阵,后续 Encoder block 的输入是前一个 Encoder block 的输出,最后一个 Encoder block 输出的矩阵就是编码信息矩阵 $\boldsymbol{C}$,这一矩阵后续会用到 Decoder 中,如图 10.33 所示.

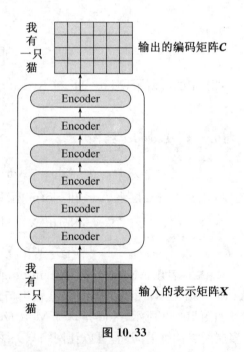

图 10.33

10.6.5 Decoder 结构

Decoder block 结构,与 Encoder block 相似,但是存在一些区别:① 包含两个 Multi-Head Attention 层. ② 第一个 Multi-Head Attention 层采用了 Mask 操作. ③ 第二个 Multi-Head Attention 层的 $\boldsymbol{K}, \boldsymbol{V}$ 矩阵使用 Encoder 的编码信息矩阵 $\boldsymbol{C}$ 进行计算,而 $\boldsymbol{Q}$ 使用上一个 Decoder block 的输出计算. ④ 最后有一个 Softmax 层计算下一个翻译单词的概率.

1. 第一个 Multi-Head Attention

Decoder block 的第一个 Multi-Head Attention 采用了 Mask 操作,因为在翻译的过程中是顺序翻译的,即翻译完第 i 个单词,才可以翻译第 $i+1$ 个单词. 通过 Mask 操作可以防止第 i 个单词知道 $i+1$ 个单词之后的信息. 下面以"我有一只猫"翻译成"I have a cat"为例,了解一下 Mask 操作.

下面的描述中使用了类似 Teacher Forcing 的概念,不熟悉 Teacher Forcing 可以参考以下 Seq2Seq 模型详解. 在 Decoder 的时候,是需要根据之前的翻译,求解当前最有可能的翻译,如图 10.34 所示. 首先根据输入"<Begin>"预测出第一个单词为"I",然后根据输入

"<Begin> I"预测下一个单词"have".

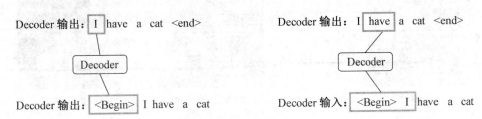

图 10.34

Decoder 可以在训练的过程中使用 Teacher Forcing 并且并行化训练,即将正确的单词序列(<Begin> I have a cat)和对应输出(I have a cat <end>)传递到 Decoder. 那么在预测第 i 个输出时,就要将第 $i+1$ 之后的单词掩盖住.

注:Mask 操作是在 Self-Attention 的 Softmax 之前使用的,下面用 0,1,2,3,4,5 分别表示"<Begin> I have a cat <end>".

(1) Decoder 的输入矩阵和 Mask 矩阵,输入矩阵包含"<Begin> I have a cat"(0,1,2,3,4)五个单词的表示向量,Mask 是一个 5×5 的矩阵. 在 Mask 可以发现单词 0 只能使用单词 0 的信息,而单词 1 可以使用单词 0,1 的信息,即只能使用之前的信息.

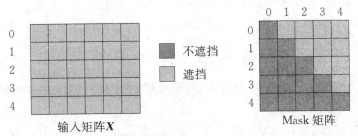

图 10.35

(2) 接下来的操作和之前的 Self-Attention 一样,通过输入矩阵 $\boldsymbol{X}$ 计算得到 $\boldsymbol{Q},\boldsymbol{K},\boldsymbol{V}$ 矩阵. 然后计算 $\boldsymbol{Q}$ 和 $\boldsymbol{K}^{\mathrm{T}}$ 的乘积 $\boldsymbol{Q}\boldsymbol{K}^{\mathrm{T}}$.

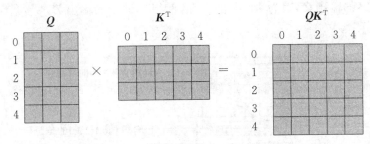

图 10.36

(3) 在得到 $\boldsymbol{Q}\boldsymbol{K}^{\mathrm{T}}$ 之后需要进行 Softmax,计算 attention score,在 Softmax 之前需要使用 Mask 矩阵遮挡住每一个单词之后的信息,遮挡操作如图 10.37 所示.

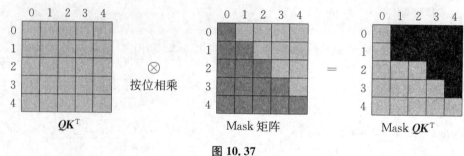

图 10.37

得到 Mask QK^T 之后在 Mask QK^T 上进行 Softmax，每一行的和都为 1. 但是单词 0 在单词 $1,2,3,4$ 上的 attention score 都为 0.

（4）使用 Mask QK^T 与矩阵 V 相乘，得到输出 Z，则单词 1 的输出向量 Z_1 是只包含单词 1 信息的.

（5）通过上述步骤就可以得到一个 Mask Self-Attention 的输出矩阵 Z_i，然后和 Encoder 类似，通过 Multi-Head Attention 拼接多个输出 Z_i 然后计算得到第一个 Multi-Head Attention 的输出 Z，Z 与输入 X 维度一样.

2. 第二个 Multi-Head Attention

Decoder block 第二个 Multi-Head Attention 变化不大，主要的区别在于其中 Self-Attention 的 K,V 矩阵不是使用上一个 Decoder block 的输出计算的，而是使用 Encoder 的编码信息矩阵 C 计算的.

根据 Encoder 的输出 C 计算得到 K,V，根据上一个 Decoder block 的输出 Z 计算 Q（如果是第一个 Decoder block 则使用输入矩阵 X 进行计算），后续的计算方法与之前描述的一致.

这样做的好处是在 Decoder 的时候，每一位单词都可以利用到 Encoder 所有单词的信息（这些信息无需 Mask）.

3. Softmax 预测输出单词

Decoder block 最后的部分是利用 Softmax 预测下一个单词，在之前的网络层我们可以得到一个最终的输出 Z，因为 Mask 的存在，使得单词 0 的输出 Z_0 只包含单词 0 的信息，如图 10.38 所示.

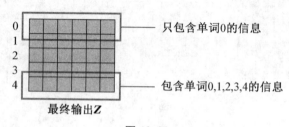

图 10.38

Softmax 根据输出矩阵的每一行预测下一个单词.

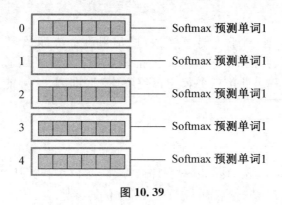

图 10.39

这就是 Decoder block 的定义,与 Encoder 一样,Decoder 是由多个 Decoder block 组合而成.

10.7　大语言模型

1. 大语言模型的定义

大语言模型(large language model,LLM),也称大型语言模型,是一种人工智能模型,旨在理解和生成人类语言.它们在大量的文本数据上进行训练,可以执行广泛的任务,包括文本总结、翻译、情感分析等等.LLM 的特点是规模庞大,包含数十亿的参数,帮助它们学习语言数据中的复杂模式.这些模型通常基于深度学习架构,如 Transformer,这有助于它们在各种 NLP 任务上取得令人印象深刻的表现.

2. 这个大语言模型到底有多大?

以 GPT(generative pretrained transformer)为例,GPT 实际上已经出现好几代,GPT-3 有 45TB 的训练数据,整个维基百科里面的数据只相当于它训练数据的 0.6%.我们在这个训练的时候把这个东西称作语料,即语言材料,这个语料的量可以说是集中了我们人类所有语言文明的精华,这是一个非常庞大的数据库.

3. 从量变到质变

经过量的学习之后,它产生了一些计算机学者们没有想到的变化,即当数据量超过某个临界点时,模型实现了显著的性能提升,并出现了小模型中不存在的能力,如上下文学习(in-context learning).这也就催生了两个事件:① 各大 AI 巨头提高训练参数量以期达到更好的效果.② 由于质变原因的无法解释带来的 AI 安全性考量.

4. 大语言模型涌现的能力

(1) 上下文学习.GPT-3 正式引入了上下文学习能力.假设语言模型已经提供了自然语言指令和多个任务描述,它可以通过完成输入文本的词序列来生成测试实例的预期输出,而无需额外的训练或梯度更新.

(2) 指令遵循.通过对自然语言描述(即指令)格式化的多任务数据集的混合进行微调,LLM 在微小的任务上表现良好,这些任务也以指令的形式所描述.这种能力下,指令调优使 LLM 能够在不使用显式样本的情况下通过理解任务指令来执行新任务,这可以大大提高泛化能力.

（3）循序渐进的推理.对于小语言模型,通常很难解决涉及多个推理步骤的复杂任务,如数学学科单词问题.同时,通过思维链推理策略,LLM 可以通过利用涉及中间推理步骤的 prompt 机制来解决此类任务得出最终答案.据推测,这种能力可能是通过代码训练获得的.

5. 语言模型历史

2017 谷歌推出 Transformer 模型,2018 年的时候谷歌提出了 BERT（bidirectional encoder representations from transformer)模型,然后到 GPT-2,从 340 兆到 10 亿、15 亿,然后到 83 亿,然后到 170 亿,然后到 GPT-3 1 750 亿的参数.

最早的是 2017 年出来的,即我们所了解的 GPT,GPT 名字里面有一个叫作 Transformer,就是这个 Transformer 模型.它是在 2017 年出现的,在计算机领域,它可以归结为上一个时代的产品;2018 年第一代 GPT 出现后,相对来说比较差,性能也不行,就像一个"玩具"一样.然后 2018 年谷歌又推出了一个新的模型,叫 BERT,但是这些模型都是基于之前谷歌推出的 Transformer 模型进行发展的.到了 2019 年,Open AI 除了 GPT-2 也没有什么特别之处,它没有办法产生一段语言逻辑流畅通顺的文字.

但是到了 2020 年的 5 月,GPT-3 出现之后,就有了非常大的变化,GPT-3 的性能比 GPT-2 好很多,它的参数的数量级大概是 GPT-2 的 10 倍以上.

6. 大语言模型的训练方式

训练语言模型需要向其提供大量的文本数据,模型利用这些数据来学习人类语言的结构、语法和语义.这个过程通常是通过无监督学习完成的,使用一种叫作自我监督学习的技术.在自我监督学习中,模型通过预测序列中的下一个词或标记,为输入的数据生成自己的标签,并给出之前的词.

训练过程包括两个主要步骤:预训练(pre-training)和微调(fine-tuning).

（1）在预训练阶段,模型从一个巨大的、多样化的数据集中学习,通常包含来自不同来源的数十亿词汇,如网站、书籍和文章.这个阶段允许模型学习一般的语言模式和表征.

（2）在微调阶段,模型在与目标任务或领域相关的更具体、更小的数据集上进一步训练.这有助于模型微调其训练得到的模型,并适应任务的特殊要求.

7. 常见的大语言模型

（1）GPT-3(OpenAI):是最著名的 LLM 之一,拥有 1 750 亿个参数.该模型在文本生成、翻译和其他任务中表现出显著的性能,在全球范围内引起了热烈的反响,目前 OpenAI 已经迭代到了 GPT-4 版本.

（2）BERT(谷歌):是另一个流行的 LLM,对 NLP 研究产生了重大影响.该模型使用双向方法从一个词的左右两边捕捉上下文,使得各种任务的性能提高,如情感分析和命名实体识别.

（3）文本到文本转换器(谷歌):是一个 LLM,该模型将所有的 NLP 任务限定为文本到文本问题,简化了模型适应不同任务的过程.T5 在总结、翻译和问题回答等任务中表现出强大的性能.

（4）ERNIE 3.0 文心大模型(百度):首次在百亿级和千亿级预训练模型中引入大规模知识图谱,提出了海量无监督文本与大规模知识图谱的平行预训练方法.

第 11 章　分析方法之时间序列分析

股票市场价格波动是否有统计规律？其长期趋势是怎样的？能否将股市中各种影响因素区分开（长期、季节、循环和不规则波动）？K 线图中的 5 日、7 日、10 日、30 日、60 日移动平均是怎样的？

当我们谈论股票市场价格波动时，我们可以将其看作是一个时间序列数据.

时间序列是指按照时间顺序排列的一系列观察值，其中每个观察值都与其对应的时间点相关联.每日的收盘价视为时间序列的观察值.这些观察值按照时间的先后顺序排列，形成了一个时间序列.通过对这个时间序列进行分析，我们可以探索价格的趋势、周期性变化以及其他统计规律.

生活中，数据按种类大致分为三种：时间序列——动态，截面数据——静态，以及面板数据——两者兼之.

时间序列数据是按照时间顺序收集的一系列观测值.这些观测值通常是在相同的时间间隔下记录的，如每日、每周或每月.时间序列数据反映了某个变量随时间的变化情况，如股票价格、气温、销售额等.时间序列分析方法可以用来揭示数据中的趋势、季节性和周期性等规律.

时间序列分析是一种用于研究和预测时间序列数据的方法.它包括统计推断、时间序列模型和预测等技术.通过对时间序列数据进行建模和分析，我们可以揭示出隐藏在数据背后的模式和规律，从而帮助我们做出更准确的预测.

截面数据是在某一固定时间点上收集的数据，记录了不同个体或单位的多个特征或变量.每个观测值代表一个独立的个体，如不同城市的人口数量、不同公司的利润、不同学生的成绩等.截面数据分析主要关注不同个体之间的差异和关联，可以进行群体比较和相关性分析等.

面板数据是时间序列数据和截面数据的结合，同时包含了多个个体在不同时间点上的观测值.每个观测值包含了个体的多个特征或变量以及观测时间.面板数据可以用来分析个体内部的变化趋势和个体之间的关系，如经济学中的跨国公司数据、医学研究中的长期追踪数据等.

这三种数据类型在不同领域和问题中都有重要的应用，本章主要介绍时间序列在数据分析中的应用.

为了表现中国经济的发展状况，把中国经济发展的数据按年度顺序排列起来，据此来研究公司对未来的销售量作出预测.这种预测对公司的生产进度安排、原材料采购、存货策略、资金计划等都至关重要.

例如，车站可以利用历史节假日客流量的时间序列数据，结合节假日类型、天气等因素，建立客流量预测模型，对未来节日（如十一黄金周）客流量进行预测，用于优化运输组织、安排人力资源和保障旅客出行安全. 投资者利用股票和基金的历史价格数据构建时间序列,通过技术分析和基于时间序列的量化模型,预测股票和基金未来的价格走势,指导投资决策和资产配置.

11.1　时间序列的描述性分析

时间序列分为确定型时间序列和随机型时间序列(前者是本章研究的重点),本章将主要解答三方面问题:

(1) 什么是时间序列?

(2) 时间序列的目的、类型是什么?

(3) 如何对时间序列进行速度分析?

11.1.1　时间序列的概念

随时间记录的同类数据序列称为时间序列,有时也称为动态数列.

时间序列的基本要素如下.

(1) 被研究现象所属的时间范围.

(2) 反映该现象在一定时间条件下数量特征的值,即在不同时间上的统计数据(发展水平).

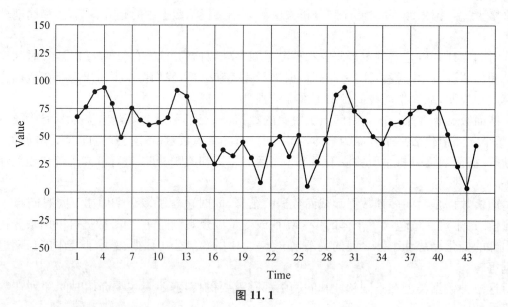

图 11.1

正如图 11.1 所示例子,时间序列上的数据点通常是在相同时间间隔下进行记录的. 时间序列可以是连续的,如每天、每月、每年记录一次,也可以是不连续的,如在不同时间点上随机记录.

但为保证序列中各期指标数值的可比性,时间序列须具备以下特性.

(1) 时期长短最好一致.

（2）总体范围应该一致．

（3）指标的经济内容应该统一．

（4）计算方法应该统一．

（5）计算价格和计量单位可比．

时间序列在我们身边是广泛存在的，但有时候在数据存储时并没有一列显式存在的时间列，这时候就需要我们去人为寻找和构造．以下是一些不同的时间列存在形式的例子．

（1）以事件记录的时间构造时间列．

（2）以另一个和时间相关的元素构造时间列，例如，在一个数据集中行驶距离和时间是正相关的，此时就可以以距离来构造时间列．

（3）以物理轨迹的顺序作为时间列，例如，在医学，天气等领域有些数据是以图片的形式存储的，此时可以从图像中提取时间列．

时间序列分析，就是对上述时间序列数据的分析．时间序列数据可以采取不同的形式，包括中断时间序列，它检测时间序列在中断事件前后的演变模式．时间序列所需的分析类型取决于数据的性质．时间序列数据本身可以采用数字或字符序列的形式．

时间序列分析考虑了这样一个事实，即随着时间的推移，获取的数据点可能具有应该考虑的内部结构（如自相关、趋势或季节性变化）．

要进行的分析使用多种方法，包括频域和时域、线性和非线性等等．

时间序列可以涉及各种类型的数据，如股票价格、销售额、气温、人口数量等，其特点是数据点之间存在时间上的顺序关系．时间序列分析主旨如下．

（1）揭示趋势和周期性：时间序列分析可以帮助我们识别数据中的趋势和周期性变化．通过观察数据的长期趋势，我们可以了解数据的整体发展方向．同时，周期性变化可以帮助我们了解数据在特定时间段内的规律性波动，如季节性变化、周末效应等．

（2）数据异常检测：时间序列分析可以帮助我们识别异常值或离群点．通过观察数据的波动情况，我们可以发现与正常模式不符的数据点，从而及时发现潜在的问题或异常情况．

（3）预测未来趋势：时间序列分析可以用来预测未来的数据趋势和变化．通过建立合适的模型，我们可以利用历史数据来推测未来的发展方向和可能的数值范围，为决策提供参考依据．

（4）制定策略和决策支持：时间序列分析可以提供对数据背后规律性的理解，帮助我们制定相应的策略和决策．通过了解数据的历史走势和未来趋势，我们可以做出更准确的预测，并作出相应的调整和决策．

时间戳可以被看作是构成时间序列的基本元素之一，它用来标识时间序列中各个数据点所对应的时间点．时间戳通常是一个数字，表示从某个特定的起始时间点（通常是"Unix纪元"即 1970 年 1 月 1 日 00：00：00 UTC）到事件发生时的经过的秒数或毫秒数．这种表示方式对于跨平台、跨系统的时间比较和计算非常方便，因此被广泛应用于程序设计、数据存储和传输等领域．

在时间序列数据分析中，我们会遇到的第一个问题是时间值是在哪个过程产生的，以及何时产生的．通常事件发生的时间和事件被记录的时间往往是不一致的．例如，一个研究员先在笔记本上以手写的方式记录，然后在结束研究后再统一以 csv 的格式录入数据库．那么此时时间戳究竟表示的是手动记录的时间还是录入数据库的时间？因此在我们看到一个新的时间特征时,总是应当首先确认这个事件时间是如何产生的.

我们会遇到的第二个问题是如果我们在处理历史遗留数据,并没有清洗记录的文档说明,也无法找到处理数据流的人来确认时间戳产生的方式.这时需要我们做一些经验上的调查和推断.

有一些通用的方法能帮助我们理解时间特征:① 通过比较不同类别特征(如不同用户)的数据来理解某些时间模式(pattern)是否是共同的.② 使用聚合数据分析来理解时间特征,如该时间戳是本地时间时区还是标准时间时区,该时间反映的是用户行为还是一些外部限制(网络通信).

第三个值得探讨的问题是什么是一个有意义的时间尺度.当我们拿到一组时间序列数据时,要思考该选择怎么样的时间分辨率,这对于后续特征构造和模型有效性都有很大的影响.通常这取决于你所研究对象的领域知识,以及数据如何被收集的细节.举个例子,假设你正在查看每日销售数据,但如果你了解销售经理的行为就会知道在许多时候他们会等到每周末才报告数字,他们会粗略估计每天的数字,而不是每天记录它们,因为退货的存在,每天的数值常常存在系统偏差,所以你可能会考虑将销售数据的分辨率从每天更改为每周以减少这个系统误差.

时间序列的基本性质是选择合适的时间序列模型的基础.例如,许多经典的时间序列模型都基于平稳性的假设.如果时间序列数据不平稳,则需要进行差分或其他变换来使其平稳化,以便应用这些模型.相关性分析则帮助我们确定模型中需要考虑的滞后项数量,从而建立更准确的模型.下面对时间序列的平稳性和相关性作详细介绍.

1. 平稳性

(1)定义

一个序列的统计特性不受观测时间的影响,即均值、方差、自相关系数等不因时间变化而变化.如果时间序列有季节性和趋势性,这个序列则为不平稳的.

(2)分类

① 强平稳

数据分布在时间的平移下的分布保持不变,如下为公式说明.

如果对所有的时刻 t,任意正整数 k 和任意 k 个正整数

$$(t_1, t_2 \cdots \cdots, t_k),$$

$$(r_{t_1}, r_{t_2} \cdots \cdots, r_{t_k})$$

的联合分布与

$$(r_{t_1+t}, r_{t_2+t} \cdots \cdots, r_{t_k+t})$$

的联合分布相同,我们称时间序列 $\{r_t\}$ 是强平稳的.

也就是

$$(r_{t_1}, r_{t_2} \cdots \cdots, r_{t_k})$$

的联合分布在时间的平移变换下保持不变,这是个很强的条件.而我们经常假定的是平稳性的一个较弱的方式.

② 弱平稳

均值、方差、自相关系数等不因时间变化而变化. ARMA 模型、白噪声、金融数据都是弱平稳的.

若时间序列 $\{r_t\}$ 满足下面两个条件：

$$E(r_t)=\mu,\mu \text{ 是常数；}$$

$$Cov(r_t,r_{t-l})=\gamma_l,\gamma_l \text{ 只依赖于 } l.$$

则时间序列 $\{r_t\}$ 是弱平稳的，即该序列的均值、r_t 与 r_{t-l} 的协方差不随时间而改变，l 为任意整数.

（3）观察方法

我们可以通过作图来进行基本的观察，如时序图、自相关图、季节性图等.

（4）差分：将数据转换为平稳性数据

大部分时间序列模型需要先转换为平稳模型，再进行建模. 差分是最常见的一种方法之一.

其目的是消除序列的水平的变化，即为消除季节性或趋势性，帮助稳定时间序列的均值. ARIMA 模型就是典型的例子.

有几种简单的分类如下.

① 一阶差分

$$y'_t=y_t-y_{t-1}. \tag{11.1}$$

② 二阶差分

$$\begin{aligned}y''_t&=y'_t-y'_{t-1}\\&=(y_t-y_{t-1})-(y_{t-1}-y_{t-2})\\&=y_t-2y_{t-1}+y_{t-2}.\end{aligned} \tag{11.2}$$

③ 季节性差分

$$y'_t=y_t-y_{t-m}. \tag{11.3}$$

④ 先去 log 后差分：对于股票，先从股价取 log 计算收益率，在用一阶差分后进行建模.

将某个时间序列变量表示为该变量的滞后项、时间和其他变量的函数，这样的一个函数方程被称为差分方程.

$$r_t=\varphi_0+\varphi_1 r_{t-1}+\cdots+\varphi_p r_{t-p}+\varepsilon_t\text{（自回归 AR}(p)\text{模型）}, \tag{11.4}$$

$$r_t=\varepsilon_t+\theta_1\varepsilon_{t-1}+\cdots+\theta_q\varepsilon_{t-q}\text{（移动平均 MA}(q)\text{模型）}, \tag{11.5}$$

$$r_t=\varphi_0+\sum_{i=1}^{p}\varphi_i r_{t-i}+\varepsilon_t+\sum_{i=1}^{q}\theta_i\varepsilon_{t-i}\text{（自回归移动平均 ARMA}(p,q)\text{模型）}, \tag{11.6}$$

$$r_t=a+br_{t-1}+cz_t+dz_{t-1}+\varepsilon_t, \tag{11.7}$$

$$r_t=a+br_{t-1}+\varepsilon_t. \tag{11.8}$$

注：ε_t 没有特殊说明一般默认为白噪声序列.

（5）滞后算子

用符号 L 表示滞后算子(lag operator)：$L^i y_t = y_{t-i}$ 且有如下的性质.

① $LC = C$（C 为常数）.

② $(L^i + L^j)y_t = y_{t-i} + y_{t-j}$.

③ $L^i L^j y_t = y_{t-i-j}$.

2. 相关性

（1）相关系数

我们可以通过做两个变量之间的散点图，对这两个变量的相关性有最直观的理解.

它也可以理解为计算空间向量中两个向量的夹角. 两个向量都做了去均值处理，即中心化操作.

$$\cos \langle \vec{a}, \vec{b} \rangle = \frac{\vec{a} \cdot \vec{b}}{|\vec{a}||\vec{b}|}$$

如果两个向量平行，同向：1，反向：－1，垂直：0，夹角越小，相关系数越接近 1.

另外还有三个常用的统计量：

① 皮尔森相关性

$$\rho_{xy} = \frac{Cov(X,Y)}{\sqrt{Var(X)Var(Y)}}. \tag{11.9}$$

② r 的系数

$$r = \frac{\sum (x_t - \bar{x})(y_t - \bar{y})}{\sqrt{\sum (x_t - \bar{x})^2}\sqrt{\sum (y_t - \bar{y})^2}}. \tag{11.10}$$

③ 决定系数（R-squared），常用来检测模型的拟合效果

$$R^2 = 1 - \frac{残差的平方}{r_t\ 的方差}. \tag{11.11}$$

（2）自相关性(autocorrelation)

它表示时间序列与自己的相关性强弱. 公式如下.

$$r_k = \frac{\sum_{t=k+1}^{T} (y_t - \bar{y})(y_{t-k} - \bar{y})}{\sum_{t=1}^{T} (y_t - \bar{y})^2}. \tag{11.12}$$

其中 k 代表与前 k 个时刻的时间序列的相关性，如 $k = 1$ 则分析 t 和 $t-1$ 之间的相关性.

在金融上，如果自相关性为正，被称为 momentum，如单独的股票，交易策略为卖跌买涨. 如果自相关性为负，被称为回归到均值(mean reverting)，如期货，或货币，交易策略为买跌卖涨.

（3）自相关函数(autocorrelation function，ACF)

它描述 r_t 与 r_{t-l} 之间间隔为 l 的自相关系数,只能描述平稳序列.公式如下.

$$\rho_l = \frac{Cov(r_t, r_{t-l})}{\sqrt{Var(r_t)Var(r_{t-l})}} = \frac{Cov(r_t, r_{t-l})}{Var(r_t)}. \tag{11.13}$$

因为是平稳序列,所以用到了弱平稳序列的性质,即 $Var(r_t)=Var(r_{t-l})$.

其中 ACF 值可以用来描述序列的自相关性.还需要设置置信区间,在公式中由 α 来代表,如 $\alpha=0.05$ 表示有 5% 的可能性会发生误判.

ACF 的函数图像如图 11.2 所示.

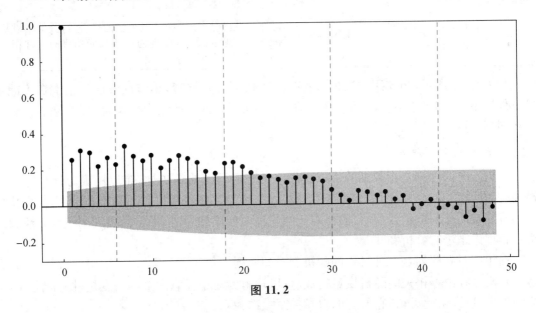

图 11.2

11.1.2　时间序列类型

根据生成过程的性质和规律性质,可以把时间序列分为确定型时间序列和随机型时间序列.

1. 确定型时间序列

确定型时间序列是指数据的生成过程可以被确定性的规律所描述的时间序列.这种时间序列具有明显的趋势、季节性和周期性,其变化规律是可以被预测和解释的.确定型时间序列通常可以通过建立数学模型或规律性方程来描述.

最常用的确定性时间序列分析方法是确定性因素分解方法,把时间序列分为四个部分.

(1) 趋势项(T) 长期趋势变动.是指时间序列朝着一定的方向持续上升或下降,或停留在某一水平上的倾向,它反映了客观事物的主要变化趋势.

(2) 季节项(S) 季节变动.指一年或更短的时间之内,由于受某种固定周期性因素(如自然、生产、消费等季节性因素)的影响而呈现出有规律的周期性波动.

(3) 循环项(C) 循环变动.通常是指周期为一年以上,由非季节因素引起的涨落起伏波形相似的波动.

(4) 随机项(E) 通常分为突然变动和随机变动.所谓突然变动是指战争、自然灾害或是其他社会因素等意外事件引起的变动.随机变动是指由于大量的随机因素产生的宏观影响. 根据中心极限定理, 通常认为随机变动近似服从正态分布.

通常把 T 和 S 并在一起统称为趋势.

表 11.1

	加法模型	乘法模型
公式	$Y=T+S+C+I$	$Y=T\times S\times C\times I$
使用条件	四种因素相互独立	互相影响
因素分解	$Y-T=S+C+I$	$Y/T=S\times C\times I$
区别	各因素均为与 Y 同计量单位的绝对量	只有长期趋势是与 Y 同计量单位的绝对量, 其他均以长期趋势为基础的比率, 表现为对于长期趋势的一种相对变化幅度, 通常以百分数表示

如表 11.1 所示, 当使用加法模型对时间序列进行分解时, 季节性波动的幅度在不同水平下保持不变. 如果季节性波动与序列的水平成正比, 那么乘法模型是合适的, 乘法分解在经济序列中更为普遍.

2. 随机型时间序列

随机型时间序列是指数据的生成过程包含一定程度的随机性, 难以用确定性规律完全描述的时间序列. 这种时间序列在长期趋势之外可能存在着随机波动和不确定性, 其变化规律不容易被简单的数学模型所捕捉. 对于随机型时间序列, 我们通常需要利用统计方法和随机过程理论来进行分析和建模.

白噪声时间序列是一种特殊的随机型时间序列.

随机过程由不相关的随机变量构成. 可以理解为对于任意两个随机变量, 协方差＝0, 则为纯随机过程. 由此可得, 它所有的自相关系数都为 0.

对于纯随机过程, 期望和方差均为常数, 则为白噪声过程. 它的特点是序列不相关, 每一个点都是独立同分布的.

高斯白噪声中的高斯是指概率分布是正态函数.

Ljung-Box 检验是对随机性的检验, 或者说是对时间序列是否存在滞后相关的一种统计检验. 可以用在以下几个场景.

(1) 纯随机性的检验.

(2) 检测某个时间段一些列观测值是不是随机的独立观测值, 即是否存在自相关.

(3) 拟合时间序列模型后, 评估残差是否彼此独立.

具体假设和原理如下.

对 ARMA(p,q) 模型的平方残差应用 Ljung-Box 统计量检查模型的不足, 这个统计量是

$$Q(m)=T(T+2)\sum_{i=1}^{m}\frac{\hat{\rho}_i(a_t^2)}{T-i}. \tag{11.14}$$

其中 T 是样本容量, m 是人为选定的一个数, a_t 是残差, 而 $\hat{\rho}_i(a_t^2)$ 是 a_t^2 的 i 阶自相关函数(ACF). 这个统计量的原假设和备择假设为

H0: $\beta_1=\beta_2=\cdots=\beta_m=0$, 其中 β_i 是下面的线性回归的 a_{t-i}^2 的系数.

$$a_t^2=\beta_0+\beta_1 a_{t-1}^2+\cdots+\beta_m a_{t-m}^2+\varepsilon_t. \tag{11.15}$$

其中 $t=m+1,\cdots,T$. 因为这个统计量由残差计算得到,所以自由度是 $m-p-q$.

H1:至少存在某个 $\beta_k\neq0$,其中 $k\leqslant m$.

原假设

$$H0:\rho_1=\rho_2=\cdots=\rho_m=0.$$

备择假设

$$H1:\exists i\in\{1,\cdots,m\},\rho_i\neq0.$$

混成检验统计量

$$Q(m)=T(T+2)\sum_{l=1}^{m}\frac{\hat{\rho_l}^2}{T-l}. \tag{11.16}$$

$Q(m)$ 渐进服从自由度为 m 的 χ^2 分布.

决策规则:

$$Q(m)>\chi_\alpha^2,\text{拒绝 H0}. \tag{11.17}$$

即 $Q(m)$ 的值大于自由度为 m 的 χ^2 分布 $100(1-\alpha)$ 分位点时,拒绝假设 H0.

随机游走是白噪声的差分序列,即

$$y_t=y_{t-1}+\varepsilon_t. \tag{11.18}$$

分布特点:对于时间序列 $\{x_t\}$,如果它满足 $x_t=x_{t-1}+\omega_t$,其中 ω_t 是一个均值为 0、方差为 σ^2 的白噪声,则序列 $\{x_t\}$ 为一个随机游走.

由定义可知,在任意 t 时刻的 $\{x_t\}$ 都是不超过 t 时刻的所有历史白噪声序列的总和,即

$$x_t=\omega_t+\omega_{t-1}+\omega_{t-2}+\cdots+\omega_0.$$

随机游走的序列均值和方差为

$$\mu_{x_t}=0,$$

$$\begin{aligned}Var(x_t)&=Var(\omega_t)+Var(\omega_{t-1})+\cdots+Var(\omega_0)\\&=t\times Var(\omega_t)\\&=t\sigma^2.\end{aligned} \tag{11.19}$$

虽然均值不随时间 t 改变,但是由于方差是 t 的函数,随机游走不满足平稳性. 随着 t 的增加,t 的方差增大,说明其波动性不断增加. 对于任意给定的 k,通过以下推导给得出随机游走的自协方差

$$\begin{aligned}Cov(x_t,x_{t+k})&=Cov(x_t,x_t+\omega_{t+1}+\cdots+\omega_k)\\&=Cov(x_t,x_t)+\sum_{i=t+1}^{k}Cov(x_t,\omega_i)\\&=Cov(x_t,x_t)+0\\&=t\sigma^2.\end{aligned} \tag{11.20}$$

确定型时间序列和随机型时间序列的区别在于其变化规律和可预测性的不同. 确定型时间序列具有明确的趋势、季节性和周期性,变化规律性强,因此更容易通过建模和预测来

解释和预测未来的变化. 而随机型时间序列则具有一定程度的随机性和不确定性,变化规律性较弱,需要利用统计方法来捕捉其随机波动和趋势.

3. 平稳型时间序列

平稳型时间序列是指统计性质在时间上都是恒定的时间序列. 也就是说,平稳型时间序列的均值、方差和自相关函数等统计量都不随时间变化而变化. 平稳型时间序列的特点是可以使用稳定的模型对其进行建模和预测,且其预测结果具有一定的可信度.

在时间序列分析中,确定型时间序列通常是平稳型时间序列的一种特例. 具体来说,如果一个时间序列是确定型时间序列,那么它一定是平稳型时间序列. 但是,一个平稳型时间序列不一定是确定型时间序列,因为平稳型时间序列中可能存在一些随机性的成分.

11.2 时间序列的构成要素

时间序列分析法是根据过去的变化趋势预测未来的发展,它的前提是假定事物的过去延续到未来. 在一般情况下,时间序列分析法对于短、近期预测比较显著,但如延伸到更远的将来,就会出现很大的局限性,导致预测值偏离实际较大而使决策失误.

时间序列中的每个观察值大小,是影响变化的各种不同因素在同一时刻发生作用的综合结果. 我们通常需要对时间序列进行基于时间分解的分析,如图 11.3 所示,将时间序列分解成长期趋势、季节变动、循环变动和不规则变动等组成部分,并通过统计方法和时间序列模型来进行分析和预测.

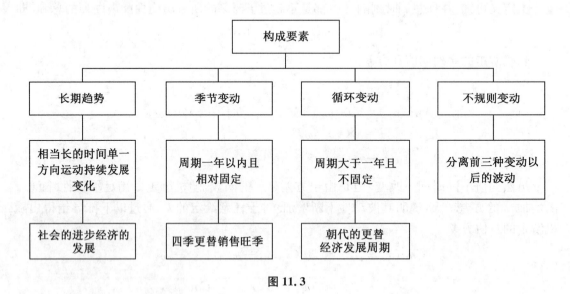

图 11.3

11.2.1 长期趋势

长期趋势指现象在一段相当长的时期内所表现的沿着某一方向的持续发展变化. 如图 11.4 所示,长期趋势可能呈现不断增长的态势,也可能呈现为不断降低的趋势,还可能呈现为不变的水平趋势.长期趋势是受某种长期起根本性作用的因素影响的结果,如社会进步、经济发展、人口总量等.长期趋势的分析和预测对于决策和规划具有重要的意义,它可以帮助我们更好地理解和把握时间序列的长期变化规律和趋势,从而制定更合理和有效的决策方案.

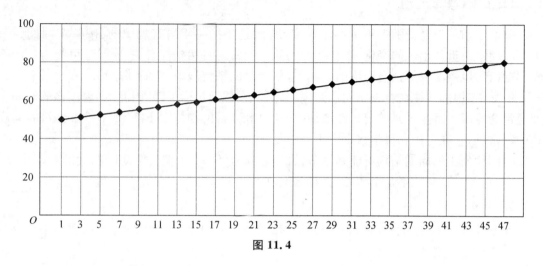

图 11.4

1. 趋势分类

趋势通常分为确定性趋势和随机性趋势.

确定性趋势:持续增加或减少的趋势.

随机性趋势:不一致地增加和减少的趋势.

一般来说,确定性趋势更容易识别和删除.

根据观察范围趋势可分为全局趋势和本地趋势.

全局趋势:适用于整个时间序列.

本地趋势:适用于时间序列的部分或子序列.

一般来说,全局趋势更容易识别和应对.

2. 趋势识别和去趋势处理

识别趋势:可以绘制时间序列数据以查看趋势是否明显.而在实践中,识别时间序列中的趋势可能是一个主观过程.因此从时间序列中提取或删除它可能同样具有主观性.

创建数据的线图并检查图中的明显趋势.在图中添加线性和非线性趋势线,看看趋势是否明显.

删除趋势:具有趋势的时间序列称为非平稳的.可以对识别的趋势进行建模.建模后,可以将其从时间序列数据集中删除.这称为去趋势时间序列.

如果数据集没有趋势或成功地移除了趋势,则称该数据集是趋势平稳的.

3. 在机器学习中使用时间序列趋势

从机器学习的角度来看,数据的趋势代表着两个机会.

删除信息:删除扭曲输入和输出变量之间关系的系统信息.

添加信息:添加系统信息以改善输入和输出变量之间的关系.

具体来说,作为数据准备和清洗练习,可以从时间序列数据(以及未来的数据)中删除趋势.这在使用统计方法进行时列预测时很常见,但在使用机器学习模型时并不总是能改善结果.

11.2.2 季节变动

季节变动不仅是指随一年中四季而变动,而是泛指一年内有规律的、按一定周期(年、季、月、周、日)重复出现的变化.季节变动的原因通常与自然条件有关,同时也可能与生产条件、节假日、风俗习惯等社会经济因素相关,如产品的销售淡季、旅游淡季等.

例如,零售额往往在春季期间达到顶峰,然后在假期过后下降.因此,零售销售的时间序列通常会显示 1 月至 3 月的销售额增加,而 4 月和 5 月的销售额下降.季节性在经济时间序列中很常见,它在工程和科学数据中不太常见.

时间序列中的周期结构可能是季节性的,也可能不是.如果它始终以相同的频率重复,则是季节性的,否则就不是季节性的,称为循环.

1. 季节性类型

季节性有很多种.例如:时间、日、每周、每月、每年.因此,确定时间序列问题中是否存在季节性成分是主观的.

确定是否存在季节性因素的最简单方法是绘制和查看数据,可能以不同的比例并添加趋势线.

2. 去除季节性

一旦确定了季节性,就可以对其进行建模.季节性模型可以从时间序列中删除.此过程称为季节性调整或去季节性化.

去除了季节性成分的时间序列称为季节性平稳.具有明显季节性成分的时间序列被称为非平稳的.

3. 机器学习中的作用

了解时间序列中的季节性成分可以提高机器学习建模的性能.可以通过以下两种主要方式发生.

(1)更清晰的信号:从时间序列中识别和去除季节性成分可以使输入和输出变量之间的关系更清晰.

(2)更多信息:关于时间序列季节性分量的附加信息可以提供新信息以提高模型性能.

这两种方法都可能对机器学习项目产生影响.例如,在数据清洗和准备期间就需要建模季节性并将其从时间序列中删除;在特征提取和特征工程期间,可能会提取季节性信息并将其作为输入特征.

离群值:离群值离标准数据方差很远.

长期循环:独立于季节性因素,数据可能显示一个长期周期,如持续超过一年的经济衰退.

恒定方差:随着时间的推移,一些数据显示出不断的波动,如每天和晚上的能源使用量.

突变:数据可能显示出突变,可能需要进一步分析.例如,突然关闭的企业导致了数据的变化.

为了分析和处理季节变动,我们通常需要对时间序列进行季节性调整,去除季节性影响,从而更好地把握时间序列的长期趋势和结构性变化. 常用的方法包括季节性分解、季节性指数、季节性调整模型等,这些方法可以帮助我们更准确地理解时间序列数据的特点,从而进行更精准的预测和决策.

季节修正平均数见表 11.2

表 11.2

年份	各季度季节指数			
	第一季度	第二季度	第三季度	第四季度
1991	—	—	76.40	100.15
1992	115.49	111.36	73.05	104.03
1993	111.29	113.74	76.54	106.51
1994	111.02	110.82	72.12	103.67
1995	115.01	108.44	76.71	102.39
1996	114.78	108.61	75.70	107.94
1997	112.75	107.10	75.32	106.15
1998	111.34	105.16	76.03	105.69
1999	111.53	109.50	78.73	102.72
2000	111.81	110.78	77.26	104.16
2001	110.89	111.45	77.17	99.03
2002	111.84	111.78	80.26	—
平均数	112.72	109.88	76.28	103.86
修正平均数	111.95	109.13	75.76	103.16

用表中数据作为例子,得到每一年的四季度的平均数.

如果 400 被合计数 402.74 除,结果是 0.993 2. 以 0.993 2 乘以各季节的平均数得到 111.95,109.13,75.76,103.16 等(见表中最后一行). 现在这四个季节指数的和为 400,数据的含义就更加清楚了,例如,第二季度的 109.13 就表示第二季度比全年平均数高出 9.13%,第三季度的 75.76 表示第三季度比全年低 24.24%.

如果季节性引起的变化不是主要的考虑,则季节性调整的数据可能有用. 例如,每月的失业数据通常是季节性调整,以便突出由于经济的基本状态而不是季节变化引起的变化. 辍学者找工作造成的失业增加是季节性变化的,而经济衰退造成的失业增加是非季节性的. 大多数研究失业数据的经济分析师对非季节性变化更感兴趣. 因此,就业数据(和许多其他经济系列)通常是季节调整数据. 季节调整序列包含趋势周期和余项. 因此,它们不是"平稳"的,而"下降"或"上升"可能会误导他人. 如果目的是寻找一系列的转折点,并解释方向上的任何变化,最好使用趋势周期成分,而不是季节性调整的数据.

11.2.3　循环变动

循环变动是以若干年(或季、月)为一定周期的有一定规律性的波动. 时间序列有时呈现出沿着长期趋势的上下波动,时间间隔超过一年的环绕长期趋势的上下波动可以归结为循环变动. 循环变动可以是由多种因素引起的,如经济周期、商业周期、投资周期等,这些因素往往导致时间序列数据在几年到几十年的时间尺度上呈现出周期性的上升和下降. 例如,经济学中常常提到的景气周期通常是指经济活动的波动周期,一般为几年左右. 而更长周期的循环变动,如长期经济波动、房地产周期等,可能需要几十年时间尺度才能观察到其完整的波动过程. 如图 11.5 所示.

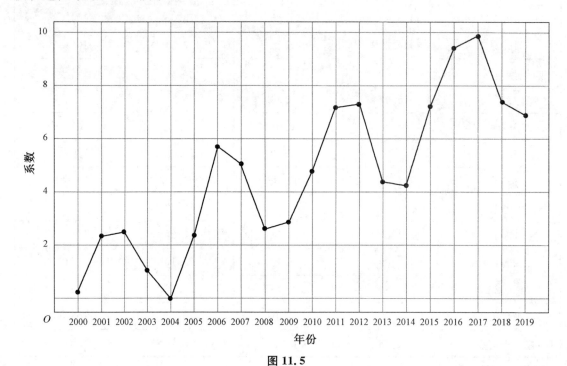

图 11.5

循环变动与长期趋势不同,它不是单一方向的持续变动,而是有涨有落的交替波动. 循环变动与季节变动也不同,循环变动的周期长短不一致,不像季节变动那样有明显的按月或按季的固定周期规律. 循环规律的周期性不甚明显. 例如,朝代的更替,"分久必合,合久必分".

11.2.4　不规则变动

不规则变动指时间序列呈现出的无规律可循的变动,是由随机因素引起的,如自然灾害、战争、政治运动和政策变化,难以用趋势变动、季节变动、循环变动来解释,是难以预测的不规则变动. 也就是时间序列剔除以上三种变动后剩余的变动.

不规则变动通常表现为时间序列数据中的噪声或随机波动,使得数据呈现出不规则的起伏和波动. 这种不规则性使得分析和预测时间序列数据变得更加困难,因为不规则变动没有明确的规律可循,无法通过统计方法和模型来准确地描述和预测.

在时间序列分析中,我们通常会尝试将不规则变动剔除或降低其影响,以更好地理解时间序列的长期趋势和结构性变化.常用的方法包括平滑技术、移动平均等,这些方法可以通过平均化和抑制不规则变动来提取出时间序列的趋势和周期性成分,从而更好地进行分析和预测.

11.3　时间序列趋势变动分析

时间序列分析的主要目的之一是根据已有的历史数据对未来进行预测.时间序列含有不同的成分,如趋势、季节性、周期性和随机性.对于一个具体的时间序列,它可能含有一种成分,也可能同时含有几种成分,含有不同成分的时间序列所用的预测方法是不同的.预测步骤如下.

第一步:确定时间序列所包含的成分,确定时间序列的类型;

第二步:找出适合此类时间序列的预测方法;

第三步:对可能的预测方法进行评估,以确定最佳预测方案;

第四步:利用最佳预测方案进行预测.

11.3.1　确定时间序列成分

1. 确定趋势成分

确定趋势成分是否存在,可绘制时间序列的线图,看时间序列是否存在趋势,以及存在趋势是线性还是非线性.

利用回归分析拟合一条趋势线,对回归系数进行显著性检验.回归系数显著,可得出线性趋势显著的结论.

2. 确定季节成分

确定季节成分是否存在,至少需要两年数据,且数据需要按季度、月份、周或天来记录.可绘图,年度折叠时间序列图(folded annual time series plot),需要将每年的数据分开画在图上,横轴只有一年的长度,每年的数据分别对应纵轴.如果时间序列只存在季节成分,年度折叠时间序列图中的折线将会有交叉;如果时间序列既含有季节成分又含有趋势,则年度折叠时间序列图中的折线将不会有交叉,若趋势上升,后面年度的折线将会高于前面年度的折线,若下降,则后面年度的折线将会低于前面年度的折线.

3. 选择预测方法

确定时间序列类型后,选择适当的预测方法.利用时间数据进行预测,通常假定过去的变化趋势会延续到未来,这样就可以根据过去已有的形态或模式进行预测.时间序列的预测方法有传统方法:简单平均法、移动平均(moving average,MA)法、指数平滑法等;现代方法:Box-Jenkins 的自回归(autoregressive,AR)模型,如图 11.6 所示.

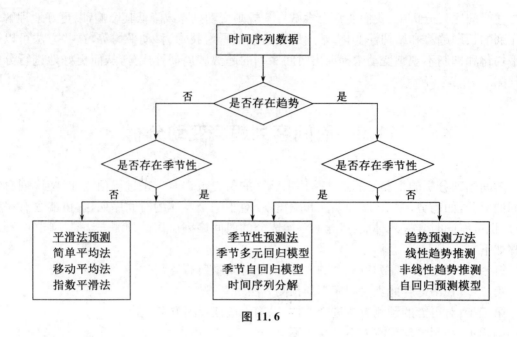

图 11.6

一般来说，任何时间序列都会有不规则成分存在，在商务和管理数据中通常不考虑周期性，只考虑趋势成分和季节成分.

不含趋势和季节成分的时间序列，即平稳时间序列只含随机成分，只要通过平滑可消除随机波动. 因此，这类预测方法也称平滑预测方法.

常见的时间序列模型包括自回归移动平均模型（autoregressive moving average，ARMA）、自回归积分移动平均模型（autoregressive integrated moving average，ARIMA）、季节性自回归积分移动平均模型（seasonal autoregressive integrated moving average，SARIMA）等. 通过时间序列模型分析，可以发现数据中的周期性、趋势性、季节性等特征，进而对未来的走势进行预测和规划.

时间序列 $\{r_t\}$，如果能写成

$$r_t = \mu + \sum_{i=0}^{\infty} \psi_i a_{t-i},$$

其中 μ 为 r_t 的均值，$\psi_0 = 1$，$\{a_t\}$ 为白噪声序列.

则我们称 r_t 为线性序列. 其中 a_t 成为在 t 时刻的新息（innovation）或扰动（shock）.

11.3.2 AR 模型

假设当前值可以被过去的值通过线性组合来预测，并且误差项是白噪声过程.

$$r_t = \varphi_0 + \varphi_1 r_{t-1} + \cdots + \varphi_p r_{t-p} + \varepsilon_t.$$

其中 ε_t 为白噪声，当前的数可以看作 p 个以前序列的线性组合和白噪声误差项构成.

其中 AR(1)的模型表示为

$$r_t = \mu + \varphi r_{t-1} + \varepsilon_t.$$

将齐次部分转换为特征方程（代数方程）

$$x^p = \varphi_1 x^{p-1} + \varphi_2 x^{p-2} + \cdots + \varphi_p（同时除以 x^{t-p} 即可）.$$

特征方程是一个 p 阶多项式,对应可求出 p 个解(可能有实根,也可能有虚根).

(1) 如果这 p 个解的模长均小于 1,则 $\{r_t\}$ 平稳,也称 $\{r_t\}$ 对应的 AR(p) 模型平稳.

(2) 如果这 p 个解中有 k 个解的模长等于 1,则 $\{r_t\}$ 为 k 阶单位根过程(k 阶单位根过程可经过 k 阶差分变为平稳的时间序列).

(3) 如果这 p 个解中至少有一个的模长大于 1,则 $\{r_t\}$ 为爆炸过程(现实生活中很少出现). 比如,AR(1): $r_t = \varphi_1 r_{t-1} + a_t (\varphi_0 = 0, \varphi_1 > 1)$,容易证明其特征方程的根为 φ_1.

显然 $y_{t+k} = \varphi_1{}^k + \sum_{i=1}^{k} \varphi_1{}^{k-i} \varepsilon_{t+i}$,$\{y_t\}$ 序列为指数增长.

对于不同的 AR 模型,其偏相关函数(partial auto correlation function,PACF)图像对比如图 11.7 所示.

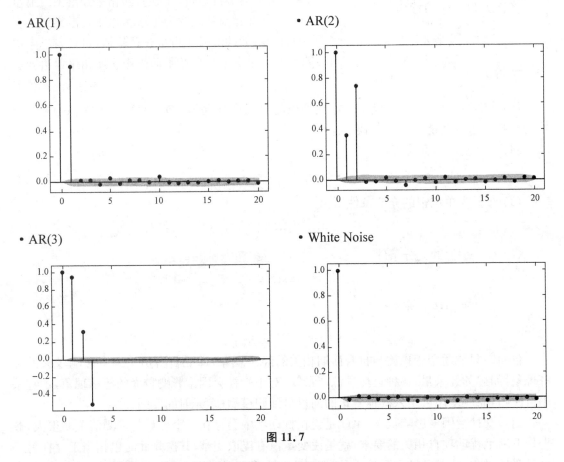

图 11.7

AR(p) 的 PACF 是关于 p 步截尾的,截尾就是快速收敛应该是快速的降到几乎为 0 或者在置信区间以内.

AR 模型要求时间序列是一个平稳的,如果不平稳,则需要通过差分将数据变成平稳的时间序列. 比如,

AR(3) 模型

$$y_t = 0.1 + 0.2 y_{t-1} + 0.3 y_{t-2} + 0.5 y_{t-3} + \varepsilon_t,$$

齐次部分对应的特征方程

$$x^3 = 0.2x^2 + 0.3x + 0.5,$$

解得 $x_1 = \dfrac{-4 - \sqrt{34}\,\mathrm{i}}{10}, x_2 = \dfrac{-4 + \sqrt{34}\,\mathrm{i}}{10}, x_3 = 1.$

求模长 $|x_1| = |x_2| = \sqrt{\dfrac{16}{100} + \dfrac{34}{100}} = 0.707\,1 < 1.$

所以 y_t 为一阶单位根过程.

下面进行一阶差分变形.

$$y_t - y_{t-1} = 0.1 - 0.8(y_{t-1} - y_{t-2}) - 0.5(y_{t-2} - y_{t-3}) + \varepsilon_t \,(\text{转换成 AR}(2)\text{过程}).$$

齐次方程对应的特征方程

$$x^2 = -0.8x - 0.5.$$

解得 $x_1 = \dfrac{-4 - \sqrt{34}\,\mathrm{i}}{10}, x_2 = \dfrac{-4 + \sqrt{34}\,\mathrm{i}}{10}.$

注：我们讨论的 AR(p) 模型一定是平稳的时间序列模型，如果原数据不平稳也要先转换为平稳的数据才能再进行建模.

对于 AR(p) 模型而言，

$$r_t = \varphi_0 + \varphi_1 r_{t-1} + \cdots + \varphi_p r_{t-p} + a_t. \tag{11.21}$$

(1) $\{r_t\}$ 为单位根的充要条件

$$\varphi_1 + \varphi_2 + \cdots + \varphi_p = 1.$$

(2) $\{r_t\}$ 平稳的充分条件

$$|\varphi_1| + |\varphi_2| + \cdots + |\varphi_p| < 1.$$

(3) $\{r_t\}$ 平稳的必要条件

$$\varphi_1 + \varphi_2 + \cdots + \varphi_p < 1$$

自回归只能适用于预测与自身前期相关的经济现象，即受自身历史因素影响较大的经济现象，如矿的开采量，各种自然资源产量等. 对于受社会因素影响较大的经济现象，不宜采用自回归，而应使用可纳入其他变量的向量自回归模型（多元时间序列）.

如果受社会因素影响很大，也就是说在扰动项中会存在一个变量与预测值关联很大，首先是不满足扰动项自相关的要求，就是说变量没有提取完整；其次是此时也相当于存在另一个自变量，那么此时已经不再是一元，相当于一个多元的时间序列.

11.3.3　MA 模型

$$r_t = c_0 + a_t - \theta_1 a_{t-1} - \cdots - \theta_q a_{t-q}. \tag{11.22}$$

该模型适用过去 q 个时期的随机误差来表示现在的预测值. c_0 为一个常数项. 这里的 a_t 是 AR 模型 t 时刻的扰动或者新息. 金融中的日交易股票（intraday stock）与这个模型很相似.

它有以下几个性质.

平稳性:因为它是白噪声的有限线性组合,所以它有弱平稳.

$$E(r_t) = c_0 \quad Var(r_t) = (1 + \theta_1{}^2 + \theta_2{}^2 + \cdots + \theta_q{}^2)\sigma_a{}^2.$$

自相关函数:其自相关函数总是 q 步截尾的,即为有限记忆.

可逆性:$MA(q)$ 模型可以转化为 $AR(p)$ 模型.

$MA(1)$ 模型:

$$y_t = \varepsilon_t - \beta_1 \varepsilon_{t-1} (这里改为负号仅仅是为了方便计算).$$

将上式使用滞后算子的写法:

$$y_t = (1 - \beta_1 L)\varepsilon_t \Rightarrow \frac{1}{1 - \beta_1 L} y_t = \varepsilon_t.$$

因为 $(1 - \beta_1 L)(1 + \beta_1 L + \beta_1{}^2 L^2 + \cdots) = (1 + \beta_1 L + \beta_1{}^2 L^2 + \cdots) - (\beta_1 L + \beta_1{}^2 L^2 + \cdots) = 1$,

所以
$$\frac{1}{1 - \beta_1 L} = 1 + \beta_1 L + \beta_1{}^2 L^2 + \cdots (条件 |\beta_1| < 1),$$

则
$$\frac{1}{1 - \beta_1 L} y_t = \varepsilon_t,$$

所以
$$y_t + \beta_1 y_{t-1} + \beta_1{}^2 y_{t-2} + \cdots = \varepsilon_t \Rightarrow y_t = \varepsilon_t - (\beta_1 L + \beta_1{}^2 L^2 + \cdots).$$

从上面的计算步骤看出,可以将 1 阶移动平均模型转换为无穷阶的自回归模型,这一性质称为移动平均模型的可逆性.类似地,我们在某些条件下(可逆性条件)也可以将 $MA(q)$ 模型转换为无穷阶的自回归过程.

一般地,任何经济变量的时间序列都可以用自回归过程来描述.但在模型分析的实践中,为简化估计参数的工作量,我们当然希望模型当中的参数尽可能地少.于是便有了引入移动平均过程 $MA(q)$ 的必要.

11.3.4　ARMA 模型

$ARMA(p, q)$ 实际上就是 $AR(p)$ 与 $MA(q)$ 的加法组合,设法将自回归过程 AR 和移动平均过程 MA 结合起来,共同模拟产生既有时间序列样本数据的随机过程的模型.使用这个模型的好处是将两个模型结合后,可以使用更小的参数.

$$r_t = \varphi_0 + \sum_{i=1}^{p} \varphi_i r_{t-i} + a_t + \sum_{i=1}^{q} \theta_i a_{t-i}. \tag{11.23}$$

它依然只能用于平稳序列,推理如下.

利用向后推移算子 B,上述模型可写成

$$(1 - \varphi_1 B - \cdots - \varphi_p B^p) r_t = \varphi_0 + (1 - \theta_1 B - \cdots - \theta_q B^q) a_t (后移算子 B,即上一时刻).$$

此时求 r_t 的期望,得到

$$E(r_t) = \frac{\varphi_0}{1 - \varphi_1 - \cdots - \varphi_p}.$$

与 AR 模型一致,因此有相同的特征方程

$$1-\varphi_1 x-\varphi_2 x^2-\cdots-\varphi_p x^p=0.$$

该方程所有解的倒数称为该模型的特征根,由于 ARMA 模型是 AR 和 MA 两个模型的相加,在 MA 模型中只要 q 是常数那么模型就是平稳的,所以我们只用判断 AR 模型是否平稳即可,所以 ARMA 模型的平稳性判断方法和 AR 的判断方法一样. 即若所有特征根的模都小于 1,则该 ARMA 模型是平稳的.

将齐次部分转换为特征方程(代数方程)

$$x^p=\varphi_1 x^{p-1}+\varphi_2 x^{p-2}+\cdots+\varphi_p(\text{同时除以 } x^{t-p} \text{ 即可}).$$

特征方程是一个 p 阶多项式,对应可求出 p 个解(可能有实根,也可能有虚根).

(1) 如果这 p 个解的模长均小于 1,则 $\{r_t\}$ 平稳,我们也称 $\{r_t\}$ 对应的 AR(p) 模型平稳.

(2) 如果这 p 个解中有 k 个解的模长等于 1,则 $\{r_t\}$ 为 k 阶单位根过程(k 阶单位根过程可经过 k 阶差分变为平稳的时间序列).

(3) 如果这 p 个根中至少有一个的模长大于 1,则 $\{r_t\}$ 为爆炸过程.

一般地,我们可以通过观察时序图来判断时间序列是否平稳,当然,也有相应的假设检验方法能帮助我们对数据的平稳性进行检验(由于第三种情况几乎不会发生,只需要检验时间序列是单位根还是平稳的即可). 例如:Augmented Dickey-Fuller 单位根检验(ADF 检验)、KPSS 检验、PP 检验.

11.3.5　ARIMA 模型

它是将非平稳时间序列通过 d 阶差分之后,转变为平稳时间序列,再使用 ARMA 建模.

$$y_t'=c+\varphi_1 y_{t-1}'+\cdots+\varphi_p y_{t-p}'+\theta_1 \varepsilon_{t-1}+\cdots+\theta_q \varepsilon_{t-q}+\varepsilon_t. \tag{11.24}$$

其实之前介绍的基础模型,都可以用它来表达,见表 11.3.

表 11.3

白噪声模型	ARIMA$(0,0,0)$
随机游走模型	ARIMA$(0,1,0)$,无常数
带位移随机游走	ARIMA$(0,1,0)$,有常数
AR 模型	ARIMA$(p,0,0)$
MA 模型	ARIMA$(0,0,q)$

时间序列趋势变动分析则是指通过对时间序列数据的趋势进行分析,揭示长期的上升或下降趋势,并对趋势的变动进行评估. 趋势分析可以帮助我们了解数据的整体变化方向,判断是否存在明显的趋势,以及趋势是否稳定或者发生了变动.

时间序列模型分析通常需要首先对时间序列数据的趋势进行识别和分析,因为趋势性是时间序列模型中常见的一种特征. 同时,对时间序列数据进行趋势变动分析也可以为时间序列模型的建立和选择提供重要的依据,如在确定模型的阶数或超参数时考虑趋势的变动情况.

11.3.6　SARIMA 模型

到目前为止,我们只关注非季节性数据和非季节性 ARIMA 模型. 然而,ARIMA 模型也能够对广泛的季节数据进行建模.

SARIMA 模型是通过在 ARIMA 模型中包含额外的季节性项而生成的,其形式如下.

$$\text{SARIMA}\ \underbrace{(p,d,q)}_{\text{非季节部分}}\ \underbrace{(P,D,Q)_m}_{\text{季节部分}}$$

注:m 表示周期数
(月份数据 $m=12$,季度数据 $m=4$).

$$\Big(1-\sum_{i=1}^{p}\phi_i L^i\Big)\Big(1-\sum_{i=1}^{P}\Phi_i L^{mi}\Big)(1-L)^d\,(1-L^m)^D\,y_t=\alpha_0+\Big(1+\sum_{i=1}^{q}\theta_i L^i\Big)\Big(1+\sum_{i=1}^{Q}\Theta_i L^{mi}\Big)\varepsilon_t.$$

$\begin{pmatrix}\text{Non-seasonal}\\ \text{AR}\,(p)\end{pmatrix}$ $\begin{pmatrix}\text{Seasonal}\\ \text{AR}\,(P)\end{pmatrix}$ $\begin{pmatrix}\text{Non-seasonal}\\ \text{difference}\end{pmatrix}$ $\begin{pmatrix}\text{Seasonal}\\ \text{difference}\end{pmatrix}$ $\begin{pmatrix}\text{Non-seasonal}\\ \text{MA}(q)\end{pmatrix}$ $\begin{pmatrix}\text{Seasonal}\\ \text{MA}(Q)\end{pmatrix}$

11.3.7　移动平均法

上面提到股市波动可以看作一个时间序列. 以每日收盘价为例,选择一个固定大小的窗口,如 10 天或 20 天. 然后,从最新的数据开始,将窗口内的收盘价相加并除以窗口大小,得到第一个移动平均值. 将窗口向前移动一个时间单位,重新计算移动平均值,直到覆盖整个时间序列. 这就完成了一次简单的移动平均计算.

1. 移动平均法的原理与概念

基本原理:通过移动平均消除时间序列中的不规则变动和其他变动,从而揭示出时间序列的长期趋势.

概念:选择一定的用于平均的时距项数 N,采用对序列逐项递移的方式,对原序列递移的 N 项计算平均数,由这些序时平均数所形成的新序列,一定程度上消除或削弱了原序列中的由于偶然因素引起的不规则变动和其他成分,对原序列的波动起到一定的修匀作用,从而呈现出现象在较长时期的发展趋势.

移动平均法是用一组最近的历史需求,来预测未来一期或多期的需求. 这是时间序列最常用的方法之一. 当每期的历史需求权重一样的时候,就叫简单移动平均(一般简称为移动平均);当权重不同的时候,就叫加权移动平均. 在加权移动平均中,历史各期产品需求的数据信息对预测未来期内的需求量的作用是不一样的. 除了以 n 为周期的周期性变化外,靠近目标期的变量值的影响力相对较高,故应给予较高的权重,也就是说更重视最新的信息,但所有的权重加起来等于 1.

移动平均法是通过平均多个数值,消除需求波动中的随机因素. 这种方法简单易行,在需求既不快速增长,也不快速下降,没有季节性、周期性的情况下,相当不错. 实际需求有时高,有时低,如果前一段时间高,后一段时间就可能低,通过取平均值,高低互相抵消,得到更加平稳、更加准确的预测,也让需求预测更平滑,提高供应链的执行效率,降低运营成本.

在运用加权平均法时,权重的选择是一个应该注意的问题.经验法和试算法是选择权重的最简单的方法.一般而言,最近期的数据最能预示未来的情况,因而权重应大些.例如,根据前一个月的利润和生产能力比起根据前几个月能更好地估测下个月的利润和生产能力.但是,如果数据是季节性的,则权重也应是季节性的.

$$\hat{T}_t = \frac{1}{m} \sum_{j=-k}^{k} y_{t+j}.$$

选取当前观测及其过去的 k 个数据还有未来 k 个数据去平均,$m = 2k+1$,称为 m 阶移动平均(m - MA),一般来说,阶数越高,曲线越平滑.

随机性是围绕中间值波动的,用平均刚好可以在一定程度上抵消随机性,也没有季节性因素.所以可以认为此序列只包含长期趋势和循环变动两部分($T \times C$ 或 $T + C$).

此外,当阶数为偶数时,移动平均线是非对称的.为了达到对称性的要求,可以使用中心化移动平均(centred moving average).以 2×4 - MA 为例,意思是 4 阶移动平均后再来一次 2 阶平均.

$$T_t = \frac{1}{2} \left(\frac{1}{4}(y_{t-2} + y_{t-1} + y_t + y_{t+1}) + \frac{1}{4}(y_{t-1} + y_t + y_{t+1} + y_{t+2}) \right)$$
$$= \frac{1}{8} y_{t-2} + \frac{1}{4} y_{t-1} + \frac{1}{4} y_t + \frac{1}{4} y_{t+1} + \frac{1}{8} y_{t+2}.$$

通常,一个 $2 \times m$ - MA 等价于一个所有权重都取 $1/m$,除了第一个和最后一个项取权重 $1/2m$ 的 $m+1$ 阶移动平均.所以,如果季节周期是偶数且阶数为 m,我们使用 $2 \times m$ - MA 来估计趋势-循环.如果季节周期是奇数且阶数为 m,使用 m - MA 来估计趋势-循环.比如,2×12 - MA 可用于估计月度数据的趋势-循环;7 - MA 可用于估计带有周季节性的日数据趋势.

假设原始数据是具有季节性的,那如果移动平均的阶数没选好,就会被数据中的季节性所"污染".

对于一个长度为 n 的时间序列,移动平均法的计算步骤如下.

(1)确定移动平均的时间跨度,即要使用多少个数据点进行平均计算,记为 m.

(2)从序列的起点开始,取出前 m 个数据点计算平均数,并将该平均数作为第一个平均值.

(3)将数据序列向右移动一位,即去掉第一个数据点,加上下一个数据点,重新计算平均数,并将该平均数作为第二个平均值.重复此步骤直至计算出所有平均值.

(4)将每个平均值与其对应的时间点放在一张图表上,即可绘制出移动平均线图.

移动平均法常用于平滑滤波,使用移动平均法进行预测能平滑掉需求的突然波动对预测结果的影响.但移动平均法运用时也存在着如下问题.

(1)加大移动平均法的期数(即加大 n 值)会使平滑波动效果更好,但会使预测值对数据实际变动更不敏感.

(2)移动平均值并不能总是很好地反映出趋势.由于是平均值,预测值总是停留在过去的水平上而无法预计会导致将来更高或更低的波动.

(3)移动平均法要有大量的过去数据的记录.

(4)随着时间推移,逐渐纳入更近期的数据,不断更新平均值以之作为预测值.

移动平均法的基本原理是通过移动平均消除时间序列中的不规则变动和其他变动,从而揭示出时间序列的长期趋势,常用于股票分析、经济预测等领域.但同时也有缺点,如可能会延迟反应市场状况的变化,因此需要结合其他指标和方法进行分析.

移动平均法预测的是下期,也就是下一步的预测.那下下期,以及更远的预测呢?假定跟下期一样——移动平均法适用于需求相对平稳,没有趋势、季节性的情况.如果需求呈现趋势,且需求波动不大的时候,可以考虑用二次移动平均(也叫二项移动,即在一次移动平均的基础上再移动平均),或者用后面要讲到的霍尔特指数平滑法.如果需求呈现季节性和趋势,可以用季节性模型,如后面提到的霍尔特-温特模型,也是指数平滑法的一种.

根据需求历史的期数不同,移动平均又分为二期、三期、四期移动平均等.比如,8 周移动平均是利用最近 8 周的需求历史,平均后得出下一周的预测.期数越多,预测越平缓,但对需求变动的响应速度(灵敏度)越慢;期数越少,预测越灵敏,风险是放大"杂音",制造更多的运营成本.

那么,究竟多少期算合适?同一个公司,不同人用的期数也可能不同.选择合适的期数,也是移动平均法的择优,对提高预测准确度至关重要.

例 11.1 某市某车站的客运量如表 11.4 所示.

表 11.4

年份	季度	客运量	三项移动平均		四项移动平均			五项移动平均	
			移动平均值	逐期增长	四项平均	移正平均	逐期增长	移动平均值	逐期增长
2000	一	100	—	—				—	
	二	95	97.7	—					
	三	98	100.0	2.3	100.00	101.250		102.0	
	四	107	105.0	5.0	102.50	103.750	2.500	103.0	1.0
2001	一	110	107.3	2.3	105.00	106.125	2.375	105.4	2.4
	二	105	107.3	0.0	107.25	108.250	2.125	108.8	3.4
	三	107	109.0	1.7	109.25	110.875	2.625	112.0	3.2
	四	115	115.0	6.0	112.50	113.750	2.875	113.0	1.0
2002	一	123	117.7	2.7	115.00	116.625	2.875	116.0	3.0
	二	115	119.3	1.6	118.25	119.500	2.875	119.6	3.6
	三	120	120.0	0.7	120.75	—	—	—	—
	四	125	—	—	—				

理论上,可以选择任何期数的移动平均,但在实际操作中,人们更习惯于 2 周等于半个月,4 周是 1 个月,8 周是 2 个月,13 周是 3 个月(1 个季度)等.这也更有利于跨职能沟通.当然,在本例中,3 周、5 周移动平均或许比 6 周更准确,感兴趣的读者可以进一步验证.

"时距项数"通常指的是移动平均法中的"项数",也就是移动平均的计算窗口大小.

在移动平均法中,项数即用来计算移动平均的数据点数量.常见的移动平均方法包括三项移动平均、四项移动平均、五项移动平均等. 这些不同的项数代表了计算移动平均所涵盖的时间段长度, 它们可以帮助消除数据中的噪声和波动, 更好地揭示数据的趋势变化. 例如, 三项移动平均是指每次取连续三个时间点(如三个季度)内的数据进行平均, 而五项移动平均则是取连续五个时间点(如五个季度)内的数据进行平均.

时距项数与时间序列长度不同, 时间序列长度是指时间序列中包含的数据点的总个数, 时距项数指的是进行移动平均计算时, 使用的数据点的个数, 它决定了平滑效果的强度和灵敏度. 这两者之间的关系是当时间序列长度较长时, 我们可以选择较大的时距项数, 因为有足够的数据点来进行计算. 相反, 当时间序列长度较短时, 应该选择较小的时距项数, 以避免过度平滑和信息损失.

需要注意的是, 并非始终要求时距项数与时间序列长度一致. 在某些情况下, 为了更好地捕捉季节性或周期性变动, 可能需要选择与时间序列长度不完全一致的时距项数.

因此, 选择适当的时距项数需要综合考虑时间序列的长度、趋势特征以及所需的平滑效果.

2. 移动平均法的特点

(1) 平均的时距项数 N 越大, 对数列的修匀作用越强.

(2) N 为奇数时, 只需一次移动平均.

(3) N 为偶数时, 需要进行两次: 移动平均和移正平均.

(4) 当序列包含季节变动时, N 应与季节变动的长度一致.

(5) 当序列包含周期变动时, N 应与周期长度基本保持一致.

(6) N 为奇数时, 移动平均后的新序列首尾各减少 $(N-1)/2$ 项.

(7) N 为偶数时, 移正平均后的新序列首尾各减少 $N/2$ 项.

以平均的时距项数 N 不应过大.

11.3.8 指数平滑法

指数平滑又称为指数修匀, 是一种重要的时间序列预测法. 指数平滑法实质上是将历史数据进行加权平均作为未来时刻的预测结果. 其加权系数是呈几何级数衰减, 时间期数愈近的数据, 权数越大, 且权数之和等于 1, 由于加权系数符合指数规律, 又具有指数平滑的功能, 故称为指数平滑.

它的基本思想是先对原始数据进行预处理, 消除时间序列中偶然性的变化, 提高收集的数据中近期数据在预测中的重要程度, 处理后的数据称为 "平滑值", 然后再根据平滑值经过计算构成预测模型, 通过该模型预测未来的目标值.

1. 一次指数平滑法的通式

一次指数平滑法是利用前一期的预测值代替 x_{t-n} 得到预测的通式, 即

$$F_{t+1} = \alpha x_t + (1-\alpha)F_t, \tag{11.25}$$

下期预测数＝本期实际数×平滑系数＋本期预测数×(1－平滑系数).

一次指数平滑法是一种加权预测, 权数为 α. 它既不需要存储全部历史数据, 也不需要存储一组数据, 从而可以大大减少数据存储问题, 甚至有时只需一个最新观察值、最新预测值和 α 值, 就可以进行预测. 它提供的预测值是前一期预测值加上前期预测值中产生的误差

的修正值.

2. 指数平滑法的优点

(1) 既不需要收集很多的历史数据,又考虑了各期数据的重要性,且使用全部的历史数据,它是移动平均法的改进和发展,应用较为广泛.

(2) 它具有计算简单、样本要求量较少、适应性较强、结果较稳定等优点.

(3) 不但可用于短期预测,而且对中长期测效果更好.

3. 一次指数平滑法初值的确定方法

(1) 取第一期的实际值为初值.

(2) 取最初几期的平均值为初值.

一次指数平滑法比较简单,但也有问题.问题之一便是力图找到最佳的 α 值,以使均方差最小,这需要通过反复试验确定.

例 11.2　利用表 11.5 数据运用一次指数平滑法对 1981 年 1 月我国平板玻璃月产量进行预测(取 $\alpha=0.3, 0.5, 0.7$).并计算均方误差选择使其最小的 α 进行预测.

拟选用 $\alpha=0.3, \alpha=0.5, \alpha=0.7$ 试预测.

结果列入表 11.5.

表 11.5

时间	序号	实际观测值	指数平滑法		
			$\alpha=0.3$	$\alpha=0.5$	$\alpha=0.7$
1980.01	1	203.8	—	—	—
1980.02	2	214.1	203.8	203.8	203.8
1980.03	3	229.9	206.9	209.0	211.0
1980.04	4	223.7	213.8	230.0	224.2
1980.05	5	220.7	216.8	226.9	223.9
1980.06	6	198.4	218.0	223.8	221.7
1980.07	7	207.8	212.1	211.1	205.4
1980.08	8	228.5	210.8	209.5	207.1
1980.09	9	206.5	216.1	219.0	222.1
1980.10	10	226.8	213.2	212.8	211.2
1980.11	11	247.8	217.3	219.8	222.1
1980.12	12	259.5	226.5	233.8	240.1

4. 指数平滑法的分类

(1) 一次指数平滑法

如果时间序列 t 的实际值为 $y_1, y_2, \cdots, y_t$.一次指数平滑法的公式为

$$F_t = \alpha X_t + (1-\alpha) F_{t-1} = F_{t-1} + \alpha(X_t - F_{t-1}). \tag{11.26}$$

其中 F_t 为一次指数平滑值;α 为加权系数,其值 $0 < \alpha < 1$;F_{t-1} 为上一期的指数平滑

值,是 X_t 与 F_{t-1} 的加权平均.

它以第 t 期指数平滑值作为 $t+1$ 期预测值.这也说明下期预测值又是本期预测值与以 α 为折扣的本期实际值与预测值误差之和.

可以看出,在指数平滑法中,所有先前的观测值都对当前的平滑值产生了影响,但它们所起的作用随着参数的幂的增大而逐渐减小.那些相对较早的观测值所起的作用相对较小.同时,称 α 为记忆衰减因子可能更合适,因为 α 的值越大,模型对历史数据"遗忘"的就越快.从某种程度来说,指数平滑法就像是拥有无限记忆(平滑窗口足够大)且权值呈指数级递减的移动平均法.一次指数平滑所得的计算结果可以在数据集及范围之外进行扩展,因此也就可以用来进行预测.预测方式为

$$X_{t+h}=F_t.$$

优点:

① 简单,不需要太多的数据,只需要当期的实际值和预测值就能预测下期;

② 反应灵敏,对于最近发生的波动能较快发现,并应用到下次预测中;

③ 可以持续优化,只需要优化平滑系数 α 即可.

缺点:

① 优化不易,无法准确知道适合哪个平滑系数,只能通过多次试验才能确定;

② 只能预测短期,若是要进行长期预测则会增加不确定性,因为长期的预测也需要还未发生的数据,这时候的预测就不会很准;

③ 只能用于相对平稳的情况,如果出现波动情况,也就是有季节性或趋势性的时候,预测的数据往往会滞后.

(2)二次指数平滑法

当时间序列的变动出现直线趋势时,用一次指数平滑法进行预测,存在着明显的滞后误差.因此,必须加以修正.修正的方法即再做二次指数平滑,利用滞后偏差的规律来建立直线趋势模型,这就是二次指数平滑法.二次指数平滑是对一次指数平滑的再平滑.它适用于具有线性趋势的时间数列.

趋势,或者说斜率的定义很简单:$b=\Delta y/\Delta x$,其中 Δx 为两点在 x 坐标轴的变化值,所以对于一个序列而言,相邻两个点的 $\Delta x=1$,因此 $b=\Delta y=y(x)-y(x-1)$.除了用点的增长量表示,也可以用二者的比值表示趋势.比如,可以说一个物品比另一个贵 20 元钱,等价地也可以说贵了 5%,前者称为可加的,后者称为可乘的.在实际应用中,可乘的模型预测稳定性更佳,但是为了便于理解,我们以可加的模型为例进行推导.

指数平滑考虑的是数据的基础,二次指数平滑在此基础上将趋势作为一个额外考量,保留了趋势的详细信息.即保留并更新两个量的状态:平滑后的信号和平滑后的趋势.公式如下.

$$F_t=\alpha X_t+(1-\alpha)(F_{t-1}+S_{t-1}),$$
$$S_t=\beta(F_t-F_{t-1})+(1-\beta)S_{t-1}.$$

第二个等式描述了平滑后的趋势.当前趋势的未平滑值 S_t 是当前平滑值 F_t 和上一个平滑值 F_{t-1} 的差.也就是说,当前趋势告诉我们在上一个时间步长里平滑信号改变了多少.要想使趋势平滑,用一次指数平滑法对趋势进行处理,并使用参数 β.对 S_t 的处理类似

于一次平滑指数法中的 F_t,即对趋势也需要做一个平滑,临近的趋势权重大.

为获得平滑信号,进行一次上述混合,但要同时考虑到上一个平滑信号及趋势.假设单个步长时间内保持着上一个趋势,那么第一个等式的最后那项就可以对当前平滑信号进行估计.

若要利用该计算结果进行预测,就取最后一个平滑值,然后每增加一个时间步长就在该平滑值上增加一次最后一个平滑趋势.

$$X_{t+h} = F_t + hS_t.$$

(3) 三次指数平滑法

当时间序列的变动表现出二次曲线趋势时,则需要用三次指数平滑法.三次指数平滑法是在二次指数平滑的基础上,再进行一次平滑.

二次指数平滑考虑了序列的基础和趋势,三次就是在此基础上增加了一个季节分量.类似于趋势分量,对季节分量也要做指数平滑.比如,预测下一个季节第 3 个点的季节分量时,需要指数平滑地考虑当前季节第 3 个点的季节分量、上个季节第 3 个点的季节分量等.有下述公式(累加法).

$$F_t = \alpha(X_t - I_{t-L}) + (1-\alpha)(F_{t-1} + S_{t-1}), \tag{11.27}$$

$$S_t = \beta(F_t - F_{t-1}) + (1-\beta)S_{t-1}, \tag{11.28}$$

$$I_t = \gamma(X_t - F_t) + (1-\gamma)I_{t-L}. \tag{11.29}$$

其中,I_t 是指"周期性"部分.预测公式如下.

$$X_{t+h} = F_t + hS_t + I_{t-L+h}.$$

L 是指周期的长度.

一次指数平滑法针对没有趋势和季节性的序列,二次指数平滑法针对有趋势但没有季节性的序列,三次指数平滑法针对有趋势也有季节性的序列.

这三种方法的基本思路都是预测值是以前观测值的加权和,且对不同的数据给予不同的权,新数据赋予较大的权,时间越早的数据赋予较小的权.

在做时序预测时,一个显然的思路是认为离着预测点越近的点,作用越大.比如,某人这个月体重 100 斤,去年某个月 120 斤,显然对于预测下个月体重而言,这个月的数据影响力更大些.假设随着时间变化权重以指数方式下降,最近为 0.8,然后 0.8 ∗ ∗2,0.8 ∗ ∗3……,最终年代久远的数据权重将接近于 0.将权重按照指数级进行衰减,这就是指数平滑法的基本思想.

所有的指数平滑法都要更新上一时间步长的计算结果,并使用当前时间步长的数据中包含的新信息.它们通过"混合"新信息和旧信息来实现,而相关的新旧信息的权重由一个可调整的参数来控制.

(4) 霍尔特指数平滑法

霍尔特指数平滑法通常用于有趋势的情况,由两部分构成,分别为水平部分和趋势部分,水平部分

$$F_t = \alpha X_t + (1-\alpha)(F_{t-1} - S_{t-1}), \tag{11.30}$$

趋势部分

$$S_t = \beta(F_t - F_{t-1}) + (1-\beta)S_{t-1}, \tag{11.31}$$

预测公式

$$\hat{X}_{t+T} = F_t + TS_t. \tag{11.32}$$

其中 X_t 为第 t 期的实际值,$\hat{X}_{t+T}$ 为第 $t+T$ 期的预测值,F_t 为第 t 期的水平部分,S_t 为第 t 期的趋势部分,α,β 是平滑系数. 预测公式说明,第 $t+T$ 期的预测值由第 t 期的水平部分加上 T 倍的第 t 期的趋势部分.

优点:① 预测准确度相比于移动平均法和简单指数平滑法高,因为用了两个平滑系数;② 反应更灵敏,预测还包括趋势变化.

缺点:两个平滑系数的设置需要尝试,不仅要考虑预测准确度,还要观察犯重大错误的数据是多还是少,这样才能选到更优的参数.

(5) 霍尔特-温特模型

霍尔特-温特模型通常用于季节性加趋势,由三部分构成,分别为水平部分、趋势部分和季节部分,水平部分

$$F_t = \alpha \frac{X_t}{I_{t-L}} + (1-\beta)(F_{t-1} - S_{t-1}), \tag{11.33}$$

趋势部分

$$S_t = \gamma(F_t - F_{t-1}) + (1-\gamma)S_{t-1}, \tag{11.34}$$

季节性部分

$$I_t = \beta \frac{X_t}{F_t} + (1-\beta)I_{t-L}, \tag{11.35}$$

预测公式

$$\hat{X}_{t+T} = (F_t + TS_t)I_{t+T-L}. \tag{11.36}$$

其中 X_t 为第 t 期的实际值,$\hat{X}_{t+T}$ 为第 $t+T$ 期的预测值,F_t 为第 t 期的水平部分,S_t 为第 t 期的趋势部分,I_t 为第 t 期的季节部分,L 为季节长度,α,β,γ 是平滑系数. 预测公式说明,第 $t+T$ 期的预测值由第 t 期的水平部分与 T 倍的第 t 期的趋势部分之和乘以第 $t+T-L$ 期的季节部分.

11.3.9 线性趋势模型法

预测分析是根据客户已知的信息,运用各种定性和定量的分析理论与方法,对事物未来发展的趋势和水平进行判断和推测的一种活动. 预测分析常分为定性预测和定量预测,趋势分析法属于定量预测的一种.

定性预测往往十分依赖专业人士的个人经验和分析判断能力,而定量预测则是通过运用数学工具对事物规律进行定量描述,预测其发展趋势的方法. 定性预测与定量预测通常是可以相互补充的.

趋势分析法是将不同时期数据中的相同指标或比率进行比较,直接观察其增减变动情况及变动幅度,考查其发展趋势,预测其发展前景. 它是基于应用事物时间发展的延续性原理来预测事物发展趋势的.

这一方法预设了一个前提:事物发展具有一定的连贯性,即事物过去随时间发展变化的趋势,便是未来事物随时间发展变化的趋势.

趋势分析法一般而言,适用于产品核心指标的长期跟踪,如点击率、商品交易总额、活跃用户数等. 做出一幅简单的数据趋势图,并不算是趋势分析,趋势分析更多的是需要明确数据的变化,对变化原因进行分析,以及明确预测未来数据的依据.

趋势分析法可以应用于企业的销售趋势、收益趋势、净资产变动趋势、营运资本变动趋势、财务比率的变动趋势等.

（1）销售趋势

销售是企业最基本的经营活动之一,销售是否活跃从一个侧面反映了企业的经营能力. 企业的销售量通常随市场情况的变化而变化,且不同行业的销售特点不尽相同,分析人员需要重复了解行业特点,才能做出正确的分析.

企业自身的销售趋势也能说明企业的经营状况,通过不同企业的销售趋势的比较,能够得到更多的有用信息. 趋势分析有助于企业灵敏地感知市场动态及自身状态.

（2）收益趋势

销售收入为企业提供了收入和现金的来源,企业获得的最终收益要从销售收入中扣除成本的费用,如今还需要再扣除营销费用等. 收益趋势与销售趋势具有可比性,在正常情况下,如果原材料和人工费用稳定,企业的盈利将与销售额同步增长,但在原材料和人工成本的增加或其他费用的增加超出销售额的增长时,销售额的增长便不意味着利润的增加了,此时需要对各项成本进行进一步的细分以找出问题所在. 同时如果销售额的增加是由于大幅度降价换来的,企业也会损失大量利润,所以需要将销售趋势与收益趋势结合起来.

趋势类型通常分为线性趋势线、对数趋势线、指数趋势、乘幂趋势线和多项式趋势线. 本节主要介绍线性趋势线.

线性趋势判断方法是指每期增减量大致相同的情况. 在一个线性趋势中,随着时间的推移,数据值按照相等的固定量递增或递减.

线性趋势判断方法:① 每期增减量大致相同;② 散点图近似直线.

如果散点图中的点大致分布在一条近似直线附近,那么可以初步认为该数据集存在线性趋势. 这是因为线性趋势意味着数据随时间推移按照相等的固定量递增或递减,从而形成一条直线.

对于散点图近似直线的判断,可以使用一些统计工具和方法来辅助. 例如,可以使用最小二乘法拟合一条直线,以描述数据的总体趋势. 通过比较实际数据点与拟合直线之间的偏差程度,可以评估线性趋势的强度和可靠性.

利用线性回归的方法对原时间序列拟合线性方程.

采用一阶求导:

$$b = \frac{n \sum t Y_t - \sum t \sum Y_t}{n \sum t^2 - (\sum t)^2} = \frac{\sum t Y_t - n \bar{t} \bar{Y}_t}{\sum t^2 - n \bar{t}^2}.$$

若中间时间 t 取 0,这样 t 之和就为 0,上式即可简化为

$$b = \frac{\sum ty}{\sum t^2}, a = \bar{y}.$$

例 11.3 线性趋势模型法的应用.

年份	季度	客运量
2000	一	100
	二	95
	三	98
	四	107
2001	一	110
	二	105
	三	107
	四	115
2002	一	123
	二	115
	三	120
	四	125

$\Rightarrow$

t	Y_t
1	100
2	95
3	98
4	107
5	110
6	105
7	107
8	115
9	123
10	115
11	120
12	125

$$\sum t = 78, \bar{t} = 6.5,$$

$$\sum Y_t = 1\,320, \bar{Y} = 110,$$

$$\sum t Y_t = 8\,938, \sum t^2 = 650,$$

$$b = \frac{\sum t Y_t - n\bar{t}\,\bar{Y}_t}{\sum t^2 - n\bar{t}^2},$$

$$= \frac{8\,938 - 12 \times 110 \times 6.5}{650 - 12 \times 6.5^2}$$

$$= \frac{358}{143} = 2.503\,497,$$

$$a = \bar{Y} - b\bar{t} = 110 - 2.503\,497 \times 6.5 = 93.727\,3.$$

这种判断方法可以用于初步观察和估计数据的趋势变化,但并不是一种严格的数学方法. 它更适用于简单的、趋势较为明显的数据序列,而对于复杂的、非线性趋势的数据,这种方法可能不适用.

需要注意的是,散点图近似直线也不一定能够完全确定数据的趋势类型. 有时候,数据可能存在非线性趋势,但由于数据噪声或其他因素,散点图看起来也像是一条直线. 在进行趋势分析时,最好结合多种方法和模型,以得出更准确和可靠的结论.

11.3.10 非线性趋势模型

非线性趋势法也叫曲线趋势预测法,是指当变量与时间之间存在曲线而非直线联系时,通过变量(纵坐标)改用按指数值的差距"刻度",将曲线关系直线化,形成一条对数直线趋势线,再按直线趋势法求解.

曲线趋势预测的详细过程如下.

(1) 可视化数据:将数据绘制成散点图或折线图,以便观察变量与时间之间的趋势和关系. 这有助于判断是否存在曲线关系.

（2）判断趋势类型：根据数据的形态，判断其趋势类型，即直线型、抛物线型还是指数型. 直线型表示变量随时间呈线性增长或减少；抛物线型表示变量随时间的二次增长或减少；指数型表示变量的增长速度逐渐加快或减慢.

（3）对数转换：如果数据呈现出指数型或抛物线型的趋势，可以进行对数转换，将变量按指数值的差距进行刻度. 这样可以将曲线关系转化为直线关系，便于后续的分析和预测.

（4）确定模型：根据趋势类型选择合适的模型. 如果数据呈现直线型趋势，可以使用直线趋势模型进行预测；如果数据呈现抛物线型趋势，可以使用抛物线模型进行预测；如果数据呈现指数型趋势，可以使用指数模型进行预测.

（5）拟合趋势线：根据选定的模型，使用最小二乘法或其他拟合方法，找到最佳的趋势线. 对于直线趋势模型，可以使用线性回归分析；对于抛物线模型和指数模型，可以使用非线性回归分析.

（6）预测未来值：根据拟合出的趋势线，可以进行未来值的预测. 根据时间点在趋势线上的位置，得到对应的变量值.

（7）还原预测结果：如果在对数刻度下进行了预测，需要将预测结果取反对数进行还原，得到实际的预测值.

（8）评估和调整：预测完成后，需要评估预测结果的准确性，并根据实际情况进行调整和修正，以提高预测的精度.

11.3.11　曲线趋势预测的方法

曲线趋势预测法是利用曲线趋势模型进行预测的方法，常用的曲线趋势模型有抛物线模型和简单指数模型两种.

1. 抛物线（二次曲线）

特征：时间数列的二级增长量（二阶差）大体相同或散点图近似为抛物线形态.

$$\hat{y} = a + bt + ct^2.$$

直线趋势的特征是一阶差（也称逐期增长量）相等，那么二阶差相同代表什么？

根据原式得

$$\hat{y}_{t-1} = a + b(t-1) + c(t-1)^2,$$

$\hat{y}_t$ 与 $\hat{y}_{t-1}$ 的一次差为

$$\Delta \hat{y}_t = \hat{y}_t - \hat{y}_{t-1} = b + 2ct - c = (b - c) + 2ct.$$

$\Delta \hat{y}_t$ 也称一阶差，对于二次曲线，其一阶差为线性方程.

再求 $\Delta \hat{y}_{t-1}$.

$$\Delta \hat{y}_{t-1} = (b - c) + 2c(t-1).$$

$\Delta \hat{y}_t$ 与 $\Delta \hat{y}_{t-1}$ 的差为 $2c$，是一个常数，记作 $\Delta^2 \hat{y}_t$，即二阶差

$$\Delta^2 \hat{y}_t = \Delta \hat{y}_t - \Delta \hat{y}_{t-1} = 2c.$$

二阶差实际上是逐期增长量的逐期增长量.

根据最小二乘法求 a,b,c 的标准方程为

$$\sum(y_t-\hat{y}_t)^2=\sum(y_t-(a+bt+ct^2))^2=\sum(y_t-a-bt-ct^2)^2=\min.$$

使实际值 y_t 和拟合值 $\hat{y}_t$ 的离差平方和达到最小值,拟合值即二次曲线的值. 要使 $\sum(y_t-\hat{y}_t)^2$ 达到最小,需分别对 a,b,c 求一阶偏导,并使一阶偏导等于零,即

$$\begin{cases}\sum y=na+b\sum t+c\sum t^2,\\ \sum ty=a\sum t+b\sum t^2+c\sum t^3,\\ \sum t^2 y=a\sum t^2+b\sum t^3+c\sum t^4.\end{cases}$$

求解该三元一次方程组,可得 a,b,c 的表达式.

2. 指数曲线(或二次曲线)

特征:各期环比增长速度(或环比速度)大体相同或从散点图近似指数.

一般形式为
$$\hat{y}=ab^t.$$

求解方法:两边取对数后再变量代换,最后最小平方法.

若 $b>1$,增长率随着时间 t 的增加而增加;

若 $b<1$,增长率随着时间 t 的增加而降低;

若 $a>0,b<1$,趋势值逐渐降低到以 0 为极限.

指数曲线的环比值相等,推导如下.

根据 $\hat{y}_t=ab^t$,得
$$\hat{y}_{t-1}=ab^{t-1}.$$

$\dfrac{\hat{y}_t}{\hat{y}_{t-1}}$ 即环比值,也称环比发展速度

$$\frac{\hat{y}_t}{\hat{y}_{t-1}}=b.$$

可见指数曲线的环比值为常数,若要确定方程中 a,b 的值,首先将方程左右两边取对数得到一线性方程

$$\lg\hat{y}_t=\lg a+\lg b\cdot t.$$

采用对数最小二乘法

$$\sum(\lg y_t-\lg\hat{y}_t)^2=\sum(\lg y_t-\lg a-\lg b\cdot t)^2=\min.$$

分别对 $\lg a$ 和 $\lg b$ 求一阶偏导,得到求解 $\lg a,\lg b$ 的标准方程

$$\begin{cases}\sum\lg y=n\lg a+\lg b\sum t,\\ \sum t\lg y=\lg a\sum t+\lg b\sum t^2.\end{cases}$$

求出 $\lg a,\lg b$,取其反对数,得到算数形式的 a 和 b.

当时间序列在长时期内呈现连续的不断增长或减少的变动趋势,其逐期增长量又大致

相同时,使用直线趋势模型进行预测为宜;如果时间序列的二级增长量大体相同,使用抛物线趋势模型进行预测为宜;当时间序列的环比发展速度或环比增长速度大体相同时,使用指数趋势模型进行预测为宜. 季节比率预测法是通过建立时间序列总体趋势模型,得到不包含季节变动影响的未来时期的预测值,再乘以季节比率(指数)$S\%$得到预测值的一种预测方法. 运用此法时需注意的是要将所得的结果取反对数加以还原.

3. 修正指数曲线

在一般指数曲线的方程上增加一个常数项 K,得到修正指数曲线.

特征:一阶差的环比值大体相同或从散点图近似指数.

一般形式为
$$\hat{y}_t = K + ab^t.$$

其中 K,a,b 为未知常数. $K>0$,$a\neq 0$,$0<b\neq 1$.

用于描述的现象:初期增长迅速,随后增长率逐渐降低,最终以 K 为增长极限.

根据 $\hat{y}_t = K + ab^t$ 得
$$\hat{y}_{t-1} = K + ab^{t-1}.$$

两式相减得一阶差
$$\hat{y}_t - \hat{y}_{t-1} = ab^t - ab^{t-1} = ab^{t-1}(b-1) = \frac{a(b-1)}{b}b^t.$$

$\dfrac{a(b-1)}{b}$ 是一个常数,所以一阶差呈指数曲线形式,根据指数曲线的环比值为常数可知,修正指数曲线一阶差的环比值相同.

趋势值 K 无法实现确定,不能通过最小二乘法求取 K,a,b,故引入三和法:

(1) 将时间序列发展水平等分为三个部分,每部分有 m 个时期;

(2) 令趋势值的三个局部总和分别等于原序列观察值的三个局部总和;

(3) 设观察值的三个局部总和分别为 S_1,S_2,S_3.
$$S_1 = \sum_{t=0}^{m-1} Y_t,\quad S_2 = \sum_{t=m}^{2m-1} Y_t,\quad S_3 = \sum_{t=2m}^{3m-1} Y_t.$$

根据三和法求得
$$\begin{cases} b = \left(\dfrac{S_3 - S_2}{S_2 - S_1}\right)^{\frac{1}{m}}, \\[2mm] a = (S_2 - S_1)\dfrac{b-1}{(b^m-1)^2}, \\[2mm] K = \dfrac{1}{m}\left(S_1 - \dfrac{a(b^m-1)}{b-1}\right). \end{cases}$$

4. 龚柏兹(Gompertz)曲线

以英国统计学家和数学家 B. Gompertz 的名字命名,常用于描述产品的生命周期.

特征:对数一阶差的环比值相等.

一般形式为
$$\hat{y}_t = Ka^{b^t}.$$

其中 K,a,b 为未知常数. $K>0,0<a\neq1,0<b\neq1$.

曲线初期增长缓慢,以后逐渐加快,当达到一定程度后,增长率又逐渐下降,最后接近一条水平线.两端都有渐近线,上渐近线为 $y\to K$,下渐近线为 $y\to0$.

对 $\hat{y}_t=Ka^{b^t}$ 两边取对数

$$\lg\hat{y}_t=\lg K+\lg a\cdot b^t.$$

由修正指数曲线的特点可知,该式一阶差的环比值相等,即 Gompertz 曲线取对数后一阶差的环比值是一个常数.

取对数后使用三和法可求得 K,a,b 的值.

首先将其改写为对数形式 $\lg\hat{y}_t=\lg K+\lg a\cdot b^t$,仿照修正指数曲线的参数确定方法,求出 $\lg a,\lg K,b$.

取 $\lg a,\lg K$ 的反对数求得 a 和 K,令

$$S_1=\sum_{t=0}^{m-1}\lg Y_t,\quad S_2=\sum_{t=m}^{2m-1}\lg Y_t,\quad S_3=\sum_{t=2m}^{3m-1}\lg Y_t,$$

则有

$$\begin{cases}b=\left(\dfrac{S_3-S_2}{S_2-S_1}\right)^{\frac{1}{m}},\\[2mm] \lg a=(S_2-S_1)\dfrac{b-1}{(b^m-1)^2},\\[2mm] \lg K=\dfrac{1}{m}\left(S_1-\dfrac{a(b^m-1)}{b-1}\right).\end{cases}$$

5. 罗吉斯蒂克(Logistic)曲线

是 1838 年比利时数学家 Verhulst 所确定的名称.

特征:倒数一阶差的环比值相等.

一般形式为
$$\hat{y}_t=\frac{1}{Ka^{b^t}}$$

其中 K,a,b 为未知常数. $K>0,a>0,0<b\neq1$.

如图 11.8 所示,该曲线所描述的现象与 Gompertz 曲线类似,但对于同一预测问题,Gompertz 曲线在靠近市场极限值的时候,增长速度比 Logistic 曲线要慢;Gompertz 曲线的预测值在拐点以后比 Logistic 曲线低,即 Logistic 曲线比 Gompertz 曲线更快地收敛.

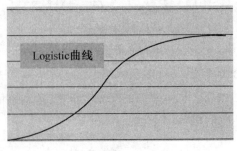

图 11.8

求解 K, a, b. 取发展水平 y_t 的倒数 y_t^{-1}.

当 y_t^{-1} 很小时,可以乘 10 的适当次方.

$$\begin{cases} b = \left(\dfrac{S_3 - S_2}{S_2 - S_1} \right)^{\frac{1}{m}}, \\[2ex] a = (S_2 - S_1) \dfrac{b-1}{(b^m - 1)^2}, \\[2ex] K = \dfrac{1}{m} \left(S_1 - \dfrac{a(b^m - 1)}{b-1} \right). \end{cases}$$

11.3.12　趋势线的选择

1. 定性分析

根据所研究现象的客观性质及其相关的理论知识,从定性角度选择拟合的趋势线.

2. 图形分析

可绘制线图进行观察,如图 11.9 所示.

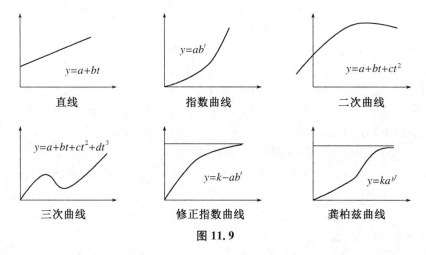

图 11.9

3. 数据特征分析

按以下标准选择趋势线.

(1) 发展水平一次差大体相同,配合直线趋势线发展水平二次差大体相同,配合二次曲线.

(2) 发展水平对数的一次差大体相同,配合指数曲线.

(3) 发展水平一次差的环比值大体相同,配合修正指数曲线.

(4) 发展水平对数一次差的环比值大体相同,配合 Gompertz 曲线发展水平倒数一次差的环比值大体相同,配合 Logistic 曲线.

4. 估计标准误差分析

$$S_y = \sqrt{\frac{\sum\limits_{t=1}^{n} (y_t - \hat{y}_t)^2}{n - m}}. \tag{11.37}$$

m 为趋势方程中未知参数的个数.

参考文献

[1] 薛志东. 大数据技术基础[M]. 北京:人民邮电出版社,2018.

[2] 周志华. 机器学习[M]. 北京:清华大学出版社,2016.

[3] 李航. 统计学习方法[M]. 北京:清华大学出版社,2012..

[4] 同济大学数学系. 工程数学:线性代数[M]. 6 版. 北京:高等教育出版社,2014.

[5] 张贤达. 矩阵分析与应用[M]. 2 版. 北京:清华大学出版社,2013.

[6] 陈希孺. 概率论与数理统计[M]. 合肥:中国科学技术大学出版社,2009.

[7] 孔告化,何铭,胡国雷. 概率论与随机过程[M]. 北京:人民邮电出版社,2011.

[8] 同济大学数学系. 高等数学(上下册)[M]. 7 版. 北京:高等教育出版社,2014.

[9] 潘忠强,薛燚. Python3.7 编程快速入门[M]. 北京:清华大学出版社,2019.

[10] 刘宇宙,刘艳. Python3.7 从零开始学[M]. 北京:清华大学出版社,2018.

[11] 卢力. 数据科学的数学基础[M]. 北京:清华大学出版社,2021.

[12] 邱锡鹏. 神经网络与深度学习[M]. 北京:机械工业出版社,2020.

[13] Wai-Ki Ching, Ximin Huang, Michael K. Ng, Tak-Kuen Siu, Markov Chains:Models, Algorithms and Applications[M]. 陈曦,译. 北京:清华大学出版社,2015.

[14] Mehryar Mohri, Afshin Rostamizadeh, Ameet Talwalkar. Foundations of Machine Learning[M]. 2th ed. MIT Press, 2018.

[15] David C Lay, Steven R Lay, Judi J McDonald. Linear Algebra and Its Applications[M]. 5th ed. Person, 2015.

[16] Roger A. Horn, Charles R. Johnson. Matrix Analysi[M]. 2th ed. Cambridge University Press, 2012.

[17] Sheldon Ross. A First Course in Probability [M]. 8th ed. Person, 2009.

[18] Finney Weir Giordano. Thomas'CALCULUS[M]. Tenth ed. 叶其孝,王耀东,唐兢,译. 北京:高等教育出版社,2003.

[19] Jiawei Han, Micheline Kamber, Jian Pei. 数据挖掘:概念与技术[M]. 2 版. 北京:机械工业出版社,2007.

[20] Christopher M. Bishop, Pattern Recognition and Machine Learning [M]. Springer, 2016.